中 国 国 家 标 准 汇 编

440

GB 24464～24507

（2009 年制定）

中国标准出版社　编

中 国 标 准 出 版 社

北　京

图书在版编目（CIP）数据

中国国家标准汇编：2009年制定.440：GB 24464～24507/中国标准出版社编.—北京：中国标准出版社，2010

ISBN 978-7-5066-6054-9

Ⅰ.①中… Ⅱ.①中… Ⅲ.①国家标准-汇编-中国-2009 Ⅳ.①T-652.1

中国版本图书馆CIP数据核字（2010）第170625号

中国标准出版社出版发行
北京复兴门外三里河北街16号
邮政编码:100045
网址 www.spc.net.cn
电话:68523946 68517548
中国标准出版社秦皇岛印刷厂印刷
各地新华书店经销

*

开本 880×1230 1/16 印张 35.75 字数 1 052 千字
2010年10月第一版 2010年10月第一次印刷

*

定价 220.00 元

出 版 说 明

1.《中国国家标准汇编》是一部大型综合性国家标准全集。自1983年起，按国家标准顺序号以精装本、平装本两种装帧形式陆续分册汇编出版。它在一定程度上反映了我国建国以来标准化事业发展的基本情况和主要成就，是各级标准化管理机构，工矿企事业单位，农林牧副渔系统，科研、设计、教学等部门必不可少的工具书。

2.《中国国家标准汇编》收入我国每年正式发布的全部国家标准，分为“制定”卷和“修订”卷两种编辑版本。

“制定”卷收入上一年度我国发布的、新制定的国家标准，顺延前年度标准编号分成若干分册，封面和书脊上注明“20××年制定”字样及分册号，分册号一直连续。各分册中的标准是按照标准编号顺序连续排列的，如有标准顺序号缺号的，除特殊情况注明外，暂为空号。

“修订”卷收入上一年度我国发布的、修订的国家标准，视篇幅分设若干分册，但与“制定”卷分册号无关联，仅在封面和书脊上注明“20××年修订-1,-2,-3,……”字样。“修订”卷各分册中的标准，仍按标准编号顺序排列(但不连续)；如有遗漏的，均在当年最后一分册中补齐。需提请读者注意的是，个别非顺延前年度标准编号的新制定的国家标准没有收入在“制定”卷中，而是收入在“修订”卷中。

读者配套购买《中国国家标准汇编》“制定”卷和“修订”卷则可收齐上一年度我国制定和修订的全部国家标准。

3. 由于读者需求的变化，自1996年起，《中国国家标准汇编》仅出版精装本。

4. 2009年我国制修订国家标准共3 158项。本分册为“2009年制定”卷第440分册，收入国家标准GB 24464～24507的最新版本。

中国标准出版社
2010年8月

目　录

ICS 35.240.80
C 07

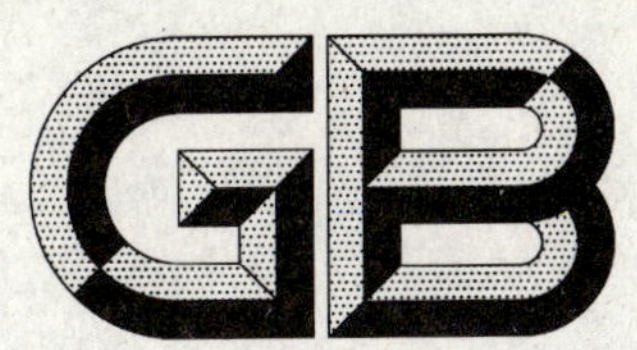

中华人民共和国国家标准化指导性技术文件

GB/Z 24464—2009/ISO/TR 20514:2005

健康信息学　电子健康记录定义、范围与语境

Health informatics—Electronic health record—Definition,scope and context

(ISO/TR 20514:2005,IDT)

2009-10-15 发布　　2009-12-01 实施

中华人民共和国国家质量监督检验检疫总局
中国国家标准化管理委员会　发布

前　言

本指导性技术文件等同采用ISO/TR 20514:2005《健康信息学　电子健康记录　定义、范围与语境》。

本指导性技术文件的附录A为资料性附录。

本指导性技术文件由中国标准化研究院提出。

本指导性技术文件由中国标准化研究院归口。

本指导性技术文件起草单位:中国标准化研究院、成都市标准化研究院、中国人民解放军总医院、中国武警部队指挥学院、中国人口与发展研究中心。

本指导性技术文件主要起草人:任冠华、陈煌、董连续、尹书蕊、张蕊、林希、胡昌川、刘胜男、韵力宇、俞华、石丽娟。

引　言

本指导性技术文件的目的是给出EHR分类和定义的集合,用于描述目前制定的EHR标准的应用范围。

制定EHR系列标准的主要目的是实现EHR与系统间互操作能力的最大化,这些EHR和系统是可共享的,与其使用的技术和存储平台无关。

然而,各种健康信息系统都具有EHR系统的特征和功能。同样,按照《健康信息学　电子健康记录体系架构需求》中的描述,许多健康信息系统都可以EHR摘录或条目的形式生成输出结果,而不需考虑其最初目的或应用是否是可共享的EHR。

健康信息学　电子健康记录
定义、范围与语境

1　范围

本指导性技术文件规定了电子健康记录的实用分类，给出了EHR主要类别的定义以及对EHR和EHR系统特性的支持性描述。

2　术语和定义

下列术语和定义适用于本指导性技术文件。

2.1

原型　archetype

＜描述角度＞定义概念的结构和业务规则的临床模型或其他特定域概念模型。

注：原型可以定义简单的组合概念（如血压或住址）或复杂的复合概念（如家族史或微生物检测结果），但并不用于定义基本概念（如解剖学术语）。原型使用外部术语集的术语来说明原型构件。

［Beale：2003[10]］

2.2

原型　archetype

＜技术角度＞基于某种参考信息模型、并以结构化约束语句的形式表示域级概念的可计算表达式。

注1：原型与域的概念是一对一的关系；其内部关系错综复杂。

注2：所有原型都具有相同的形式体系，但它可以是标准化/可共享的本体论的一部分（此时有明确的定义），也可以是只用于地方或区域（此时没有明确的定义）。

［Beale：2003[10]］

2.3

体系架构　architecture

标准化构件或描述性表示法的集合。它们可以对一个对象进行描述，进而按照需求（质量）制造该对象，并在其使用期（改变）内对其进行维护。

［Zachman：1996[23]］

2.4

客户　client

接受护理的个人。

注：术语"客户"和"患者"是同义词，但是对于不同的健康专业组织，它们的用法不同。医生通常使用术语"患者"，而健康专业人员通常使用术语"客户"。

2.5

临床数据存储库　clinical data repository

CDR

对在服务地点（如医院、诊所）搜集的临床数据进行保存和管理的数据存储库。

注1：摘自Infoway：2003[12]。

注2：EHR可以将CDR中的数据用于护理主体；从这种意义上来说可以认为CDR是EHR的源系统。

注3：CDR符合基本通用EHR的定义，但不符合更专业化的ICEHR定义。

2.6

临床医护人员　clinician

直接为患者/客户提供健康服务的健康专业人员。

注：摘自ISO/TS 18308[3]。

2.7

组件 composition

ENV 13606 参考模型中 RECORD_COMPONENT(记录构件)的子类。该参考模型包含一组用户就诊或记录交互期间组成的(署名的)RECORD_COMPONENT,作为在同一个 EHR 内的处置依据。

[ENV 13606-1[6]]

2.8

计算机可处理信息 computer processable information

电子计算机中按照程序可生成、存储、复制和检索的信息。

2.9

消费者 consumer

要求接受、预约接受、正在接受或已经接受医疗服务的人。

2.10

集成护理电子健康记录 electronic health record for integrated care

ICEHR

以计算机可处理的形式存在的、关于护理对象健康状态的信息存储。这些信息可以被安全地存储和传输,并可以被多个授权用户访问。ICEHR 具有一个标准化的或通用的、独立于 EHR 系统的逻辑信息模型,其主要目的是支持持续、高效和高质量的集成医疗保健。

注:ICEHR 包括过去、现在和将来的信息。

2.11

电子健康记录 electronic health record

EHR

<基本通用形式>以计算机可处理的形式存在的、关于护理主体健康状态的信息存储库。

注:ICEHR 的定义(2.10)被认为是 EHR 的基本定义。基本通用 EHR 的定义只是用来保证完备性,并认可健康信息系统中仍然存在各种不遵循主要的 EHR 定义即 ICEHR(如 CDR 遵循基本通用 EHR 定义但不符合 ICEHR 定义)。

2.12

电子健康记录体系架构 electronic health record architecture

EHRA

根据信息模型定义的、用于构建所有 EHR 的通用结构构件。

[ISO/TS 18308[3]]

注:EHRA 的非正式描述性定义是指电子医疗保健记录必需的通用特性模型定义。其目的是使电子医疗保健记录(即有用且具有法律效力的护理记录)可以跨系统、跨国家和跨时间进行完整传输。EHRA 并没有规定或指定电子医疗保健记录中应存储的内容,也没有规定或指定电子医疗保健记录系统的运行方式。它对记录(包括没有副本的纸质记录)中的数据类型没有任何限制。诸如物理数据库领域的“字段长度”之类的细节,与电子医疗保健记录体系结构无关。

[EU-CEN:1997[11]]

2.13

EHR 摘录 EHR extract

EHR 或其某个部分的通信单元。它可自我证明,并由一个或多个 EHR 构件组成。

注:摘自 ISO/TS 18308[3]。

2.14

EHR 节点 EHR node

存储和维护 EHR 的物理位置。

2.15

EHR 系统　EHR system

<构件角度>形成生成、使用、存储和检索 EHR 机制的构件集合，包括人、数据、规则和程序、处理和存储服务以及通讯和支持设备。

注 1：摘自 IOM:1991[13]。

注 2：最初的 IOM 定义称为"CPR 系统(计算机辅助病历系统)"，使用的术语是"病历"而不是"电子健康记录"。

2.16

EHR 系统　EHR system

<系统角度>记录、检索和处理 EHR 中信息的系统。

注 1：摘自 ENV 13606-1[6]。

注 2：对于该定义和最初的 CEN 定义，除了将最初的术语"电子医疗保健记录"改写为"电子健康记录"之外，二者是相同的，并在本指导性技术文件中认为是一致的。

2.17

面诊　encounter

指接触行为。在接触期间，现场对护理主体进行健康活动，并对其健康数据进行访问和管理。

注 1：摘自 ENV 13940[8]。

注 2：对于该定义和最初的 CEN 定义，除了将最初的术语"医疗保健"改写为"健康"之外，二者是相同的，并在本指导性技术文件中认为是一致的。

2.18

功能互操作性　functional interoperability

两个或多个系统交换信息的能力。

2.19

健康　health

完整的身体、精神和社会健康状态，而不仅仅是没有疾病或身体虚弱。

[WHO:1948[22]]

2.20

健康情况　health condition

可能导致痛苦、干扰日常行为或接受健康服务的个体健康状态的变化或属性。它可能是急性或慢性疾病、障碍、伤害或外伤，或是反映其他与健康相关的状态，如怀孕、老龄化、紧张、先天性异常或遗传特性。

[WHO:1948[22]]

2.21

健康组织　health organization

直接提供健康活动所涉及的组织。

注 1：摘自 ENV 13940[8]。

注 2：对于该定义和最初的 CEN 定义，除了将最初的术语"医疗保健"改写为"健康"之外，二者是相同的，并在本指导性技术文件中认为是一致的。

2.22

健康问题　health problem

造成残疾、痛苦和/或活动受限的健康状况。

2.23

健康专业人员　health professional

由公认的组织授权履行特定健康职责的人。

注 1：摘自 ISO/TS 17090-1[2]。

注 2：该术语通常被称为“医疗保健专业人员”。在本指导性技术文件中规定当以形容词形式使用时，将“医疗保健”改写为“健康”。当以名词形式使用时，则保留词语“医疗保健”，但是将其作为一个单独的词使用(如“医疗保健的交付”)。

2.24

健康提供者　health provider

在直接提供健康活动中涉及的健康专业人员或健康组织。

注 1：摘自 ENV 13940[8]。

注 2：对于该定义和最初的 CEN 定义，除了将最初的术语“医疗保健”改写为“健康”之外，二者是相同的，并在本指导性技术文件中认为是一致的。

2.25

健康记录　health record

关于护理主体健康状况的信息存储。

注：摘自 ENV 13940[8]。

2.26

健康状况　health status

一个人在身体、精神和社会完好状态方面的当前状态。

2.27

信息服务　information service

系统根据已定义的输入信息集合提供已定义输出数据集合的能力。

[EN 12967-1～3[7]]

2.28

集成护理 EHR　integrated care EHR

ICEHR

见定义 2.10。

2.29

逻辑信息模型　logical information model

规定了数据之间的结构和关系的、但独立于任一具体技术或实施环境的数据模型。

注：信息模型通常可以按照从高层的抽象模型到技术实施模型进行分类。ISO/TR 17119[1]将数据模型和其他构件定义为三个层次的特征，即概念层、逻辑层和物理层。逻辑信息模型对模型构件(如 EHR 的 UML 对象模型中的容器部件、组成和链接类)以及构件间的关系进行了详细说明，而不包含任何技术限制。因此逻辑信息模型独立于任何具体的实施技术。另一方面，物理信息模型包括建立实施逻辑模型的技术限制(如为特定的硬件和软件平台构建的 EHR 系统)。

2.30

患者　patient

客户　client

接受护理的个体。

注 1：摘自 ISO/TS 18308[3]。

注 2：术语“客户”和“患者”是同义词，但对于不同的健康专业组织，它们的用法不同。在医院工作的临床医生和其他执业医生通常使用术语“患者”，而健康专业人员倾向于使用术语“客户”。

2.31

语义互操作性　semantic interoperability

在正式定义的域概念层上可理解的系统间信息共享的能力。

注：摘自 ISO/TS 18308[3]。

2.32

服务　service

某组织提供特定目标的一系列过程。

[EN 12967-1～3[7]]

注：参见 2.27。

2.33

可共享的 EHR shareable EHR

具有一个普遍认同的逻辑信息模型的 EHR。

注 1：可共享的 EHR 本质上是基本通用 EHR 和 ICEHR 之间的一个构件，其中 ICEHR 使可共享的 EHR 具体化。如果没有附加的、在集成护理环境中对其有效使用的必要临床特征，可共享的 EHR 可能几乎没用。

注 2：当 ICEHR 将患者健康信息和最优患者护理的交互作为其目标时，需注意的是目前使用的大多数 EHR 都不是可共享的，更不必说要求符合 ICEHR 定义的附加特征了。因此，应通过包含基本通用 EHR 的定义来确认现状。

2.34

标准 standard

为在一定范围内获得最佳秩序，经协商一致制定并由公认机构批准，共同使用和重复使用的一种规范性文件。

[GB/T 20000.1—2002[4]]

2.35

护理主体 subject of care

即将接受、正在接受或已接受医疗保健服务的一个人或多个人。

[ISO/TS 18308[3]]

注 1：在健康记录语境中，术语“患者”、“客户”与“护理主体”是同义词，通常使用“患者”和“客户”来代替更正式的术语“护理主体”。

注 2：在本指导性技术文件中，术语“消费者”经常也被作为一个同义词使用。然而，值得注意的是消费者不一定是护理主体，因为对于消费者而言，可以在从未接受过医疗保健服务的情况下拥有健康记录。

2.36

模板 template

本地可直接使用的数据生成/验证构件。它在语义上是对原型的约束/选择，通常对应于完整的表单或屏幕显示。

[Beale:2003[10]]

注：一般来说，模板与基本概念是一对多的关系，每一个概念都可用一个原型来描述。

3 EHR 的定义

3.1 定义方法

以前定义 EHR 都失败的原因在于很难把各种 EHR 的各个方面都包含在一个综合定义中。

本指导性技术文件采取的方法是将 EHR 的内容和其形式或结构明确区分开。这是通过根据 EHR 的结构(类似于容器)先对 EHR 进行定义来实现的。该定义(称为“基本通用 EHR”)是有意简练和通用的，这样可以确保 EHR 和 EHR 系统的现有用户和将来的用户最大范围的使用该定义。该定义也支持对各种类型的 EHR 合法性和访问控制的需求。

基本通用 EHR 的定义可以由包含两个最基本的 EHR 特性(在基本通用 EHR 的定义中没有包含)的更详细、更具体的定义来补充。一个特性是在授权的 EHR 用户之间共享患者健康信息的能力，另一个特性是支持持续、有效和高质量集成医疗保健的 EHR 的主要功能。当然在护理范围和语境中还有许多重要的 EHR 特性，在补充定义中并没有明确表示这些特性。有可能需要规定一系列正式定义来区分不同护理语境之间的细微差别。然而，本指导性技术文件采用的方法是将 EHR 类型的正式定义数量尽可能保持在必要的最小值上，并通过说明性文本和实例来对这些定义的内容进行说明。

图 1 对可分为可共享的 EHR 和不可共享的 EHR 的基本通用 EHR 进行了说明。在第 2 章中给出

了可共享的 EHR 的定义,但是由于在没有必要的附加临床特性的情况下,可共享的 EHR 本身的用处很小,因此在本指导性技术文件中没有将其作为核心定义。图 1 所示的 ICEHR 是对可共享的 EHR 的具体化。

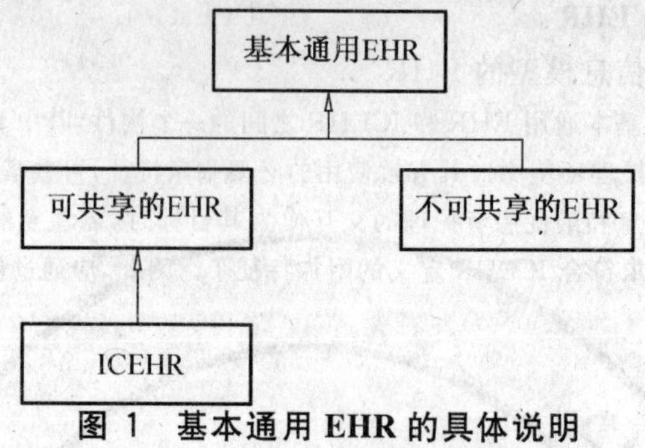

图 1 基本通用 EHR 的具体说明

注:图 1 使用了面向对象的 UML(Unified Modelling Language,统一建模语言)图。空心箭头代表一种通用化/具体化的关系。因此,可共享的 EHR 是更加通用的基本通用 EHR 的具体化(即可共享的 EHR 是基本通用 EHR 的一种类型)。同样,ICEHR 是对可共享的 EHR 的具体化。

应强调的是需要明确区分开 EHR 和 EHR 系统,本指导性技术文件主要关注的是前者。EHR 的许多特性事实上是属于 EHR 系统而不是其本身(见第 6 章)。

3.2 互操作性的关键作用

从标准化的观点看,EHR 最重要的特性是在不同的授权用户之间共享 EHR 信息的能力。从技术角度说,这需要 EHR 信息的互操作性以及交换和共享这些信息的 EHR 系统的互操作性。

信息的共享能力或互操作性可分为两个主要层次:

a) 功能互操作性:两个或多个系统之间交换信息的能力(从而使接收方可以阅读信息);

b) 语义互操作性:在正式定义的域概念层上理解系统共享信息的能力(从而使接收系统能够对信息进行计算机处理)。

应注意,语义互操作性不是一个可有可无的概念。语义互操作性的大小取决于术语的一致程度以及消息的发送方和接收方使用的原型和模板的内容。

语义互操作性对于自动计算机处理是非常必要的,从支持实时增值的 EHR 临床应用(如智能决策支持和护理计划)。

EHR 共享能力的关键需求之一是切断 EHR 和 EHR 系统之间的联系(即 EHR 应符合信息模型,该模型独立于本地存储使用的物理数据库模式以及创建、维护和检索 EHR 的应用)。该 EHR 信息模型应独立于任一具体实施技术(即它应是逻辑信息模型)。技术的独立性对于使 EHR 能在将来始终保持有效性是非常必要的,这就有可能建立全生命的 EHR。

为了实现 EHR 信息的语义互操作性,应包含四个先决条件(前两个条件也是功能互操作性要求的):

a) 一个标准化的 EHR 参考模型:即信息的发送方(或共享者)和接收方之间的 EHR 信息体系架构;

b) 标准化的服务接口模型:提供 EHR 服务和其他服务间的互操作性,如人口统计学、术语集、综合临床信息系统中的访问控制和安全服务;

c) 一个标准化的特定域概念模型集合:即用于临床、人口统计学和其他特定域概念的原型和模板;

d) 支撑原型的标准化术语集:应注意,这并不意味着是每一个健康领域都需要一个标准化的术语集,而是所用术语集应与受控词表相关。

在分布式处理环境中,患者的 EHR 信息一定会在不同 EHR 系统和不同健康组织间进行共享。GB/T 18714.1 包括开放的分布式处理参考模型(RM/ODP),并从五个“视角”(整个系统规范的子部分)——企业、信息、可计算性、工程和技术——描述了分布式系统。RM/ODP 还描述了在一个完整的分布式系统内不同构件/服务之间责任分离的概念。系统中的每一个服务都有自己的责任集合,它们独立于其他服务,但与服务接口相关联。这被称为“系统之系统”范例。

使用这种方法,EHR 只是综合健康信息系统中众多服务之一(尽管它是本指导性技术文件的核心内容)。其他服务的示例包括人口统计学、术语集、访问控制和安全性。这些服务和其他许多服务如图 2 所示。每一个服务都可以用规定信息语义学的参考模型(RM/ODP 信息视角)和服务模型来表示。其中服务模型利用 API(Application Programming Interface,应用接口)的定义规定该服务和其他服务之间的接口。

更多详情参见 GB/T 18714.1、EN 12967.1～3 和 openEHR:2003。

3.3 基本通用 EHR

3.3.1 定义

见 2.11。

3.3.2 语境中的基本通用 EHR

3.3.2.1 定义的适用性

本定义没有对任何国家或地区的健康系统制度进行假设,也没有对记录中信息的类型和颗粒度进行假设。更具体地说,本定义可以广泛应用于所有的健康专业学科、健康部门和提供健康的方法。

3.3.2.2 EHR 的命名

人们已经注意到,关于术语“电子健康记录”(Electronic Health Record,EHR),“计算机辅助(Computerized)”或“数字(Digital)”比“电子(Electronic)”更适合,因为记录本身通常以数字形式存储在磁盘或诸如磁带、智能卡或光盘等其他媒介中,严格来说除了处理记录的硬件是电子电路(因此记录也使用电子电路)外,其他都不是电子的。但是,这是一种相当书生气的看法,术语“电子健康记录”及其缩写“EHR”目前在国际上使用的非常好,因此改变名称容易造成不必要的混乱。

3.3.2.3 定义的来源

该定义本质上是“医疗保健记录”(关于护理主体健康的信息存储库)和 EHR(计算机可读格式的医疗保健记录)(见 ENV 13606-1)的 CEN 的定义以及一个重要的变化联合组成的。CEN 定义中的短语“计算机可读的(computer readable)”已经改为“计算机可处理(computer processable)”,后者包括了可读性,同时将前者进行扩展,包括了 EHR 信息必须能够进行程序处理、从而使其能够被自动处理的观念。

3.3.2.4 护理主体

本指导性技术文件根据使用的语境,可将术语“护理主体”作为“患者”和“客户”的同义词。术语“消费者”通常也可代替“护理主体”使用,而且在大多数情况中是正确的。然而应注意的是,严格来说消费者不一定就是护理主体,因为对于一个消费者而言,可以在从未接受过医疗保健服务的情况下拥有一个健康记录。

“护理主体”通常是个体。然而,第 2 章中引自 ISO/TS 18308 的定义允许护理主体是一个人或多个人。这个宽泛的定义可以满足多人作为 EHR 主体的管辖权需求(如某些本土文化团体,习惯于在家庭或其他群体层面上进行信息保存并作出健康决策)。

术语“护理主体”可简称为“主体”。这在某些语境中是可接受的,但需谨慎使用,因为 EHR 中的“主体”可能是“信息主体”而非“护理主体”(例如,在某个家庭健康记录的片段中患者母亲的详细情况)。本指导性技术文件中只有当语境和意义非常清楚的时候才使用“主体”这种表达方式。

3.4 不可共享的 EHR

本指导性技术文件中将不给出不可共享的 EHR 定义,因为它本质上是一种“排除法定义”。然而,关于不可共享的 EHR 特性将在下面进行简要介绍。

如 3.2 所述,从标准的视角看 EHR 最重要的特性,也是 EHR 最大的潜在利益之一是共享 EHR 信息的能力。目前,几乎所有的EHR都是基于EHR系统的专用信息模型,并且EHR系统之间不具有互操作性,也不具有越过一个健康组织的边界进行EHR信息共享的能力。事实上,在一个组织内的不同人员之间(如医生与护士之间)或一个临床信息系统内的不同应用之间(如非集成决策系统或护理计划应用不能访问受限于“EHR应用”的EHR)共享EHR信息通常也是不可能的。不可共享的EHR总是受限于EHR系统软件和特定的数据产品。这是目前大部分EHR在健康领域实施的情况。

不可共享的EHR和可共享的EHR之间的不同之处类似于一台独立计算机和联网计算机之间的区别相似。与一台独立计算机相比,联网计算机通过使用国际互联网、局域网、电子邮件、工作组协作等工具在定位、检索和交换信息方面具有了巨大的优势。

3.5 可共享的EHR

EHR信息的共享可分为三个层次:

a) 第1层:在不同的临床人员或其他用户之间共享,这些人可能使用相同的应用,要求不同的或专门的EHR组织;

b) 第2层:在一个EHR节点(即存储和维护EHR的具体地点)处的不同应用之间共享;

c) 第3层:在不同的EHR节点之间(即在不同的EHR地点和/或不同的EHR系统之间共享)。

用于第1层和第2层的可共享的EHR主要包括在某个位置的患者护理所要求的详细信息,而且按照6.3所述,它将会在本地的一个EHR系统上创建并进行维护。然而,它通常至少也会包含某些健康摘要数据(如问题列表、过敏史、既往病史、家族史、当前治疗记录等)。

当第3层共享已经实现,且EHR的对象支持在健康企业之间进行患者集成护理,则称为ICEHR。

3.6 集成护理EHR(ICEHR)

3.6.1 概要

在过去的十年中,经过跨专业、跨学科科研团队的努力,在集成健康交付(通常称为“共享护理”或“协调护理”)方面已经取得了明显的进步。集成共享护理非常适合糖尿病、心血管疾病和呼吸器官疾病之类的慢性病。它也非常适合出生前的护理和精神健康问题之类的暂时性或周期性情况。

集成护理通常需要经过长时间的计划和传递,特别是对于慢性病的管理。本指导性技术文件介绍了一种包含过去、现在和未来的事件以及计划的信息的纵向记录的观念。ICEHR的定义正是基于这些特性的。

3.6.2 定义

见2.10。

3.6.3 语境中的ICEHR

3.6.3.1 语义互操作性

有效的集成和共享护理至少要求能够及时有效地共享个人健康信息(即一个至少隐含功能互操作性的可共享的EHR)。然而,为了获得对集成医疗护理的最优信息管理,有必要通过对使用术语集、原型和模板进行的临床和域概念的标准化来实现语义互操作性。该需求还没有包含在ICEHR定义中,这是因为受目前语义互操作性所要求的构件标准化所限。然而,期望在接下来的若干年里通过采用术语标准化以及原型和模板的快速发展和标准化,能够取得重大的进步。

3.6.3.2 纵向

由于对术语“纵向”的真实含义有不同的理解,所以没有将其包含在ICEHR的定义中。然而,一个(扩展的)时间间隔概念通过短语“包含过去、现在和将来的信息”隐含包括了该定义。

3.6.3.3 颗粒度

系统中的信息一般都是关于护理主体健康状况的,这些信息的主要目的是支持持续、有效和高质量的集成护理。鉴于此,在ICEHR的定义中并没有提及这些信息的类型和颗粒度。这样的信息很有可能大部分是临床数据,但它肯定也包含某些人口统计学信息,并且可以包括诸如任命程序、任职信息等管理信息。信息的颗粒度将随着护理的语境而变化(见第5章)。

3.6.3.4 标准化的(或普遍同意的)逻辑信息模型

ICEHR定义涉及了"标准化的或者普遍认同的逻辑信息模型"。这是可共享的EHR的基本特性。通过国家和诸如ISO、CEN、HL7之类的国际标准制定组织的一致性标准制定过程建立的一个"标准化的"逻辑信息模型,是确保最广泛的互操作性的首选项。然而,通过在用户组织层(如地方或区域性健康机构)的正式或非正式过程建立的"普遍同意的"逻辑信息模型,比较适合作为过渡措施或适用于不希望使用国家标准的范围。

逻辑信息模型规定了信息之间的结构和关系,但其独立于任何特定技术或事实环境。因此,ICEHR的定义中就说明了ICEHR是"独立于EHR系统的"。物理模型是用于建立一个具体系统或产品逻辑模型的特定实例化。有时也称其为设计模型或产品模型。

3.6.3.5 信息的持续性

虽然ICEHR的定义隐含表明包括"过去、现在和将来的信息",但并没有明确提到信息的持续性。

信息的持续性是一个正式EHR模型的基本特性(即EHR的逻辑信息模型),其中的EHR模型包括信息存储、版本控制以及关于EHR中信息的修改和删除规则的语义学。这是从消息传输实例(如HL7消息或EDIFACT报文)中分辨出EHR的特性,在实例中消息不具有持续性(尽管消息中的信息一旦被接收方解码后,就可以存储在EHR中或其持续性构件中)。从法律角度看,人们通常会认为EHR中的信息不能删除,但是已记录的信息中的错误应通过生成一个新版本的特定信息块(在CEN的ENV 13606中称为"组成",在HL7的临床文档结构中称为"文档")来进行改正。这个新改正的信息块是用户看到的缺省内容,但如果从法律应用目的认为是有必要的,则原来的不正确的信息仍然可以被检索到。

虽然上述内容是正确的,但是在永久删除特定错误信息的需求(如患者可以请求删除)方面具有控制权,尽管这样做可能造成其他法律方面的困难。许多控制权规定了一个时间(通常至少七年,有时甚至是二十年以上),在这个时间后可以永久删除整个健康记录。

3.6.3.6 信息的完整性

常说EHR的信息应是"完整的"或ICEHR/纵向的EHR应是关于主体医疗保健的一个完整记录。实际上,这种情况即使是真的,也是很少的。特别是在当代,一个人所有的健康记录是由许多不同的临床医生和健康组织提供的。越来越频繁的旅行和住所的变迁也使这个问题变得复杂化。而且,临床医生不会记录健康处理,而只是记录具体健康问题优化管理所必需的病史、观察、调查、评估、干预和计划。

理想的ICEHR包罗万象。它将能够描述和管理任何类型的EHR信息,能够整合来自于任意EHR提供方系统的数据。实际上,越来越多的EHR系统的受限格式被开发用于受约束的临床语境中。实际环境可能会限制一个EHR系统与其他系统间的连接。然而,原则上每个ICEHR与其本地环境所允许的一样完整,并且其本身可以把已有的数据贡献给其他比较大型的ICEHR系统,并不妨碍EHR数据固有的任意访问许可。

3.6.3.7 安全性与隐私性

ICEHR具有两个重要的特性,说明了安全和隐私的重要范围,并在大多数情况中认为EHR的法律完整性、社区信任和可接受性是必要的。这两个特性是:

a) 信息存储和传输时的安全性。

b) 多个授权用户(而且只有授权用户)的可访问性。这个特性说明了EHR的隐私/访问控制量度,允许护理主体(在本地法律和政策所允许的适当地方)和其他授权用户(如主体为小孩,父母作为小孩的主体代理人)访问以及看病的临床医生。提供访问ICEHR的任何系统必须符合针对这类访问的所有批准和本地适用的政策。

注:关于a)的规范或正式要求不在本指导性技术文件范围之内。这样的要求或规范应由当地或国家制定。

3.7 健康记录的其他常见类型

3.7.1 概要

有许多其他的术语普遍被用来描述不同类型的电子健康记录。虽然这些术语中的一部分已被标准和其他组织正式定义，但在不同国家和健康部门之间，其用法通常是不一致的。

注：本指导性技术文件中，虽然为了保持完整性而对这些术语进行了讨论，但是并不对其进行正式定义。

3.7.2 健康记录的常见类型

3.7.2.1 电子医疗记录（EMR）

EMR 被认为是在医疗领域范围内或至少是在医学上非常关注的范围内的 EHR 的具体实例。这是在北美和包括日本在内的其他许多国家广泛使用的一个术语。JAHIS（Japanese Association of Healthcare Information Systems，日本医疗保健信息系统协会）定义了一个五层架构的 EMR（见 JAHIS:1996[14]）：

a） 部门的 EMR：指由医院的一个部门（如病理、X 光照射、药剂室）输入患者医疗信息；

b） 部门间的 ENR：指来自于两个或多个部门的患者医疗信息；

c） 医院的 EMR：指来自于一所特定医院的患者的全部或大部分医疗信息；

d） 医院间的 EMR：指来自于两个或多个医院的患者医疗信息；

e） 电子医疗保健记录：所有个人健康信息的纵向集合。

3.7.2.2 电子患者记录（EPR）

英国国家健康服务（NHS）把 EPR 定义为主要由一个机构提供的个体周期性医疗保健的电子记录（NHS:1998[15]）。NHS 指出 EPR 与急诊医院或专科医院提供的医疗保健密切相关。除了英国，EPR 的定义已经获得了广泛的应用，但是其用法在许多地方仍不一致。

3.7.2.3 计算机辅助患者记录（CPR）

也称为基于计算机的患者记录，术语“计算机辅助患者记录”主要在美国使用，而且似乎包含 EMR 或 EPR 的广泛含义。

3.7.2.4 电子医疗保健记录（EHCR）

EHCR 是欧洲普遍使用一个术语，其出处为 ENV 13606-1[6]。它可能被认为是 EHR 的同义词，目前在欧洲，EHR 正在快速地取代术语 EHCR。

3.7.2.5 电子客户记录（ECR）

EHR 的一个特例，其范围是由使用 EHR 的非医学健康专业人员（例如理疗师、按摩师、社会工作者）在他们的专业领域内组织定义的。

3.7.2.6 虚拟 EHR

虚拟 EHR 是一个松散的概念，它已经被讨论了许多年，但是直到现在仍然没有权威定义。通常通过两个或多个 EHR 节点联合组成一个虚拟 EHR。这将在 6.3 中进行进一步的讨论。

3.7.2.7 个人健康记录（PHR）

这是一个重要的术语，详见 3.8。

3.7.2.8 数字医疗记录（DMR）

Waegemann 认为“DMR 是由一个医疗保健提供者或健康计划维护的一个基于网络的记录。DMR 具有 EMR、EPR 或 EHR 的功能。”（参见 Waegemann[21]）

3.7.2.9 临床数据存储（CDR）

CDR 被加拿大健康资讯网定义为“一个可操作的数据仓库保存和管理从服务地点（如医院、诊所）的处理处收集的临床数据。CDR 中的数据可以反馈回客户的 EHR，从这种意义上来说，CDR 可被认为是 EHR 的源系统（参见 Infoway:2003[12]）”。CDR 通常是作为以服务为中心的存储库而不是作为以患者为中心的记录进行构建，CDR 没有版本控制、患者隐私权（特别是患者控制的访问）和其他 EHR 法律特性等功能。还需注意的是，尽管有上述 CDR 的定义，但是实际上许多 CDR 产品是用于二级处理的不可操作的数据仓库。

3.7.2.10 计算机化医疗记录（CMR）

Waegemann 将 CMR 定义为“通过对纸质医疗保健记录的图像扫描或光学字符识别（OCR）生成的

计算机辅助记录”(参见 Waegemann[21])。

3.7.2.11 人口健康记录

人口健康记录包含聚合的和通常不被识别的数据,可以直接从 EHR 中获得或从其他电子存储库中创建。它被用于公众健康和其他的流行病学目的、研究、卫生统计学、政策制定和健康服务管理。

3.7.2.12 健康记录类型总结

前八种类型明确遵循基本通用 EHR 定义。一个 CDR 可能遵循基本通用 EHR 定义,但是多个 CDR 一般不被认为是以患者为中心的 EHR,这一点在加拿大资讯网的定义中是很清楚的。

因为扫描纸质记录在文档内可以建立索引、进行检索和搜索,所以可认为 CMR 部分符合基本通用 EHR 定义。然而,CMR 不可能用数据结构来支撑重要决策支持或要求语义互操作性的其他应用。

人口健康记录不遵循 ISO 的 EHR 定义,因为它不是 2.25 中定义的“关于护理主体健康的信息存储库”的健康记录,因此,护理主体的定义说明主体是“一个或多个人”,但是在大多数范围内主体只是一个人。而且,即使 EHR 主体是指两个人或一个家庭,它仍然不会被认为是流行病学专家和其他公共卫生专家使用的“人口”。

3.8 个人健康记录(PHR)

PHR 的关键特征是它由护理主体进行控制,并且包含的信息至少部分是由主体(消费者,患者)加入的。

在社区,包括健康专业人员,存在一种广泛的误解,即如果 PHR 能够满足患者/消费者对有意义的的数据进行生成、输入、维护和检索,并能控制自己的健康记录的需求,则 PHR 应是一个完全不同于 EHR 的一个实体。但这是不正确的。没有理由能解释 PHR 为什么不能具有与健康提供者的记录相同的记录体系架构(如标准信息模型),不能满足上面列出的患者/消费者需求。实际上,在患者/消费者的控制之下,这里有许多理由可保证一个标准化的体系架构能用于所有形式的 EHR(ICEHR 除外),并在需要的时候使它们之间的信息能够共享。

对于 PHR,可具有至少四种不同的形式:

a) 包含自我的 EHR,由患者/消费者维护和控制;

b) 与 a)相同,但其由诸如 web 服务提供者的第三方进行维护;

c) 由健康提供者(如 GP)进行维护,至少由患者/消费者控制部分(即 PHR 构件为最低限度)ICEHR 的构件;

d) 与 c)相同,但完全由患者/消费者维护和控制。

4 EHR

4.1 EHR 的范围

关于 EHR 的范围当前有两种看法,第一种是“核心 EHR”,第二种是“扩展 EHR”。

因为两者是为了描述两种观点的非正式说法,所以本指导性技术文件中没有给出核心 EHR 或扩展 EHR 的正式定义。但两者都遵循 ISO 关于 EHR 的最基本定义。

两种观点关于哪些在其范围内、哪些不在其范围内的细节上存在很多差异。但我们可以从两个观点的主要特征中提炼出大家公认的东西以及最基础的特征。在此之前,先确立 EHR 的目的是很有用的。下面的章条来自 ISO/TS 18308:2004。

4.2 EHR 的目的

EHR 的主要目的是给出一个护理文档记录,该记录包括由同一个或不同临床医生在目前或/和将来提供的护理。该文档为进行患者护理工作的临床医生提供了一种通信手段。EHR 的主要受益人是患者/消费者和临床医生。

同其他受益人一样,使用医疗记录的其他目的都是第二层目的。目前 EHR 的许多内容都是根据第二层目的进行定义的,因为根据主要目的收集的信息对于许多第二层目的(如付账、政策和计划、统计分析、授权等)是不够的。

EHR 的第二层应用包括：

a) 法律应用：提供护理的证据，遵守法律的证明，临床医生资质的反映；

b) 质量管理：持续质量改进研究，使用情况审查，性能监控(同行审查、临床审计、结果分析)、基准测试，合格鉴定；

c) 教育：对健康专业学生、患者/消费者和临床医生的培训；

d) 研究：对新诊断方式、疾病预防措施和处理、流行病学研究、人口健康分析的研究和评估；

e) 公共卫生和人口健康；

f) 政策制定：健康统计分析，趋势分析，病例分类分析；

g) 健康服务管理：资源配置与管理，成本管理，报告和刊物，市场策略，企业风险管理；

h) 账单/财务/赔偿：保险行业人员，政府机构，资助机构。

注：EHR 的许多第二层应用要求 EHR 中不包含附加数据。

EHR 的范围可包括实现 EHR 主要目的和第二层目的的各项功能。核心 EHR 主要关注的是 EHR 主要目的，而扩展 EHR 除了关注主要目的外还考虑所有的第二层目的。

4.3 核心 EHR

核心 EHR 观点的关键特点是关注某个护理主体(将支持护理主体的当前和今后的医疗保健作为主要目的)和临床信息。4.5 中给出了区别核心 EHR 和扩展 EHR 的最显著的三个特征。

核心 EHR 的支持者采用该观点来促进 EHR 的标准化，以获得更好的互操作性(尤其是在语义层面上)、便携性以及进一步的发展和实施。核心 EHR 清楚、有限的范围容易实现对具体需求的管理和定义出可管理的标准化模型。

在 ISO/TS 18308 中根据需求并按照核心 EHR 体系架构定义了核心 EHR 的范围。

核心 EHR 比扩展 EHR 更适合分布式系统或“系统之系统”的情况。它允许构建更多的健康信息系统模块，而且其范围限定在包括核心 EHR、术语集服务、一些参考数据之类的单一环境到包括许多附加服务(如决策支持、工作流管理、定单管理、患者管理、账单、日程安排、资源定位等)的更大更详细的环境中。核心 EHR 的有限范围以及采用系统之系统的方法也简化了 EHR 和其他相关健康信息标准的开发。这意味着 EHR 标准并不希望覆盖所有事物，但是它可以根据其他标准来提供所需的服务。它还可以对标准进行分级和发布，但并不是简单的作为一个整体来管理所有标准。

4.4 扩展 EHR

扩展 EHR 的观点不仅包括临床信息，还包括被称为“健康信息全景”的所有潜在信息(见 Beale：2001[9])。它是核心 EHR 的扩展集。反之，核心 EHR 应被看作是扩展 EHR 的真正子集。

属于扩展 EHR 而不属于核心 EHR 的功能示例如下：

a) 患者管理；

b) 日程安排；

c) 计价；

d) 决策支持；

e) 访问控制和策略管理；

f) 人口统计；

g) 订单管理；

h) 指南；

i) 术语集；

j) 人口健康的记录、查询和分析；

k) 业务操作的记录、查询和分析；

l) 资源定位。

上述每个功能都称为一个全面的健康信息系统的组成部分。应注意,ISO 的基本通用 EHR 定义可包括关于信息(关于护理主体的健康信息)的几乎所有扩展 EHR 的类型。这样,虽然核心 EHR 的定义局限在临床信息上,但 ISO 的基本通用 EHR 定义和集成护理 EHR 可以包括与患者管理、日程安排、计价、决策支持等相关信息。

4.5 扩展 EHR 和核心 EHR 之间的特征比较

4.5.1 EHR 系统功能

两者的区别应从功能上来寻找,这对"现实环境"中的 EHR 系统以及 EHR 的标准化都很重要。之前比较好的例子是 OLTP(在线交易处理)和 OLAP(在线分析处理)。这些功能对于医院或类似的大规模 EHR 系统可能还有待论证,但它们不会成为核心 EHR 基本体系标准的组成部分。反之,它们将成为发展中的 EHR 系统标准的一部分。认识到这些功能类型与核心 EHR 系统和扩展 EHR 系统都有关系也很重要。

4.5.2 信息、知识和推论

另一个观察核心 EHR/扩展 EHR 范围的角度是它们与信息、知识的关系。Rector[18] 描述了 EHR 环境的三类实体:

a) 知识:应用到一个类的所有实体的声明,与 EHR 相关的示例如术语、临床模型(原型、模板)、指南、药物参考数据等;

b) 信息:关于具体实体的声明,例如,关于某个人的临床、人口统计学、计价方面以及日程安排方面的数据;

c) 推论:使用知识来推断或演绎出个体信息(从一般到特殊的推理);在健康信息学中的主要例子有临床决策支持系统。

核心 EHR 仅包含信息(例如关于个人的事实)。核心 EHR 本身既不是知识系统也不是推论系统。而扩展 EHR 不仅包含信息也包含知识。一个全面的扩展 EHR 系统将把信息系统、知识系统和推论系统作为组件包括在其中。表 1 总结了核心 EHR 和扩展 EHR 之间的区别。

表 1 核心 EHR 和扩展 EHR 之间的区别

范围属性	核心 EHR	扩展 EHR
焦点	主要是临床信息	整个健康信息的全景
两者的关系	扩展 EHR 的子集	核心 EHR 的扩展集
与 EHR 目标的关系	主要考虑首要目标(如临床护理)	首要目标和二级目标都考虑
与 ISO/TS 18308 EHR 需求的关系	定义范围	许多扩展 EHR 需求超出了 ISO/TS 18308 EHR 参考体系的范围
模型范例	小模型,与分布式系统环境中其他服务模型接口	大模型,定义了整个健康信息全景
标准化方式	核心 EHR 的标准是彼此独立的,它们各自在健康信息全景中发挥作用(分层方式)	提供所有服务的多部分组成的一个系列标准
与信息和知识的关系	仅包含信息	可以包含信息和知识

5 EHR 的语境

5.1 用于不同健康范式的 EHR

不同的健康范式或模型会导致 EHR 内容产生很大的差别。在西方国家,对抗疗法或"正统的"医疗模型是占主导地位的健康范式。然而,还有其他两种西方医疗保健模型,即社会模型和心理模型。这些模型对疾病、完好状态的本质以及对维持良好健康和治疗疾病的方法不同而有不同的假设。它们对于同一个概念经常使用不同的术语(如医疗模型中的"problem(问题)"和社会模型中的"issue(议题)"

都含有问题的概念)。但是,西方和非西方健康模型间的差别往往大于上述三种西方模型间的差别。

传统中医药学和印度传统草医药学经常被西方国家通称为“替代”或“补充”医学,它们与西方公认的医学有根本上的区别。特别重要的一点是,各国患者/消费者寻求由多种健康模型的从业者提供的医疗保健,有时对于同一个疾病也是如此。这些不同健康模型的从业者不仅对于相同的实体使用不同的术语,而且有时还使用相同的术语却表示不同的概念。例如,“发炎”、“钙累积”等术语对于西方和一些替代/补充疗法从业者来说意思完全不同。

一个跨越不同健康模式的EHR非常有益于患者从不同健康模型的从业者那里寻求到全面的护理(在许多国家中有超过50%的人如此)。然而,它也可能成为患者的潜在危险甚至生命威胁,除非在EHR中能辨别和处理同一术语所代表的不同假设和不同含义。

在现实中还没有跨越不同健康模式来使用一个EHR的情况,但随着基于模型的EHR标准的制定来处理这些差别,这在技术上是可以实现的。

虽然在使用EHR跨越不同的健康模式中遇到了一些挑战并缺乏实践,但是大家都希望通过EHR标准的制定能够最终解决这些问题。

5.2 用于不同健康系统的EHR

尽管核心医疗内容通常是类似的且与健康系统无关,但是国家和地区健康系统模型的不同可能导致EHR中内容类型的差别。健康系统常常与国家或地区等特定的权限有关(如州、省、领地)。健康系统间主要的差别往往与它们的筹资模型有关,同时它们还受到系统访问方式、服务的实施类型、提供医疗的方法以及医疗提供者的凭证等影响。这些差别会导致在EHR中必须收集和包含相应类型的人口统计学、保险、金融和临床信息。

5.3 用于不同健康部门、专业和环境的EHR

不同健康专业、健康部门和健康环境间的健康系统中的EHR的内容和颗粒度差别很大。例如:

a) 健康部门(如急诊医院、社区门诊、康复中心):与主要护理记录相比,医院记录中的信息有一个更精细的颗粒度,但其范围却更狭窄;

b) 健康专业(如医生、护士、理疗医生、牙医、社会工作者所从事的专业):比起理疗医生或社会工作者,一个GP或牙医的记录一般包含更多的结构化信息,而前者的记录则会包含更多的口述性自由文本;

c) 部门内部的健康专业:医院ICU记录的条目在形式和内容上都会与一般医院记录不同;在同一健康部门中,个人的健康专业记录会与其他的记录不同;

d) 健康环境(如急诊室、办公室、手术室、战场、家):病史(主诉、既往史、过敏史、药物史、系统回顾等)中的组成部分和细节将随着在医院门诊环境、战场护理还是家庭护理的不同而不同。

不考虑类型方面的实际差别,结构化记录信息的颗粒度和数量、对所有健康部门的要求以及健康专业(不包括环境)都可以在单个标准化的EHR体系中得到提供。这将包括一个最小的、标准化的逻辑信息模型来提供功能上的互操作性。随后,不同层次的语义互操作性可以通过使用标准化的术语、原型和模板来添加。

5.4 EHR的时间语境

EHR的许多定义都强调了一个主张,即EHR是一个纵向的(个人健康)信息集。但在EHR的语境中并没有给出纵向的定义。然而,在ICEHR(见2.10)中给出了EHR的进一步确立的时间性,它包括如下信息:

a) 回顾的:健康状态和干预的历史意见;

b) 当前的:健康状态和主动干预的“现在”意见;

c) 预期的:计划中健康行为和干预的未来意见。

《简明牛津字典》将“纵向”定义为“经过一个时期的延长后所包含的关于个人或团体的信息”。该字典还把延长以及“漫长的”定义为“相当的或不一般的持续时间”。与临床事件和EHR关联起来,这就通常解释为几个月或几年的时期，在一些健康语境中这可能还算短的。

一些 EHR 的定义将该时间期限规定为“生命周期”、“从出生到死亡”（“从摇篮到坟墓”）或者甚至是“从出生前到死亡后”（“从精子到虫豸”）。当这清楚地定义了 EHR 的限制以及成为 EHR 的一些格式的预期目的时，它并不排除更短的时间期限也被看作是纵向的，而且仍然符合 ISO ICEHR 定义的标准。实际上，即使是一个由单一健康面诊组成的记录都可看作是纵向的。急诊部某患者的一次面诊可能持续数小时并包括了由很多不同健康专业和学科给出的患者（病史、检查、调查、治疗、计划等）信息记录。类似情形有 24 小时重症监护，在其结束以前，总会涉及过去的回溯、现在和将来的信息。

需指出的是，ISO 的基本通用 EHR 定义及其 ICEHR 专门化以及标准化的 EHR 体系架构，将涵盖所有的“纵向”极值（从一次面诊到一生）及二者间的时间段。

5.5 EHR 功能语境

短语“EHR 功能需求”或“EHR 功能规范”实际上与 EHR 系统（见第 6 章）有关，而不是与电子健康记录本身有关。EHR 有不同的目标，这在 4.1 中有所讨论，但它与功能不同，功能是 EHR 系统在 EHR 上运作的属性。

5.6 健康信息环境中的 EHR 语境

图 2 所示为抽象的健康信息环境。从广义讲，可以将其理解为问题领域的“全景”或电子健康信息领域中的关注点。大多数领域当前都有一个或多个标准可用。在一个整合的健康信息环境中最大的挑战之一是将这些工作整合在一起。

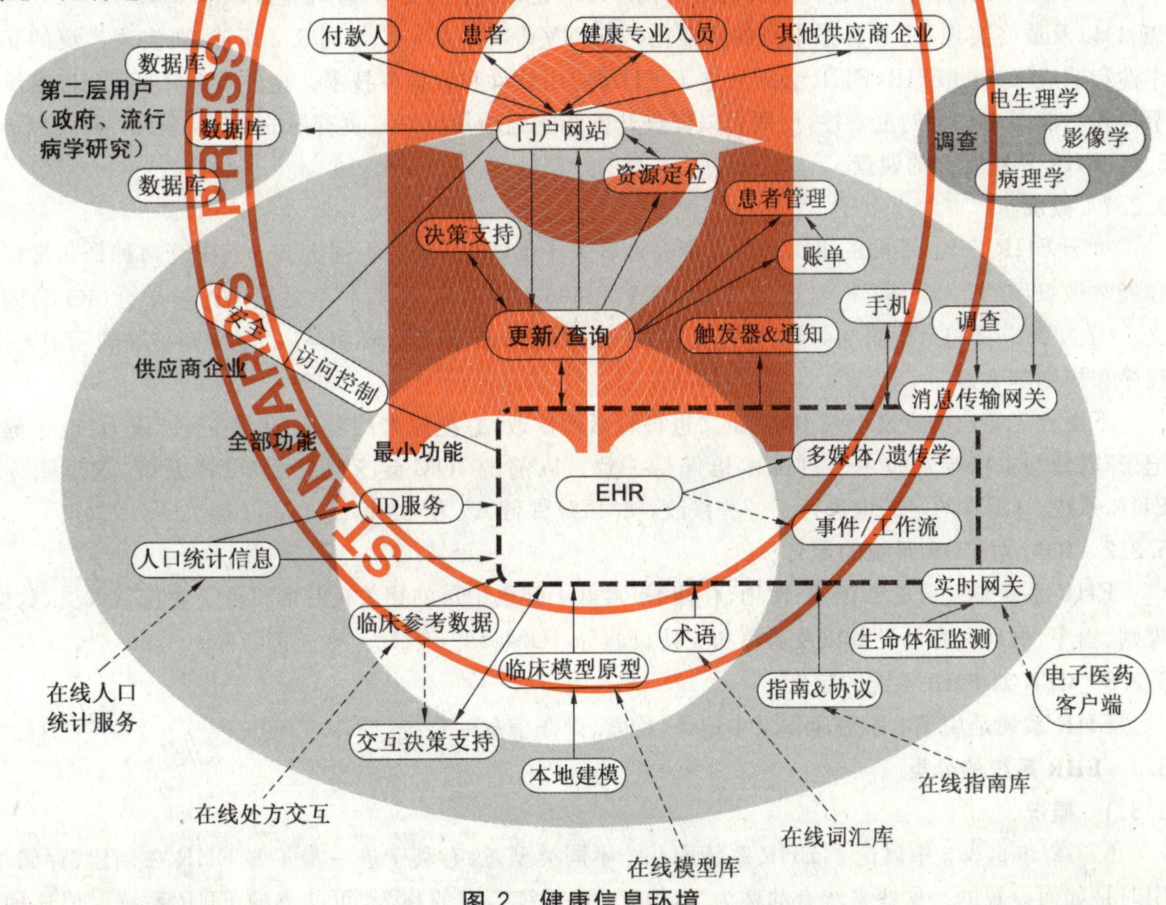

图 2 健康信息环境

注：图 2 中每种服务的详细情况参见 HIS 声明第 5～8 页（见 Beale：2001[9]）。

图 2 从“最小功能”EHR 环境这个层次出发，包含一些患者健康信息的基础层次，如术语、参考数据（如普通药物数据）、患者标识和原型。该层对应于核心 EHR 的范围。

下一层是“全部功能”，包含在更完全环境（如医院）中应有的其他服务，例如决策支持、指南和协议、移动计算等。应特别指出的是，在这一层中，EHR的观点意见扩展到包括事件、工作流、多媒体以及遗传信息等。

安全和访问控制服务要跨越健康信息环境的所有层次，它们为每层的其他可用服务提供了适当的支持层。

对应扩展EHR范围的所有层次如图2所示。

图2不能看作是精确的软件工程图，而是健康机构中发生的、用于支持人类活动的各种各样系统的示意图。图中所示的计算机基础设施可以看作是一个整体，其各个组成部分大都可以独立运行，但作为整体能实现更大规模的功能，远远超出了单个系统。这是多系统的典型特点，这实际上就是一个多系统的系统。系统之系统的另一个特点是持续发展，即根据实际经验对功能和目标进行增加、删除和修改等。

6 EHR系统

6.1 导言

EHR系统具体细节的讨论将超出本指导性技术文件的范围。但是，本指导性技术文件简要讨论了EHR系统的正式定义及与EHR直接相关的EHR系统的主要问题，因为这对实现区分EHR本身（如记录作为一种实体）与EHR系统的标准化目标至关重要。

不同EHR系统间互操作性的关键是贯彻EHR（记录）体系架构需求的标准化（如ISO/TS 18308:2004）以及最终实现EHR体系本身的标准化（如ENV 13606-1[6]）。如同3.2所述，要实现广泛的互操作性和适应未来的EHR，EHR必须独立于EHR应用软件和数据库技术。这并不会降低EHR系统的架构和功能需求标准的重要性，反而可以促进开发和实施质量更好且更有用的EHR系统。

6.2 EHR系统定义的调查

6.2.1 概况

对于EHR来说，不同的组织和国家都有许多关于EHR系统的不同定义。其中有两种是非常接近和经常被引用的，一个是CEN/TC 251在ENV 13606-1中的定义[6]，一个是美国医学学会（IOM）的定义。CEN的定义相对更简练一些，它仅涵盖EHR系统的IT组件。而IOM的定义则扩展到涵盖人员、程序和规则等方面。

下面首先给出的定义会对IOM定义进行轻微的修改，它把原来的名词“患者记录”改为“电子健康记录”以便与本指导性技术文件的术语保持一致。以前的IOM定义还提到CPR系统，这里则称为EHR系统。CEN的定义也进行了一些修改，将“医疗保健”改为“健康”。

6.2.2 IOM对EHR系统的定义

EHR系统是一套能够创建、使用、存储、检索电子健康记录的相关机制的组件。它包括人员、数据、规则、程序、处理和存储设备以及通信和支持设施等（IOM:1991[13]）。

6.2.3 CEN对EHR系统的定义

EHR系统是用于电子健康记录中记录、检索、操作信息的系统（ENV 13606-1[6]）。

6.3 EHR系统的分类

6.3.1 概况

6.3.2和6.3.3中讨论了EHR系统的几个不同类型，这有利于进一步了解EHR在创建、存储、使用时是如何设置的。这些系统有的称为“本地EHR系统”，有的称为“可共享的EHR系统”，但这种名称不会在本指导性技术文件中正式定义，并且这两种系统之间是有重叠的。进一步说，EHR系统类型的不同并不一定表明这些系统中使用的EHR类型也是不同的。例如，一个完整的护理EHR在共享EHR系统中有其本来的位置，但它也可以驻留在本地EHR系统中。例如，GP管理的EHR（如英国的NHS）即保存在GP的本地EHR系统中，同时也是一种ICEHR。

6.3.2 本地 EHR 系统

大部分人都是在其本地社区中接受大多数的医疗保健。这中间通常包括一般主要健康提供者(如普通从业者或家庭医生)、一定范围的其他社区健康提供者(如专科医师、健康专业人员、中医医师)以及如门诊服务、急诊、住院治疗等的健康服务。

在大多数健康系统中,个人健康设施和社区健康提供者都有它们自己的本地患者/消费者记录,包括手工的、电子的以及两者混合的。这些记录的一个重要特征是它们包含着某一主体的具体健康信息,这些信息由专门的健康提供者所收集。它们通常还包含一些外源型资料,例如诊断结果和转诊介绍,但这些处于本地 EHR 系统中的信息访问又往往限于那些特定机构中经过认可的健康专业人员。护理的 EHR 主体也可以访问他/她自己的 EHR,但进一步的特性访问和扩展访问(包括护理的主体要对自己的 EHR 直接进行修改)却受到很多的权限限制,这种现象在很多国家越来越常见了。

本地 EHR 系统的体系架构为了满足不同健康部门和健康专业的需要而有很大的变化(但仍然符合 EHR 功能和体系需求的各个标准)。用于 GP 家庭实践的本地 EHR 系统的系统体系架构可以具有与大医院本地 EHR 系统或者社区护理本地 EHR 系统完全不同的形式。

6.3.3 可共享的 EHR 系统

本地 EHR 系统可以支持 ICEHR,但这样一个系统的主要目标是在单个医院、诊所或其他健康机构中实现对患者的护理。而建立共享 EHR 系统的目标是促进在"社区护理"中的完整共享护理,并支持发送和接收摘要和完整的工作流。大多数社区护理都局限于一个有限的地理范围内,通常是在距离患者/消费者住址 10 km～20 km 的范围内。它由不同层次的、患者/消费者经常或偶尔光顾的健康机构和临床医护人员组成。典型情况下,这包括一个或多个基本护理诊所、专家诊所(如内分泌专家和眼科专家、家庭医疗计划诊所、STD 诊所)、医院、健康专业人员、选择性/补充性医疗的从业者。

尽管大多数人的大部分健康需求在本地的社区护理中能够得到满足,但是共享 EHR 系统可以在超出本地社区范围的地区(州、省)甚至国家层次上得到有效使用。实际上,很多国家已经建立或者计划建立州/省级别的共享 EHR 系统。

在一些案例中,社区护理没有定义成一个地理的概念而是定义成机构的概念。例如军队服务,其服务对象因为职责特点可能到处行军。他们的社区护理则会根据他们的服务机构来定义,这是一种提供共享护理的"社区",在实际服务过程中"社区"可以把他们的居住地址扩展到世界各地。

对于完整的护理 EHR,目前提出了两个主要的共享 EHR 系统模型:

a) 联合 ICEHR 模型:该模型中的完整护理 EHR 是实时构建的。这可以看作是"虚拟"EHR,可由提炼自两个或多个分散的 EHR 源的两个或多个 EHR 的物理组合或逻辑视图组成。联合的方式在理论上是可行的,但还有很多实施和执行上的困难,特别是在大型系统中有大量的记录和大量不同联合的 EHR 源(或 EHR 节点)。成功的联合系统要依赖于一些因素,例如有效的分布式查询、短潜伏期以及一致的安全模型、弱链接等。

b) 集聚型 ICEHR 模型:该模型中完整护理 EHR 当被创建或更新时都是作为一个整体进行的,但不包括被请求时的情况。在原始健康事件发生后较短时间内(常常是在一天或数小时内),可以从本地 EHR 源系统对 ICEHR 进行相关操作或直接进入 ICEHR。该固定模型有它自己的技术困难,但也有一些优势,包括比联合系统简单得多的访问控制和安全性,以及可能有更好的性价比。

每种模型都有其支持者,但哪种具有绝对优势或是否可以以某种形式共存等问题上都还缺乏足够的实践验证。集中式 ICEHR 模型已经被一些国家在地区和国家共享 EHR 工程中采用,如澳大利亚、巴西、加拿大和英国。

6.4 EHR 目录服务系统

EHR 目录服务系统实际上是一个元 EHR 系统,它包含的不是个人健康信息而是一套对有关特点主体的分散的 EHR 节点的链接。它与其他分布式目录服务系统在本质上是一样的,但目前还缺乏这样的 EHR 系统。规范健康信息地址服务(HILS)所提到的 OMG(对象管理群)[16]可以作为 EHR 目录服务的基础,这样更多的现有普通目录系统就可以用来实现这一相同的目标。

这种系统主要适合于人们到其常接受护理的社区外的情况,特别是当在国内进行跨州/省旅行或进行跨国旅行的时候。

6.5 EHR 系统特征摘要

表 2 列出了上述三种 EHR 系统的特征。需强调的是,这些特征只是用来起提示作用的,没有必要对不同类型的 EHR 系统划分出严格的界线。总之,希望该表能对 EHR 系统类型间明显的区别进行有用概括。

表 2 EHR 系统摘要特征

EHR 系统类型	本地 EHR 系统	共享 EHR 系统	EHR 目录服务
范围和目标	单个的本地健康提供者	本地护理社区 地区或国家	国家 国际
EHR 类型	不可共享的 EHR ICEHR	ICEHR	ICEHR 索引
数据类型	详细的本地数据	共享数据	元数据索引
数据的颗粒度	精细	粗略 (提炼过的或摘要数据)	N/A(不适用)
对 EHR 的访问和贡献者[a]	本地健康提供者	本地护理社区或扩展社区 (地区或国家)	N/A(不适用)[b]
管理者/维护者	医疗保健机构 (医院、GP 诊所等)	本地卫生机构、 HMO、GP 管理者等	公共卫生部门或类似部门

[a] 贡献者和访问控制可以在每个案例中包括护理的主体。

[b] 超出本地或扩展护理社区的健康事件的记录(如越洋旅行)可以在其祖国的国家目录服务中进行索引,并在将来可被国内用户访问。换句话说,对跨国记录的复制或摘录可传送给主体的定点诊所,以便写进他/她的 ICEHR 中。

附 录 A
（资料性附录）
制定 ISO/TR 20514 的背景说明

截止目前，国际上关于 EHR 的定义还没有达成一致，甚至在某个国家内都很少有正式的 EHR 定义，ISO/TS 18308[3]列出了全世界不同国家和组织关于 EHR 的七种不同定义，其中的几种和其他相似的定义实际上并不使用术语“电子健康记录”或其缩写“EHR”，而是使用具有一定差异的术语，如 EMR、EPR、CPR 和 EHCR。

2001 年 8 月，ISO/TC 215 成立了 EHR 特别任务组，它作为五个任务组之一，从 EHR 功能和应用角度明确了制定 ISO/TR 20514 的需求。2002 年 7 月，EHR 特别任务组最终报告的第一个建议是“ISO/TC 215 应制定一个能被广泛认可的 EHR 定义”(Schloeffel&Jesclon[20])。

ISO/TR 20514 的工作项目于 2002 年 8 月启动。大家一致认为有必要开展这个工作项目，特别是有必要制定 EHR 的 ISO 定义，并对 EHR 的范围与语境进行说明。这对阐述和认可 EHR 的界限以及促进 EHR 国际标准的制定是很有用的。

ISO 关于 EHR 定义的最初草案是于 2002 年 10 月在讨论稿中提出的(Schloeffel[19])。该定义通过解析和对 ISO/TS 18308 中七种 EHR 定义进行分析而得出。随后在 2003 年 2 月的具体项目会议上对这个定义进行了讨论并原则上达成一致。然而，2003 年 5 月在奥斯陆举行的工作组联合会议上提出了包括 ISO 应采用的定义内容和形式的一种观点。关于 EHR 定义，本质上存在两种意见。第一种主要采用了讨论稿中定义的结构和内容。第二种对第一种定义的主要特征提出了质疑，并鼓励制定一个简短且更加通用的定义。在该组中的一些人也给出了一个强有力的案例来区分 EHR 的内容及结构。而其他人则认为 EHR 有许多不同的使用目的和用户，这些都需要在 EHR 的定义和范围中进行说明。

ISO/TR 20514 的初稿是根据奥斯陆会议使用的材料和由选定专家组提供的补充材料编写的。ISO/TR 20514 草案为 2003 年 7 月在悉尼举行的特别项目会议上的讨论奠定了基础。草案包括一个简练的顶层(后来称为基本通用)EHR 定义、一系列基于护理语境的 EHR 三层分类的补充性定义以及每一层主体健康信息的主要用法。在本次会议上，采纳了基于某类 EHR 的补充性定义的基本通用定义和概念。

后续的三个草案分别是在奥尔胡斯(2003 年 10 月)、多伦多(2004 年 1 月)和华盛顿(2004 年 5 月)举行的 ISO/TC 215 会议中讨论编写的。每次会议都是 ISO/TC 215 工作组联合论坛。这样做是因为该工作项目的相关性和利益关系已超过了其所属工作组的范围。这是 ISO/TC 215 第一次成功地在影响健康信息学所有领域的重要定义项目方面达成一致。

参 考 文 献

[1] ISO/TR 17119:2004 Health informatics—Health informatics profiling framework.

[2] ISO/TS 17090-1. 2002 Health informatics—Public key infrastructure—Part 1:Framework and overview.

[3] ISO/TS 18308:2004 Health informatics—Requirements for an electronic health record architecture.

[4] GB/T 20000. 1—2002 标准化工作指南 第1部分:标准化和相关活动的通用词汇.

[5] GB/T 18714. 1—2002 信息技术 开放分布式处理 参考模型 第1部分:概述(ISO/IEC 10746-1:1998,IDT).

[6] ENV 13606-1:2000 Health informatics—Electronic healthcare record communication—Part 1:Extended architecture.

[7] EN 12967-1 to 3:2004 Health informatics—Service architecture (HISA).

[8] ENV 13940:2000 Health Informatics—System of concepts to support continuity of care.

[9] BEALE T. Health Information Standards Manifesto,V2. 5,December 2001,available at <http://www. deepthought. com. au/health/HIS. manifesto/his _manifesto. pdf >.

[10] BEALE T. A Shared Archetype and Template Language,Part 1,V0. 3,May 2003,available at <http://www. oceaninformatics. biz/publications/archetype_language. doc>.

[11] EU-CEN,Comité Européen de Normalisation (CEN). Proceedings of the second EU-CEN workshop on the electronic healthcare record,CEN,1997.

[12] Infoway,Canada Health Infoway. EHRS Blueprint -> an interoperable EHR Framework, V1. 0 July 2003,available at <www. infoway-inforoute. ca>.

[13] IOM,DICK,R. and STEEN,E. ,The Computer-Based Patient Record:An Essential Technology for Health Care,US National Academy of Sciences,Institute of Medicine,1991.

[14] JAHIS. Japanese Association of Healthcare Information Systems,Classification of EMR systems,V1. 1,March 1996.

[15] NHS Executive. Information for Health:An Information Strategy for the Modern NHS, 1998-2005,1998,available at <http://www. nhsia. nhs. uk/def/pages/info4health/contents. asp>.

[16] OMG:2004,OMG Health Domain Taskforce (formerly CORBAmed) <http://healthcare-omcj. orq/Healthcare. info. htm>.

[17] OpenEHR. openEHR Foundation,The openEHR Technical Roadmap,2003. <http://www. openehr. orq/repositories/spec/latest/publishing)/architecture/top. html>.

[18] RECTOR,A. The interface between Information,Terminology,and Inference Models,Proceedings of Medinfo 2001,V Patel et. al. (eds.),Amsterdam,IOS Press,2001.

[19] SCHLOEFFEL,P. Electronic Health Record Definition,Scope and Context:ISO/TC 215 Discussion Paper,October 2002,available at <https://committees. standards. com. au/COIvIMITTEES/IT-014-09-02/N0004/IT-014-09-02-N0004. DOC>.

[20] SCHLOEFFEL P. and JESELON,P. ,Standards Requirements for the Electronic Health Record and Discharge/Referral Plans,ISO/TC 215 EHR ad hoc Group,Final Report,July 26 2002,available at <http://secure. cihi. ca/cihiweb/en/downloads/infostand_ihisd_isowgl_finalreportJan03_e. pdf>.

[21] WAEGEMANN,P. ,Status Report,Electronic Health Records. Medical Records Institute,

2002.

[22] World Health Organization. Preamble to the Constitution of the World Health Organization as adopted by the International Health Conference, New York, 19-22 June, 1946; signed on 22 July 1946 by the representatives of 61 States (Official Records of the World Health Organization, no. 2, p. 100) and entered into force on 7 April 1948.

[23] ZACHMAN, J. Enterprise Architecture: The Issue of the Century, Zachman International, 1996.

ICS 35.240.80
C 07

中华人民共和国国家标准

GB/T 24465—2009/ISO/TS 21667:2004

健康信息学 健康指标概念框架

Health informatics—
Health indicators conceptual framework

(ISO/TS 21667:2004,IDT)

2009-10-15 发布　　2009-12-01 实施

中华人民共和国国家质量监督检验检疫总局
中国国家标准化管理委员会　发布

前　言

本标准等同采用 ISO/TS 21667:2004《健康信息学　健康指标概念框架》。

本标准的附录 A、附录 B、附录 C、附录 D、附录 E、附录 F、附录 G 和附录 H 为资料性附录。

本标准由中国标准化研究院提出。

本标准由中国标准化研究院归口。

本标准起草单位:中国标准化研究院、成都市标准化研究院、中国人民解放军总医院、中国人口与发展研究中心、中国武警部队指挥学院。

本标准主要起草人:任冠华、董连续、陈煌、张蕊、尹书蕊、林希、胡昌川、刘胜男、俞华、韵力宇、石丽娟。

引　言

国际上，除了关注付款方和利益相关方的责任和反馈外，人们还非常关注对医疗保健系统性能的监测。因此，许多国家为了监测健康系统的性能，开始对健康信息进行系统的定义和收集。这种趋势推动了可对人口健康及医疗保健系统进行更明确、更严格测评的数据基础设施的强化，反过来强化的数据基础设施也推动了这种趋势的发展。通常，这种测评是收集描述健康和健康系统相关的趋势和因素的具体指标集合。

术语“健康指标”是一个综合量度，通常以定量方式来表示，代表健康状况、医疗保健系统或相关因素的一个关键维度。健康指标是资料性的，并对时间和辖区的变化敏感。

为了监测健康状况或保障健康系统的运行，需要用明确的准则来选择和定义健康指标。健康指标的选择应在度量内容和度量目的方面保持一致，并以明确的概念框架进行表述。这就意味着需要一个可在国际范围内使用的通用框架，给出度量健康状况和健康系统性能的方式。同时，本标准对关键类型指标的综合性高层分类体系进行了说明。这些指标对于人口健康和健康服务的评估有实用价值。

本标准的制定无疑会推动国家间用于交流的通用语言的发展，而且最终会提高指标的通用性。从长远角度看，本标准可以而且事实上也将促进健康数据的国际化比对，从而便于进行国际范围内统一的报告、发布和分析。

本标准制定工作的开展也可视为对其他组织(如 OECD)现行工作的补充。通用健康指标概念框架的应用将进一步促进各国制定和收集通用健康指标。此外，制定国际上普遍接受的健康指标概念框架的努力不但将进一步健全跨国比照和分析的能力，而且还有利于开发可比较的数据，这些数据可作为建立国际基准的基础。这种努力的结果对国家健康消费策略、健康人力资源需求或健康和社会系统组织非常有价值，并且最终会促进对健康差异、医疗保健差异和其他非医学健康决定因素中诸多差异的正确认识。

有关 OECD 发起的项目及其与本标准中健康指标概念框架的关系等方面的信息参见附录 A。

健康信息学
健康指标概念框架

1 范围

本标准建立了健康信息学领域中通用的健康指标概念框架。其目的是促进框架中通用词汇和概念性定义的制定。该框架：

——定义了描述人口健康和医疗保健系统性能所必需的、合适的维度和子维度；

——是宽泛(高层)的，可适用于各种医疗保健系统；

——是全面的，囊括了与健康效果、健康系统性能和应用以及与区域和国家差异相关的所有因素。

本标准不标识或不描述健康指标概念框架内的单个指标或具体数据元素。关于健康指标概念框架可能包含的元数据、特征和通用属性方面的标准待制定。

基准定义和/或定义基准的方法不属于本标准范围。

注1：制定本框架的缘由参见附录B。

注2：许多国家已开发了用来指导收集和分析健康指标的模型。各个国家并不希望改变自己现有的框架。本框架可以认为与各国现有的框架一致。例如，如果具体的健康指标框架只针对健康系统性能，则本标准推荐的方法可以用来加强和/或补充各国现行的模型。

注3：不同的辖区可以选择实施不同的概念框架。由于概念维度代表了高层分类学，所以本标准可以为各国在选择具体指标时提供有效的判断和灵活性。高层分类学也具有足够的灵活性，允许在将来随着新问题的出现和新数据的增加而增加相应的新指标。由于没有定义具体数据元素，所以各个辖区可以根据自身具体情况将最相关、最适用的指标纳入到本框架中。

2 术语和定义

下列术语和定义适用于本标准。

2.1

健康指标　health indicator

单个综合量度，通常以定量方式来表示，代表健康状况、医疗保健系统或相关因素的一个关键维度。

注：健康指标是资料性的，并对时间和辖区的变化敏感。

3 健康指标概念框架

3.1 框架

表1给出了健康指标概念框架，它由四种维度及其子维度组成，并考虑了指标的公平性。

注：与表1相关的背景信息参见附录C。

表1　健康指标概念框架

维　　度	子　维　度	
1　健康状况	完好状态、健康情况、人体功能、死亡	公平性
2　非医学健康决定因素	健康行为、社会经济因素、社会和社区因素、环境因素、遗传因素	
3　健康系统性能	可接受性、可获得性、适用性、可胜任性、持续性、效果、效率、安全性	
4　社区和健康系统特征	资源、人口、健康系统	

3.2 公平性框架维度

3.2.1 维度 1——健康状况

"健康状况"维度的描述见表 2。更多信息参见附录 D。

表 2 健康状况

子维度	描　述	指标示例
完好状态	关于个人身体、精神和社会适应方面的综合量度	——自测健康 ——自尊
健康情况	个体健康状况的改变或属性，可导致情绪异常、干扰日常活动或需要健康服务。它可以是(急性或慢性)疾病、障碍、创伤或外伤、其他健康状况(如怀孕、衰老、压力、先天性异常、遗传因素)[45]	——关节炎 ——糖尿病 ——慢性疼痛 ——抑郁症 ——由于饮食或饮水导致的疾病 ——因创伤住院
人体功能	人体功能的水平与疾病、障碍、受伤和其他健康情况相关，包括身体功能/结构(损伤)、活动(受限)、行为(受限)[45]	——功能健康 ——残疾时日 ——活动受限 ——健康预期寿命 ——无伤残预期寿命
死亡	特定年龄范围的死亡率和条件及导出的指标	——婴儿死亡率 ——预期寿命 ——潜在寿命损失年数 ——循环系统死亡 ——意外伤害死亡

3.2.2 维度 2——非医学健康决定因素

"非医学健康决定因素"维度的描述见表 3。更多信息参见附录 E。

注：为了更好理解健康状况和健康系统性能的地区或时间差异，本框架包括了各类非医学健康决定因素。通常认为，非医学的健康因素不属于医学/医疗保健范畴，但影响健康状况，在某些情况下可纳入到医疗保健服务中。

表 3 非医学健康决定因素

子维度	描　述	指标示例
健康行为	流行病学研究表明影响健康状况的各个方面的个人行为和风险因素	——吸烟率 ——体力活动
社会经济因素	流行病学研究表明与健康有关的人口社会经济特征指标	——失业率 ——低收入率 ——高中毕业
社会和社区因素	用于度量社会和社区因素的流行程度，如流行病学研究表明与健康有关的社会支持、生活压力、社会资本等	——入学准备 ——社会支持 ——住房供给能力 ——文盲率
环境因素	对人类健康有潜在影响的环境因素	——水质
遗传因素	常用的个人行为、社会、经济或物理环境影响因素之外的因素；在一定条件下遗传因素是决定性致病因素	——遗传病比例(如唐氏综合症)

3.2.3 维度 3——健康系统性能

“健康系统性能”维度的描述见表 4。更多信息参见附录 F。

表 4 健康系统性能

子维度	描　述	指标示例
可接受性	在认可利益相关方间的矛盾和利益竞争以及客户/患者需求至上的情况下，健康系统提供的所有护理/服务可满足客户、社区、提供方和支付机构的期望[5]	——患者满意度
可获得性	客户/患者根据自身需求在正确的时间和地点获得护理/服务的能力[5]	——等待时间 ——就诊可用性 ——牙医可用性
适用性	健康系统提供的护理/服务与客户/患者的需求相对应，并以已有标准为基础[5]	——不恰当的外科手术 ——在心力衰竭时适当使用 ACEI(血管紧张素转换酶抑制剂)
可胜任性	与健康系统提供的护理/服务相适应的个人知识和技能[5]	—
持续性	提供持续协调的跨计划、医师、机构和随时间变化的不同层次的护理/服务的能力[5]	—
效果	护理/服务、干预或医疗活动达到预期效果	——癌症存活率 ——术后疝气的复发 ——怀孕期间的戒烟(孕产妇医疗保健效果) ——慢性病治疗管理：哮喘、糖尿病、癫痫的入院率
效率	以最小的资源消耗获得预期结果	——不必要的住院治疗 ——调整病例组合来降低费用 ——符合成本效益的处方
安全性	避免或最小化由于干预或环境造成的潜在风险	——医院获得性感染率

3.2.4 维度 4——社区和健康系统特征(语境信息)

“社区和健康系统特征”维度包含有助于解释指标的语境信息，具体见表 5。更多信息参见附录 G。

表 5 社区和健康系统特征

子维度	描　述	指标示例
资源	关于人、财、物或其他类型资源的语境信息	——人均医生数量 ——提供方赔偿 ——资产率 ——教育服务支出百分比 ——科研支出百分比

表 5（续）

子维度	描　述	指标示例
人口	关于人口特征的语境信息	——健康保险登记率 ——65 岁及以上人口占总人口的百分比 ——市中心居住人口百分比
健康系统	关于医疗保健系统的配置、组织、持续性或应用的语境信息	——人均冠状动脉分流移植(CABG)数量 ——人均家庭护理服务数量

3.2.5　公平性

公平性与本框架所有的维度都相关，并适用于各维度包含的所有指标。更多信息参见附录 H。

附 录 A
（资料性附录）
本标准与 OECD 健康指标行动的一致性比较

国际上许多组织都制定健康指标。例如，OECD(Organization for Economic Co-operation and Development，经济合作与发展组织）开展了一些针对健康和健康系统性能量度方面的活动。可以肯定的是，本标准与 OECD 的活动在许多方面都有交叉。同时需强调的是，本标准的健康指标概念框架在查询领域具有独特的作用。

本标准与 OECD 健康指标活动在目标与范围上都有所不同。正在进行的 OECD 活动关注于具体健康指标的定义、数据要求以及数据源，这些都不属于本标准范围。实际上，按照有关建议，OECD 在性能指标方面的作用包括[22]：

a) 标识通用健康效果指标集；

b) 对概念和数据定义进行标准化；

c) 将标准应用于国家数据基础设施中；

d) 使用这些数据做进一步的分析工作。

另一方面，本标准的健康指标概念框架给出了一个适用于现有和未来数据的综合分类法，但并不给出具体指标。

为了定义和收集性能指标，OECD 提出了一个与 WHO 制定的性能框架相近的性能框架[20]。该 OECD 框架所包含的维度见表 A.1。它很容易与本标准的健康指标概念框架相映射。OECD 框架包括的是可确定的维度，而本标准的框架在范围上更宽泛、更全面。

表 A.1 本标准框架与 OECD 性能框架的映射

OECD 性能概念	本标准的映射指标
质量（健康促进/结果）	健康系统性能——效果
反馈	健康系统性能——可获得性和可接受性
效率	健康系统性能——效率
公平性	可获得性；也可作为所有维度的一个构件

OECD 为其成员国编译了国际上可比对的健康数据，主要关注健康状况和健康服务的输入和处理能力。而且，所编译的数据可以很容易地对应到健康指标概念框架上（见表 A.2）。OECD 健康数据 2000 的目标是定义具体的数据元并给出数据，而不是要开发一个独立的、易于理解的高层分类法。

表 A.2 OECD 健康数据及相关映射

OECD 健康数据 2000 的主要数据域	本标准的映射指标
健康状况	健康状况
医疗保健资源	社区和健康系统特征
医疗保健应用	社区和健康系统特征
健康支出	社区和健康系统特征
资金和理财	社区和健康系统特征
社会保障	社区和健康系统特征

表 A.2（续）

OECD 健康数据 2000 的主要数据域	本标准的映射指标
药物需求	社区和健康系统特征
非医学健康决定因素	非医学健康决定因素
人口统计学参考	社区和健康系统特征
经济学参考	社区和健康系统特征

当前的 OECD 活动是对本标准中健康指标概念框架的补充。OECD 的工作是以使用数据和健康指标作为起点和关注点，而本框架致力于在概念层上创立一个框架，用于标识可比数据和相关数据。

附 录 B
（资料性附录）
制定通用健康指标概念框架的缘由

为什么要制定一个通用健康指标概念框架？

“数据和事实并不象海滩上等待人们去拾取的鹅卵石。它们只有通过底层理论和概念框架才能被理解和进行度量，该框架定义了相关的事实并把它们与其背景干扰区分开来。”[49]

例如，可以根据现有数据、也可以根据特定健康目标来定义一系列“健康指标”。然而，如果健康指标要在本地、本国和国际上使用，则应严格遵循标准而不是遵循某种既定方式。为了使其具有一定参考性，它们应能准确地反映出人们想要度量的系统基本元素。

健康指标概念框架可以对有含义的健康指标进行选择和解释。这样的框架定义了需要用什么样的信息来表达健康和医疗保健方面的问题，以及如何整合这些信息和它们之间的内在关系。

在国际上，得到大家认可的健康指标框架应在确定具体指标和底层数据要求中保持灵活性的同时，兼顾稳定的概念分析和定义。概念框架已被证明可以作为一个共享参考点，用来形成可比的和一致的指标报告，并能够促进国家间健康信息的通信。而且，这种类型的框架可以让人们理解健康和健康系统性能方面的层次和区别，以及在需要将相关信息提炼成健康策略的过程中发掘主要因素。一个定义明确的概念框架还将促进人们更好地理解：医疗保健系统中可能包含的因素或结果，以及只在跨部门协作中才能解决的因素。

附 录 C
（资料性附录）
健康指标概念框架的背景

本标准中定义的健康指标概念框架是基于人口健康模型或健康决定因素模型的。本框架反映了健康是由一系列因素(包括社会和自然环境、完好状态、财富、医疗保健以及遗传因素、个人行为和生理反应等)相互作用来决定的一般原理，这种原理是以相关科学证据为基础的1)。换句话说，根据人口健康的观点，健康的决定因素不仅仅是医疗保健，而且还包括一定范围的个人以及人口层次上的文化、社会和经济因素。这意味着对健康和健康策略的检验应考虑广泛的因素集，包括但不限于提供健康服务[16]。

实际上，如果健康指标用于监测人口健康和医疗保健系统性能，则有必要包括——至少要认识到——相关的"其他"因素。如果不包含这些因素，则将导致健康和医疗保健之间关系的错误结论2)。由于医疗保健是较宽泛系统的一部分(该系统中个人部分比起整体来说意义小的多)，因此如果不首先考虑较宽泛的因素，则无法改变医疗保健系统指标或给出指标的模式[37]。考虑到下列问题：

a) 由于医疗保健系统因素或教育背景不同而导致筛选乳房X线照相术使用的不同表明，在获得预防服务是否也存在差异？

b) 由于药物提供者、潜在发病率或保险覆盖人口情况等的不同，是否会导致普通药物处方也是不同的？

c) 由于待遇或其他因素的不同，是否会导致医院对心脏病突发患者的接纳情况不同？

为了弄清上述问题，本健康指标概念框架包含了能考虑到的广泛因素，具体包括：

a) 接受服务的人口整体健康水平以及与其他辖区的比较；

b) 区域中主要的非医学健康决定因素；

c) 本地居民接受的健康服务质量；

d) 社区或提供有用的语境信息的健康系统的特征。

大多数框架主要关注直接或间接度量和监测健康系统性能以及各种健康状况，却很少关注那些可以明显影响结果、输入或医疗保健程序的语境差异问题[20]。加拿大的健康指标框架(本标准的框架和相关定义以其为基础)则明显不同，它既包括了许多健康状况的传统标记，还包括了与健康系统性能有关的一套更广泛的非医学(如社会、经济和环境)的决定因素[6]。澳大利亚也是如此[38]。

应注意，可以定义多种不同类型的概念框架。其中有一些框架明显考虑到系统中各组件间潜在的因果关系，另一些框架专门对其涉及的基本组件进行分类。本标准的框架明显是一个分类框架。尽管各维度之间许多潜在的因果关系是隐含的或可被理解的，但本模型并没有专门对其进行证明。

然而，当使用本框架来说明和阐释各指标时，应考虑各维度及其之间的相互关系。综上所述，这四个维度中的任何一个都会影响其他维度，如非医学健康决定因素对健康状况或健康系统性能的影响。而且即使在每个维度内部也可能存在重要的内在关系，如健康状况维度下的因素。当本框架对健康状况、完好状态和人体功能分别进行定义时，其中任一指标与其他指标关联的方式是显而易见的。

---

1) 关于本模型的详情可参见参考文献(如[10])。

2) "医疗保健本身并不是促进长寿的最重要原因"的假设得到了某些参考文献(如[30]、[31]、[32])的作者的支持。他们论证了生活质量——不是医疗保健——的改善是20世纪死亡率降低的原因。尽管其他作者坚持认为医疗保健的贡献并不是微不足道的[29],[39]，但是"医疗保健是改善健康的最有影响力的决定因素"的假设仍然没有被接受。

附 录 D
（资料性附录）
健康状况

死亡或寿命度量也许是使用最广泛的健康状况指标。这些包括特定年龄范围的死亡率以及诸如预期寿命一些生命期望、潜在寿命损失年数之类的衍生指标。

然而为了全面掌握健康状况，人们应努力收集一些指标，一方面来反映发病或残疾情况，另一方面反映完美状态。两类健康状况指标反映发病和残疾情况：健康情况和人体功能。健康情况可包括对疾病发生和流行程度的评估，而对人体功能的度量可包括诸如功能受损或行为受限等指标。

WHO 把健康定义为“完整的身体、精神和社会完好状态，而不仅仅是没有疾病或身体虚弱”[3]因此，在所有健康状况评估中要包括对完好状态的度量是很重要的。完好状态指标是对个人的身体、精神和社会等方面的综合度量，并且还需要基于人口的调查数据。

应注意，本维度内的某些情况本身可能会成为其他疾病的风险因素，如糖尿病对肾病的影响。

3) 1946 年 6 月 19～22 日，于纽约举行的国际卫生大会通过了世界卫生组织（World Health Organization，WHO）组织法的前言，并于 1946 年 7 月 22 日经 61 个国家代表（WHO 官方记录，第 2 期，第 100 页）签署，与 1948 年 4 月 7 日生效[42]。

附 录 E
（资料性附录）
非医学健康决定因素

健康行为模式、相关的个人行为或流行病学所研究的风险因素等都被证明对健康状况有影响，它们形成了非医学健康决定因素的一级分类。这些都可以通过诸如抽烟年轻化、戒烟、锻炼或母乳喂养等因素得到反映。

另一方面，生活和工作情况反映了一系列人口社会经济学特征。社会经济状况资料作为健康的决定因素让人们相信“社会地位越高健康状况越好”的假设。例如，健康状况（可用发病率或预期寿命来表示）已经表现出随着人们的收入、阶层、教育和其他社会经济状况组合的变化而变化。还有证据表明医疗保健的使用同样受到社会经济状况的影响，并可能与健康状况无关。

社会经济特征也可与其他非医学健康决定因素高度关联。个人的风险行为会随着社会经济状况的变化而变化，这表现为死亡率中的社会不平等现象[4,8,9,34,46,48]。工作特征的不同也会造成心血管健康情况的不同。工作压力（可用工作要求和控制来表示）的影响与冠状动脉有关[3,33,11,17,40]。而且，失业率往往与死亡率及其他健康结果有关[14,15,21,24]。“与就业相关的过高死亡率是由于不健康造成失业而导致的”这个假设得到的支持有限，事实上似乎应是因为失业而导致不健康，而不是因为不健康而导致失业[36]。

社会和社区因素是由本框架中的第三类非医学决定因素组成的。社会因素（如社会支持和生活压力）已表现出与健康有关。已建立的社会关系和健康之间的链接可参见[19]。个人情况与其他非医学因素结合可以对健康具有深远的影响。例如，加拿大的一项研究成果证明在过去的二十年中，良好的社会关系以及高收入、不吸烟等因素使死亡率降低了 18 倍[18]。

社区健康指标（如社会凝聚力或社会资本等）进来越来越受到科研工作者的关注。事实已经表明社会凝聚力是健康和低死亡率的一个保障因素。当按照社区的社会质量进行度量时，发现它与妇女的健康状况成正相关关系[35]。例如，社会凝聚力的缺失（如种族隔离所反映的）会与独立于地区其他社会经济特征的死亡率相关[12]。在源于进行社交活动、国民参与以及相关概念（包括教育、娱乐或社会结构）的社区的社会经济资源语境中才能理解社会资本。事实证明社会支持和社会资本对健康具有显著的影响[47]，而且对促进健康的作用至少不亚于传统的个人目标干预[28]。此外，社会资本可以调节家庭收入、收入不均或较差的健康状况等，具体示例参见[7,23]。

环境因素就是指对健康具有显著影响的自然环境。例如，它包括对水、空气或土壤质量的度量。对环境风险的度量最有利于在特定类型的环境风险与疾病事件或后果之间建立清晰的流行病学关联。同时，它们也最难以抽样样本的方式进行度量。

同时考虑“可控”和“不可控”的环境因素是有必要的。可控环境因素如水或空气污染。灾难性或不可控事件（如地震）会对健康状况或本框架的其他因素产生短期或长期的显著影响，因此本维度也考虑了该因素。

遗传因素是由一组通常不可挽回的特定个人风险因素组成的，并且表现为特定的遗传疾病。这些因素可能决定人体功能、预期寿命以及健康情况等，但很难评测其对疾病和残疾的影响程度。因此，为了全面了解健康以及健康与疾病之间的关系，本维度也包括了遗传因素[2]。

附 录 F
（资料性附录）
健康系统性能

本健康指标概念框架的第三个维度是健康系统性能。本附录主要介绍了能够获得结果或与源自医疗保健系统结果相关的过程的因素。“健康系统性能”维度包括八类指标。具体说明如下。

本维度的前两类指标表示医疗保健系统的响应能力。这种分类涉及到医疗保健系统用户的非医学需求的响应[4)]。一方面，可接受性是响应能力的关键元素。如果健康服务能满足客户、提供方和付费方的期望，则认为其是“可接受的”。虽然大多数情况下可接受性集中于客户需求和期望，但也应意识到这些需求并不总是与其他利益相关方的期望一致。可接受性通常用患者满意度调查表来度量。

另一方面，可获得性是响应能力的另一面，并越来越受到国际关注。患者根据自己的需求、在正确地点和正确时间获得所需医疗保健的能力，正成为一个重要讨论议题（有时还是一个争议议题）。获得健康服务的全部模式或特定服务（如移植或心脏手术）的等待时间可能受利益影响。可获得性与国家间的全球健康保险以及其他类型的医疗保健系统相关。

第三，根据本标准的定义，护理或服务的适用性就是指所提供服务的适用性或环境的适用性。在这两种情况中，选择适用的服务或环境应以为患者提供最好的服务为依据。应根据严格的定义准则来定义“适宜的护理”，如由专家委员会、科学文献或二者联合制定的准则（参见[26]）。

可胜任性和持续性是健康系统性能的两个子维度，但还没有给出指标的示例。例如，在聚合层面上很难评估出可胜任性，但应将其作为健康系统性能（特别是结果）的一个重要决定因素进行考虑。同样，从度量的角度看，对不同医疗保健部门提供的护理之间的持续性程度进行评估是很难理解的，但是随着医疗保健系统越来越复杂，作为组成部分之一的持续性也越来越重要。

效果和效率是两个相关联的概念，前者是指正在进行的事情做的如何，后者是指在资源消耗的情况下事情做的如何。两者可能是大家最熟悉的性能评估概念。疫苗接种计划是否就能消除相应的传染病？当前的心脏护理治疗方案是否能降低由于急性心机梗塞造成的死亡率？在没有证明会出现更差结果的情况下，是否可以向患者提供最少的护理？上述情况的结果指标可以根据具体临床目标（如在生命保障情况下的生存、发病率的降低）与客户需求（如生活质量）的关系进行定义[48]。

“安全”主要解决由于提供健康服务的环境或干预（如医源性疾病和医疗事故）给患者造成的风险。近来英国（参见[13]）和美国（参见[25,27]）越来越关注医疗事故责任。医疗保健行业并不是第一个出现安全问题的行业，但是在医疗保健环境中也开始使用诸如自动医嘱条目系统和条码的安全措施。然而，安全并不仅限于医疗事故，诸如长期护理设施急剧减少的问题也同样受到关注。

4） 参考文献[44]对“响应”进行了定义。

附 录 G
(资料性附录)
社区和健康系统特征(语境指标)

健康指标概念框架的第四个也是最后一个维度是社区和健康系统特征,给出了有用的语境信息,但不直接用来度量健康状况、非医学健康决定因素或健康系统性能。表5所列三类语境特征是有用的。首先,资源包括人(人均医生数)、财(医疗保健费用)以及其他类型的资源(如人均床位数)。其次,人口指标可使我们明白用于解释指标值的特征(如年龄结构、城乡人口比例等)。第三,健康服务指标能够提供健康系统配置方面的额外信息(如是否有教学医院或健康服务利用情况的各种度量)。

本维度包括的指标反映了数量(如人口、人均医生数)、分布(如城乡人口比例)或(资源、医疗保健系统等的)可持续性。

本框架的"社区和健康系统特征"维度与前三个维度在多个方面存在着明显的不同。首先与其他维度最重要的不同点是,它起资料性作用而不是规范性作用。而且,该维度包含的指标用于解释各国间的差别以及发展趋势。事实上本框架的其他指标都具有明确的方向性(如,预期寿命是越大越好,而外科手术死亡率是越小越好),但描述社区和/或健康系统特征的语境指标则不然。另一方面,城乡人口比例可能对解释其他数据非常有用,但其本身无法表明是否越高就越好。而且,本维度比其他维度更关注国家方面以及具体语境的问题。因此,为本维度定义的这三个类别仅供参考。

附 录 H
（资料性附录）
公 平 性

公平性涉及本框架的所有维度，它同样适用于所有构成部分或维度。因此，不能把公平性列为健康指标概念框架的第五个维度，而是作为本框架中可用于四个维度的一个交叉元素。

公平性是健康和医疗保健不可缺少的一个因素。WHO已经把实现国家内部和国家间的健康公平性作为所有健康战略的首要目标[43]。WHO在最近的一项报告中强调指出：应关注不同群体中存在的健康状况不公平性，以及在医疗保健服务提供、许多相关的健康行为、其他健康决定因素和医疗保健应用等方面的不公平性。Whitehead[41]把健康的公平性描述为“实现全面健康潜力的平等机会，更务实的说法是指在实现这些潜力时没有人处于不利位置”，这就意味着应减少或消除可避免的不公平性和/或不公平因素。

因此，有必要使用健康的“数量”和“质量”来度量公平性（如预期寿命、残疾、死亡率等），在医疗保健方面考虑公平性同样重要。例如，是否能公平地获得健康服务、健康服务需求与健康服务的使用是否成正比、健康结果（如特殊临床干预导致的健康结果）的分布是否公平？

最后，健康的决定因素（如风险因素或生活条件）、医疗保健系统或社区的特征分布是否公平？显然，公平性的概念应适用于本概念框架的各个单元（包括健康结果、健康行为、环境因素、可获得性、可接受性、效果或资源等）上，并可以被度量和评估。

公平性可以随其他任一维度进行度量。然而，大多数情况下，公平性往往被理解为与其密切相关的社会经济状况。如参考文献[1]中所述，公平性的社会经济模型给出了度量健康不公平性的方法。此外可能与此相关的是，公平性维度可以包括性别、年龄、种族以及城乡户口。

参 考 文 献

[1] ACHESON D (1998). Independent Inquiry into Inequalities in Health Report. London: The Stationery Office.

[2] BAIRD P. A (1994). The Role of Genetics in Population Health, in Evans RG, Barer ML, Marmor T (eds). Why are Some People Healthy and Others Not? New York: Aldine de Gruyter.

[3] BOSMA H., MARMOT, M. G., HEMINGWAY, H., NICHOLSON, A. C. ET AL (1997). Low job control and risk of coronary heart disease in Whitehall II (prospective cohort) study. British Medical Journal 314(7080):558-565.

[4] BRÄNNSTRÖM I., WEINEHALL, L., PERSSON, L. A., WESTER, P. O., WALL, S (1993). Changing social patterns of risk factors for cardiovascular disease in a Swedish community intervention program. International Journal of Epidemiology 22(5):1026-1036.

[5] Canadian Council on Health Services Accreditation (CCHSA) (1996). A Guide to the Development and Use of Performance Indicators. Ottawa: CCHSA.

[6] Canadian Institute for Health Information (CIHI) (2001). CIHI Health Indicator Conceptual Framework: Concepts and Definitions. Toronto: CIHI.

[7] CATTELL V (2001) Poor people, poor places, and poor health: the mediating role of social networks and social capital. Social Science & Medicine (52)10:1501-1516.

[8] CONNOLLY V. M., KESSON, C. M (1996). Socioeconomic status and clustering of cardiovascular disease risk factors in diabetic patients. Diabetes Care 19(5):419-422.

[9] DROOMERS M., SCHRIJVERS, C. T. M., VAN DE MHEEN, H., MACKENBACH, J. P. (1998). Educational differences in leisure-time physical inactivity: a descriptive and explanatory study. Social Science & Medicine 47(11):1665-1676.

[10] EVANS R. G. AND STODDART, G. L (1994). Producing health, consuming health care, in Evans RG, Barer ML, Marmor T (eds). Why are Some People Healthy and Others Not? New York: Aldine de Gruyter.

[11] EVERSON S. A., LYNCH, J. W., CHESNEY, M. A., KAPLAN, G. A. et al (1997). Interaction of workplace demands and cardiovascular reactivity in progression of carotid arteriosclerosis: Population-based study. British Medical Journal 314(7080):553-558.

[12] FANG J., MADHAVAN, S., BOSWORTH, W., ALDERMAN, M. H (1998). Residential segregation and mortality in New York City. Social Science & Medicine 47(4):469 76.

[13] FENN P., DIACON, S., GRAY, A., HODGES, R., RICKMAN, N (2000). Current cost of medical negligence in NHS hospitals: analysis of claims database. British Medical Journal 2000 Jun 10;320(7249):1567-71.

[14] FERRIE J. E., SHIPLEY, M. J., MARMOT, M. G., STANSFEL, S. A., DAVEY SMITH, G (1995). Health effects of anticipation of job change and non-employment: longitudinal data from the Whitehall II study. British Medical Journal 311:1264-1269.

[15] FERRIE J. E., SHIPLEY, M. J., MARMOT, M. G., STANSFELD, S. A., DAVEY SMITH, G (1998). An uncertain future: the health effects of threats to employment security in white-collar men and women. American Journal of Public Health 88(7):1030-1036.

[16] FRANK J. W (1995). Why "Population health"? Canadian Journal of Public Health 86 (3):162-164.

[17] HALLQVIST J., DIDERICHSEN, F., THEORELL, T., REUTERWALL, C., AHLBOM, A. and the SHEEP study group (1998). Is the effect of job strain on myocardial infarction risk due to interaction between high psychological demands and low decision latitude? Results from Stockholm Heart Epidemiology Program (SHEEP). Social Science & Medicine 46(11):1405-1415.

[18] HIRDES J. P., FORBES, W. F (1992). The importance of social relationships, socioeconomic status and health practices with respect to mortality among health Ontario males. Journal of Clinical Epidemiology 45(2):175-182.

[19] HOUSE J. S., LANDIS, K. R., UMBERSON, D (1988). Social relationships and health. Science 241:540-544.

[20] HURST J. AND JEE-HUGHES, M (2001). Performance measurement and performance management in OECD Health Systems. OECD Labour Market and Social Policy—Occasional Papers No. 47. Paris: OECD.

[21] IVERSEN L., ANDERSEN, O., ANDERSAND, P. K., CHRISTOFFERSEN, K., KEIDING, N (1987). Unemployment and mortality in Denmark, 1970-1980. British Medical Journal 295:879-884.

[22] JEE M. and OR, Z (1999). Health outcomes in OECD countries: A framework of health indicators for outcome-oriented policymaking. OECD Labour Market and Social Policy—Occasional Papers No. 36. Paris: OECD.

[23] KAWACHI I., KENNEDY, B., LOCHNER, K., PROTHROW-STITH, D (1997). Social capital, income inequality, and mortality. American Journal of Public Health 87(9):1491-8.

[24] KNUTSSON A., GOINE, H (1998). Occupation and unemployment rates as predictors of long term sickness absence in two Swedish counties. Social Science & Medicine 47(1):25-31.

[25] KOHN L., CORRIGAN, J., AND DONALDSON, M., (eds) (1999). To Err Is Human: Building a Safer Health System. Committee on Quality of Health Care in America, Washington: Institute of Medicine.

[26] LAVIS J. N. AND ANDERSON, G. M (1996). Appropriateness in health care delivery: Definitions, measurement and policy implications. Canadian Medical Association Journal 154(3):321-328.

[27] LEAPE L. L.. Reducing errors in medicine. British Medical Journal 1999;319:136-137.

[28] LOMAS J (1998). Social capital and health: Implications for public health and epidemiology. Social Science & Medicine, 47(9):1181-1188.

[29] MACKENBACH J. P (1993). The contribution of medical care to mortality decline: McKeown revisited. Paper presented at the 11th Honda Foundation Discoveries Symposium, Toronto, October, 1993.

[30] MCKEOWN T (1976). The Role of Medicine: Dream, Mirage or Nemesis. London: Nuffield Provincial Hospitals Trust.

[31] MCKEOWN T (1978). Determinants of health. Human Nature 1(4):57-62.

[32] MCKINLAY J. B. AND S. M. MCKINLAY (1977). The questionable contribution of medical measures to the decline of mortality in the United States in the twentieth century. Millbank Memorial Fund Quarterly, Summer, 1977:405-428.

[33] MARMOT M. G., BOSMA, H., HEMINGWAY, H., BRUNNER, E., STANSFELD, S (1997). Contribution of job control and other risk factors to social variations in coronary heart disease incidence. The Lancet 350(9073):235-239.

[34] MARMOT M. G. , SHIPLEY, M. J. , ROSE, G (1984). Inequalities in death-specific explanations of a general pattern? The Lancet 1(8384):1003-1106.

[35] MOLINARI C. , AHERN, M. , HENDRYX, M (1998). The relationship of community quality to the health of women and men. Social Science & Medicine 47:1113-20.

[36] MOSER K. A. , FOX, A. J. , JONES, D. R (1984). Unemployment and mortality in the OPCS Longitudinal Study. The Lancet 2(8415):1324-1329.

[37] MULLIGAN J. , APLEBY, J. , HARRISON, A (2000). Measuring the performance of health systems. British Medical Journal 321:191-192 .

[38] NUTBEAM D (1999). Achieving population health goals: Perspectives on measurement and implementation from Australia. Canadian Journal of Public Health 90 (Supplement 1): S43-S46.

[39] SZRETER S (1988). The importance of social intervention in Britain's mortality decline c. 1850-1914: a reinterpretation of the role of public health. Society for the Social History of Medicine 1 (1):1-37.

[40] THEORELL T. , TSTUTSUMI, A. , HALLQUIST, J. , REUTERWALLET, C. et al (1998). Decision latitude, job strain and myocardial infarction: A study of working men in Stockholm. American Journal of Public Health 88(3):382-388.

[41] WHITEHEAD M (2000). The concepts and principles of equity and health. Copenhagen: World Health Organization Regional Office for Europe.

[42] WHO (1946). Constitution of the World Health Organization. Geneva: World Health Organization.

[43] WHO (1998). Health for all in the 21st Century. Geneva: World Health Organization.

[44] WHO (2000). The World Health Report 2000. Health Systems: Improving Performance. Geneva: World Health Organization.

[45] WHO (2001). International Classification of Functioning, Disability and Health (ICF). Geneva: World Health Organization.

[46] WICKRAMA K. A. S. , LORENZ, F. O. , CONGER, R. D. , MATTHEWS, L. , ELDER, G. H. , JR (1997). Linking occupational conditions to physical health through marital, social and intrapersonal processes. Journal of Health and Social Behavior 38(December):363-375.

[47] WILKINSON R. , KAWACHI, I. , KENNEDY, B (1998). Mortality, the social environment, crime and violence. In: Bartley M, Blane D, Davey Smith G, eds. Sociology of health inequalities. Oxford: Blackwell.

[48] WILSON C (1999). Achieving Quality in Health. Taking Responsibility for Performance. Toronto: Christopher Wilson Consulting Inc.

[49] WOLFSON M (1994). Social Proprioception: Measurement, data and information from a population health perspective. In Evans RG, Barer ML, Marmor T (eds). Why are Some People Healthy and Others Not? New York: Aldine de Gruyter.

ICS 35.240.80
C 07

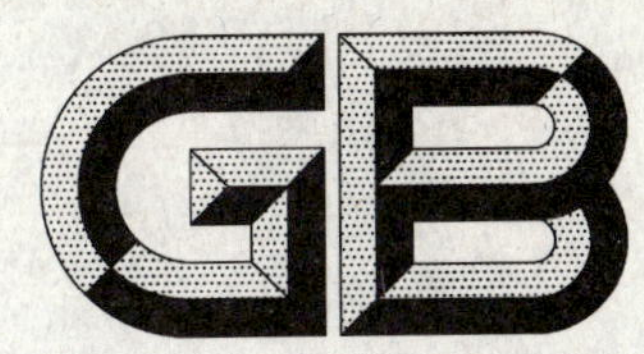

中华人民共和国国家标准

GB/T 24466—2009/ISO/TS 18308:2004

健康信息学 电子健康记录体系架构需求

Health informatics—
Requirements for an electronic health record architecture

(ISO/TS 18308:2004,IDT)

2009-10-15 发布　　　　2009-12-01 实施

中华人民共和国国家质量监督检验检疫总局
中国国家标准化管理委员会　发布

前　言

本标准等同采用ISO/TS 18308:2004《健康信息学　电子健康记录体系架构需求》。

本标准的附录A为资料性附录。

本标准由中国标准化研究院提出。

本标准由中国标准化研究院归口。

本标准起草单位:中国标准化研究院、成都市标准化研究院、中国武警部队指挥学院、中国人口与发展研究中心、中国人民解放军总医院。

本标准主要起草人:任冠华、董连续、陈煌、石丽娟、尹书蕊、张蕊、胡昌川、韵力宇、俞华、刘胜男。

引　言

0.1　综述

在为EHR(电子健康记录)系统(或为其他任一应用)编制计算机程序前,必须有一个清楚而详尽的用户需求和技术需求集合。也就是说,必须为使用、共享和交换电子健康记录开发一个清楚而详尽的EHR体系架构的用户和技术需求集合。EHR体系架构应独立于开发EHR系统所用的技术,同时也应独立于当前的组织结构。许多健康信息专家和医疗保健专业人员认为,可制定一项在全世界广泛应用的EHR体系架构国际标准。但是,这只有在首先对这个标准的需求进行详细说明并达成一致的情况下才能实现。这就是制定本标准的主要目的。

在过去十年间,国际上已经对公共领域的EHR体系架构需求开展了大量的工作。从广义来讲,真正能在全世界应用的EHR需求应确保其能够在所有学科的临床医护人员之间、在跨卫生部门、跨国家、跨医疗保健服务模型使用、共享和交换。它也支持诸如调研、流行病学、人口健康、健康管理、金融和健康服务计划等第二层应用。最后,它应便于对现有系统的改造和新系统的建设。

0.2　EHR定义解释

在定义EHR体系架构之前,首先有必要就EHR的定义和范围达成共识。但是迄今为止还没有形成一个统一的EHR定义。第3章列出了多个组织给出的EHR定义。这些定义有的很简洁,有的却很长,并且包含的范围也不相同。因为最初这些定义或多或少参考了不同的EHR名称,包括EHCR(Electronic Health Care Record,电子医疗保健记录)、EPR(Electronic Patient Record,电子患者记录)、CPR(Computerized Patient Record 计算机化患者记录)和EMR(Electronic Medical Record,电子病历)。众所周知,这些术语在不同国家和不同健康部门中具有不同的意义(例如,英国的NHS认为在EHR和EPR之间有明显的区别),因此本标准中的需求通常涵盖了所有的差异。

0.3　EHR体系架构说明

在本标准中,电子健康记录体系架构(EHRA)的基本定义如下:

"根据信息模型建立的、用于定义所有EHR的通用结构构件"。

更详细的解释性定义如下:

电子医疗保健记录所必需的通用特性模型。该记录是可传输的、完整的、可用的且具有法律效力的护理记录,并可以跨系统、跨国家和跨时间维持其完整性。EHRA并没有规定或指定医疗保健记录中应存储的内容,也没有规定或指定电子医疗保健记录系统的运行方式。……[它]对记录(包括没有副本的纸质记录)中的数据类型没有任何限制。……诸如物理数据库范围的"字段长度"之类的细节,与电子医疗保健记录体系架构无关。[EU-CEN:1997]

需要注意的是,定义中排除的内容更能够说明EHR体系架构(包括为适应不同目的而制定不同的EHR)的作用。例如,上述EHR体系架构的定义并不是针对任何一个国家或地区的医疗保健系统,也没有规定记录中信息的颗粒度(或称范围)或记录的临时属性。医院重症监护病房的记录是一段记录,且可能比纵向的初级护理记录更琐碎,但都符合本标准构建的EHR体系架构。

EHR体系架构应适用于所有的医疗保健部门、专业的医疗保健学科和医疗保健服务提供方式。"消费者"或"个人"的EHR应符合与传统EHR相同的EHR体系架构,该体系架构由医学专家、护士、医生和医疗服务提供者使用。同一个 EHR 体系架构应适用于所有的 EHR,无论它们被称为 EMR、EHCR、EPR、CPR、PHR 或其他名称。

开放的标准化 EHR 体系架构是信息层面上进行互操作的关键。标准化 EHR 体系架构能使整个或部分 EHR 在多学科护理团队的授权成员之间进行共享和交换,包括独立于 EHR 系统的患者/消费者。符合标准化 EHR 体系架构的 EHR 信息应能被 EHR 系统接收、处理和提交。该 EHR 系统使用的 EHR 体系架构与 EHR 系统所依赖的源应用或操作系统、数据库和硬件无关。

0.4 制定本标准的方法学

本标准的 EHR 需求是对三十多项基本源进行归纳得出的,这些源是通过大量的文献检索和成员国提供的材料建立起来的。最初的集合有七百多项源需求,通过排除重复需求说明以及明显是与 EHR 系统而非 EHR 相关的需求,最后减少到约六百项源需求。针对不同类型需求的标题层次性框架是在项目中开发和提炼出来的。项目最后阶段是开发一个较小的由 123 项需求组成的固定集合,该集合包含在较大的源需求集合中,并使用统一的表达格式。关于方法学背景详见附录 A。

下面的两部分"EHR 的目的"和"支持 EHR 的原则"来源于 EHR 需求的源材料。"EHR 的目的"主要源于 GEHR-08-1994,并进行了部分修改。"支持 EHR 的原则"综合了若干项符合初始需求的源材料。下面也给出了源于 EHR 设计原则(openEHR,2002)的 EHR 特性列表。这三个部分根据 EHR 系统的特征和功能为本标准提供了更详尽的语境,其中定义的 EHRA 都必须支持 EHR 系统。

0.5 EHR 的目的

EHR 的主要目的是给出一个护理文档记录,该记录可对目前和将来相同或不同医师进行的护理提供支持。该文档为进行患者护理的临床医护人员提供了一种通信手段。EHR 的第一层受益人是患者/消费者和临床医护人员。

同其他受益人一样,使用医疗记录的其他目的都是第二层目的。目前 EHR 的许多内容都是根据第二层目的进行定义的,因为根据第一层目的收集的信息对于许多第二层目的(如付账、政策和计划、统计分析、授权等)是不够的。

EHR 的第二层应用包括:

——法律应用:提供护理的证据、遵守法律的证明、临床医护人员资质的反映;

——质量管理:持续质量改进研究、使用审查、性能监控(同行审查、临床审计、结果分析)、基准测试、合格鉴定;

——教育:对健康专业学生、患者/消费者和临床医护人员的培训;

——研究:对新诊断方式、疾病预防措施和处理、流行病学研究、人口健康分析的研究和评估;

——公共卫生和人口健康;

——政策制定:健康统计分析、趋势分析、病例分类分析;

——健康服务管理:资源配置与管理、成本管理、报告和刊物、市场策略、企业风险管理;

——账单/财务/赔偿:保险行业人员、政府机构、基金机构。

注:许多 EHR 第二层应用要求增加 EHR 中不包含的数据。

0.6 支持 EHR 的原则

不管使用何种医疗保健模型,EHR 都应是及时、可靠、完整、精确、安全和可访问的,并能用于支持医疗保健服务。EHR 应在尊重当地风俗、语言和文化的情况下真正实现全球化互操作。

不应认为 EHR 仅适用于患者(即具有某种病理变化的人)。更准确的观点是,EHR 关注的是个体健康,包括正常情况和患病情况。

EHR 认可个体健康数据可能会被分散在不同系统以及世界各地。为了实现数据整合，EHR 要求相应的系统使用一个通用信息模型，并尽可能采用相关的国际标准。

为了制定一个有效的 EHR 标准，应在标准化工作中明确界定 EHR 组成部分和非组成部分。

0.7 EHR 的特性

——EHR 以患者/消费者为中心，理想情况下应包括各种类型的健康服务人员（包括健康专业人员）、急诊服务和患者自身等相关信息。这与以服务提供者为中心的或单纯片段的记录恰好相反；

——EHR 包括观察（已发生的事情）、观点（关于将发生事情的决策）和护理计划（关于将发生事情的计划）；

——EHR 摘录层的信息是通用信息，也就是说，诸如影像、指南或决策支持算法之类的专业信息不是典型的 EHR 组成部分，但应存在与其他专业系统标准间的接口。

——EHR 包含诊断和其他测试数据；

——EHR 是为个人护理、决策支持、研究目的、政府部门、统计机构和其他实体提供临床信息的源头；

——EHR 是与患者相关的、长期积累的信息。

健康信息学 电子健康记录体系架构需求

1 范围

本标准给出了电子健康记录体系架构(EHRA)的临床需求和技术需求集合,用于支持跨部门、跨国家和跨医疗保健服务模型使用、共享和交换电子健康记录。

本标准给出了体系架构需求而不是体系架构本身。

2 规范性引用文件

下列文件中的条款通过本标准的引用而成为本标准的条款。凡是注日期的引用文件,其随后所有的修改单(不包括勘误的内容)或修订版均不适用于本标准,然而,鼓励根据本标准达成协议的各方研究是否可使用这些文件的最新版本。凡是不注日期的引用文件,其最新版本适用于本标准。

GB/T 5271.8—2001 信息技术 词汇 第8部分:安全(idt ISO/IEC 2382-8:1998)

ISO/TS 17090-1:2002 Health informatics—Public key infrastructure—Part 1:Framework and overview

ASTME 1769:1995 Standard Guide for Properties of Electronic Health Records and Record Systems

ENV 13606-1:2000 Health informatics—Electronic healthcare record communication—Part 1:Extended architecture

CPRI:1995,Computer-based Patient Record Institute. Description of the Computer-based Patient Record (CPR) and Computer-based Patient Record System. May 1995

EU-CEN:1997,European Committee for Standardisation (CEN). Proceedings of the second EU-CEN workshop on the electronic healthcare record. CEN, 1997

FEAF:2001,CIO Council. A Practical Guide to Federal Enterprise Architecture. Available at:http://government. popkin. com/frameworks/feaf. htm

OHIH:2001,Office of Health and the Information Highway, Tactical plan for a pan—Canadian Health infostructure, Health Canada. 2001

Zachman:1996,Zachman J. Enterprise Architecture:The Issue of the Century. Zachman International, 1996

3 术语和定义

下列术语和定义适用于本标准。

3.1

访问控制 access control

一种保证手段,即数据处理系统的资源只能由被授权实体按授权方式进行访问。

[GB/T 5271.8—2001]

3.2

可确认性;可核查性 accountability

一种特性,即能保证某个实体的行动能唯一地追溯到该实体。

[GB/T 5271.8—2001]

3.3

参与者(医疗系统)　actor (in the healthcare system)

参与与健康相关的通信或服务活动的健康专业人员、医疗保健雇员、患者/消费者、受委托医疗保健提供者、医疗保健组织、设备或应用。

[ISO/TS 17090-1:2002]

3.4

体系架构　architecture

标准化构件或描述性表示法的集合。它们可以对一个对象进行描述,从而按照需求(质量)制造该对象并在其生命周期(可变化的)内对其进行维护。

[Zachman:1996]

3.5

(电子健康记录)存档　archiving (of an EHR)

以离线方式存储电子健康记录的过程。它在某种程度上能够确保必要时有效恢复其在线存储。

注:无论在何种情况下,数据的存档都应独立于技术,以便今后的用户不需要依赖过时的技术。

3.6

证实　attestation

证明并记录具体信息单元法律责任的过程。

3.7

审计追踪　audit trail

以时间顺序记录信息系统用户的活动,能够如实地重建以前的信息状态。

3.8

鉴别(认证)　authentication

验证实体所声称的身份的动作。

[GB/T 5271.8—2001]

3.9

授权　authorization

给予权利,包括访问权的授予。

[GB/T 5271.8—2001]

3.10

可用性(用于计算机安全)　availability (in computer security)

数据或资源的特性,被授权实体按要求能访问和使用数据或资源。

[GB/T 5271.8—2001]

3.11

临床处理　clinical process

为患者/消费者提供医疗保健服务的措施。

3.12

临床医护人员　clinician

直接为患者/消费者提供健康服务的健康专业人员。

3.13

保密性;机密性　confidentiality

数据所具有的特性,即无论数据形式作何变化,数据的准确性和一致性均保持不变。

[GB/T 5271.8—2001]

3.14

消费者(与医疗保健服务有关)　consumer(in relation to healthcare services)

要求接受、预约接受、正在接受或已经接受医疗服务的人。

3.15

数据整合　data aggregation

收集、处理并以摘要形式表示数据的过程。数据整合主要用于报告目的、政策制定、卫生服务管理、研究、统计分析以及人口健康研究。

3.16

数据确认　data validation

用来确定数据是否准确、完整或是否满足特定准则的过程。

注:数据确认可包括格式检查、完整性检查、校验密钥测试、合理性检查及限制检查。

[GB/T 5271.8—2001]

3.17

电子健康记录　electronic health record

EHR

注1:目前还没有国际公认的电子健康记录定义。下述各个定义共同点大于分歧,但在不同国家和组织中含义略有不同。

注2:电子健康记录的缩写 EHR 等同于其他地方使用的缩略语,如 EHCR、CPR、EPR 和 EMR。这些缩写只有在引用具体项目或组织名称的时候或在直接从参考文献中引用的时候才使用。

个人健康信息的电子纵向集合,通常基于个人,并由医疗保健提供者录入或接收。个人健康信息可以分布在许多站点上或聚合在一个特定源中。将信息组合在一起的目的是支持持续、高效和高质量的医疗保健。电子健康记录由消费者控制,并可进行安全的存储和传输。

[NEHRT:2000]

一个人的个人健康信息的纵向集合,由医疗保健提供者录入或接收,并以电子方式存储。电子健康记录作为一种提供医疗保健服务的工具,可由已被个人授权的提供者随时使用。个人有权访问记录,并可要求修改其内容。记录的传输和存储要在绝对安全的情况下进行。

[OHIH:2001]

收集或生成记录某个人临床护理的数据和信息的集合。

[ASTME 1769:1995]

综合的、结构化的临床、人口统计学、环境、社会和财政方面的电子化数据和信息的集合,用于记录某个人的医疗保健活动。

[ASTME 1769:1995]

计算机可读格式的医疗保健记录。

[ENV 13606-1:2000]

永久保存于系统中的电子患者记录,可以使用户获得完整和准确的数据、医生的提醒和警示、临床决策支持系统、与医学知识组织的链接和其他帮助。

[IOM:1991]

一个人一生中非冗余的健康数据的电子汇总,包括事实、观测、说明、计划、行动和结果。健康数据包括过敏史、疾病史和外伤史、功能状态、诊断研究、评估、医嘱、会诊报告、治疗记录等。健康数据还包括健康状态下的数据,如免疫接种史、行为数据、环境信息、人口统计、健康保险、医疗护理管理数据和法律数据(如知情同意书)。

[CPRI:1995]

3.18

电子健康记录体系架构　electronic health record architecture

EHRA

根据信息模型定义的、用于构建所有 EHR 的通用结构构件。

注：电子医疗保健记录所必需的通用特性模型。该记录是可传输的、完整的，可以是有用且具有法律效力的护理记录，并可以跨系统、跨国家和跨时间保留其完整性。EHRA 并没有规定或指定在医疗保健记录中应存储的内容，也没有规定或指定电子医疗保健记录系统的运行方式……[它]对记录（包括没有副本的纸质记录）中的数据类型没有任何限制……诸如物理数据库范围领域的“字段长度”之类的细节，与电子医疗保健记录体系架构无关。

[EU-CEN:1997]

3.19

EHR 摘录　EHR extract

EHR 的通信单元。它可自我证明，由一个或多个 EHR 事务组成。

3.20

EHR 系统　EHR system

形成创建、使用、存储和检索患者记录的构件集合。EHR 系统包括人、数据、规则和程序、处理和存储设备以及通讯和辅助设备。

[IOM:1991]

记录、检索和使用电子健康记录信息的系统。

[ENV 13606-1:2000]

3.21

EHR 事务　EHR transaction

在 EHR 内存储、审查、修改、版本控制和传输的最小单元。

3.22

面诊　encounter

患者接触　patient contact

临床医护人员和患者之间的接触。

注：每次接触都可能涉及一个或多个问题。

[NZEMR：1998]

3.23

(护理)片段　episode (of care)

以护理主体和医疗保健提供者之间的实体关系为特征的、由医疗保健提供者来确定的、可识别的一组医疗保健活动。

[ENV 13606-1:2000]

3.24

(与 EHR 有关的)事件　event (in relation to the EHR)

关于、包含或用于患者的医疗保健系统的某个独立活动。

3.25

框架　framework

对信息进行分类和组织的逻辑结构。

[FEAF：2001]

3.26

医疗保健专业人员 healthcare professional

由国家认可的组织授权履行特定健康职责的人员。

[ISO/TS 17090-1:2002]

3.27

医疗保健记录 healthcare record

关于健康护理主体的信息存储集合。

[ENV 13606-1:2000]

3.28

(数据)完整性 integrity (of data)

数据所具有的特性,即无论数据形式作何变化,数据的准确性和一致性均保持不变。

[GB/T 5271.8—2001]

3.29

抗抵赖性 non-repudiation

任何参与者获得证明数据项的完整性、来源且无法被篡改的能力。

3.30

患者 patient

接受护理的个体。

3.31

隐私权 privacy

防止因不正当或非法收集和使用个人数据而对个人的私生活或私事进行侵犯。

[GB/T 5271.8—2001]

3.32

问题 problem

进行评估并发起一项计划或干预的实体。

[NZEMR:1998]

注:许多健康专业人员,尤其是社会/心理学科经常使用"issue(议题)"而不是"problem(问题)"。"健康情况"有时也用来形容怀孕和其他非疾病的健康状态,不过这通常涉及卫生系统。

3.33

问题导向(包括议题和条件) problem-oriented (includes issues and conditions)

有组织的记录和使用基于患者和/或护理人员的问题或议题的健康信息的方法。

3.34

记录项 record entry

结构上可大可小、且语义上不可分割的临床说明,如被破坏则会失去其意义。

3.35

角色 role

与任务相关的行为集合的名称。

[ISO/TS 17090-1:2002]

3.36

(医疗保健记录的)第二层应用 secondary use (of a healthcare record)

除了向护理主体直接提供医疗服务外的、对医疗保健记录的所有合法应用。

注:第二层应用的示例中包括合法性记录、质量管理、临床研究、流行病学、人口健康、卫生行政管理以及财政、教育或卫生服务规划的目的。

3.37

(信息)安全性　security (of information)

保护数据的机密性、完整性和有效性。

[ISO/TS 17090-1:2002]

3.38

语义互操作性　semantic interoperability

在正式定义域概念层上对系统间可共享信息的理解能力。

3.39

(过程)状态　state (of a process)

客体在生命过程中满足某个条件、执行某种活动或等待某个事件的过程的状态或情况。

3.40

护理主体　subject of care

即将接受、正在接受或已接受医疗保健服务的一个人或多个人。

[ENV 13606-1:2000]

3.41

治疗预防措施　therapeutic precautions

针对护理主体症状(包括过敏、不良反应、患者的嗜好和禁忌)的一组措施。

3.42

视图　view

对应于不同的用户或目的的不同数据显示。

4　EHR 体系架构需求框架

第 5 章的 EHR 体系架构需求所用的框架如下:

STR1　结构
- 记录组织
  - 段
  - EHR 格式
  - 可移植性
  - 第二层应用
  - 存档
- 数据组织
  - 结构化数据
  - 非结构化数据
  - 临床数据
  - 管理数据
- 数据类型与形式
  - 数据类型
  - 对不同类型数据的支持
  - 参考数据
  - 语境数据
  - 链接

辅助性健康概念表示

对多编码系统的支持

信息的唯一表示

文本表示

PRO 2 过程

临床过程

对临床过程的支持

问题/议题和健康状况

临床推理

决策支持、指南和协议

护理计划

医嘱和服务过程

集成护理

质量保证

记录过程

数据采集

数据检索/查询/视图

数据表示

可扩展性

COM 3 通信

消息传输

记录交换

PRS 4 隐私权和安全性

隐私权和机密性

知情同意

访问控制

数据完整性

访问的可审计性

MEL 5 法律

对合法需求的支持

参与者

医疗保健主体

患者标识

用户标识

临床医护人员标识

作者的职责

登录证明

临床资质/管理

准确

语境保存

持续性

版本控制

ETH 6 伦理

对伦理合法性的支持

COC 7 消费者/文化

消费者议题

对消费者议题的支持

文化议题

对文化议题的支持

EVO 8 演进

对 EHR 体系架构和 EHR 系统演进的支持

5 EHR 体系架构需求

5.1 STR 1——结构

5.1.1 概述

每条都有“概述”,用于帮助读者理解内容。这些概述仅是资料性内容,而不是规范性内容。

为了实现自动化处理和互操作性,电子健康信息体系架构必须对标准化构件进行说明。此结构不应规定提供有效健康服务的工作方式或系统,而应确保 EHR 可用于多种环境。

EHRA 可按照一定的方法对记录的数据进行分类,这种方法能够让使用记录的患者和临床医护人员及临床护理系统更易于获得数据。此外,记录的数据应以标准化方式实现自动化处理并保持其临床含义。

由于结构化数据的重要性,EHRA 必须通过口授笔录或口授录音的方式为患者的病情及临床医护人员对病情的说明提供一个文件库。

评估和监测数据之间的关联和关系以及问题定义、目标、干预和结果需保存在电子健康记录中。

医疗保健语言是复杂的、非结构化的及多样的。它包含区域性和子区域性的差异。健康专业人员和消费者使用不同的语言来描述同一个概念。这些差异造成了检索、对比和交换健康信息的障碍。尽管临床医护人员和患者可以使用他们首选的表达方式,但是他们的语言应受限于实现健康信息检索、对比和交换的控制措施。

这些对立的需求可以通过支持多编码系统(术语集、分类法等)的 EHRA 来实现。EHR 的基础是一个综合性的参考术语集,其结构可以通过使用知识理论来明确表达概念。参考术语集可用于完成数据录入,显示、查询、检索、共享、对比和整合信息,定位或浏览、编写或检索知识之类的任务。医生或消费者所使用的录入或接口术语与术语集库相关或相映射。同样地,为支持、表示和反映医疗保健过程,术语集库也与用于统计分析、规划和政策制定的稳定概念库的分类相关或相映射。

5.1.2 记录组织

5.1.2.1 段

STR1.1 EHRA 规定 EHR 信息可由不同的段组成,并允许用户进行查阅,查询结果以段视图形式返回。

5.1.2.2 EHR 格式

STR1.2 EHRA 确保临床医护人员或用户看到的 EHR 格式符合标准组织、管理和认证机构、专业团体、地方医疗保健研究部门和用户制定的规范。

5.1.2.3 可移植性

STR1.3 EHRA 支持 EHR 用户间传输 EHR,并支持将 EHR 与独立于硬件、软件(应用、程序、操作系统、编程语言)、数据库、网络、编码系统和自然语言的其他 EHR 信息进行合并。

5.1.2.4 第二层应用

STR1.4 EHRA 可以促进其第二层应用的方式来组织和检索 EHR 信息。

5.1.2.5 存档

STR1.5 EHRA 支持存档

5.1.3 数据组织

5.1.3.1 结构化数据

STR2.1 EHRA 可以列表形式存储数据，这样可以按照顺序显示。

STR2.2 EHRA 可以表格形式存储数据，这样可以使行、列和标题的关系保持不变。

STR2.3 EHRA 可以层级结构存储数据，这样可以使父节点和子节点的关系保持不变。

STR2.4 EHRA 可以简单的"名称/值"配对方式存储数据，这样可使其保持不变。

STR2.5 EHRA 能在同一次接触中或在不同地点、不同接触中在最接近的时间内保存多个量度值。量度语境（如量度人员、量度方法等）应保持不变。这些值应能以查询结果返回，并能以不同方式进行排序。

5.1.3.2 非结构化数据

STR2.6 EHRA 支持叙述性自由文本的内容。

STR2.7 EHRA 支持在非结构化数据（包括文本和非文本）及其结构化文本内容的搜索。

STR2.8 EHRA 支持存储数据中的注释内容。该注释内容能够使临床医护人员合理构建高质量的结构化信息。注释与特定的数据属性相关联。

STR2.9 EHRA 提供了一种与注释和其他内容相关的不同强调程度的方法，这可代替显示或查询结果的方式。

5.1.3.3 临床数据

STR2.10 EHRA 用于提供记录、存储和检索患者护理的全部信息。EHRA 应在最低限度内允许记录、存储和检索所有结构化和非结构化数据：

——病史；

——身体检查；

——心理、社会、环境、家庭和自身保健信息；

——过敏或其他治疗预防措施；

——预防和健康措施，如接种疫苗和生活方式干预；

——诊断试验和治疗干预措施，如药品和程序；

——临床观察、解释、决定和临床推理；

——申请/定制进一步研究、治疗或解除；

——问题、诊断、议题、条件、嗜好和预期；

——医疗保健计划、健康和功能状态、健康状况摘要；

——公开和许可；

——设备（如植入物或假体）的供应商、型号和制造商。

5.1.3.4 管理数据

STR2.11 EHRA 可用于对患者身份、所在地、人骷髅统计学、社会关系、就业和其他管理数据的记录（和用于标识目的的分类）。

STR2.12 EHRA 支持用于明确标识护理主体、参与护理的临床医护人员（包括其职责和护理环境）、护理地点、护理日期/时间和持续时间以及第三方（如家属和非临床接触）的信息标准。

STR2.13 EHRA 支持医疗保健过程和护理的管理机构以及访问和处理数据的组织。

STR2.14 EHRA 支持记录财政和其他商业信息，如医疗保健计划的登记、投保资格和投保范围信息、担保人、成本、收费以及利用率。

STR2.15 EHRA 支持记录患者医疗保健的法律地位和相关的知情同意权(如监护人职责的法律地位、行动及其他程序知情同意权)。

STR2.16 EHRA 可用于以数据整合为目的的查询，用于支持人口与公共卫生发起、监督和报告所必需的信息收集。

5.1.4 数据类型与形式

5.1.4.1 数据类型

STR3.1 数字化和量化数据：EHRA 支持数字化和量化数据逻辑结构的定义，包括处理单位。

STR3.2 数量应包括与测量方法相关的精确度的测度。

STR3.3 百分数应量化。

STR3.4 数量范围：EHRA 支持范围(即最大值和最小值)逻辑结构的定义。

STR3.5 数量比：EHRA 支持数量比例逻辑结构的定义[a(x)/b(y)]。

STR3.6 日期和时间：EHRA 支持日期和时间逻辑结构的定义。

STR3.7 EHRA 支持近似的、不完全的以及模糊的日期和时间说明，如：

——近似的日期/时间：如昨天某个时候、上周；

——不完全的日期：如?? /05/1997，?? /?? /1928。

STR3.8 EHRA 支持对计划的事件和行动进行记录，如：

——日期/时间的某个阶段：如上午、下午、晚上、轮班(上午班、下午班、夜班)、清醒；

——不明确的日期/时间点：如醒来时、就餐时(早餐、午餐、晚餐)、睡觉时；

——相对的日期或时间点：如早饭前、午饭后、睡觉前、两天后出院、持续服药一个星期；

——可循环的日期/时间：如每隔 8 小时、每隔 3 天、每个周一/周三/周五、每个星期日、每月第三个星期二。

STR3.9 EHRA 支持记录具体事件后经过的时间、某个瞬间以及时间段。

STR3.10 EHRA 支持记录发生时所在时区的记录。

STR3.11 EHRA 支持小至毫秒级的所有时间单位的记录。

5.1.4.2 对不同类型数据的支持

STR3.12 EHRA 允许对其他组织(如 DICOM、MIME、ECG)定义的数据类型进行组合。

5.1.4.3 参考数据

STR3.13 EHRA 支持记录参考文献(如与具体的观察或测量相关的正常范围、属性及语境)。

5.1.4.4 语境数据

STR3.14 EHRA 支持记录与事件发生日期/时间相关的语境数据。

STR3.15 EHRA 支持记录与所记录事件发生日期/时间相关的语境数据。

STR3.16 EHRA 支持记录与主体相关的语境数据。

STR3.17 EHRA 支持记录与负责记录和提交事件的人相关的语境数据。

STR3.18 EHRA 支持记录与医疗保健设施相关的语境数据。

STR3.19 EHRA 支持记录与所记录事件发生地相关的语境数据。

STR3.20 EHRA 支持记录与记录事件信息原因相关的语境数据。

STR3.21 EHRA 支持记录与所记录信息的协议相关的语境数据。

5.1.4.5 链接

STR3.22 EHRA 可对 EHR 中不同信息间链接的语义表示进行定义。

STR3.23 如果患者信息安全不能得到保障，则 EHRA 支持对不能存储在 EHR 中的“外部参考数据”的链接。

5.1.5 辅助性健康概念表示

5.1.5.1 对多编码系统的支持

STR4.1 EHRA 通过提供诸如术语浏览器、术语编辑器和术语服务器之类的电子工具接口来支持多编码系统(登录或接口术语、参考术语和分类)。

STR4.2 在数据属性层上,EHRA 支持对编码、编码方案(如编码/分类系统)、版本、源语言和初始标题的获取。

STR4.3 EHRA 应能存储术语集数据和所选术语集的信息。

5.1.5.2 信息的唯一表示

STR4.4 如果信息不能用唯一的位置和方法进行唯一表示,则 EHRA 支持使用明确的规则来防止出现误解(如必须明确[not][pedal pulses absent]的含义)。

STR4.5 EHRA 支持信息中的对象和(与基础参考术语或概念模型中明确的概念集相对应的)推理模型之间的映射方法。

5.1.5.3 文本表示

STR4.6 当信息从一种自然语言翻译为另一种自然语言或当术语从一个编码/分类系统映射到另一个编码/分类系统时,临床医护人员的初始文本表示应保留在 EHR 中。

5.2 **PRO 2——过程**

5.2.1 概述

EHRA 支持诸如预订、护理计划、临床指南和决策支持的临床过程,也支持与记录直接相关的过程,包括患者数据的采集、检索、查询、表示和自动处理。高质量的数据对于患者护理的高质量决策支持和其他方面都是必需的,因此 EHR 系统中应尽可能使用统一的数据采集方法和数据定义。EHRA 也支持地方的临床过程和工作流程,以确保临床医护人员和其他用户尽可能接受和使用 EHR 系统。

5.2.2 临床过程

5.2.2.1 对临床过程的支持

PR01.1 EHRA 支持记录与患者护理相关的任何类型的临床事件、面诊或小事件。

PR01.2 EHRA 支持创建、实例化和维护临床过程。该临床过程支持其使用者的活动。

PR01.3 EHRA 支持临床过程的连续性、查询过程状态的能力,并可以对正在进行的过程进行修改、对已完成的过程进行确认。

PR01.4 EHRA 可以接受部分完成的临床过程。

5.2.2.2 问题/议题和健康状况

PR01.5 EHRA 支持对整体健康状况、功能状况、问题、条件、环境状况和议题进行记录和描述。

PR01.6 EHRA 支持对基于问题的结构中的数据进行记录和描述,其中问题包括问题状态、解决方案和目标(这里“基于问题”包含条件和议题)。应注意,EHRA 还支持其他基于时间、事件、工作流程的结构以及基于过程的结构。

PR01.7 EHRA 支持关于患者健康状况和护理干预的一生的纵向记录,这个记录可以看作是基于时间的健康记录。患者的 EHR 可同步(即同时)进行如下事情:

1) 可追溯健康状态和干预的历史视图(例如:已完成的健康服务事件/行为);
2) 可记录健康状态和主动干预的“当前”视图;
3) 可给出计划干预的未来视图(例如:既定或待定的健康服务事件/行为)。

5.2.2.3 临床推理

PR01.8 EHRA 可用于记录所有关于患者护理的诊断、结论、处理的临床推理(包括自动过程推理)。

5.2.2.4 决策支持、指南和协议

PR01.9 EHRA 支持自动描述诸如患者感染状况、过敏及其他治疗措施、显著干预和紧急情况的警告、警示和提醒。

PR01.10 EHRA 支持基于人口的系统回顾和提醒，包括诸如免疫接种和流行病学监测的公共卫生计划和人口健康计划。

PR01.11 EHRA 支持指南、协议和决策支持系统。

PR01.12 EHRA 支持对决策支持处理所必需的约束条件和职责的表示。

5.2.2.5 护理计划

PR01.13 EHRA 支持护理计划，包括在护理计划流程中的过程状态管理（例如：已计划、已安排、已列入日程、进行中、暂缓、待定、已完成、已改善、已取消）。

5.2.2.6 医嘱和服务过程

PR01.14 EHRA 支持记录和跟踪诸如处方和其他治疗意见、检查请求的临床医嘱和请求以及转诊。

PR01.15 EHRA 支持将医嘱及相应的观察结果（例如，按照干预医嘱来检查或管理药物治疗的结果）作为一个链接。

5.2.2.7 集成护理

PR01.16 EHRA 支持包括多学科长期协作护理和跨医疗保健部门和环境的个案管理的患者集成护理，（例如，基础护理、急诊医院、专职医疗、家庭护理）。

5.2.2.8 质量保证

PR01.17 EHRA 支持数据的记录和查询，以量度操作和临床性能，确保其符合护理标准和质量过程，并对结果进行评估。

5.2.3 记录过程

5.2.3.1 数据采集

PR02.1 EHRA 支持关于录入、修改、验证、传输、接收、转换、废止/代替数据的明确且一致的规则。这个要求并不意味着删除 EHR 内容是必要的，而是应遵循本地数据保留规则。

PR02.2 EHRA 支持数据验证规则的实施。

PR02.3 在数据采集过程中，EHRA 应具有对过去记录的所有类型信息进行复审的能力，包括通过使用查询和过滤工具。

5.2.3.2 数据检索/查询/视图

PR02.4 EHRA 支持根据具体需求（如决策支持、数据分析）对相同的信息进行选择性检索和定制视图。

5.2.3.3 数据表示

PR02.5 EHRA 应具有在不需要进行人工搜索的情况下显示被标识为临床摘要的数据的能力。

PR02.6 EHRA 应具有表达设备属性的能力，在设备上首先应显示可能会影响临床解释的信息（如在黑白显示器上观看彩色图像、在低分辨率显示器上观看数字诊断图像）。

5.2.3.4 可扩展性

PR02.7 EHRA 不应妨碍对非常大的记录或大量记录进行有效处理。

5.3 COM 3——通信

5.3.1 概述

本条的目的是实现存储于 EHR 中的数据在不同的 EHR 系统及其他临床系统间的传输。同样，EHR 应能接受从不同的 EHR 系统及其他临床系统传输来的数据。

传输有两种不同的形式：消息传输和记录交换。当在不遵循同一个 EHR 体系架构标准的系统间传输数据时，应使用消息传输。消息传输要求使用已达成一致的协议（如 HL7、UN/EDIFACT 和 DICOM）。传输数据的格式和方法应尽可能标准化。

在遵循同一个通用体系架构的两个 EHR 系统间传输数据时，应使用记录交换。记录交换包括移动或复制整个或部分 EHR。

5.3.2 消息传输

COM1.1 EHRA 支持使用消息传输协议(如 HL7、UN/EDIFACT 和 DICOM)接收到的数据输入与输出。

5.3.3 记录交换

COM2.1 EHRA 允许在符合 EHRA 的系统间交换完整或部分 EHR(摘录)。

COM2.2 为了互操作目的,EHRA 支持数据的序列化(如通过 XML、SOAP、CORBA、.Net 等)。

COM2.3 EHRA 应定义将接收系统中的 EHR 和 EHR 摘录的数据进行合并的语义学。

COM2.4 EHRA 应提供交换过程的审计追踪(包括鉴别),以标识 EHR 摘录传输和接收点。这需要对合并过程进行说明。

COM2.5 交换由当前部分或全部记录组成摘录的规则应与交换完整记录的规则相同。

COM2.6 EHRA 应使 EHR 系统间的临床概念语义互操作性支持接收系统的数据自动处理。

5.4 PRS 4——隐私权和安全性

5.4.1 概述

按照既定的具有文化或法律特性的隐私权原则和框架,EHR 支持个人信息的伦理和法律应用。关键议题包括对 EHR 的访问控制(确保个人健康信息的保密性,即只可在规定用途中使用、在授权人之间共享个人健康信息)和知情同意权。

与安全性相关的议题包括鉴别、数据完整性、机密性、抗抵赖性和可审计性。

5.4.2 隐私权和机密性

PRS1.1 EHRA 支持现行隐私权和机密性规则的应用。

PRS1.2 EHRA 支持将整个和/或部分 EHR 只限于授权用户使用和/或只用于授权目的。这应包括对数据和记录进行读、写、修改、验证和传输/公开的限制。

PRS1.3 EHRA 支持对数据集和离散数据属性的隐私权和机密性限制。

5.4.3 知情同意

PRS2.1 EHRA 支持记录用于创建记录的知情同意书。

PRS2.2 EHRA 支持获取、记录和跟踪根据规定的目的访问整个和/或部分 EHR 的知情同意的状态。

PRS2.3 EHRA 支持记录获得同意的目的。

PRS2.4 EHRA 支持记录与每次同意的时限。

5.4.4 访问控制

PRS3.1 EHRA 支持对整个和/或部分 EHR 的访问权限进行定义、增加、修改和删除的措施。

PRS3.2 EHRA 支持对不同级别的 EHR 用户的访问权限进行定义、增加、修改和删除的措施。

PRS3.3 按照现行知情同意和访问规则,EHRA 支持实现和限制对整个和/或部分 EHR 进行访问的措施。

PRS3.4 EHRA 支持将管理机构增加和/或修改 EHR 权限的措施。

5.4.5 数据完整性

PRS4.1 EHRA 支持确保存储在 EHR 中的、传入或传出 EHR 的数据完整性的措施。

5.4.6 访问的可审计性

PRS5.1 EHRA 支持记录访问和修改整个或部分 EHR 中数据的审计追踪。

PRS5.2 EHRA 支持记录每次访问和/或修改的性质(nature)。

PRS5.3 EHRA 支持对记录中记录的临床或操作过程中每个步骤或任务有足够的跟踪问责的审计能力。

5.5 MEL 5——法律

5.5.1 概述

如果消费者和医生信赖 EHR，法律接受 EHR 为提供护理、符合法律、临床资质的证据，则 EHRA 在法律方面的需求是非常重要的。许多法律需求隐含在 EHR 的隐私权和安全性中，但它们仍然是一个范畴。

为了法律目的，对 EHR 的每一次补充、修改和变更都有必要永久记录并无限期保存。为了保持原初始状态，在录入后不能对其进行变更或删除，而且也有必要对每个参与者进行明确的标识并将其与其证明的信息相关联。

不同辖区间的法律需求差异很大。EHR 不能试图将一个辖区的法律责任强加到另一个辖区上。EHRA 应确保 EHR 在创建其的辖区内能被合法接受。

5.5.2 对合法需求的支持

MEL1.1 EHRA 支持确保准确反映 EHR 中临床事件的时间顺序和信息可用性的措施。

MEL1.2 EHRA 应在创建 EHR 后的任何时间都可以查看正确显示的 EHR。

5.5.3 参与者

5.5.3.1 医疗保健主体

MEL2.1 EHRA 应考虑到 EHR 的护理主题可以是一个或多个人。

5.5.3.2 患者标识

MEL2.2 EHRA 应考虑到记录合适的患者标识属性以及与临床相关的患者属性，如出生日期、性别、民族等。

5.5.3.3 用户标识

MEL2.3 EHRA 应确保向记录证明身份和提交具体信息的用户能被唯一而可靠地标识。

MEL2.4 EHRA 支持持续标识用户的能力，即使用户改变了自己的姓名、职业、性别或地址。

5.5.3.4 临床医护人员标识

MEL2.5 EHRA 支持对 EHR 中涉及的所有医生进行唯一标识的措施。

MEL2.6 EHRA 支持记录对 EHR 中所有临床活动负责的任一临床医护人员的角色。

5.5.3.5 作者的职责

MEL2.7 EHRA 应确保每一条记录条目都有日期，并对其作者进行标识。

MEL2.8 EHRA 支持针对存在一个需求：记录的每个贡献都对应一个尽责的医疗保健参与者（不管其是否是作者）。

5.5.3.6 登录证明

MEL2.9 EHRA 应确保对记录的每一个贡献都可由责任人证明。

MEL2.10 EHRA 应确保修改是由责任人所为，而且修改的日期和时间、原因应记录在案。

5.5.4 临床资质/管理

MEL3.1 EHRA 应能证明临床医护人员的临床资质和可确认性。

5.5.5 准确

MEL4.1 EHRA 应确保已记录和证明的替代信息应是单独收集的，并可证明为被替代信息的代替者。

MEL4.2 EHRA 应确保可以在第一次创建 EHR 后的每一个给定时间点上，都可以重建记录的准确状态。

5.5.6 语境保存

MEL5.1 如果 EHR 中的纯文字或代码型条款是由翻译或映射而来的，则必须保留初始语言的初始文本或标题。

MEL5.2 不管如何构建数据，EHRA 都应保持临床语境信息与相关数据元素之间的关联。

5.5.7 持续性

MEL6.1 EHRA 应确保被证明信息是以保护模式进行存储的，不允许进行任何改动或删除。

5.5.8 版本控制

MEL7.1 EHRA 支持在被证明信息的颗粒度上改变版本。

MEL7.2 EHRA 支持使用版本控制来分辨记录的修改或更新。

5.6 ETH 6——伦理

5.6.1 概述

用于创建、存储和处理健康记录的伦理道德合法性源于伦理道德有助于保护健康的事实。临床医护人员与患者间关系的基础是提供最高标准的临床护理和尊重患者的自主权。这就不可避免地导致这样的结论，即知情同意权与保密权一样，都是最重要的伦理/道德原则。

5.6.2 对伦理合法性的支持

ETH1.1 EHRA 应能记录关于保存在 EHR 中的患者信息二级应用的伦理支持。

5.7 COC 7——消费者/文化

5.7.1 概述

5.7.1.1 EHR 对消费者的好处

通过为临床医护人员提供准确的、现有的消费者医疗保健史信息，EHR 有可能显著改善消费者的护理质量和健康效果。改善消费者和临床医护人员对信息的访问有可能促进消费者与临床医护人员之间的通信，从而使消费者能够更有意义地参与医疗保健过程。在医疗保健系统中，对这些信息的访问是赋权于人们，使其成为知情消费者并作出明智的选择。

兼顾消费者的需要和利益就引出了隐私权、安全性、保密性和访问等议题。

5.7.1.2 消费者的隐私权、安全性和机密性

医疗保健服务消费者应相信在他们与临床医护人员共享信息的时候，他们的隐私权能得到尊重，信息的安全性和保密性也能得到保证。否则，他们将不愿接受合适的护理或提供准确和完整的信息。这不仅将损害自己的健康，而且还会打乱临床与健康服务研究、健康专业人员教育和公众健康促进等规划。

5.7.1.3 消费者的观点

消费者不仅可以访问 EHR，而且还可以根据病情的自我监测、饮食记录、运动和锻炼自我监测记录、行为活动和情绪等得出的观点和评论加入到 EHR 中。消费者也可以使用 EHR 来查询改进自身健康的建议或提出医疗护理管理的问题。消费者的观点非常重要，应鼓励消费者参与并促进消费者与临床医护人员之间通信。

5.7.1.4 文化议题

文化议题是一类用于识别和给出 EHR 需求的必备信息。许多文化并不支持共享患者信息的理念。其他文化允许在大家族或大群体层面上进行健康信息共享和决策。

临床资质的某些要求与临床医护人员在其工作的组织中的角色密切相关。尽管 EHRA 应促进不同类型临床应用的多种学习方式，但它绝不能把一个组织的临床应用强加于另一个组织的临床应用中。

因此，EHR 的发展需要把重点放在涉及文化和(知情)同意、期望、语言、宗教信仰、个人标识的社会议题上，所有这些议题将决定随后的医疗保健模型模式。

5.7.2 消费者议题

5.7.2.1 对消费者议题的支持

COC1.1 EHRA 支持消费者导向的观点。

COC1.2 EHRA 支持消费者有权获得所有受管辖限制的 EHR 信息。

COC1.3 EHRA 支持消费者能够将自己希望记录的自我护理信息、自身医疗保健议题的个人观点、满意程度、期望和评论加入到 EHR 中。

5.7.3 文化议题

5.7.3.1 对文化议题的支持

COC2.1 EHRA 支持真正全球性的、同时也考虑了当地风俗文化的互操作。因此，这一过程应是既简单又符合不同辖区的标准化。

5.8 EVO 8——演进

5.8.1 概述

为了创建和维护全生命的纵向电子健康记录，就有必要保证 EHR 与 EHR 软件能够作为“未来的证据”。科技将继续迅速发展。这就意味着 EHRA 应独立于技术。因此 EHR 体系架构必须能够适应新形式的临床知识(如基因组学和蛋白质组学)，其中可能不仅包括新的临床内容，而且包括完全新类型的数据。另一方面，由于原有系统将长久存在，因此需要一个符合标准的 EHRA 使之能够支持原有数据。

5.8.2 对 EHR 体系架构和 EHR 系统演进的支持

EV01.1 EHR 软件向后兼容：EHRA 应能够处理旧版 EHRA 创建的 EHR 的数据。

EV01.2 EHR 向后兼容：按照早期版本的 EHRA 开发的软件应能处理按照新版本的 EHRA 创建的 EHR。

EV01.3 EHRA 应能容纳按照新的临床知识形式、临床学科、临床应用和过程建立的信息记录。

附　录　A
（资料性附录）
制定本标准的方法

制定本标准所采用的方法学包括三个阶段：确认现有 EHR 需求的源材料；在一个合适的框架下校对和审核源需求；开发一个基于初始源需求的综合需求集合。

第一阶段：确认现有 EHR 需求的源材料

项目组检索了大量文献，并与本领域中许多国家的专家进行了直接交流，目的是尽可能识别出现有的 EHR 需求。现在已查阅了三十多种主要源材料。其中包括由 EHCR 支持行动计划（EHCR-SupA）搜集的 20 种源资源。本项目的目的是为了支持 CEN 制定的、由四个部分组成的 EHR 通信系列标准（ENV 13606：2000），并且其中一项成果是为了提供"……EHCR 和 EHCR 体系架构（EHCRA）需求的稳定的分类"。EHCR-SupA 使用的主要 EHR 需求文档来自于欧盟第三和第四框架 AIM 项目以及欧洲标准化委员会相关项目。来自于美国、欧洲标准化委员会、荷兰、澳大利亚和新西兰的大部分新文档提供了更多的需求源。

此类资料的特征包括：

a) 大多数已出版的 EHR 需求材料源自欧洲和美国；
b) 大部分材料是由政府或公共资助项目制定出来的，而不是私营单位；
c) 绝大多数可用的 EHR 需求是从"西方对抗疗法"医疗保健模型的角度制定的；
d) 大部分资料来自于医药项目，尽管这些项目都是跨学科的（如护理与健康专业），某些源材料也涉及护理与社区健康专业的 EHR 需求；
e) 一级和二级医疗保健部门（即医院、专家）的 EHR 需求之间存在合理的关联；
f) 迄今为止，没有 EHR 需求源是直接从患者或消费者组织那里得到的，尽管许多项目有消费者代表参加，许多源 EHR 需求符合消费者或患者的观点；
g) 在某些源中可以找出西部对抗疗法医疗保健模型中的文化需求差异，但这种差异通常并不明显。

相对于其他医疗保健模型，西方对抗疗法模型的 EHR 需求资料以及源自健康检查而非其他健康专业的 EHR 需求资料的优势是当前医疗保健组织的 EHR 系统和世界各国医疗保健专业人员都在使用，这一点不足为奇。然而，人们期待随着时间的推移，能涌现出其他医疗保健模型和其他医疗保健专业的具体 EHR 需求。消费者、世界各国和医疗团体中少数民族和文化组织直接提供需求也是必要的。这些新的源需求可以是：

a) 在标准上增加对现存需求的验证；
b) 需要改变一些需求；
c) 增加新的需求。

值得注意的是，在欧洲和北美之外的许多国家都找到了 EHR 需求材料，但是很少被认为是已发布的 EHR 需求源。可是像亚洲这些没有能力提供现有材料的国家，仍然对这份工作感兴趣，并愿意为 ISO 今后在这一领域的工作做出贡献。

第二阶段：整理现有的 EHR 需求源材料

从许多不同的需求源、不同的角度和不同的形式中整理出大量的需求是一项艰难和被质疑的任务。第一个挑战是设计或采用一个与目标相配的合理的分级框架。为此，一个好的框架具有如下特征：

a) 应详细到足以能分开明显是不同类型的需求；
b) 应便于标准的使用者对特定类型的需求进行定位；
c) 不应太详细，以至于无法进行标准符合性测试工作。

应注意的是,分级标题应是“框架”而不是“分类”。EHR 需求的分类系统蕴含了一套统计学方法,并应体现相互排斥和详尽的概念,但这不是本标准目的所需的。此外,本标准的目标并不是制定一个“完美”的框架(如果这种事情存在),而是制定一套综合且容易使用的分级标题。

早期这类方案采用现存的由 EHCR-SupA 方案设计出来的 EHR 需求标题框架。这个框架被用于本标准的第一份工作草案中(ISO/WD 18308,版本 1.0,2000-10-6),它列出了 600 个需求源。EHCR-SupA 框架为整理出一套广泛的 ISO EHR 需求开创了一个美好的开端。然而,在 ISO/TC 215/WG1 和澳大利亚 IT-14-9-2 EHR 工作组进一步审查后发现,EHCR-SupA 框架显然存在一些不足,这使得它并不适用于 ISO 标准需求。于是开始修订框架,产生了一个框架的新版本(V2.0 版)和 4 个分版本(V2.1-2.4)。

在 2001 年 3 月汉城会议上,由 ISO/TC 215/WG1 审查的 2.4 版本被认为有重大缺点。因此在汉城会议上形成了一个工作小组承担了框架的进一步审查和制定工作。其目标是制定出一个足够好的,可以进一步形成套综合需求的框架。同时,该工作组和 IT-14-9-2 还制定和审查了框架的另外六个版本和分版本(V3.0-V5.3)。

由此产生的 5.3 版的框架分为四层,共 142 个标题和分标题。在 2001 年 8 月的伦敦会议上,ISO/TC 215/WG1 审查了 5.3 版的使用情况,以比较在第一阶段 35 个原始需求源基础上得出的 590 个 EHR 需求。ISO/TC 215/WG1 认为,EHR 需求合理的范围已经确定,已经为制定本标准奠定了坚实的基础。

第三阶段:研制一套综合的 EHR 需求

本标准研制过程的最后阶段,是以 V5.3 版本的 590 个需求源为“原料”,为框架的每一个标题和小标题研制一套综合的 EHR 需求。研制一套综合需求的原因有以下几点:

a) 590 个需求源的大多数包含两个或两个以上具体需求的复合综述;

b) 许多需求源要么太冗长要么是不能单独作为正确需求综述的简洁短组;

c) 某一类或标题内许多需求源有重叠或相同的含义;

d) 大多数需求源是按 EHR/EHCR/EPR/CPR 表达的,而不是按 EHR 体系架构表达的;

e) 许多需求源实际上是系统需求而不是记录需求,因此不在本标准规定范围之内。

这套综合需求的研制是不断完善和协商的过程。在这个过程中,框架不可避免地要发生改变。

2001 年 8 月,在澳大利亚标准化协会的支持下,ISO 在伦敦召开会议。2001 年 10 月,在悉尼召开了为期两天的研讨会,与会的 6 名专家制定了综合需求的第一份草案。这份草案是在澳大利亚标准化协会 IT-14-9-2 EHR 工作组审核之后进行更新的。第二个更具代表性的利益相关者研讨会于 2001 年 12 月在悉尼举行。这一天,来自 16 个不同利益相关组织的 20 多名人员参加研讨会。该研讨会目的是从广大利益相关者的角度详细审查第二份草案,利益相关者包括消费者、医生、学者、顾问、软件供应商、健康保险人员、政府卫生人员和法律代表。第三份草案作为本次研讨会的一项结果产生,参会人员、未能参加第二次研讨会的相关人员和 IT-14-9-2 做了进一步的审查。第四份草案由 ISO/TC 215/WG 1 审查,并于 2002 年 4 月在约翰内斯堡会议上进行讨论。在接受许多修改建议之后,工作草案晋级到委员会草案阶段。

现有的 123 个综合需求是由第一份工作草案 590 个需求源浓缩而来的。这是一个缩减 75% 的内容、更和谐、更简洁的需求综述,有望使文件更具可读性和更有益。而且,大多数需求综述是“EHRA 将是什么”的短语形式,这使本标准更容易实施。

注:EHRA 需求部分包括在第一份工作草案中,因为它与系统的需求不直接相关所以后来没被纳入。在构成记录的需求和系统的需求方面仍然有一些不同的意见。这种不同是相当明显的,例如“EHR 系统的反应时间必须小于 1 秒”是明显的系统需求。然而,必须承认区分系统和记录需求有时是很困难的。新的 TC 215 工作项目就是制定一套 EHR 系统需求的标准来克服这些困难。

参 考 文 献

[1] AS 4390. 3—1996 Australian Standard Records Management—Part 3: Strategies (now withdrawn).

[2] CBPR DICK R. S. and STEEN E. B. The Computer-Based Patient Record: An Essential Technology for Health Care. US National Academy of Sciences, Institute of Medicine, 1991.

[3] C-ENV-SD CEN/TC 251/WG 1. PT011 EHCRA prENV 12265 Supporting Document.

[4] CPRI:1996 Computer-based Patient Record Institute. Computer-based Patient Record Description of Content. August 1996.

[5] DC-1 CAMPLIN D. A. Synopsis of Requirements from The GEHR Architecture (GEHR Deliverables 19, 20 and 24).

[6] DR-1 LLOYD D. S. and DIXON R. M. Proposed extensions and issues for GEHR, including PRISM experiences.

[7] GOOSSEN Goossen W. T. F., Epping P. J. M. M., DASSENT., Criteria for Nursing Information Systems as a Component of the Electronic Patient Record—An International Delphi Study. Computers in Nursing, Vol. 15, pp. 307-315, and in: IMIA Yearbook 1999 of Medical Informatics, Jan van Bemmel, Alexa McCray (Eds), Schattauer Verlagsgesellschaft mbH, Stuttgart, pp. 383-391. Also Goossen PhD research working papers.

[8] GEHR-04 GEHR Requirements for Clinical Comprehensiveness (GEHR Project Deliverable 4). St. Bartholomew's Hospital Medical College, 1992. Available at: http://www. chime. ucl. ac. uk/work-areas/ehrs/GEHR/.

[9] GEHR-05 GEHR Requirements for Portability (GEHR Project Deliverable 5). St. Bartholomew's Hospital Medical College, 1993.

[10] GEHR-08 Ethical and Legal Requirements of GEHR Architecture and Systems (Project Deliverable 8), St. Bartholomew's Hospital Medical College, 1994.

[11] GEHR-09 Educational Requirements of GEHR Architecture and Systems (Project Deliverable 9), St. Bartholomew's Hospital Medical College, 1994.

[12] GEHR-19 GEHR Deliverables 19, 20, 24—"The GEHR Architecture" Version 1. 0, 30/6/95, D. INGRAM, D. LLOYD, D. KALRA, T. BEALE, S. HEARD, P. A. GRUBB, R. M. DIXON, D. A. CAMPLIN, J. C. ELLIS, A. M. MASKENS. Note that the requirements so marked could originate from any of the GEHR Deliverables—4, 5, 6, 7, 8, 9 or 10 as well as this one.

[13] GEHR-2000 The GEHR Object Model Technical Requirements. Rev 2. 1 Draft B, Jun 2000. http://www. gehr. org/technical/requirements/gehr requirements. html.

[14] HINA National Electronic Health Record Taskforce (NEHRT). A Health Information Network for Australia. Report to [Australian] Health Ministers. Commonwealth of Australia, Department of Health and Aged Care. July 2000. ISBN 0 642 44668 7. Available at: http://www. healthconnect. gov. au/.

[15] I4C-1 I4C (Integration and Communication for the Continuity of Cardiac Care) Project HC1024 of the EU 4th framework. Deliverable 1: User Requirements and Functional Specification.

[16] I4C-10 I4C (Integration and Communication for the Continuity of Cardiac Care). Project HC1024 of the EU 4th framework. Deliverable 1: User Requirements and Functional Specification/ORCA. Work primarily built upon the Open Record for Care (ORCA) Model developed at Erasmus University, Rotterdam.

[17] ISO/TS18307 Health informatics—Interoperability and compatibility in messaging and communication standards—Key characteristics.

[18] IT-14-9-2 Standards Australia, IT-14-9-2 EHR Working Group. Working papers. 2000.

[19] JCAHO-IM2 US Joint Commission for Accreditation of Healthcare Organizations. Information Management Standards. 2000.

[20] NIVEMES NIVEMES (A Network of Integrated VErtical MEdical Services targeting ship vessels and remote populations) Project HC1035 of the EU 4th framework. Taken from "The Structure and the Basic Principles of the Telemedicine Project".

[21] NIVEMES-ML NIVEMES (A Network of Integrated VErtical MEdical Services targeting ship vessels and remote populations)/a_med Line ©. Project HC1035 of the EU 4th framework. Taken from "The Structure and the Basic Principles of the Telemedicine Project".

[22] NU-SS Nucleus (Customization Environment for Multimedia Integrated Patient Dossiers) Project A2025 Of the EU 3rd framework. Taken from "Healthcare record architecture information: relevant projects"—(SAPHIS) Services, Architecture & Products for Health Information Systems, Paris.

[23] NZ EMR:1998 The New Zealand Electronic Medical Record Standard. Electronic Medical Records Standards Subcommittee. SC606, WG3 Draft v1.06, 25 February 1998.

[24] OpenEHR, 2002 EHR Design Principles. Available at: http://www.openehr.org/cqi-bin/document list.

[25] PRESTIGE-SS Prestige (Guidelines in Healthcare). Project HC1040 of the EU 4th framework. Taken from "Healthcare record architecture information: relevant projects"—(SAPHIS) Services, Architecture & Products for Health Information Systems, Paris.

[26] RICHE-SS RICHE (Reseau d'Information et de Communication Hospitalier Europeen), Project 2221 Of the EU 2nd framework. Taken from "Healthcare record architecture information: relevant projects"—(SAPHIS) Services, Architecture & Products for Health Information Systems, Paris.

[27] SPRI, 1998a Swedish Institute for Health Services Development (SPRI). A reference architecture for information systems in the health care domain. SPRI, 1998. ISSN 0281-6881.

[28] STAR-SS STAR, taken from "Healthcare record architecture information: relevant projects" —(SAPHIS) Services, Architecture & Products for Health Information Systems, Paris.

[29] SupA1.4, 2000 EHCR-SupA. "Electronic Health Care Record Architecture: Consolidated List of Requirements." Version 1.4, May 2000. Available at: http://www.chime.ucl.ac.uk/Healthl/EHCR-SupA.

[30] SYNAPSES SYNAPSES (Federated Healthcare Record Server). Project HC1046 of the EU 4th framework. Deliverable 1A from NORA and including technical requirements.

ICS 35.240.50
L 67

中华人民共和国国家标准

GB/T 24467—2009

通用机械零部件产品数据字典层次结构的构成规则

The rules of constitute hierarchy for product data dictionary of general mechanical parts and components

2009-10-15 发布　　2009-12-01 实施

中华人民共和国国家质量监督检验检疫总局
中国国家标准化管理委员会　发布

前　言

本标准由中国标准化研究院提出并归口。

本标准起草单位:中国标准化研究院。

本标准主要起草人:洪岩、李文武、刘守华、王志强。

引　言

GB/T 17645《工业自动化系统与集成　零件库》是等同采用 ISO 13584《工业自动化系统与集成　零件库》的关于计算机可解释的零件库数据表达与交换的、由多个部分组成的基础标准，其目的是提供与应用系统无关的传输零件库数据的中性机制。GB/T 17645 按概念描述、逻辑资源、实现资源、描述方法学、一致性测试、视图交换协议和标准化内容进行分类。

由于 GB/T 17645 的内容庞大，不便使用者对技术内容的快速理解，因此我们在参考了 ISO 13584 相关内容的基础上，提炼出编写数据字典层次结构的一些原则和方法形成本标准。

产品数据字典层次结构是建立数据字典工作的重要技术内容，是装备制造业建立通用零部件库的关键技术。为了满足建立产品零部件库和电子商务的需求，需要制定建立产品数据字典层次结构的原则。

本标准的制定可以满足装备制造业建立通用零部件数据字典的需求，为我国装备制造业零件库和电子商务的发展提供有力的标准化支撑。

通用机械零部件产品数据字典层次结构的构成规则

1 范围

本标准规定了建立通用机械零部件产品数据字典层次结构的规则、分类原则和字典内容的描述方法,以及编制数据字典时需要注意的一些技术问题。

本标准适用于通用机械零部件产品数据字典层次结构的建立,以及所描述对象的特性定义。

2 规范性引用文件

下列文件中的条款通过本标准的引用而成为本标准的条款。凡是注日期的引用文件,其随后所有的修改单(不包括勘误的内容)或修订版均不适用于本标准,然而,鼓励根据本标准达成协议的各方研究是否可使用这些文件的最新版本。凡是不注日期的引用文件,其最新版本适用于本标准。

GB 3101—1993 有关量、单位和符号的一般原则(eqv ISO 31-0:1992)

GB/T 7408—2005 数据元和交换格式 信息交换 日期和时间表示法(ISO 8601:2000,IDT)

GB/T 14814—1993 信息技术 文本和办公系统 标准通用置标语言(SGML)(eqv ISO 8879:1986)

GB/T 16656.41—1999 工业自动化系统与集成 产品数据表达和交换 第41部分:集成通用资源:产品描述与支持原理(idt ISO 10303-41:1994)

GB/T 17645.42—2001 工业自动化系统与集成 零件库 第42部分:描述方法学:构造零件族的方法学(idt ISO 13584-42:1998)

ICS:2005 国际标准分类法

3 术语和定义

下列术语和定义适用于本标准。

3.1

信息分类 information classify

信息分类是根据信息内容的属性或特征,将信息按一定的原则和方法进行区分和归类,并建立起一定的分类体系和排列顺序。

信息分类有两个要素:一是分类对象,二是分类的依据。分类对象由若干个被分类的实体组成。分类依据取决于分类对象的属性或特征。

信息内容属性的相同或相异,形成了各种不同的类。在信息分类体系中,类可称为类目。

[GB/T 7027—2002,4.1]

3.2

零件族 part family

零件族是指具有相同或相似事物特性的一组零件。

3.3

字典 dictionary

包含一系列条目的表,一个含义对应字典中的一个条目,字典的一个条目只有一个含义。

[GB/T 17645.24—2003,定义 3.32]

注 1：在 GB/T 17645 中，用于构成字典词条的种类有：供应方、类、特性、程序库、类型、表和文档。

注 2：在 GB/T 17645 中，表达一字典词条的信息被分为三个实体：一个是 basic_semantic_unit（基本语义单元）(BSU)，它用于查询；一个是 dictionary_element（字典元素），它通过属性尽可能地描述该字典词条；一个是 content_item（内容项）实体，通过描述它的内容来描述该字典词条。

3.4

字典数据　dictionary data

描述零件族层次结构和这些零件特性的数据集。

［GB/T 17645.42—2001，定义 3.4.6］

3.5

零件通用族　general family of parts

为了分类或分解公共信息，所作的零件族的一种分组。

3.6

零件简单族　simple family of parts

一种零件集，由标准化组织定义的不再进行细分的零件类。

3.7

特性　property

可以通过数据元素类型表达的信息。

3.8

标准化标识层次结构　standardized identification hierarchy

由标准化组织定义的字典数据的分类结构。

3.9

可见特性　visible property

为某些零件族定义的一种特性，并且对于该零件族的不同零件，可以用它也可以不用它。

［GB/T 17645.24—2003，定义 3.109］

例：对于螺栓的某通用族，该螺杆无螺纹部分的长度是一种可见特性，无论是否带有螺纹，都要明确地声明这个特性。

3.10

可应用特性　applicable property

为某些零件族定义的特性，它将用于属于该零件族的任何零件。

［GB/T 17645.24—2003，定义 3.3］

例：对于螺栓通用族，螺纹直径是一个可应用特性，这个特征可用于这个通用族的所有螺纹子类。

3.11

类定值特性　class valued properties

整个零件族的具有单一值的一种特性。它的值不是针对零件族中的每一个零件而定义的，而是对整个零件族的。

［GB/T 17645.24—2003，定义 3.14］

注：在不同零件族中当不能通过层次结构捕捉共性时，可以利用类定值特性来捕捉共性。

3.12

属性　attribute

描述对象特征的一组集合。

3.13

先代通用族　general family of ancestor

在产品族层次结构中，先代通用族是指一个类的父类的前辈类。

3.14

继承 inheritance

在GB/T 17645中,此概念规定了零件的供应商的族结构层次中一个族和它的先代通用族之间的关系。每一个属于前一族的零件隐含地属于它的先代族,因此拥有属于为它们对象定义的所有属性。

3.15

零件的功能模型 functional model of a part

在集成库中描述零件表达分类的库数据。

[GB/T 17645.1—2008,定义3.1.3]

3.16

语义 semantics

给定概念的含义。

例:变量的语义是该变量携带的含义。在GB/T 17645.20—2002中,用variable_semantic(变量语义)实体来表达语义。这个实体是一个抽象超类,可以携带具体的含义和值。

[GB/T 17645.20—2002]

3.17

标识 identification

由数据元的值所组成的一个符号或符号集,用于标识或命名一个对象,并尽可能表明该对象特定属性。

[ISO/IEC 6523-1:1998]

4 概述

产品数据字典用于创建零件库。它把与产品全生命周期有关的描述定义产品的各个特性,按照一定的逻辑关系进行分类,形成树状的结构,并按标准规定的格式,对树状结构的内容进行了描述,该零件库可用于零件数据的存储、传输与技术管理。

数据字典是一种规范的描述方法。构建企业资源数据字典需要对企业资源按分层式的树状结构化进行分类,其上下层之间的关系是父子关系,子族可继承父族的所有特性数据;按照层次结构设置描述特性,根据标准的描述格式的要求对类和特性进行描述;为了便于查询和引用,需要对特性和类进行标识;根据标准的字典描述模式形成特定的字典数据库或符合GB/T 16656的中性数据交换文件。

5 通用零部件分类的基本原则

通用零部件分类以科学性、系统性、可扩延性、兼容性和实用性为原则。

5.1 科学性

宜选择分类对象最稳定的属性或特征作为分类的基础和依据。

5.2 系统性

将选定的事物、概念的属性或特征按一定排列顺序予以系统化,并形成一个科学合理的分类体系。

5.3 可扩延性

通常要设置收容类目,以保证增加新的事物或概念时,不打乱已建立的分类体系,同时,还应为下级信息管理系统在本分类体系的基础上进行扩展细化创造条件。

5.4 兼容性

应与相关标准(包括国际标准)协调一致。

5.5 综合实用性

分类要从系统工程角度出发,把局部问题放在系统整体中处理,达到系统最优。即在满足系统总任务、总要求的前提下,尽量满足系统内各相关单位的实际需要。

6 创建零件族层次结构的规则

当创建标准化标识层次结构和供应商层次结构时，应该使用下列规则。

6.1 规则1——层次结构涵盖范围

标准化的标识层次结构应涵盖该数据字典库所涉及到所有对象及其特性，这些特性是由ISO、IEC、国家标准及其他技术规范所确立的。

零件供应商的标识层次结构应涵盖由这个供应商提供的所有对象。

6.2 规则2——层次结构上层部分

标准化标识层次结构的上层部分应建立在国际标准分类法(ICS:2005)的基础之上。在建立企业级的标准化层次结构时，应直接引用国际标准分类法中的第1层、第2层、第3层作为企业级的标准化标识层次结构的上层部分。

例：在建立通用零部件数据字典时，机械系统和通用件是国际标准分类法(ICS:2005)规定的21大类；根据ICS:2005在机械系统和通用件(21)下面又可以分成“紧固件(21.060)”；“紧固件(21.060)”下面又可分成“螺栓，螺钉和螺柱(21.060.10)”、“螺母(21.060.20)”、“垫圈，锁紧元件(21.060.30)”、“铆钉(21.060.40)”、“销、钉(21.060.50)”、“环、套管、管接头、承插(21.060.60)”、“卡箍和U型环(21.060.70)”和“其他紧固件(21.060.99)”。这些类构成了层次结构的上层(如图1)。

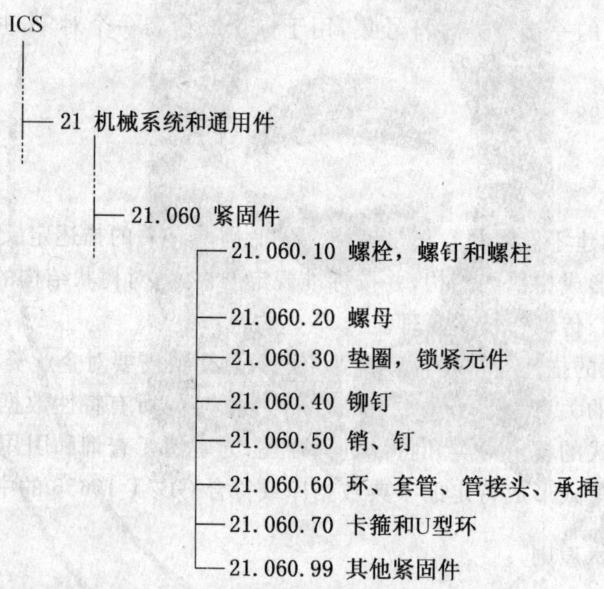

图1 层次结构的上层部分的例子

6.3 规则3——层次结构的下层部分

层次结构的下层部分位于按规则2建立的层次结构的下面，下层部分必须满足零件族的功能模型(例如几何图形、图表模型)。

例：在机械系统和通用件数据字典的“螺栓，螺钉和螺柱(21.060.10)”的下面，考虑功能模型可以包括部件类和特征类，部件类下又可以根据各种部件的用途分成若干子类；在特征类下面考虑到组成螺栓和螺钉的几何形状又可以分成头部特征、杆部特征、内扳拧特征和尾部特征。

6.4 规则4——零件的简单族的同质性

构成产品简单族的零件，其使用的特性应该是相同的，即适用于某零件族的每个特性应该适用于这个族的每个零件。

6.5 规则5——从不同视角看层次结构

在层次结构某些节点上，根据不同的视角可能有几个不同的特性，它们都可用来定义该节点下的子结构。此时应注意以下几个方面：

a) 最大适用性

当应用规则 3 建立产品层次结构的下层时，根据不同的视角，可能产生某些产品分类的不同结构，应选择对特性的提取具有最大适用性的产品分类建立下层结构。

b) 类定值特性

尽管根据最大适用性原则而使有的结构没有入选，但是应该采用类定值特性的办法来引用那些未入选、而需要考虑的结构要素。

c) 类定值赋值层

在产品分类的某一层指定一类定值特性的值。通过该类定值特性可以使这个类的子类引用类定值特性值所定义的不同结构上的类。

例：在紧固件数据字典中，在螺栓的下层可以分成螺栓部件和螺栓特征两个子类，螺栓部件中可能会根据功能特性分成六角头螺栓、半圆头螺栓、五角头螺栓等子类；在螺栓特征子类下可能根据不同的几何特征分成头部特征、杆部特征、尾部特征等。显然这样的分类符合不同的最大适用性原则。但当螺栓部件类需要与特征类建立联系，以实现对特征类方面定义的几何特征进行引用时，就需要在这个部件类对类定值特性进行赋值。

6.6 规则 6——特性的选择

特性应该涵盖描述零件的所有信息。对于表示零件通用族特点的特性，并且能够在零件通用族的每个子族中检索零件时使用的那些特性，至少应该与它的标准化标识层次结构相联系。

在层次结构中可以适当添加那些不以检索为目的或在检索中很少使用的特性。

6.7 规则 7——语义标识

如果表征两个不同零件的两个特征特性在语义方面具有相同含义时，则应将它们从下层提升到层次结构的较高层，否则，应该定义成两个不同的特性。确定这一点，应该看该特性是否满足以下两条准则：

a) 互换性准则：在一些情况下两个零件能够互换并且在互换时两个特性具有相同的值。

b) 在处理时的同质性准则：对一组零件所实施的自动或非自动的处理过程中，有两个特性扮演相同的角色。

例 1：六角螺钉和圆柱螺钉的螺纹直径特性符合互换性准则。

例 2：质量特性、名称的指定(零件表的)，在刀具上用作自动交换刀具的圆锥接头直径都符合自动处理中的同质性准则。

例 3：销钉和铆钉的直径应定义为不同的特性。

6.8 规则 8——特性提取

a) 把若干子族中每个具有相同语义的特性提升到(亦即，仅仅在父族定义一次并且要被子族继承)其父族层上。

b) 在产品分类的某层上定义的任何可应用特性，可用于这个产品分类层的所有子族的所有零件。

6.9 规则 9——继承属性的可用性

上层定义的特性可以被下层继承。如果上层定义的这个特性仅用于下层的某些子族，它应该在上层被定义为可见特性；当这个特性在某些子族中使用时，应该在使用该特性的子族中声明为可应用特性。

7 数据字典内容的描述

7.1 产品特性的描述属性

产品特性的描述属性采用 GB/T 17645.42—2001 定义的如下属性：代码、定义类、数据类型、推荐名、短名、推荐字母符号、同义字母符号、同义名、特性类型分类、定义、定义的源文档、注、备注、单位、条件、公式、值格式、最初定义的日期、当前版本的日期、当前修订的日期、版本号和修订号。

每个属性的条目格式如下(不用的条目可以省略)：

——属性名。

——Obj(目的):目的。

——Descr(描述):描述。

——Oblig(职责):职责。

——Trans(翻译):对翻译的要求。

——For(格式):字符的表达格式、或最大编号和类型,假设它是字符串。

——Expl(例子):例子。

7.2 产品特性描述属性的定义

7.2.1 代码

Obj(目的):当与定义了特性的零件族的代码,以及与库数据供应商代码相关联时,在零件族的内部标识一个特性,并且在数据字典内部提供一个绝对标识。

Descr(描述):与特性相关联的基本语义单元。

Oblig(职责):必须遵循。

Trans(翻译):不翻译。

7.2.2 定义类

Obj(目的):为了规定被定义了特性的族。

Descr(描述):该树的根层的族的代码,在根层这个特性是可见的。

Oblig(职责):必须遵循。

Trans(翻译):不翻译。

7.2.3 数据类型

Obj(目的):规定特性的数据类型。该数据类型描述了值集,这些值可以赋给特性。

Descr(描述):一种类型,它遵照该通用字典模式中规定的类型体系,规定了该特性的数据类型。

Oblig(职责):必须遵循。

Trans(翻译):不翻译。

7.2.4 推荐名

Obj(目的):给出特性的名称(尽可能地用全称)。它用于通信联络和理解。

Descr(描述):如果可用,推荐名与国际标准中使用的名称是完全相同的。如果国际标准中其推荐名称比这个属性允许的最大长度还长,则应缩写,且要有意义。

Oblig(职责):必须遵循。

Trans(翻译):要翻译。

For(格式):30,字母数字。

Expl(例子):螺纹直径。

7.2.5 短名

Obj(目的):给出特性名称,以便在有限空间中表达该特性。

Descr(描述):它是推荐名有意义的缩写。如果存在标准缩写,则应使用标准缩写。它可能与推荐名或字母符号完全相同。

Oblig(职责):必须遵循。

Trans(翻译):要翻译。在这情况下,短名与字母符号完全相同,这在所有语言中应该是一致的。

For(格式):15,字母数字。

Expl(例子):thread_diam(螺纹直径)。

7.2.6 推荐字母符号

Obj(目的):提供特性短名。当它存在时,在表、公式、图形等使用短名表达的地方用它。

Descr(描述):该字母符号在零件的简单族内部是唯一的。它应该从国际标准导出(即 GB 3101—

1993 和产品标准)。在文本表达中总是提供首选字母符号。

Oblig(职责):可选择的。

Trans(翻译):不翻译。

For(格式):字母数字和 SGML 格式(如果提供)。

7.2.7 同义字母符号

Obj(目的):提供特性更短的短名。它用于表、公式、图形等的表达中。

Descr(描述):在零件的简单族内部,该字母符号是唯一的。它应该从国际标准导出(即 GB 3101—1993 和产品标准)。在文本表达中,常提供同义字母符号,在 SGML 表达中,也可能提供同义字母符号。

Oblig(职责):可选择的。

Trans(翻译):不翻译。

For(格式):字母数字和 SGML 格式(如果提供)。

7.2.8 同义名

Obj(目的):提供推荐名的同义词,以便对来自局部的或历史原因的所使用的名称进行转换。

Descr(描述):与给定推荐名不同的,但描绘相同概念的可选标识。

Oblig(职责):可选择的。

Trans(翻译):要翻译。

For(格式):80,字母数字。

7.2.9 特性类型分类

Obj(目的):为了生成更易管理的特性定义大集合,对已定义的不同特性进行分类。

Descr(描述):根据 GB 3101—1993 中定义的类别,将特性的全集分成多个子集。特性类型分类属性是对与该特性相关联的 GB 3101—1993 类别的引用。

Oblig(职责):可选择的。

Trans(翻译):不翻译。

For(格式):一个大写字母和两个数字。

7.2.10 定义

Obj(目的):描述特性意义。

Descr(描述):描述特性意义以及允许其不同于所有其他特性的声明。它应该是一个完全的和无二义性的定义。所有重要词句不受同音异义字和同义词的影响。

Oblig(职责):必须遵循。

Trans(翻译):要翻译。

For(格式):不限定字符个数的字母数字字符串。

7.2.11 定义的源文档

Obj(目的):对源文档的引用,从中导出特性定义。

Descr(描述):至少应该给出所引用的源文档的文档编号和文档发行日期。

Oblig(职责):可选择的。

Trans(翻译):不翻译。

For(格式):字母数字。一种文档标识符。

7.2.12 注

Obj(目的):在专门名词记录的任何部分提供更多的信息,以了解该记录。

Descr(描述):该特性的定义应该从源文档中的定义复制。

Oblig(职责):可选择的。

Trans(翻译):要翻译。

For(格式):不限定的字母数字字符串。

Mapp(映射):property_DET\class_and_property_elements. note

7.2.13 备注

Obj(目的):解释正文,以便更进一步地阐明该特性使用意义。

Descr(描述):自由的文本注释。它不影响该意义。

Oblig(职责):可选择的。

Trans(翻译):要翻译。

For(格式):不限定的字母数字字符串。

7.2.14 单位

Obj(目的):单位规定,其中表明了定量特性的值。

Descr(描述):只能使用基本国际单位制单位的符号。

Oblig(职责):必须遵循(对于定量数据)。

Trans(翻译):不翻译。

For(格式):单位按 GB/T 16656.41—1999 中的规定表达,如需要,可使用通用字典中模式的扩展规定。可提供数字字符串。数字字符串经常以文本表达形式提供,也可以 SGML 表达形式提供。

7.2.15 条件

Obj(目的):形式上地标识相关环境参数,相关环境从属特征依赖该相关环境参数。

Descr(描述):给出适当的相关环境参数的代码。

Oblig(职责):必须遵循相关环境从属特征。

Trans(翻译):不翻译。

For(格式):引用基本语义单元集。

7.2.16 公式

Obj(目的):规则或声明,以数字形式表达定量特性的语义。公式不改变其定义含义的任何基本信息。

Descr(描述):它是该特性定义的一个数学表达式。

Oblig(职责):可选择的。

Trans(翻译):不翻译。

For(格式):一个数学字符串(数字字符串经常以文本表达形式提供;它也可以 SGML 表达形式提供)。

7.2.17 值格式

Obj(目的):规范特性值表达的类型和长度。为了通信联络和数据库存储,将其设计为最大值格式。

Descr(描述):根据下列定义定义值格式:

a) 非定量数据值格式类型(见 GB/T 14805—1993):

A=字母字符,只能是字母

M=混合的,允许的所有字符　　N=数字符号,只能是数字

X=字母数字的字符,只能是字母或数字。

b) 定量数据值格式类型(见 ISO 6093:1985):

NR1=整型,NR2=带有小数的有理数(实数),

NR3=带有小数和指数(浮点)的有理数,S=符号(正或负),

=小数标志,E=指数标志,底数为 10:(A)E(B)表达该值为 A×10^{B}(B 为指数)

c) 字段长度　应该通过一个编号表示一个非定量的数据值的字段长度。

已经定义了下列从 GB/T 14805—1993 和 ISO 6093:1985 导出的首选标准格式:

A..3　　N..3　　X..3　　M..3

A..8　　N..8　　X..8　　M..8

A..17　　N..17　　X..17　　M..17

A..(n×35)　　N..(n×35)　　X..(n×35)　　M..(n×35)

在这些格式里不允许特殊字符。一个可变字段长度应该由两点开始。一个固定字段长度应该由一个空格开始(例如:A-N8-X17-M35 等等)。

应该通过数字和字符的组合(例如 3.3ES2)表示定量数据值的字段长度。已经定义了从 GB/T 14805—1993 和 ISO 6093:1985 导出的下列首选标准格式:

NR1..4　正整数

NR1 S..4　正或负整数

NR2..3.3　正实数

NR2 S..3.3　正或负实数

NR3..3.3ES2　浮点,正

NR3 S..3.3ES2　浮点,正或负

在这些格式里不允许特殊字符。一个可变字段长度应该由两点开始。一个固定字段长度应该由一个空间开始(例如:NR1 4-NR1 S 4 等等。)。

Oblig(职责):必须遵循。

Trans(翻译):不翻译。

For(格式):15,字母数字。

7.2.18　最初定义的日期

Obj(目的):显示库数据供应商定义了特性并宣布它有效的日期时间。此日期永不改变,可用于检验。

Descr(描述):该条目应遵照 GB/T 7408—2005。

Oblig(职责):必须遵循。

Trans(翻译):不翻译。

For(格式):10,字母数字。

7.2.19　当前版本的日期

Obj(目的):显示定义当前版本时的日期。

Descr(描述):该条目应遵照 GB/T 7408—2005。

Oblig(职责):必须遵循。

Trans(翻译):不翻译。

For(格式):10,字母数字。

7.2.20　当前修订的日期

Obj(目的):显示最后修订更改时的日期。

Descr(描述):该条目应遵照 GB/T 7408—2005。

Oblig(职责):必须遵循。

Trans(翻译):不翻译。

For(格式):10,字母数字。

7.2.21　版本号

Obj(目的):特性化特性的每个版本。每当描述特性和影响特性用处的属性变化时,应该创建该特性的新版本号。

注:对影响特性意义的不允许更改。

Descr(描述):字符串,它包括自然数,该自然数用于表示该生命周期中一特性的不同版本。连续的

版本数字应该按照上升的顺序发布。

Oblig(职责):必须遵循。

For(格式):3,以数字表示的。

Trans(翻译):不翻译。

7.2.22 修订号

Obj(目的):特性化特性同一版本的每次修订。当描述此特性的某属性变化时,应该创建该特性的新修订号,描述此特性的属性变化既不能影响该特性意义又不能影响该特性的使用。

注1:对影响特性意义的不允许更改。

注2:在GB/T 17645.42—2001的7.3.1中定义了在影响其修订号的特性中所做的更改。

Descr(描述):字符串,它包括自然数,该自然数用于特性的管理控件。对于特性的每个版本值,该版本的连续修订编号应该按照上升的顺序发布。每一特性的唯一性依赖于它的标识符,在任何时候只能有一个修订号是当前的修订号。

Oblig(职责):必须遵循。

For(格式):3,以数字表示的。

Trans(翻译):不翻译。

7.3 产品类的描述属性

产品类的描述属性采用GB/T 17645.42—2001定义的如下属性:代码、超类、推荐名、短名、同义名、可见类型、可应用类型、子类选择特性、可见特性、可应用特性、类定值赋值、定义、定义的源文档、注、备注、简图、最初定义的日期、当前版本的日期、当前修订的日期、版本号、修订号。

每个属性的条目格式如下:

——属性名;

——Obj(目的):目的;

——Descr(描述):描述;

——Oblig(职责):职责;

——Trans(翻译):对翻译的要求;

——For(格式):字符的表达格式、或最大编号和类型,假设它是字符串;

——Expl(例子):例子。

7.4 产品类描述属性的定义

7.4.1 代码

Obj(目的):当与库数据供应商的代码相关联时,标识一个零件族,并在数据字典内提供一种绝对标识。

Descr(描述):与零件族相关联的基本语义单元。

Oblig(职责):必须遵循。

Trans(翻译):不翻译。

7.4.2 超类

Obj(目的):引用该族的直接(唯一的)父族。

Descr(描述):当前族的直接父族的一个基本语义单元。

Oblig(职责):可选择的(如果它不存在,该类没有超类)。

Trans(翻译):不翻译。

For(格式):类的基本语义单元。

7.4.3 推荐名

Obj(目的):给零件族一个合理描述(尽可能地用全长)。它用于通信联络和了解。

Descr(描述):如果可用,该推荐名与国际标准中使用的名称完全相同。如果国际标准中其推荐名比这个属性允许的最大长度还长，则应简写，且要有意义。

Oblig(职责)：必须遵循。

Trans(翻译)：要翻译。

For(格式)：30，字母数字。

Expl(例子)：螺纹。

7.4.4 短名

Obj(目的)：给零件族一个名称，以便在有限空间中表达该零件族。

Descr(描述)：它是推荐名有意义的缩写。如果存在标准缩写，则应该使用标准缩写。它可以与推荐名完全相同。

Oblig(职责)：必须遵循。

Trans(翻译)：要翻译，此情况下短名与该字母符号完全相同，这在所有的语言中应是一致的。

For(格式)：15，字母数字。

7.4.5 同义名

Obj(目的)：提供推荐名的同义词，以便对来自局部的或历史原因的所使用的名称进行转换。

Descr(描述)：与给定推荐名不同的，但描绘相同概念的可选标识。没有、一个或更多的同义名是允许的。

Oblig(职责)：可选择的。

Trans(翻译)：要翻译。

For(格式)：30，字母数字。

7.4.6 可见类型

Obj(目的)：定义新命名类型，通过族或其子族(可见类型)的任何可见特性可引用新命名类型作为它们的数据类型。

Descr(描述)：不同的特性可以有相同的数据类型值(例如，标识材料的代码集)。可以将与任何特性无关的数据类型定义为命名类型。而后，可通过不同的特性引用它们，用以作为它们的数据类型。该命名类型的定义应该包括使用本公共字典模式的资源构造所规定的命名类型代码、命名类型版本号、以及命名类型数据类型。对于 non_quantitative_code_type(非定量的代码类型)和 non_ quantitative _int _type(非定量的整数类型)，应规定该数据类型作为 dic_values(字典值)的集合，每个集合由唯一的代码和名称集(也许是翻译的)组成。

Oblig(职责)：可选择的。

Trans(翻译)：在 non_quantitative_code_type(非定量的代码类型)和 non_quantitative_int_type(非定量的整数类型)情况下，要翻译数值名称。

For(格式)：data_type_BSUs 和 data_type_elements

注 1：可见类型是继承的。

注 2：定义该族可见特性(或其子族的任何可见特性)的数据类型，仅可以引用还不是可应用类型的可见类型。

例：在某些族的该层可以定义 named_type(命名类型)“材料”作为 non_quantitative_code_type(非定量的代码类型)。此命名类型的值集由与不同的(翻译的)名称相关联的代码集组成。在某些(子)族中可以引用该命名类型，用以定义与该材料相符合的特性数据类型，该族零件由该材料组成。在某些其他(子)族中可以引用它，用以定义与该族零件的涂料相符合的特性数据类型。

7.4.7 可应用类型

Obj(目的)：定义什么样的可见类型可被允许作为适用于该族(以及其子族的任何)的该特性的数据类型。

Descr(描述)：成为该族(以及其子族的任何)可应用类型的，该族已定义的或已继承的可见类型的代码列表。

Oblig(职责):可选择的。

Trans(翻译):不翻译。

For(格式):data_type_BSUs(数据类型 BSU)的列表。

7.4.8 子类选择特性

Obj(目的):在任何简单的是当前族的一个子族的零件族中,定义什么样的(新的)类定值特性应该被赋一个值。

Descr(描述):类定值特性满足关于属于当前族的零件集合的不同透视的表达。当在某些族的级(层)上定义一个类定值特性时,该字典用户可以查询这个族的所有简单子族,为此,给此类定值特性赋某个值。

Oblig(职责):可选择的。

Trans(翻译):不翻译。

For(格式):property_BSUs(特性 BSU)的列表。

注 1:子类选择特性是继承的。它们不应该出现在任何子族的子类选择特性列表中。

注 2:在每个零件的简单族中,应该给定义为所有上层族中的子类选择特性的每个类定值特性赋一个值。

7.4.9 可见特性

Obj(目的):规定该族层上定义的新特性,并且可规定其适用于该族或它的任何子族(可见的特性)。

Descr(描述):新特性(考虑到继承),根据它们是否属于该子族来决定属于零件的通用族或零件的简单族的零件可否持有它。

For(格式):property_BSUs(特性 BSU)的集合。

Oblig(职责):必须遵循(可以清空)。

7.4.10 可应用特性

Obj(目的):规定该族及其任何子族可应用的新特性。

Descr(描述):新特性(考虑继承),属于零件的通用族或零件的简单族的零件应该持有它们。对于该族此列表特性应该是可见的,即通过本族或者通过该层次结构中较高层的族将它们定义为可见的。LIST 命令应符合该特性的缺省表示命令,在任何情况下,应定义此命令(例如在屏幕上显示某些类的特性)。

For(格式):property_BSUs(特性 BSU)的列表。

Oblig(职责):必须遵循(可以清空)。

7.4.11 类定值赋值

Obj(目的):给某些类定值特性已赋的值下定义,该类定值特性被规定为该层次结构中该族或任何更高层族中的子类选择特性。

Descr(描述):通过用户选择族集查询类定值特性,为此,此特性有一个给定值。一旦将一个值赋给了一个类定值特性,这个值就只能继承,而不能重新定义。

For(格式):Class_Value_Assignments(类定值赋值)的集合。

Oblig(职责):可选择的。

7.4.12 定义

Obj(目的):通过给其原意阐明该族意义。

Descr(描述):描述特性意义以及允许其不同于所有其他特性的声明。它应该是一个完全的和无二义性的定义。所有重要词句不受同音异义字和同义词的影响。

Oblig(职责):必须遵循。

Trans(翻译):要翻译。

For(格式):不限定的字母数字字符串。

7.4.13 定义的源文档

Obj(目的):对源文档的引用,从中导出特性定义。

Descr(描述):至少应该给出所引用的源文档的文档编号和文档发行日期。

Oblig(职责):可选择的。

Trans(翻译):不翻译。

For(格式):字母数字。文档的标识符。

注:在交换中,遵照 GB/T 17645.24 该文档本身可交换。

7.4.14 注

Obj(目的):在专门名词记录的任何部分提供更多的信息,以了解该记录。

Descr(描述):该特性的定义应该从源文档中的定义复制。

Oblig(职责):可选择的。

Trans(翻译):要翻译。

For(格式):不限定的字母数字字符串。

7.4.15 备注

Obj(目的):解释正文,以便更进一步阐明该零件族的使用意义。

Descr(描述):自由的文本注释。它不影响该含义。

Oblig(职责):可选择的。

Trans(翻译):要翻译。

For(格式):不限定的字母数字字符串。

7.4.16 简图

Obj(目的):提供形象化显示,应用户要求,显示零件类的形象。

Descr(描述):至少包括局部参考坐标系和主要的可应用特性的字母符号的图样(它用于局部的所有表达)。

Oblig(职责):对于所有可被实例化的族,必须遵循。

Trans(翻译):不翻译。

For(格式):一种 ABSTRACT SUPERTYPE。

注:GB/T 17645.24 提供此图形的交换格式。

7.4.17 最初定义的日期

Obj(目的):显示库数据供应商定义了特性并宣布它有效时的日期时间。此日期永不改变,可用于检验。

Descr(描述):该条目应遵照 GB/T 7408—2005。

Oblig(职责):必须遵循。

Trans(翻译):不翻译。

For(格式):10,字母数字。

Expl(例子):1967-08-20

7.4.18 当前版本的日期

Obj(目的):显示定义当前版本时的日期。

Descr(描述):该条目应遵照 GB/T 7408—2005。

Oblig(职责):必须遵循。

Trans(翻译):不翻译。

For(格式):10,字母数字。

7.4.19 当前修订的日期

Obj(目的):显示最后修订更改的日期。

Descr(描述):该条目应遵照 GB/T 7408—2005。

Oblig(职责):必须遵循。

Trans(翻译):不翻译。

For(格式):10,字母数字。

7.4.20 版本号

Obj(目的):特性化类的每个版本。每当描述类和影响类用处的属性变化时,应该创建该类的新版本号。

注 1:对影响类意义的属性不允许更改。

注 2:在 GB/T 17645.42—2001 的 7.3.1 中定义了在影响其版本号的类中所做的更改。

Descr(描述):字符串,它包括自然数,该自然数用于表示该生命周期中一特性的不同版本。特性的版本号字符串应该由三个数字符号组成。连续的版本数字应该按照上升的顺序发布。

Oblig(职责):必须遵循。

For(格式):3,数字的。

Trans(翻译):不翻译。

7.4.21 修订号

Obj(目的):特性化类的同一版本的每次修订。当描述该类的某属性变化时,应该创建该类的新修订号,描述此类的属性变化既不能影响该类意义又不能影响该类的使用。

注 1:对影响该类意义的不允许更改。

注 2:在 GB/T 17645.42—2001 的 7.3.1 中定义了在影响其修订号的类中所做的更改。

Descr(描述):字符串,它包括自然数,该自然数用于类的管理控件。对于类的每个版本值,该版本的连续修订编号应该按照上升的顺序发布。每一类的唯一性依赖于它的标识符,在任何时候只能有一个修订号是当前的修订号。

For(格式):3,数字的。

8 数据字典编写要求

8.1 正确性

应按照本标准对数据字典中元素的类型和值域的规定填写,确保数据字典内容的正确性。

8.2 真实性

保证数据字典内容真实,无虚假或夸张。

8.3 易读性

凡以“自由文本”填写的内容,其语言应精练、易懂。

8.4 权威性

数据字典应由数据库或数据文件的所有者认可的作者编写完成,必要时需经过有关部门认可或专家论证。

8.5 完整性

应按照本标准对数据字典中元素的约束条件填写。凡必选内容必须填写。可选内容宜尽可能多地填写,以帮助数据管理者和数据使用者更充分地了解数据。

8.6 数据字典的扩充

允许针对具体数据集的特点,在数据字典中添加未列出的内容。

8.7 更新

随着数据库内容的更新,数据字典内容也应及时更新。

参 考 文 献

[1] GB/T 7027—2002 信息分类和编码的基本原则与方法

[2] GB/T 14805—1993 用于行政、商业和运输业 电子数据交换的应用级语法规则(idt ISO 9735:1988)

[3] GB/T 17645.1—2008 工业自动化系统与集成 零件库 第1部分:综述与基本原理(ISO 13584-1:2003,IDT)

[4] GB/T 17645.20—2002 工业自动化系统与集成 零件库 第20部分:逻辑资源:表达式的逻辑模型(idt ISO 13584-20:1998)

[5] GB/T 17645.24—2003 工业自动化系统与集成 零件库 第24部分:逻辑资源:供应商库的逻辑模型(idt ISO 13584-24:2002,IDT)

[6] ISO 6093:1985 信息处理 信息交换用字符串的数值表示

[7] ISO/IEC 6523-1:1998 信息技术 组织和组织各部分标识用的结构 第1部分:组织标识方案的标识

ICS 17.040.30
L 85

中华人民共和国国家标准

GB/T 24468—2009

半导体设备可靠性、可用性和维修性(RAM)的定义和测量规范

Specification for definition and measurement of semiconductor equipment reliability, availability and maintainability (RAM)

2009-10-15 发布　　　　2009-12-01 实施

中华人民共和国国家质量监督检验检疫总局
中国国家标准化管理委员会　发布

前　言

本标准修改采用 SEMI E10-0304《设备可靠性、可用性和维修性(RAM)的定义和测量规范》。

本标准与 SEMI E10-0304 相比，做了下列编辑性修改：

——第 4 章术语和定义按照国家标准的编写格式要求重新排列。

——本标准按照 GB/T 1.1 的要求对编号重新编排。

——本标准的附录 A 对应 SEMI E10-0304 中的附件 1。

——本标准的附录 B 对应 SEMI E10-0304 中的附件 2。

——本标准的附录 C 对应 SEMI E10-0304 中的相关信息 1。

本标准的附录 A、附录 B 是规范性附录，附录 C 是资料性附录。

本标准由全国半导体设备与材料标准化技术委员会提出。

本标准由全国半导体设备与材料标准化技术委员会归口。

本标准起草单位：中国电子技术标准化研究所。

本标准主要起草人：黄英华、刘筠、张建勇、蒋迪宝。

半导体设备可靠性、可用性和维修性(RAM)的定义和测量规范

1 目的

本标准通过提供半导体制造设备(以下简称设备)在制造环境下的可靠性、可用性和维修性(以下简称RAM)性能的测量标准,为这种设备的用户和设备供应商建立一个交流的共同基础。

2 范围

2.1 本标准定义了设备的六个基本状态,所有的设备条件和阶段都必须归入这六个状态。设备的状态由功能决定,而不管是由谁来执行此功能。本规范中所涉及的设备可靠性的测量主要集中在设备失效和设备使用的关系上,而不是设备失效和设备经历的(日历)总时间之间的关系。

2.2 本标准第5章(设备的状态)定义了设备的时间是如何分类的,第6章(RAM测量)确定了测量设备性能的公式。第7章(不确定度测量)给出了用统计学对计算出的性能量值进行评估的方法。

2.3 本标准的有效实施,要求设备的(RAM)性能可以通过设备的运行时间和周期进行跟踪。对设备状态的自动跟踪不属于本标准的范围,它由SEMI E58所覆盖。用户和供应商之间的清晰有效的沟通可以促进设备性能的不断提高。

2.4 本标准中的RAM指标可以在整个设备和分系统层次上直接应用于非集群设备,也可以在分系统层次(比如工艺模块)用于多路集群设备。

注:本标准不解决任何与标准使用相关的安全问题。本标准的用户有责任建立适当的安全和健康措施,并在使用前做出规定以及其他限制。

3 规范性引用文件

下列文件中的条款通过本标准的引用而成为本标准的条款。凡是注日期的引用文件,其随后所有的修改单(不包括勘误的内容)或修订版均不适用于本标准,然而,鼓励根据本标准达成协议的各方研究是否可使用这些文件的最新版本。凡是不注日期的引用文件,其最新版本适用于本标准。

SEMI E35 半导体生产设备计量的主权成本

SEMI E58 自动化可靠性、可用性和维修性标准

SEMI E79 设备生产力的定义和测量标准

SEMI E116 设备性能跟踪规范

4 术语和定义

下列术语和定义适用于本标准。

4.1

可靠性 reliability

在规定的条件下,设备在一定时间内执行其预定功能的能力。

4.2

可用性 availability

当需要时,设备处于可以执行其预定功能状态的可能性。

4.3

维修性 maintainability

在规定时间内,设备保持在或恢复到能够执行其预定功能的状态的可能性。

4.4

集群设备 cluster tool

由机械上互连的集成工艺模块(这些模块可能来自不同的制造商)组成的制造系统。

4.4.1

单路集群设备 single path cluster tool

只有一个加工流程的集群设备。

4.4.2

多路集群设备 multi-path cluster tool

具有一个以上独立的加工流程(例如相同型号的多个装载端口、多路真空锁、多个工艺处理室)的集群设备。

4.5

主机 host

代表工厂和用户与设备进行通信的智能系统,起监督作用。

4.6

保障工具 support tool

保障工具虽然不是设备的一部分,但是在正常的生产过程中它是与设备结合在一起而不可或缺的一部分(比如:盒子、硅片载具、探测卡、计算机化的控制器和监视器)。

4.7

单元 unit

任何硅片、衬底、芯片、封装的芯片或其中一部分。

4.8

操作人员 operator

在现场通过设备的控制面板与设备进行联系的任何人员。

4.9

用户 user

任何与设备进行互操作的实体,既可以是现场操作员,也可以是通过主机远程控制的人员。从设备的角度讲,操作员和主机都代表用户。

4.10

周期 cycle

设备系统或分系统的加工、制造或测试步骤的一个完整的工作顺序(包括单元的装载和卸载)。在单个单元的加工系统中,周期数等于加工的单元数;在批量生产系统中,周期数等于加工的批量数。

4.11

总时间 total time

测试周期内的所有时间(按一天 24 小时,一周 7 天计)。为了正确地描述总时间,设备的所有 6 个状态都必须计算在内,并被准确地跟踪。

4.12

非工作时间 non-scheduled time

设备没有被安排用于生产的时间。

4.13

工作时间 operation time

总时间减去非工作时间。

4.14

不能工作时间(DT) downtime

设备不处于执行其预定功能的状态的时间或不能执行其预定功能的时间。不能工作时间不包括非工作时间的任何部分。

4.15

能工作时间　uptime

设备处于能执行其预定功能的状态的时间。它包括生产、待机和工程时间,它不包括非工作时间。

4.16

制造时间　manufacturing time

生产时间和待机时间的总和。

4.17

预定功能　intended function

设备被制造出,用来执行的制造功能。它包括:传送设备的传送功能,测量设备的测量功能,也包括加工功能,如物理蒸发、沉淀和焊接引线。复杂的系统可能有不止一个预定功能。

4.18

维修　maintenance

使设备保持在或恢复到能够执行其预定功能状态的活动。在本标准中,维修指的是活动而不是组织;它包括调整、更换消耗品、软件升级、修复、预防性维修等,而不管是谁执行这些任务。

4.19

不能工作事件　downtime event

一个可以检测到的、对设备有重要影响并导致设备从正常工作状态转到计划或非计划不能工作状态的事件。

4.20

失效　failure

任何使得设备处于不能执行其预定功能的状态的非计划不能工作事件。任何零件的失效、软件或编程源程序问题、设施或电力设施的故障或人员的失误都可导致失效。

注:对失效进行分类和量化对促进问题的解决和提高设备的整体性能是非常重要的。本标准的使用需要设备供应商和用户之间对失效的分类达成一致。

4.21

设备相关失效　equipment related failure

任何只由设备引起的导致设备转到不能执行其预定功能状态的非计划事件。

4.22

产品　product

在生产时间被生产出来的单元(见单元)。

4.23

关启　ramp down

将设备准备到能够进行手工作业的状态所需的程序,是维修程序的一部分。它包括清洗、冷却、加热、备份软件、存储动态数据(例如参数,程序等)等。它只包括在计划和非计划不能工作时间内。

4.24

开启　ramp up

手工作业结束后,将设备恢复到能够执行其预定工作的状态的程序,属于维修程序的一部分。它包括开泵、预热、稳定阶段、常规初始化、加载软件、恢复动态数据值(例如参数,程序等),重新启动控制系统等。开启不包括设备或程序的测试时间,它包括在计划和非计划的不能工作时间内。

4.25

切断　shutdown

当设备进入非计划状态时将其转到安全状态所需时间。它包括达到安全状态所需的任何程序。切断只算在非工作时间内。

4.26

(设备操作)规范　specification (equipment operation)

设备在规定条件下达到一系列预定功能,它以文件的形式经过用户和供应商确认。

4.27

启动　start-up

在离开非计划状态时,设备达到可以执行其预定功能的状态所需的时间。它包括关泵、预热、稳定阶段、常规初始化、加载软件、恢复动态数据值(例如参数,程序等)、重新启动控制系统等。它只包括在非工作时间内。

4.28

离线培训　training (off-line)

在设备运行时间外对人员进行的操作和/或维修的指导。它只算在非工作时间内。

4.29

现场培训　training (on the job)

在设备处于正常的工作功能的状态下对人员进行的操作和/或维修的指导。现场培训通常不中断工作或维修活动,因此可以被计算在任何设备状态内(不包括待机和非工作时间),无需特别分类。

4.30

利用率　utilization

在规定时间内,设备执行其预定功能的时间与这段时间的百分比。

4.31

验证性运行　verification run

用于确定设备(使用单元或不使用单元)能够按规范执行其预定功能而执行的单个运行周期。

5　设备的状态

5.1　设备的六个基本状态

为了清楚地测量设备的 RAM 性能,本标准定义了设备的六个基本状态,设备的所有条件和时间周期都必须归入这六个状态内。

设备的状态由功能而不是由组织机构来确定。例如,任何对设备的维修过程都将被纳入同一分类,而不管维修是由操作员、生产技师、维修技师还是加工工程师执行的。

图 1 是设备六个基本状态的框架图。这些设备的基本状态可以按照生产操作希望达到的设备跟踪解决方案被划分为若干分状态。本标准没有列出所有可能的分状态,但给出了一些例子作为指南。图 2 给出了与基本状态相关的时间框图以及分状态示例。这些时间框图在本标准后面的 RAM 计算公式中还要用到。

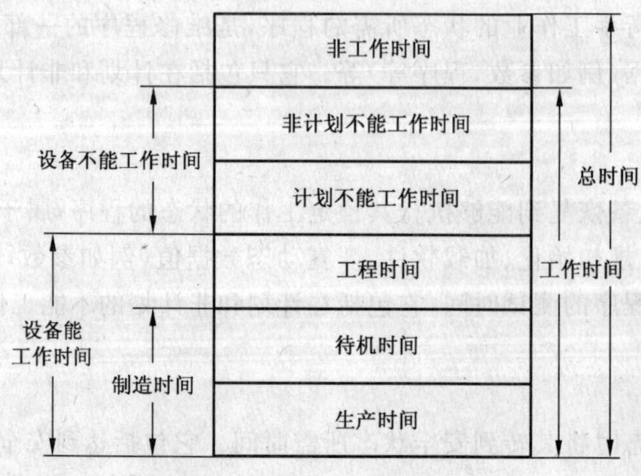

图 1　设备状态框架图

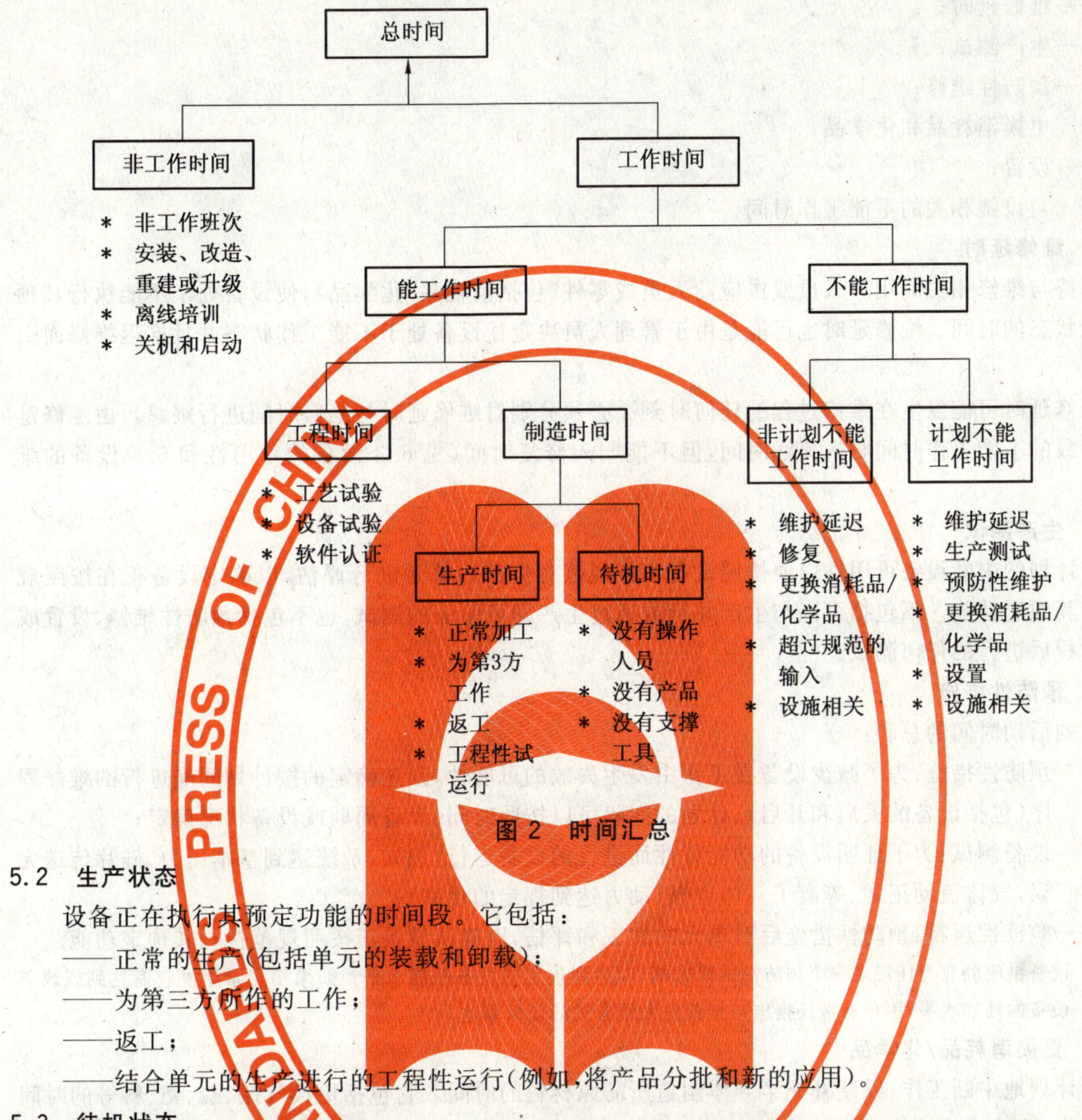

图 2 时间汇总

5.2 生产状态

设备正在执行其预定功能的时间段。它包括：

——正常的生产(包括单元的装载和卸载)；

——为第三方所作的工作；

——返工；

——结合单元的生产进行的工程性运行(例如，将产品分批和新的应用)。

5.3 待机状态

与非工作时间不同，设备处于可以执行其预定功能但不进行任何操作的状态，化学品和设施也可用，它包括：

——没有操作员(包括休息、进餐时间和会议时间)；

——没有单元(包括缺少保障设备，如测量工具)；

——没有保障工具(例如盒子、硅片载具、探测卡等)；

——没有外部自动化系统(例如，主机)的输入。

5.4 预检状态

设备处于可以执行其预定功能状态(不存在设备或加工问题)，但被用于预检试验的时间，预检状态包括：

——加工预检(例如，加工特性分析)；

——设备预检(例如，设备评估)；

——软件预检(例如，软件认证)。

5.5 计划不能工作状态

由于计划的不能工作事件，设备不能执行其预定功能的时间，包括：

——维修延时；
——生产测试；
——预防性维修；
——更换消耗品和化学品；
——设置；
——与设施相关的不能工作时间。

5.5.1 维修延时

等待与维修相关的用户人员或供应商人员或零件(包括消耗品/化学品)，使设备处于不能执行其预定功能状态的时间。维修延时也可能是由于管理人员决定让设备处于不能工作状态并且推迟维修而引起的。

维修延时可能发生在维修过程的任何时刻。必须分别对维修延时与维修时间进行跟踪。由维修延时而导致的不能工作时间归入离线时间，但不能归入修复时间(见6.3设备的可用性和6.4设备的维修性)。

5.5.2 生产测试

有计划的中断设备可用性以便按照设备工作规范对生产的单元进行评估，以确定设备正在按照规范执行其预定功能。不包括可以与生产并行或通过生产即可验证的测试，也不包括预防性维修、设置或修复过程后进行的任何测试。

5.5.3 预防性维修

下列活动时间的总和：

——预防性措施：为了减少设备在工作中发生失效的可能性，预先确定的按计划间隔进行的维修程序(包括设备的关启和开启)；计划的间隔可以按照时间、设备周期或设备状况确定；
——设备测试：为了证明设备的功能特性而进行的设备运行(例如，系统达到基本压力、硅片传送无误，气体流动正常、等离子气体点燃、动力达到规定的功率)；
——验证性运行：预防性措施后对单元的加工和评估，以确认设备正按照规范执行其预定功能。

注：设备供应商有责任规定一个预防性维修大纲，以达到预定的设备性能水平。如果用户希望供应商达到或改善设备的性能水平，用户有责任指出与推荐的大纲有关的任何偏差。

5.5.4 更换消耗品/化学品

有计划地中断工作，以便补充半导体制造所需原材料的时间。它包括更换气瓶、酸、靶、料等的时间以及净化、清洗或冲洗等与这些更换相关的活动。它不包括获取这些消耗品/化学品的时间。

5.5.5 设置

下列活动时间的总和：

——转换：完成设备的变更以适应加工、单元、封装形式的变化等(不包括改造、重建以及升级的时间)所需的时间；
——设备测试：为了证明设备的功能特性而进行的设备运行(例如，系统达到基本压力、硅片传送无误，气体流动正常、等离子气体点燃、动力达到规定的功率)；
——验证性运行：为了确认设备正在按照规范执行其预定功能，预防措施后对单元的加工和评估。

注：设备供应商负责提供按照预定的规范进行设置转换和测试的程序。如果用户期望供应商的设备能按照规范进行设置，则必须指出程序与规范的偏离。

5.5.6 与设施相关的不能工作时间

只是由于设施不能达到规范的要求而使设备不能执行其预定功能的不能工作时间。这些设施包括：

——环境条件(例如，温度、湿度、振动、杂质颗粒数)；
——厂房连接设施(例如，动力、冷却水、厂房内气体、废气、液氯等)；

——与其他设备或主计算机之间的通讯连接。

任何由上述项目引起的不能工作时间都应算在与设施有关的不能工作时间内。例如，由于按计划电力中断 15 min，必须重新启动抽气泵，使设备恢复到能够执行其预定功能的状态所需的所有时间都包括在与设施有关的不能工作时间内。

5.6 非计划不能工作状态

由于非计划不能工作事件而导致设备处于不能执行其预定功能的状态的时间。这些事件包括：

——维修延时；

——修复；

——更换消耗品/化学品；

——不符合规范的输入；

——与设施有关的不能工作时间。

5.6.1 维修延时

等待与维修相关的用户人员或供应商人员或零件(包括消耗品/化学品)，使设备处于不能执行其预定功能状态的时间。维修延时也可能是由于管理人员决定让设备处于不能工作状态并且推迟维修而引起的。

维修延时可能出现在维修过程的任何时刻。必须分别对维修延时和维修时间进行跟踪。由维修延时而导致的不能工作时间归入离线时间，但不能归入维修时间(见 6.3 和 6.4 设备的可靠性和维修性)。

5.6.2 修复

下列活动时间的总和：

——诊断：确定设备问题或失效来源的程序；

——纠正措施：实施的解决设备失效、使设备恢复到可以执行预定功能的状态的维修程序(包括设备的开启、关启、重新启动、重新设置、重新循环、重新开启机器，将软件恢复到先前的版本等)；

——设备测试：为了证明设备的功能特性而进行的设备运行(例如，系统达到基本压力、硅片传送无误，气体流动正常、等离子气体点燃、动力达到规定的功率)；

——验证性运行：为了确认设备正在按照规范执行其预定功能，纠正措施后对单元进行的加工和评估。

5.6.3 更换消耗品/化学品

非计划的中断工作，以便补充半导体制造所需原材料的时间。它包括更换气瓶、酸、靶、料等的时间以及净化、清洗或冲洗等与这些更换相关的活动。它不包括获取这些消耗品/化学品的时间。

5.6.4 不符合规范的输入

由于不符合规范的输入或错误的输入导致设备处于不能执行其预定功能状态的时间。这些输入包括：

——保障设备(例如，变形的盒式带或硅片载具、有故障的探测卡或错误的刻线等)；

——单元(例如，上道工序问题、变形的硅片、被污染的硅片、变形的引线框架等)；

——测试数据(例如，未校准的测量工具，读错的图表、错误的解释/输入等)；

——消耗品/化学品(例如，被污染的酸液、靶的粘合有缝隙、退化的耐光保护层、退化的模具化合物等)。

由上述问题引起的不能工作时间应包括在不符合规范的输入的不能工作时间内。例如，由于探测卡的短缺，探测/测试系统被卸下修复，则确定问题时的所有不能工作时间都应被重新归类到不符合规范的输入的不能工作时间。

5.6.5 与设施相关的不能工作时间

只是由于设施不能达到规范的要求而使设备不能执行其预定规范的不能工作时间。这些设施包括：

——环境条件设施(例如,温度、湿度、振动、杂质颗粒数);

——厂房连接设施(例如,动力、冷却水、室内气体、废气、液氮等);

——与其他设备或主计算机之间的通讯连接。

任何由上述项目引起的不能工作时间都应算在与设施相关的不能工作时间内。例如,由于电力中断 15 min,必须重新启动冷凝泵。使设备恢复到能够执行其预定功能的状态所需的所有时间都包括在和设施相关的不能工作时间内。

5.7 非计划状态

设备不安排用于生产的时间,比如非工作班次,周末以及假日(包括关机和启动时间)。

由于离线培训或设备安装、改造、重建或升级(硬件或软件)等不适于在常规的维修计划内进行的活动,使设备处于生产非计划工作,那么这些状态属于非计划状态。它包括把设备从这些状态转到可以执行其预定功能状态所需的判定时间。

由于所有的维修时间必须归入计划不能工作时间或非计划不能工作时间内(这包括日常自动化维修,例如冷却泵重新制冷),这一期间内对设备进行维修的时间不应算在非计划状态时间内。

同样,这一段时间内发生的任何生产或预检工作都必须归入生产时间或工程时间(这也包括无人值守的工作,这些工作到一定时间后可以自行关闭)。

6 RAM 测量

6.1 RAM 指标

RAM 是衡量设备性能的重要指标,表 1 给出了 RAM 测量汇总。

6.2 设备可靠性

在规定的条件下,设备能够在一定时间内执行其预定功能的可能性。

注:这里提供了测量该性能的两种方法:生产时间(见 6.2.1 和 6.2.2)和设备周期(见 6.2.3 和 6.2.4):

——生产时间仅考虑在制造单元的过程中发生的事情(适用于制造运行的目的);

——设备周期则考虑到设备所有状态内每一周期所产生的磨损和损伤(适用于设备可靠性目的)。

6.2.1 MTBFp 平均失效间生产时间

失效之间设备执行其预定功能的平均时间。MTBFp 等于一定时间内生产时间除以这段时间内发生的失效次数。该计算只包括生产时间。从任何其他状态转到生产状态时发生的失效都要计算在内。因此,使用 MTBFp 要求用户不仅有能力跟踪失效信息,还要准确地跟踪总时间并将其准确的分类。

$$\text{MTBFp}=\frac{\text{生产时间}}{\text{生产时间内发生的失效次数}}$$

6.2.2 E-MTBFp 与设备有关的平均失效间生产时间

与设备有关的失效间,设备执行其预定功能的平均时间。E-MTBFp 等于一定时间内的生产时间除以这段时间内发生的与设备有关的失效次数。该计算只包括生产时间。从任何其他状态转到生产状态时发生的与设备有关的失效都要计算在内。因此,使用 E-MTBFp 要求用户不仅有能力跟踪失效信息,还要准确地跟踪总时间和失效的根本原因并将其准确的分类。

$$\text{E-MTBFp}=\frac{\text{生产时间}}{\text{生产时间内发生的与设备有关的失效次数}}$$

6.2.3 MCBF 平均失效间周期数

平均失效间周期数:设备总运行周期除以这些运行周期内发生的失效数。这种算法超越了设备的状态,把系统、子系统的所有周期包括进来。该方法不需要跟踪设备的状态,只需要跟踪设备的运行周期数和设备的失效数。

$$\text{MCBF}=\frac{\text{总周期数}}{\text{失效数}}$$

6.2.4 **E-MCBF 由设备引起的失效间的平均运行周期数**

由设备引起的失效间的平均运行周期数;设备总运行周期除以这些运行周期内发生的由设备引起的失效数。这种算法超越了设备的状态,把系统、子系统的所有运行周期都包括进来。这种算法不需要跟踪设备的状态,只需要跟踪设备的运行周期和由设备引起的失效以及引起失效的根本原因。

$$\text{E-MCBF}=\frac{\text{总周期数}}{\text{由设备引起的失效数}}$$

6.3 **设备可用性**

当需要时,设备将会处于可以执行其预定功能的状态的可能性。

6.3.1 **与设备有关的能工作时间**

设备处于可以执行其预定功能状态的时间与工作时间减去维修延迟不能工作时间、不符合规范的输入造成的不能工作时间、与设施有关的不能工作时间的百分比。该计算仅从设备指标的角度反映设备的可靠性和维修性。

$$\text{与设备有关的能工作时间(\%)}=\frac{\text{设备能工作时间}\times 100\%}{[\text{工作时间}-(\text{所有维护延时不能工作时间}+\text{不符合规范的输入造成的不能工作时间}+\text{与设施有关的不能工作时间})]}$$

6.3.2 **与供应商有关的正常工作时间**

设备处于可以执行其预定功能的时间与下列时间的百分比:即工作时间减去用户维修延迟不能工作时间、不符合规范输入的不能工作时间、与设备有关的不能工作时间。该计算只减去了工作时间内用户维修延迟不能工作时间,而将供应商对零件和服务的延迟计算在内,其目的是提供一种可以用在供应商的服务合同中的有效的测量性能的方法。

$$\text{与供应商有关的正常工作时间(\%)}=\frac{\text{设备能工作时间}\times 100\%}{[\text{工作时间}-(\text{用户维护延时不能工作时间}+\text{不符合规范的输入造成的不能工作时间}+\text{与设施有关的不能工作时间})]}$$

6.3.3 **正常工作时间**

设备处于可以执行其预定功能的时间与运行时间的百分比。该计算用来反映设备的整体工作性能。

$$\text{运转能工作时间(\%)}=\frac{\text{设备能工作时间}\times 100\%}{\text{工作时间}}$$

6.4 **设备维修性**

在规定的一段时间内,将设备保持在或恢复到可以执行其预定功能的状态的可能性。

6.4.1 **MTTR 平均修复时间**

纠正失效使设备恢复到可以执行其预定功能状态的平均时间。一定时间内(包括设备和程序测试时间,但不包括维修延迟不能工作时间)的所有与设备有关的失效的修复时间(经过的时间,不一定是总人力时间)除以这一时间内与设备有关的失效数。

$$\text{MTTR}=\frac{\text{总修复时间}}{\text{失效次数}}$$

6.4.2 **E-MTTR 与设备有关的失效的平均修复时间**

纠正由设备引起的失效并使设备恢复到可以执行其预定功能状态的平均时间。一定时间内(包括设备和程序测试时间,但不包括维修延迟不能工作时间)的所有由设备引起的失效的修复时间(经过的时间,不一定是总人力时间)除以这一时间内由设备引起的失效数。

$$\text{E-MTTR}=\frac{\text{与设备有关的失效的总维修时间}}{\text{与设备有关的失效次数}}$$

6.4.3 **MTOL 平均离线时间**

设备不能工作时,使设备保持在或恢复到能执行其预定功能状态的平均时间。在规定时间段内,全部不能工作时间(计划和非计划不能工作)除以这段时间内不能工作事件数。

$$\mathrm{MTOL}=\frac{\text{设备总停机时间}}{\text{停机事件数}}$$

6.4.4 只与设备有关的计划不能工作时间

由于计划不能工作事件(如预防性维修)而引起的设备不能执行其预定功能的时间百分比。这个时间不包括由供应商或用户引起的任何维修延迟不能工作时间。该计算用于从设备设计反映对预防性维修的需求。

只与设备有关的计划不能工作时间(%)=

$$\frac{\text{设备计划不能工作时间}\times 100\%}{[\text{工作时间}-(\text{所有维护延时不能工作时间}+\text{不符合规范的输入造成的不能工作时间}+\text{与设施有关的不能工作时间})]}$$

6.4.5 只与供应商有关的计划不能工作时间

由于计划不能工作事件(如预防性维修)而引起的设备不能执行其预定功能的时间百分比。这个时间不包括由用户引起的任何维修延迟不能工作时间。这个计算是从设备的设计和供应商对服务的响应方面反映对预防性维修的需求。

只与供应商有关的计划不能工作时间(%)=

$$\frac{\text{设备计划不能工作时间}\times 100\%}{[\text{工作时间}-(\text{用户维护延时不能工作时间}+\text{不符合规范的输入造成的不能工作时间}+\text{与设施有关的不能工作时间})]}$$

6.5 设备利用率

在规定时间内设备执行其预定功能的时间与总时间的百分比。

6.5.1 工作利用率

生产时间与工作时间的百分比。该计算是用来比较不同工作配置间的设备利用率,它不包括非工作时间。

$$\text{工作利用率}(\%)=\frac{\text{生产时间}\times 100\%}{\text{工作时间}}$$

6.5.2 总利用率

生产时间与总时间的百分比。这个指标是要反映设备利用率的底线。

$$\text{总利用率}(\%)=\frac{\text{生产时间}\times 100\%}{\text{总时间}}$$

表 1 RAM 测量汇总

设备可靠性		
测量指标	怎样测量	条款
MTBFp:平均失效间生产时间	生产时间/发生在生产时间内的失效次数	6.2.1
E-MTBFp:与设备有关的平均失效间生产时间	生产时间/发生在生产时间内的与设备有关的失效的次数	6.2.2
MCBF:平均失效间周期数	设备周期总数/失效数	6.2.3
E-MCBF:由设备引起的失效间的平均运行周期数	设备周期总数/与设备有关的失效	6.2.4
设备可用性		
测量指标	怎样测量	条款
与设备有关的能工作时间/%	设备能工作时间×100(运转时间－(所有维护延时不能工作时间＋不符合规范的输入造成的不能工作时间＋与设施有关的不能工作时间))	6.3.1

表 1（续）

设备可用性		
测量指标	怎样测量	条款
与供应商有关的正常工作时间/%	设备能工作时间×100(运转时间－(用户维修延时不能工作时间＋不符合规范的输入造成的不能工作时间＋与设施有关的不能工作时间))	6.3.2
正常工作时间/%	设备能工作时间×100/运转时间	6.3.3
设备维修性		
测量指标	怎样测量	条款
MTTR:平均修复时间	总修复时间/失效次数	6.4.1
E-MTTR:与设备有关的失效的平均修复时间	与设备有关的失效的总修复时间/与设备有关的失效的次数	6.4.2
MTOL:平均离线时间	设备不能工作时间总和/不能工作事件次数	6.4.3
只与设备有关的计划不能工作时间/%	设备的计划的不能工作时间×100(运转时间－(所有维护延时不能工作时间＋不符合规范的输入造成的不能工作时间＋与设施有关的不能工作时间))	6.4.4
只与供应商有关的计划不能工作时间/%	设备的计划的不能工作时间×100(运转时间－(用户维护延时不能工作时间＋不符合规范的输入造成的不能工作时间＋与设施有关的不能工作时间))	6.4.5
设备利用率		
测量指标	怎样测量	条款
工作利用率/%	生产时间×100/工作时间	6.5.1
总利用率/%	生产时间×100/总时间	6.5.2

7 不确定度测量

7.1 概述

第 6 章定义的测量 RAM 的方法只是点估计值，这些数值不能反映评估的不确定度或准确度。准确度随观察期内观察到的失效数和生产时间的长短而变化。

准确度的表示方法是，计算 MTBFp 的置信水平的上下限，将计算出的区间随 MTBFp 的点估计值一起表示。这种方法假设失效率是恒定的且失效间隔时间按指数分布。因此，不存在可靠性增长或退化趋势，计算 MTBFp 是有意义的。当失效间隔时间表明失效率不是恒定值(比如当可靠性增长或降低时)，第 8 章适用。第 8 章通常适用于样机可靠性增长试验中。

由于 MTTR 分布不太可能符合指数分布，用这种方法为 MTTR 建立置信限是不合适的。

本章中所有的方法和表格也适用于测量类似指标的估计的准确度，例如将小时换成周期或其他单位。同样，这些方法也适用于 E-MTBFp 和 E-MCBF。为了提高评估 MTBFp 的准确度，也可以将从其他正在使用的相同设备上获取的数据用在计算中。

7.2 置信上限和下限的计算

将 MTBFp 的点估计值乘以表 A.1 和表 A.2 中的系数(在附录 A 中)，即可获得 MTBFp 的置信水平的下限和上限值。对于测量期间出现零失效的情况，表 A.1 的第 1 行 给出了计算 MTBFp 置信水平下限值的系数，将这些系数乘以没有出现失效的生产时间即可获得期望的 MTBFp 下限。当出现零失效情况时，点估计值没有置信水平的上限值。

7.2.1 **MTBFp 下限的计算**

从附录 A 的表 A.1 获得系数 $K_{r;conf}$，其中 r 是在测试期内观察到的失效数，conf 是期望的置信水平。表 A.1 的每行对应不同的 r 值，每列对应不同的 conf 值。一般情况下，置信水平应在 80%到 95%之间选取。

由于已经证明被测设备(按给定的置信水平)的可靠性至少相当于 MTBFp 的下限，所以这个下限值是一个非常重要、有用的性能统计量，经常应用在合同中。

在表 A.1 中，对应 90%的置信水平，失效数小于 4 时，系数小于 0.5，失效数等于 4 时，系数等于 0.5。即失效数小于 4 时，MTBFp 的下限小于 MTBFp 估计值的一半，置信区间较宽。从准确度的角度上，失效数选择 4 或大于 4 较为有利。

7.2.1.1 示例

在给定的季度内，设备生产时间为 1 200 h，出现 6 次失效。MTBFp 的点估计值为 1 200/6=200 h。从表 A.1 中可查出 90%的置信度(对应 6 次失效)下限的系数是 0.570。90%置信水平时，MTBFp 的置信下限为 200×0.570=114.0 h。

7.2.2 **MTBFp 上限的计算**

从附录 A 的表 A.2 获得系数 $K_{r;conf}$，其中，r 是在测试期内观察到的失效数，conf 是期望的置信水平。表 A.2 的每行对应不同的 r 值，每列对应不同的 conf 值。一般情况下，置信水平应在 80%到 95%之间选取。

7.2.2.1 示例

在给定的季度内，设备生产时间为 1 200 h，出现 6 次失效。MTBFp 的点估计值为 1 200/6=200 h。从表 A.2 中可查出 90%置信度(对应 6 次失效)上限的系数是 1.904。90%置信水平时，MTBFp 的置信上限为 200×1.904=380.8 h。

7.2.3 **MTBFp 置信区间的计算**

MTBFp 的上下置信限 100×(1−α/2)能够组合给出 100×(1−α)置信区间。这里 $\alpha/2$ 是区间任一端的风险概率。90%下限有 $\alpha/2=0.1$ 的概率捕捉不到真正的 MTBFp，同样这对于 90%置信上限也成立。因此 90%下限和 90%上限组合给出 80%置信区间。同样，95%下限和 95%上限可组合给出 90%置信区间。

7.2.3.1 示例

在给定的季度内，设备生产时间为 1 200 h，出现 6 次失效。MTBFp 的点估计值为 1 200/6=200 h。90%的下限和上限分别是 114 h 和 380.8 h。对于设备的真实 MTBFp，该区间[114,380.8]就是 80%的置信区间。

7.2.4 **零失效时 MTBFp 下限的计算**

从附录 A 中表 A.1 的第一行(对应 $r=0$)获得与期望的置信水平对应的 $K_{0;conf}$ 系数。将这个系数与测试时间的长度相乘就可以获得估算值的下限。

7.2.4.1 示例

在给定的季度内，设备生产时间为 1 200 h，出现 6 次失效。MTBFp 的点估计值为 1 200/6=200 h。从表 A.1 中可查出 90%置信度下限的系数是 0.434。因此，设备 90%置信度的真实 MTBFp 的下限为 1 200×0.434=520.8 h。

7.2.5 **测试时间长度**

为了能够证明在给定置信水平下的 MTBFp 符合要求，就要选取合适的测试时间长度。首先，要选取一个最大允许失效数 r，在测试期间内可以发生 r 次失效，而且仍能证明设备达到给定置信水平下 MTBFp 的目标。然后，利用表 A.4 中的系数计算出需要的测试时间长度。目标 MTBFp 乘以基于失效数 r 和期望的置信水平的系数就可以获得需要的总测试时间。

若想试验时间最短，可以按失效数 $r=0$ 设计试验。然而，这样做的代价就是增加了(原本可以通过试验的)设备不能通过试验的几率。在 6.2.1 中已提到，按测试中出现 4 次失效设计试验较为有利。

7.2.5.1 示例

希望证明某个设备在 80%置信水平下的 MTBFp 为 400 h。希望通过一个出现 4 次或少于 4 次失效的认证试验。从表 A.4 中我们得到对应的系数为 6.72，即测试时间为 400×6.72=2 688 h。我们可以对一套设备进行这样时间长度的测试，也可以将这段时间分到多个设备上。当时间积累到 2 688 h，出现的失效等于或少于 4 次时，就可以证明这套设备至少达到了在 80%置信水平下 400 h 的 MTBFp 目标。

8 可靠性增长或退化的测量

8.1 概述

只有当 MTBFp(或 MCBF)和 E-MTBFp(或 E-MCBF)在测试期间内恒定不变时，第 7 章的计算才有意义。如果可靠性出现增长(通常在进行设计确认或进行调试或早期寿命试验)或退化(通常出现在某个设备接近使用寿命或某个分组件受到过度的应力和磨损时)，则进行总的 MTBFp 计算就不合适，其结果具有误导性，必须使用其他方法。为了检测到可靠性增长或退化趋势，就必须对失效时间进行准确记录，并将它们用于合适的模型。

附录 C 中提供了可靠性增长或退化模型。

8.2 准确记录失效时间

失效的时钟时间必须转化为累积的生产时间(从开始使用设备进行生产开始，此时刻设为 0)。如果总时间按设备的六个状态不间断的进行监控，则转化就很容易完成。

8.2.1 示例

一台设备在一个星期内使用 5 天。为了简化，假设生产利用率为 100%，经过 3 个星期的使用后，它在半天时出现失效，并且在次日工作开始前才修复好。在第 4 周工作结束前没有再发生失效。则准确的失效时间为 124 h(3 个星期每星期 5×8=40 h，再加上 8 小时工作日的一半)。如果第 2 次失效发生在第 5 周第 3 天的第 2 个小时，则准确的失效时间为 174 h。

9 集群设备 RAM 测量

集群设备 RAM 的测量见附录 B。

附 录 A
(规范性附录)
置信限系数

本附录提供与第 7 章有关的详细信息。

A.1 简介

在本附录的所有计算中都可以用 E-MTBFp 代替 MTBFp。

用表 A.1 和表 A.2 中的系数乘以 MTBFp 点估计值可获得置信的上限和下限值。表 A.1 适用于一般情况,即在规定时间内对设备进行测试,事先不知道将要发生的失效数(时间统计数据)。另一种方法是统计失效的数据,即事先规定失效次数,观察设备直到出现该次数的失效为止。表 A.3 给出了统计失效数据的下限系数。由于统计失效数据很少出现在工具或设备的可靠性测量中,因此收录表 A.3 仅是为了完整性。表 A.2 给出的上限系数同时适用于这两种方法。

表 A.4 可以用于设计设备的评估或认证试验,用以证明在给定的置信水平下,设备的 MTBFp 符合要求。为了使用表 A.4,必须首先选择一个在试验期间可能观察到的,而且仍符合要求的 MTBFp 目标的最大失效数 r。

A.1.1 用定时截尾数据来计算置信上限和下限系数

以下是用表 A.1 和表 A.2 的定时截尾数据来计算置信上限和下限系数的公式:

$$\text{MTBF}_{\text{下限}} = \frac{2r}{X^2_{2r+2;1-\alpha}} \times \text{MTBFp}$$

$$\text{MTBF}_{\text{上限}} = \frac{2r}{X^2_{2r;\alpha}} \times \text{MTBFp}$$

式中:

r——失效数。

在上述情况下,置信水平为 $100\times(1-\alpha)$,MTBFp 的真值落在 MTBF 下限之上,MTBF 上限之下,并采用 X^2 分布表。

A.1.2 零失效时的公式

对于零失效,使用下面的公式:

$$\text{MTBF}_{\text{下限}} = \frac{\text{生产时间}}{-\ln\alpha}$$

表 A.1 的第一行给出了当出现零失效时,上面的公式可以使用的系数。

A.1.3 定数截尾数据计算下限系数

对于失效检验试验,MTBF 上限与定时截尾试验数量相同,但是表 A.3 中的下限系数是:

$$\text{MTBF}_{\text{下限}} = \frac{2r}{X^2_{2r;1-\alpha}} \times \text{MTBFp}$$

表 A.1 MTBFp 单侧置信下限的边界系数(定时截尾数据或周期检验数据或定时间长度试验)

在已知的置信水平下,用时间或周期数的检查数据乘以 MTBFp 或 MCBF 的估计值,得到边界下限。对 0 次失效,则用工作时间或循环数乘以与要求的置信水平相等的系数

失效数 r	置信度水平						
	60%	70%	80%	85%	90%	95%	97.5%
0	1.091	0.831	0.621	0.527	0.434	0.334	0.271
1	0.494	0.410	0.334	0.297	0.257	0.211	0.179

表 A.1（续）

失效数 r	置信度水平						
	60%	70%	80%	85%	90%	95%	97.5%
2	0.644	0.553	0.467	0.423	0.376	0.318	0.277
3	0.718	0.630	0.544	0.499	0.449	0.387	0.342
4	0.763	0.679	0.595	0.550	0.500	0.437	0.391
5	0.795	0.714	0.632	0.589	0.539	0.476	0.429
6	0.817	0.740	0.661	0.618	0.570	0.507	0.459
7	0.834	0.760	0.684	0.642	0.595	0.532	0.485
8	0.848	0.777	0.703	0.662	0.616	0.554	0.508
9	0.859	0.790	0.719	0.679	0.634	0.573	0.527
10	0.868	0.802	0.733	0.694	0.649	0.590	0.544
12	0.883	0.821	0.755	0.718	0.675	0.617	0.572
15	0.899	0.841	0.780	0.745	0.704	0.649	0.606
20	0.916	0.864	0.809	0.777	0.739	0.688	0.647
30	0.935	0.892	0.844	0.816	0.783	0.737	0.700
50	0.953	0.918	0.879	0.856	0.829	0.790	0.759
100	0.969	0.943	0.915	0.897	0.877	0.847	0.822
500	0.987	0.976	0.962	0.954	0.944	0.929	0.916

表 A.2 MTBFp 单侧置信上限的边界系数

在已知的置信水平下，用相应的系数乘以 MTBFp 估计值得到上限(定时截尾数据或定数截尾数据)

失效数 r	置信度水平						
	60%	70%	80%	85%	90%	95%	97.5%
1	1.958	2.804	4.481	6.153	9.491	19.496	39.498
2	1.453	1.823	2.426	2.927	3.761	5.628	8.257
3	1.313	1.568	1.954	2.255	2.722	3.669	4.849
4	1.246	1.447	1.742	1.962	2.293	2.928	3.670
5	1.205	1.376	1.618	1.795	2.055	2.538	3.080
6	1.179	1.328	1.537	1.687	1.904	2.296	2.725
7	1.159	1.294	1.479	1.610	1.797	2.131	2.487
8	1.144	1.267	1.435	1.552	1.718	2.010	2.316
9	1.133	1.247	1.400	1.507	1.657	1.917	2.187
10	1.123	1.230	1.372	1.470	1.607	1.843	2.085
12	1.108	1.203	1.329	1.414	1.533	1.733	1.935
15	1.093	1.176	1.284	1.357	1.456	1.622	1.787
20	1.077	1.147	1.237	1.296	1.377	1.509	1.637
30	1.060	1.115	1.185	1.231	1.291	1.389	1.482
50	1.044	1.085	1.137	1.170	1.214	1.283	1.347
100	1.029	1.058	1.093	1.115	1.144	1.189	1.229
500	1.012	1.025	1.039	1.049	1.060	1.078	1.094

表 A.3 MTBFp 单侧置信下限的边界系数(失效检查数据)

在已知的置信水平下,用定数截尾数据乘以 MTBFp 估计值,得到边界下限。失效检查数据表示试验或观察期持续到获得拟定的失效数为止

失效数 r	置信度水平						
	60%	70%	80%	85%	90%	95%	97.5%
1	1.091	0.831	0.621	0.527	0.434	0.334	0.271
2	0.989	0.820	0.668	0.593	0.514	0.422	0.359
3	0.966	0.830	0.701	0.635	0.564	0.477	0.415
4	0.958	0.840	0.725	0.665	0.599	0.516	0.456
5	0.955	0.849	0.744	0.688	0.626	0.546	0.488
6	0.954	0.856	0.759	0.706	0.647	0.571	0.514
7	0.953	0.863	0.771	0.721	0.665	0.591	0.536
8	0.954	0.869	0.782	0.734	0.680	0.608	0.555
9	0.954	0.874	0.791	0.745	0.693	0.623	0.571
10	0.955	0.878	0.799	0.755	0.704	0.637	0.585
12	0.956	0.886	0.812	0.771	0.723	0.659	0.610
15	0.958	0.895	0.828	0.790	0.745	0.685	0.639
20	0.961	0.906	0.846	0.812	0.772	0.717	0.674
30	0.966	0.920	0.870	0.841	0.806	0.759	0.720
50	0.971	0.935	0.896	0.872	0.844	0.804	0.772
100	0.978	0.952	0.923	0.906	0.885	0.855	0.830
500	0.989	0.978	0.964	0.956	0.945	0.930	0.918

表 A.4 试验时间指南

用置信水平和失效数 r 相对应的 K 值乘以 MTBFp,用以确定试验时间

失效数 r	对于给定置信水平的系数 K					
	50%	60%	75%	80%	90%	95%
0	0.693	0.916	1.39	1.61	2.30	3.00
1	1.68	2.02	2.69	2.99	3.89	4.74
2	2.67	3.11	3.92	4.28	5.32	6.30
3	3.67	4.18	5.11	5.52	6.68	7.75
4	4.67	5.24	6.27	6.72	7.99	9.15
5	5.67	6.29	7.42	7.90	9.28	10.51
6	6.67	7.35	8.56	9.07	10.53	11.84
7	7.67	8.38	9.68	10.23	11.77	13.15
8	8.67	9.43	10.80	11.38	13.00	14.43
9	9.67	10.48	11.91	12.52	14.21	15.70
10	10.67	11.52	13.02	13.65	15.40	16.96
15	15.67	16.69	18.48	19.23	21.29	23.10
20	20.68	21.84	23.88	24.73	29.06	30.89

附 录 B
（规范性附录）
集群设备 RAM 的测量

B.1 简介

本附录提供了评估多路集群工具可靠性、可用性和可维修性(RAM)的跟踪要求及标准测量。本标准正文中介绍的测量只适用于非集群工具或单路集群工具以及单个模块等较简单的模式，这些实体要么处于“正常工作状态”，要么处于“不能工作状态”。而多路集群工具在某些模块处于不能工作状态时，仍然可能具有加工能力。模块处于不能工作状态对多路集群工具性能的影响取决于多路集群工具具体的配置以及在非计划不能工作状态每个时间点下模块的具体组合。

由于模块的性能为评估多路集群工具的性能提供了足够的共同特征，所有在本相关信息中，所有的测量都是作为模块级数据的函数计算的。本附录还介绍了具体的跟踪模块的要求。总失效率(TFR)和集群工具平均修复时间($MTTR_{CT}$)这两种测量提供了对累计的模块可靠性和可维修性的简单评估。

其他的测量基于模块间的具体组合以及加工路径，在这里定义为“工艺流程”。一个“工艺路径”是一组特定的模块，每个模块都是唯一的且不能相互替代。一个“工艺流程”是一组预定义的模块，用来实现某道工序，任何多路集群设备都可能有一个或多个这样的“工艺流程”。在工序的一个或多个环节上，“工艺流程”可以有可相互代替的模块。因此一个“工艺流程”可能包含一个或多个“工艺路径”。

本附录还定义了对时间进行映射的方法，可以用这种方法从单个模块的状态生成“工艺流程”和多路集群工具的状态记录。这样多路集群设备的可用性就可以按照累积的“工艺流程”的可用性进行评估。多路集群工具的可靠性是以所有的工艺流程都处于非计划不能工作状态间的预期或平均生产时间进行评估的。

B.2 跟踪模块的要求

B.2.1 一般要求

对多路集群工具的测量要求对可能影响多路集群工具或其工艺流程的 RAM 或生产能力的所有模块跟踪本规范状态数据。这些模块既包括工艺模块也包括辅助模块。其中，工艺模块是指一个设备系统中不可分割的生产实体，例如：集群工具中的加工室或站(SEMI E79)，辅助模块是指帮助单元在系统内运动或调节的设备实体，例如：机械臂，装载/卸载锁，预定位器。

B.2.2 测量过程中对模块的跟踪

对多路集群模块的测量要求至少跟踪模块的生产状态、非计划不能工作状态、计划不能工作状态以及中间状态(不属于前三种状态的时间都归入中间状态)。要准确的评估性能，把多路集群工具作为一个整体跟踪这些状态是不够的。以下介绍跟踪模块这些状态的具体要求，以及如何处理本规范的其他状态的要求。

B.2.2.1 对模块的生产状态的跟踪

应当跟踪每个模块的生产状态。对于工艺模块，生产时间应当包括主动装载和卸载的时间。等待时间或非运转时间，包括等待装载、等待卸载和加工延迟时间，都不算在生产时间内。加热、冷却、清洗、净化的时间如被指定加工过程的一部分，这些时间应当算作生产时间。然而，相同的过程如果不被指定为加工过程的一部分，则这些时间不应算在生产时间内。

注：生产状态时间可以从 SEMI E58 的状态变更数据或 SEMI E116 的模块“忙”状态事件(此时模块或整个多路集群设备都处于“制造”状态)中得来的，在 SEMI E116 中，任务类型只有“加工”和“支撑”两种。

B.2.2.2 对模块的非计划不能工作状态的跟踪

应当跟踪每个模块的非计划不能工作状态。将多路集群工具作为一个整体跟踪非计划不能工作状态是不够的。一个模块不可能同时处于生产状态和非计划不能工作状态。对于模块,非计划不能工作状态下每个相邻的事件都应算作一个模块,非计划不能工作状态下同一事件内的后续分状态事件不应被算作另外的失效。

B.2.2.3 对模块的计划不能工作状态的跟踪

应当跟踪每个模块的计划不能工作状态。将多路集群工具作为一个整体跟踪计划不能工作状态是不够的。一个模块不可能同时处于生产状态和非计划工作不能工作状态。计划不能工作内的事件不应算作失效。

B.2.2.4 其他要求

在模块层,待机时间和工程时间不应归入生产时间、计划不能工作时间或非计划工作时间的任何一种。为了跟踪多路集群工具的状态及对多路集群工具和"工艺流程"进行测量,将模块的这两种状态算作"中间状态"。

在将多路集群工具作为一个整体进行跟踪时,非工作时间,和本规范正文中的测量一样,在多路集群工具和工艺流程的 RAM 中,从工作时间中被省略了。

对于正处于安装阶段还没有执行过其预定功能的新模块,不应将它们算在集群工具的配置内。对于已经使用过的模块,它们的非计划工作时间应当算作在中间状态内。

B.2.3 观察期

为了计算这些测量,用户和/或供应商应当事先规定一个观察期。为了证明设备在给定置信水平下达到预期的 MTBFp 要求,必须确定一段观察时间,第 A.1.3 部分为如何确定这段时间提供了指南。

观察期是指观察和跟踪设备性能所经过的日历时间(比如:星期、月、季度)。不可以省略集群工具内的任何一个模块。

B.3 总失效率及集群工具平均维修时间

B.3.1 总失效率(TFR)

总失效率是按照 B.2 的要求跟踪到的所有模块级失效开端的总和除以观察期。这种测量表征了维修的频率,其前提是假设出现在独立模块上的失效需要单独的维修行为。TFR 可以指示可靠性和可维修性。

$$\text{TFR} = \frac{\sum_{\text{所有模块}} \text{模块失效开端事件数}}{\text{观察期时间}}$$

注:对于可以比较模块失效率的多路集群工具,根据上式,包含模块数较少的多路集群工具要比包含模块数较多的多路集群工具有更好的性能。不过,包含模块数较多的多路集群工具可能有更好的累积预定流程正常工作时间(定义见 B.7.3)。

B.3.2 集群工具平均维修时间($\mathbf{MTTR_{CT}}$)

纠正一个模块级的失效并将其恢复到可以执行其预定功能状态的平均时间;在规定的观察时间内(包括设备和流程测试时间,但不包括维修延时不能工作时间),对所有模块进行的所有维修时间(经过的时间,不一定是总的工作时间)的总和除以这段时间内失效事件的总和。

$$\text{MTTR}_{\text{CT}} = \frac{\sum_{\text{所有模块}} \text{维修时间}}{\sum_{\text{所有模块}} \text{模块失效开端事件数}}$$

注:这个公式与计算非集群设备和单路集群设备 MTTR 的公式相同。然而,由于多路集群设备可能有多个维修同时进行,维修时间的总和不受观察期时间的限制。

B.3.3 多个观察期内的计算原则

对于模块,其失效开端事件就是非计划工作不能工作事件内按时间顺序发生的连续事件的第一起。为了保证在多个观察期内失效开端事件和维修时间不被重复计算,要遵守下列原则:

——在观察期内发生的失效开端事件要参加 TFR 和 $MTTR_{CT}$ 的计算，不管这些失效何时得到解决。

——在观察期之前发生的失效开端事件不参加 TFR 和 $MTTR_{CT}$ 的计算，即使这些失效在观察期内或观察期后得到解决。

——对于开端发生在观察期外的失效，发生在观察期内的维修时间要参加 $MTTR_{CT}$ 的计算。

注：这些量可以用于任何多模块工具的计算，即使这个工具不是多路集群设备。对于由模块组合工具失效引起的系统失效，这个量可以反映附加严重性以及模块维修活动的独立性。然而，按照标准的评估非多路集群设备的方法，设备要么完全处于非计划工作不能工作状态，要么不处于非计划工作不能工作状态。

B.3.4 与重新循环模型的兼容

这种测量法与基于重新循环模型的方法不兼容，重新循环模型假设正常工作时间和不能工作时间是互不包含的。而在这种测量法中，即使某个模型已经失效，其他模型仍然可能发生后续失效。重新循环的其他结果(例如，当随机对系统观察系统时，发现系统处于“正常工作状态”或“不能工作状态”的有限可能性。)同样也不适用。

B.4 时间映射

B.4.1 一般概念

时间映射将输出状态记录作为输入状态组分记录的函数。对于每个事件，当至少有一个模块的状态发生改变时，工艺流程和/或集群设备的状态都有可能发生变化。集群设备和工艺流程的状态记录是按时间顺序逐个事件作为模块状态记录的函数生成的。这些测量本身是作为这些输出状态记录的函数进行计算的。作为参考，可以把这种方法看作生成状态组分模型的一种卷积。

B.4.2 示例

图 B.1 给出了时间映射的示例。两个模块 M1、M2 在观察期 $t=0$ 到 $t=10$ 之间的输入状态组分入下图所示。输出状态作为输入状态的函数，按照时间关系映射。其规则是：如果两个模块全部处于或其中任意一个模块处于不能工作状态，在输出状态也处于不能工作状态。需要指出，对于生产状态记录，转变事件是整个输入状态组分记录中转变事件的集合。

B.4.3 时间映射的逻辑过程

在一个实时跟踪系统中，时间映射既可以在事件发生并被跟踪系统收到后马上进行，也可以经过一段时间后集中进行。不管怎样，它们的逻辑过程是一样的。根据要进行的映射的不同，可以在每个输入状态转变事件上应用不同的逻辑函数，将输出状态作为输入状态值的函数。本附录中使用两种时间映射函数进行测量。

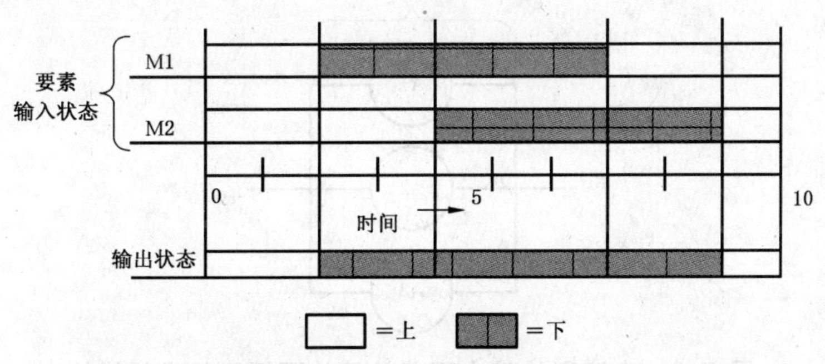

图 B.1 时间映射实例

从模块的“正常工作/计划不能工作/非计划不能工作”状态得到工艺流程的“正常工作/计划不能工作/非计划不能工作”状态，将其作为供应商和/或用户定义的工艺流程的函数。

多路集群设备“生产/中间/非计划不能工作”状态作为模块的“生产/非生产”状态和工艺流程的“正常工作/计划不能工作/非计划不能工作”状态的标准函数。

B.5 对工艺流程建模

B.5.1 工艺流程分类原则

为了评估多路集群设备的可用性和可靠性，应该对多路集群设备的工艺流程进行定义。区分那些在多路集群设备配置中理论上可能的工艺流程和预定工艺流程(IPF)很重要，预定工艺流程是实际用于工作(也就是执行其预定功能)的工艺流程。要使任意两方对本相关信息中介绍的量的测量有意义，双方应当首先以文件的形式确定对哪些 IPF 进行评估，这样，不管由谁进行计算，根据同一份模块状态记录对同一量计算的结果都会相同。

B.5.2 IPF“正常/不能工作”状态的一般情况

IPF 的“正常/关机”状态是根据组成这个 IPF 的模块的网络流建模的。如果整个 IPF 网络是贯通的，则 IPF 处于正常工作状态，反之则处于不能工作状态。一个 IPF 网络中的模块相互间可以有串行和并行两种关系，它们决定了网络的连通性。在数学上，当处于正常工作状态时，每个模块和每个 IPF 的状态值为 1，反之为 0。

$$M_i = \begin{cases} 1,\text{如模块处于能工作状态} \\ 2,\text{如果模块处于不能工作状态} \end{cases}$$

B.5.3 IPF 中工序环节的串行关系

IPF 中的一般工序环节相互之间是串行关系(也就是，如果任何一个阶段不能贯通，则整个网络不能连通)，如图 B.2 所示。IPF 串行部分的状态值是每个组成部分状态值的乘积(例如，$IPF = \prod_{i=1到4} Si = S1 \times S2 \times S3 \times S4$)。

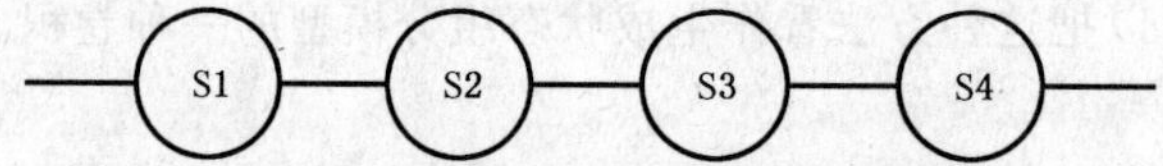

图 B.2 IPF 内串行的工艺环节

B.5.4 某个环节可相互替代的模块

在流程的任意环节，Sx，Ai 是一组可相互替代的模块，组内的模块相互之间是并行关系(即任何一个可互相替代的模块处于正常工作状态，则这一环节仍可能是贯通的)，如图 B.3，下面就是这一环节的计算公式：

$$IPF = 1 - \prod_{i=1到3}(1 - Ai) = 1 - [(1 - A1) \times (1 - A2) \times (1 - A3)]$$

如果任何一个可互相替代的模块还处于正常工作状态，则方括号内的值为 0，IPF 的状态值为 1；如果所有的可相互替代的模块都处于不能工作状态，则方括号内的值为 1，IPF 的状态值为 0。

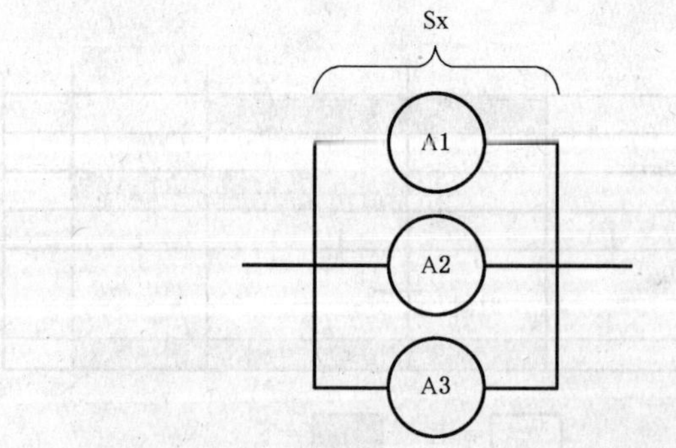

图 B.3 在流程的某个环节并行的可相互替代的模块

注：一般的网络模型中，可能有复杂的多组分结构与其他多组分结构并行。在编制本部分时，在对多路集群设备 RAM 的评估中，对这种结构的需求没有进行预计。因此，本部分仅限于工艺环节中的串行关系以及任何一个环节内可互相替代的模块间的单组分并行关系。

B.5.5 关键群

在几乎所有的系统中，都有一类模块，它们出现在每个 IPF 中，而不管工艺的区别，我们把这些模块的集合叫“关键群”。关键群包括支撑模块(例如,传送、真空锁等),每个 IFP 都要用到的通用模块以及平台本身。关键群可能包含可相互替代的模块,如多个真空锁或多个冷却台。关键群和所有 IPF 的关系为:如果关键群失效,则所有的 IPF 都处于失效状态。因此,关键群和每个 IPF 都是串行关系。通过对关机群建模并将它提升到计算中,就可以避免很多重复计算。而且了解哪些模块属于关机群也可以帮助了解和提高整个系统的可靠性。

B.5.6 示例

下面列举了两个例子,具体说明了如何对 IPF,包括关键群和 IPF 状态函数建模。

B.5.6.1 示例 1

这个例子,如图 B.4 所示,是一个有 7 个模块的多路集群设备,L1 和 L2 是将单元装载到设备的模块。T 是单传送臂,执行所有的点对点传送。任何单元要经过的第一个工艺模块是 PM1 或 PM2,然后每个单元都经过 PM3,最后被 L3 卸出这个多路集群设备。

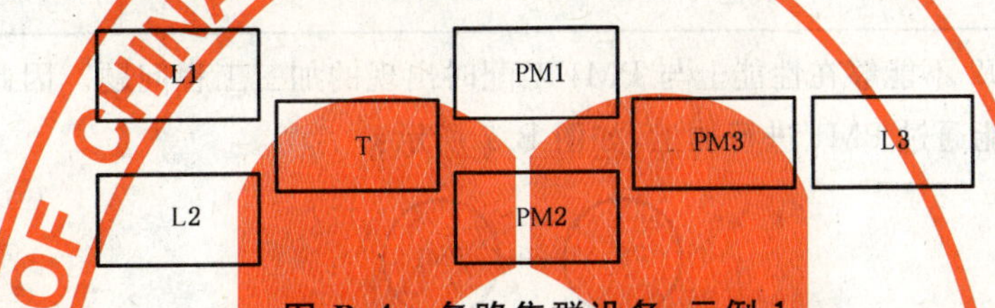

图 B.4 多路集群设备,示例 1

关键群由 3 个装卸模块和 1 个传送模块组成,它们都是这个多路集群设备的支撑模块。由于不管 IPF 间有何区别,每个单元都要访问 PM3,为了简化计算,将 PM3 也算在关键群内。任何其他系统层面上的失效问题都可以划分到那个抽象的工作平台模块,P。

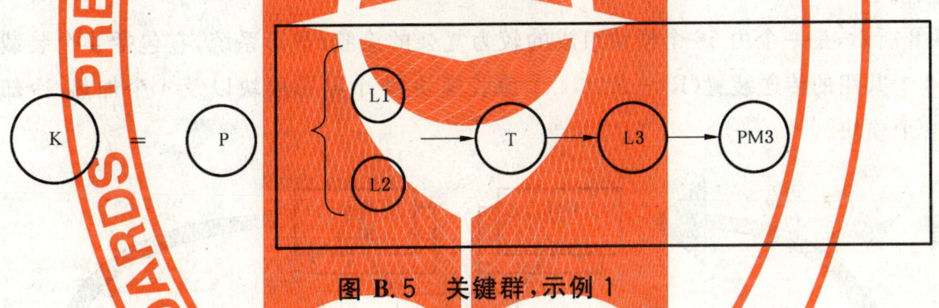

图 B.5 关键群,示例 1

关键群状态值的函数如下:

$$K=P\times[1-(1-L1)\times(1-L2)]\times T\times L3\times PM3$$

作为参考,表 B.1 列出了等效真值。

表 B.1 关键群的真值表

P	L1	L2	T	L3	PM3	K
1	1	1	1	1	1	1
1	1	0	1	1	1	1
1	0	1	1	1	1	1
其他						0

IPF1 是一个普通的 IPF,它要用到关键群和工艺模块 PM1、PM2 中的某一个模块,如图 B.6 所示:

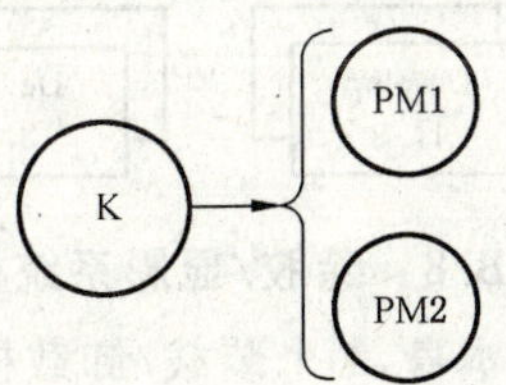

图 B.6 IPF1,示例 1

IPF1 状态值的函数如下：

$$IPF1=K\times[1-(1-PM1)\times(1-PM2)]$$

表 B.2 列出了等效真值。

表 B.2 状态函数的真值表

K	PM1	PM2	IPF1
1	1	1	1
1	1	0	1
1	0	1	1
其他			0

IPF2 代表了当 PM2 不能够在性能上与 PM1 匹配时出现的加工工程问题。因此，对于某些特定的加工，所有的单元都只能通过 PM1 进行加工，如图 B.7 所示：

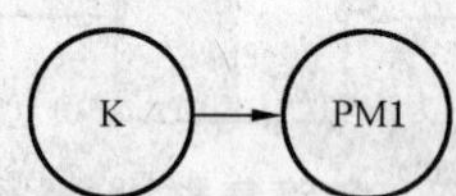

图 B.7 IPF2，示例 1

在这种情况下，IPF1 的状态值的函数为 IPF1=K×PM1。

B.5.6.2 示例 2

如图 B.8 所示，是一个由 56 个模块组成的较为复杂的涂胶/显影系统，它包括 4 个装载/卸载模块(L1—L4)，4 个共用的传送装置(R1—R4)，4 个涂胶模块，4 个显影模块以及 4 个加热/冷却盘阵列，每个阵列有 10 个模块。

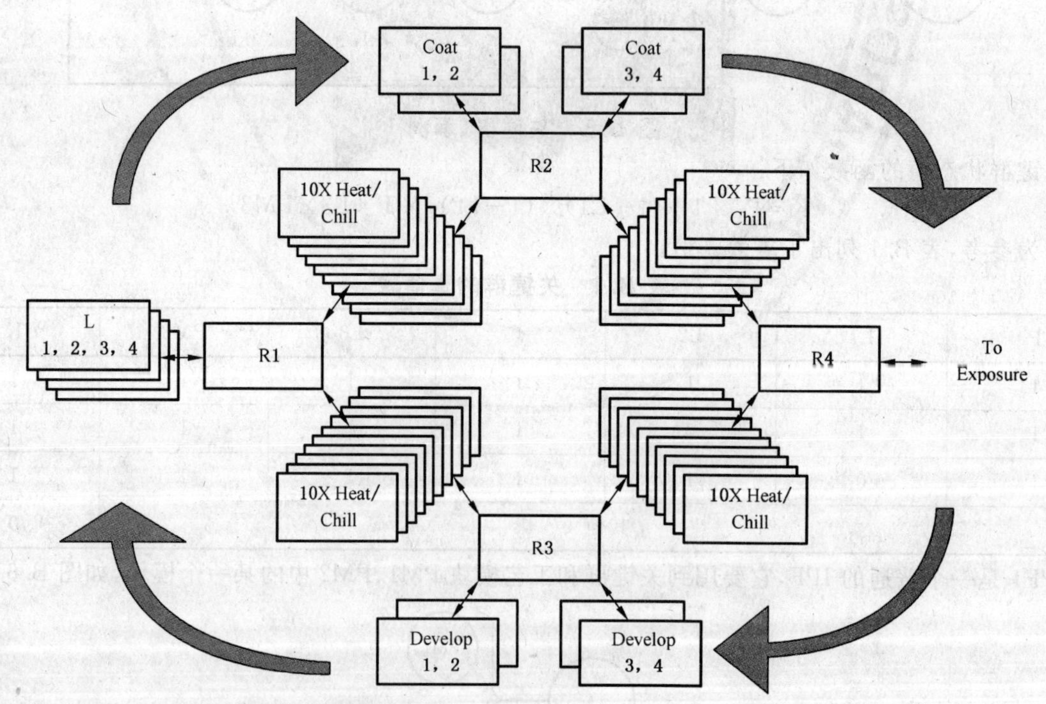

图 B.8 涂胶/显影系统模块

关键群 K，如图 B.9 所示，包括平台本身，4 个装载/卸载模块，和 4 个传送机器人。由于没有工艺模块被所有的 IPF 共用，因此关键群中没有工艺模块。

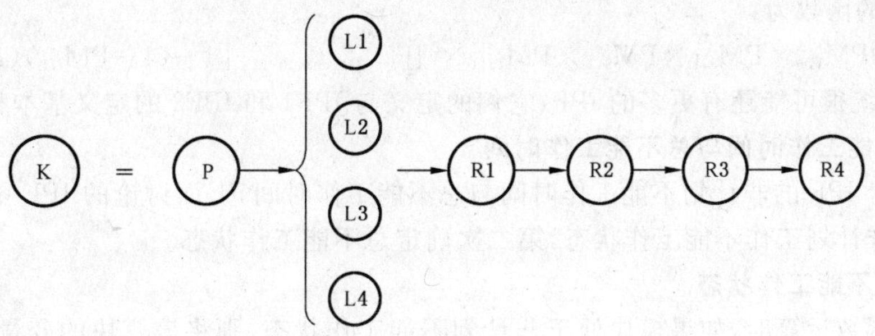

图 B.9 关键群模块，示例 2

关键群 K 的状态值函数为：

$$K=P\times[1-\prod_{i=1到4}(1-Li)]\times\prod_{j=1到4}Rj$$

可以将上面的函数扩展成：

$$K=P\times[1-(1-L1)\times(1-L2)\times(1-L3)\times(1-L4)]\times R1\times R2\times R3\times R4$$

表 B.3 列出了相应的真值。

表 B.3 状态函数的真值表

P	L1	L2	L3	L4	R1	R2	R3	R4	K
0	任意值	任意值	任意值	任意值	任意值	任意值	任意值	任意值	0
1	0	0	0	0	任意值	任意值	任意值	任意值	0
任意值	任意值	任意值	任意值	任意值	0	任意值	任意值	任意值	0
	任意值	任意值	任意值	任意值	任意值	0	任意值	任意值	0
	任意值	任意值	任意值	任意值	任意值	任意值	0	任意值	0
	任意值	任意值	任意值	任意值	任意值	任意值	任意值	0	0
其他									1

注：这个真值表强调的是能够导致关键群处于不能工作状态的子集，这个子集叫“最小割集”。保持关键群处于正常工作状态的子集，叫“最小路集”。

IPF1 有 13 个环节，每个环节有两个可以相互替代的模块，如图 B.10。

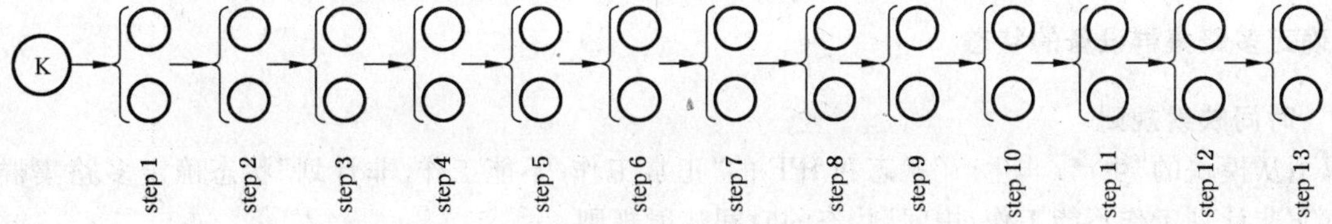

图 B.10 IPF1 模块的配置

IPF1 状态值的函数为：

$$IPF1=K\times\prod_{i=1到13}[1-(1-PM_{i,1})(1-PM_{i,2})]$$

IPF1 的真值列表非常冗长，这里就不列出了。

与 IPF1 一样，IPF2 也有 13 个环节，然而，由于工艺匹配的问题，第 1、5、9、13 道工序配置的是单个模块，如图 B.11 所示。

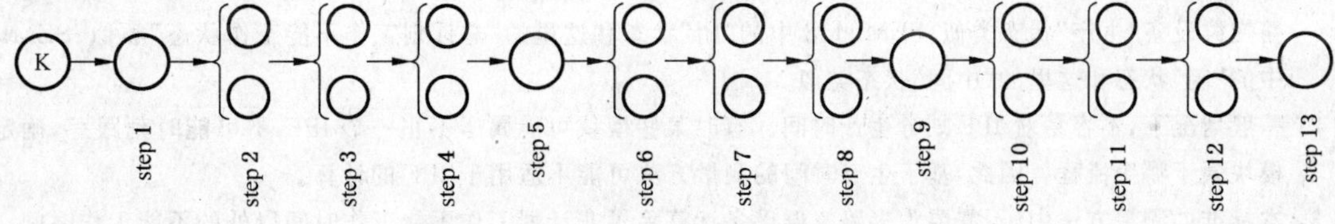

图 B.11 IPF2 模块的配置，示例 2

IPF2 状态值的函数为：

$$IPF2 = K \times PM_{1,1} \times PM_{5,1} \times PM_{9,1} \times PM_{13,1} \times \prod_{i=(2-4,6-8,10-12)} [1-(1-PM_{i,1})(1-PM_{i,2})]$$

涂胶/显影系统很可能还有更多的 IPF，它们的定义与 IPF1 和 IPF2 的定义基本相同。

B.5.7 非计划不能工作时间与总不能工作时间

为了区分一个 IPF 的非计划不能工作时间与总不能工作时间，上面讨论的 IPF 函数要执行两次运算。第一次确定非计划工作不能工作状态，第二次确定总不能工作状态。

B.5.7.1 非计划不能工作状态

第一次执行函数运算时，如果模块处于非计划不能工作状态，则将该模块的变量值设为 0，其他情况下设为 1。如果计算结果为 0，则这个 IPF 处于非计划不能工作状态。工艺流程非计划不能工作状态下每个连续发生的事件都是一个工艺流程的失效。如果计算结果为 1，则这个 IPF 可能处于一般不能工作状态或正常工作状态。

$$M_{i\text{-}GD} = \begin{Bmatrix} 0,\text{如果模块 I 处于计划外不能工作状态} \\ 1,\text{其他情况} \end{Bmatrix}$$

B.5.7.2 计划不能工作状态或非计划不能工作状态

第 2 次执行函数运算时，如果模块处于计划不能工作状态或非计划不能工作状态，将模块的变量值设为 0，其他情况下设为 1。如果计算结果为 0，在这个 IPF 处于一般不能工作状态，如果计算结果为 1，则这个 IPF 处于中间状态。

$$M_{i\text{-}GD} = \begin{Bmatrix} 0,\text{如果模块 I 处于计划外不能工作状态} \\ 1,\text{其他情况} \end{Bmatrix}$$

B.5.7.3 总结

如果 IPF(M_{UD})＝0，则工艺流程处于非计划不能工作状态(UD)；如果 IPF(M_{GD})＝0，则工艺流程处于一般不能工作状态(GD)，如果 IPF(M_{GD})＝1，则 IPF 处于正常工作状态。

注：对于一个至少有一个模块处于非计划工作不能工作状态的 IPF，其工艺流程的状态可能有 3 种：a)非计划工作不能工作状态；b)一般不能工作状态；c)中间状态。当处于非计划不能工作状态的那个模块在 IPF 内是串行关系时，出现情况 a)；当处于不能工作状态的那个模块在 IPF 内不是串行关系，但其他在 IPF 内是串行关系的模块(或更多模块)处于计划不能工作状态时，出现情况 b)；当没有任何一个处于不能工作状态的模块在 IPF 内是串行关系时(不管这个或这些模块是处于计划还是非计划不能工作状态)出现情况 c)。

B.6 确定多路集群设备的状态

B.6.1 时间映射规则

以下从模块的"生产/非生产"状态和 IPF 的"正常工作/不能工作/非计划"状态确定多路集群设备的"生产/非计划工作不能工作/中间"状态的时间映射规则：

如果任何模块处于"生产状态"，则集群设备处于"生产状态"。

如果所有的 IPF 都处于"非计划工作不能工作状态"，则多路集群设备处于"非计划工作不能工作状态"。

其他情况下，多路集群设备处于"中间状态"。

B.6.2 多路集群设备的失效

多路集群设备非计划不能工作状态下每个连续事件都是一个多路集群设备失效。

注 1：这个逻辑和 SEMI E116 中模块状态和设备状态之间关系的逻辑相似。SEMI E116 中的"忙"状态和这里的多路集群设备"生产"状态类似；SEMI 116 中的"闭"状态和这里的"非计划工作不能工作状态"类似；SEMI E116 中的"闲"状态和这里的"中间"状态类似。

注 2：一般情况下，不容易对 IPF 划分生产时间。有时某些模块可能属于不止一个 IPF，不可能时刻跟踪，确定每个模块属于哪个流程。因此，基于生产时间的测量方法可能不适用于 IPF 的计算。

注 3：本标准的测量方法中，不需要为多路集群设备计算除了非计划工作不能工作时间以外的不能工作时间。生产状态和非计划工作状态以外的状态对多路集群设备的影响是按该状态对 IPF 的累积影响评估的。

B.6.3 示例

如图 B.12 所示，是一个离散时间线的简化示例。示例里包括 3 个模块(M1、M2、M3)和 3 个 IPF(IPF1、IPF2、IPF3)。IPF1 使用所有的 3 个模块，IPF2 使用 M1 和 M2，IPF3 使用 M1 和 M3。各 IPF 状态值的函数如下：

IPF1＝M1×M2×M3

IPF2＝M1×M2

IPF3＝M1×M3

各 IPF 和多路集群设备的时间映射关系如表 B.4。

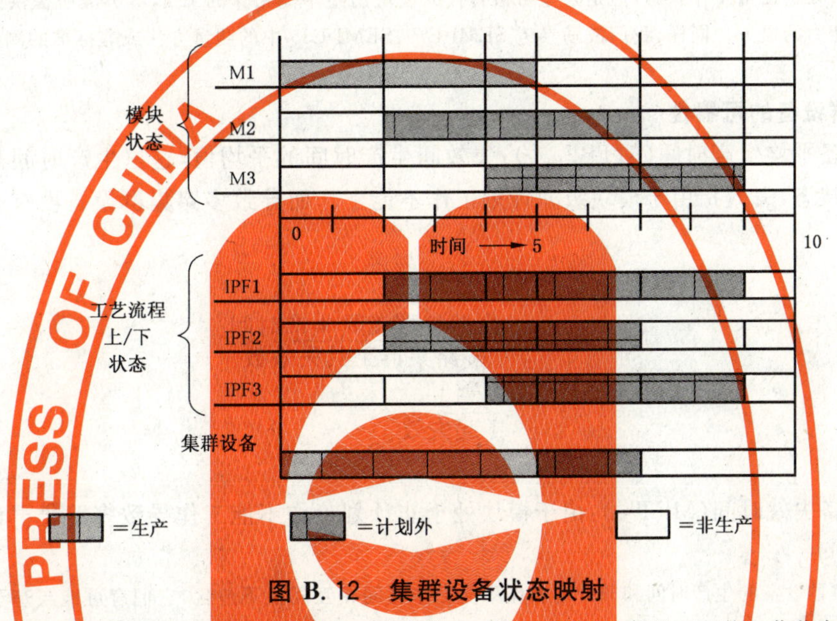

图 B.12 集群设备状态映射

注：在 $t=4$ 到 $t=5$ 这段时间，多路集群设备处于生产状态，但所有的 IPF 都处于不能工作状态，在实际的生产中，这种状态只可能出现在转化过程中。只要处于生产状态的模块完成正在进行的任务，多路集群设备就会不能工作。然而，只要模块处于生产状态，模块就会占用理论上的加工时间(SEMI E79 中的等级效率使用这个概念)，为了保证在任何时间段计算出的等级效率都不会超过 100%，有必要将这一转换状态划分到生产时间。

表 B.4 集群设备状态的时间映射

时间	模块事件	IPF 事件	集群设备状态
$t=0$	M1 处于生产状态	所有的 IPF 都处于正常工作状态	生产状态
$t=2$	M2 失效 M1 仍处于生产状态	IPF1 和 IPF2 转到计划外不能工作状态	生产状态
$t=4$	M3 失效 M1 仍处于生产状态	所有的 IPF 都处于计划外不能工作状态	生产状态
$t=5$	M1 退出生产状态， 没有模块处于生产状态	所有的 IPF 仍处于计划外不能工作状态	计划外不能工作状态
$t=7$	M2 恢复到正常工作状态 M3 转到计划不能工作状态	IPF2 正常工作。至少一个 IPF 正常工作。IPF1 和 IPF3 处于不能工作状态，但不是计划外不能工作	中间状态
$t=9$	M3 恢复到正常工作状态 所有的模块都处于正常工作状态	所有的 IPF 都处于正常工作状态	中间状态

B.7 对 IPF 和多路集群设备的测量

B.7.1 定义及计算

准备好 IPF 和多路集群设备的状态记录后，对它们的评估可以按照对非集群设备和单路集群设备或模块的评估类似的方法进行。下面给出这些测量的定义以及基于示例 3 的计算。

注：这里所提供的对多路集群设备的测量方法反映的是多路集群设备相对全局失效的可靠性，而不是相对局部失效的可靠性。应该认识到，这里所提出的测量方法对每个加工环节都有较高冗余度的系统较为有利。可以使用 SEMI E79，SEMI E35 中的其他测量方法或非标准的测量方法对提高冗余度的成本进行计算。还应该认识到对于一个处于正常工作状态，但是某些可被替代的模块已经不能工作的 IPF，本标准所提供的测量方法无法反映生产能力的损失。同样，我们鼓励参考 SEMI E79，SEMI E35 中的测量方法或非标准的测量方法对此进行分析。

B.7.2 多路集群设备的可靠性

多路集群设备平均生产时间($MTBF_{P\text{-}CT}$)：失效间生产时间的平均值，这里生产时间是指至少有一个模块处于生产状态，失效指由于模块级非计划工作不能工作而导致多路集群设备没有一个 IPF 是可用的。

$$MTBF_{P\text{-}CT}=\frac{\text{多路集群工具生产时间}}{\text{多路集群工具失效数}}$$

$$=\frac{5\ \text{h}}{1\ \text{起失效}}$$

$$=5\ \text{h}$$

多路集群设备失效时间(MFT_{CT})：由于模块处于非计划工作不能工作导致多路集群设备没有可用的 IPF 的平均时间。

注：由于多路集群设备的生产时间和非计划工作不能工作时间相互间互不包含，它们有可能与基于重新循环模型的方法兼容。重新循环的其他结果(例如，当随机对系统观察系统时，发现系统处于“正常工作状态”或“不能工作状态”的有限可能性。)可以由分析人员决定是否适用。

B.7.3 多路集群设备的可用性

B.7.3.1 累积的多路集群设备 IPF 的正常工作时间($Uptime_{CT\text{-}IPF}$)

多路集群设备的可用性是模块“正常工作/不能工作/非计划工作不能工作”状态的函数，是以所有 IPF 的累积的正常工作时间进行评估的。

$$Uptime_{CT\text{-}IPF}=\frac{\sum_{\text{all IPFs}}\text{IPF Uptime}}{\sum_{\text{all IPFs}}\text{IPF Operations Time}}\times 100$$

$$=\frac{3+5+5}{10+10+10}\times 100$$

$$=\frac{13}{30}\times 100$$

$$\approx 43.3\%$$

注：作为参考，用 SEMI E79 中的累积可用性效率对这个示例计算的结果是 20/30，或 66.7%。结果的差别清晰的表明把哪些模块的组合算作“失效状态”，模块失效对多路集群设备可用性的影响是有明显差别的。

附 录 C
（资料性附录）
可靠性增长或退化模型

本附录提供与第8章有关的详细信息。

C.1 简介

在本附录的所有计算中都可以用E-MTBFp代替MTBFp。

如果可修复的系统或设备的失效时间间隔是从同一指数分布系统中抽样的独立随机时间，则（理论上）失效发生率（ROCOF）为恒定的λ，MTBFp为$1/\lambda$。这种情况在可靠性文献中被称为均匀泊松过程（HPP）。HPP假设支持第6章给出的MTBFp的定义，第7章和附录A中所述的置信限系数。

如果可靠性随着时间增长或退化，则ROCOF不再是恒量，计算出的MTBFp有误导作用。

本附录包含一个简单的趋势试验，如果怀疑ROCOF随时间发生变化，可以采用这个试验。本附录还介绍了一个知名且功能强大的模型，如果从设备的失效时间数据中发现可靠性有明显的增长趋势时，可以使用这个模型。

C.2 趋势检验

C.2.1 计算方法

首先，按照失效发生的顺序列出失效间隔。对于发生了r次失效的一段时间，可以写成$X_1, X_2, \cdots, X_r$。按照从左到右的顺序，如果一个值小于比后面序列里的值，就纪录为1次逆转。即，只要$X_i < X_j$，且$i<j$，就算作1次逆转。例如，假设一个设备在生产时间内发生4次失效，时间分别在30、160、220和360小时，则时间间隔为30、130、60和140小时。总逆转数为$3+1+1=5$次。

大于预期数的逆转数表明可靠性处于增长的趋势，小于预期的逆转数表明可靠性处于下降的趋势。

当失效数r小于等于12时，利用表C.1确定给定的逆转数R是否在$100\times(1-\alpha)$置信水平统计上显著。

当r大于12时，逆转数的近似临界值可根据下面的公式计算：

$$R(r;1-\alpha)=Z_{\text{临界值}}\sqrt{\frac{(2r+5)(r-1)r}{72}}+\frac{r(r-1)}{4}-\frac{1}{2}$$

在这个公式中，$Z_{\text{临界值}}$来自标准正态分布的临界值（90%显著，$Z_{\text{临界值}}=1.282$，95%显著，$Z_{\text{临界值}}=1.645$，99%显著，$Z_{\text{临界值}}=2.33$）。这个公式计算的是检测增长趋势的临界值。对于退化趋势（逆转数较少），使用$(r)(r-1)/2$减去$R(r;1-\alpha)$计算临界值。注意，当$(r)(r-1)/2$恰好是发生r次失效时可能发生的逆转的总数。

例如，如果发生17次失效，按95%显著性，利用公式$R(r;1-\alpha)$给出临界逆转数$R(17,95)=88$。最大逆转数为$17\times16/2=136$。这就是说，观察到88次或更多逆转表明可能有增长的趋势，而观察到$136-88=48$次或更少逆转则表明有退化的趋势。

表C.1 用于给定置信水平下逆转排列的临界值$R(r;1-\alpha)$（即逆转数）

抽样数r	单侧下限关键值（逆转数太少，提供下降的证据）			单侧上限关键值（较多的逆转数，提供增长的证据）		
	99%	95%	90%	90%	95%	99%
4		0	0	6	6	
5	0	1	1	9	9	10

表 C.1（续）

抽样数 r	单侧下限关键值（逆转数太少，提供下降的证据）			单侧上限关键值（较多的逆转数，提供增长的证据）		
	99%	95%	90%	90%	95%	99%
6	1	2	3	12	13	14
7	2	4	5	16	17	19
8	4	6	8	20	22	24
9	6	9	11	25	27	30
10	9	12	14	31	33	36
11	12	16	18	37	39	43
12	16	20	23	43	46	50

C.2.2 AMSAA 可靠性增长模型

假设失效的时间间隔表明可靠性有增长的趋势。通常这种情况发生在可靠性增长试验期间，这是由于对失效的根本原因进行了分析，并采取了措施以改进设备的可靠性。杜南观察到绘制 t_k/k 相对于 t_k 的曲线图（t_k 是发生第 k 次失效时的系统使用时间），通常在双对数坐标纸上呈现线性。这条曲线的斜率 β 表示可靠性增长率。β 的典型经验值在 0.3 到 0.6 之间。

AMSAA 模型假设在可靠性增长试验中 MTBFp 随时间而改进，并且具有以 $\mathrm{MTBF_I}(T)$ 表示的即时值。当试验在时间 T 结束时，MTBFp 就成了一个具有 $\mathrm{MTBF_I}(T)$ 的常数。在 T 小时试验后，出现 r 次失效，MTBFp 的估算值按下式计算：

$$\mathrm{MTBF_I}(T) = \frac{T}{r \times (1-\beta)} \qquad \cdots\cdots\text{(C.1)}$$

在这个公式中，β 是可靠性增长的（Duane）斜率，利用克劳给出的修正过的最大可能估算值，β 值由下式计算出：

$$\beta = 1 - \frac{r-1}{\sum_{i=1}^{r} \ln \frac{T}{t_i}} \qquad \cdots\cdots\text{(C.2)}$$

C.2.3 示例

在一个季度里，一个设备的生产时间为 550 h，记录到 11 次失效，分别发生在下列生产时刻：18，20，35，41，67，180，252，287，390，410 和 511 h。确定是否呈现增长的趋势并以 AMSAA 模型估算季度末达到的 $\mathrm{MTBF_I}$。

解决方案：时间间隔分别为：18，2，15，6，26，113，72，35，103，20 和 101 小时。逆转数为 7+9+9+9+5+0+2+2+0+1=40。使用表 C.1，按 95% 的置信水平，这是显著的，表明可能存在改进的趋势。图 C.1 给出了杜南曲线，在双对数纸上呈现出线性增长的趋势。AMSAA 模型的公式给出增长的斜率为 0.43，MTBFp 在 550 h 的即时值为 87.2。需要注意，对于忽略增长的趋势的标准算法而言，将给出 MTBFp 估算值为 550/11=50 h，低估了 43%。

图 C.2 对分析系统或设备可靠性数据时，推荐的程序进行了总结，而且还给出了对应的本标准或附录的章号或附录号。

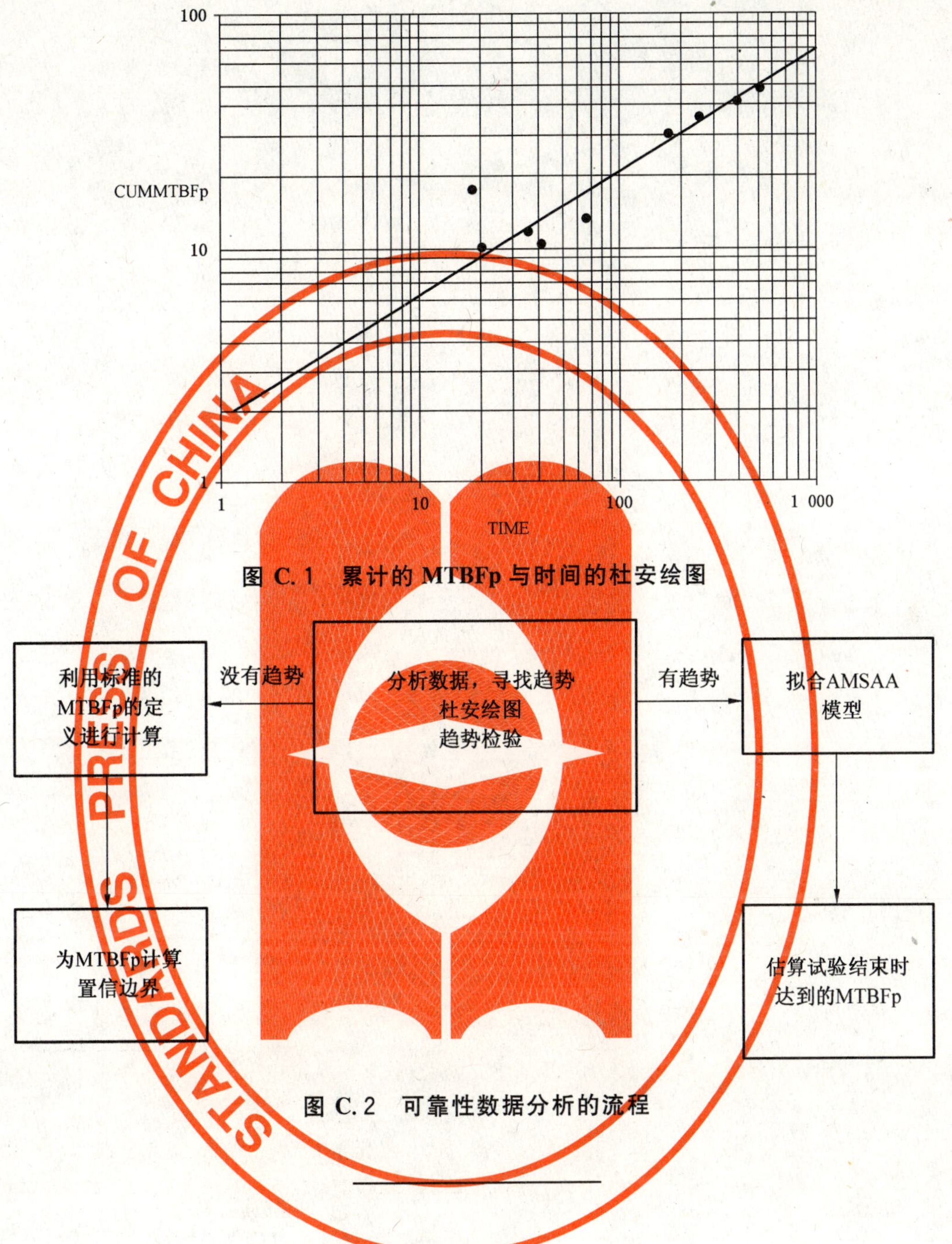

图 C.1 累计的 MTBFp 与时间的杜安绘图

图 C.2 可靠性数据分析的流程

ICS 71.100.20
G 86

中华人民共和国国家标准

GB/T 24469—2009

电子工业用气体 5N 氯化氢

Gas for electronic industry—5N hydrogen chloride

2009-10-15 发布

2009-12-01 实施

中华人民共和国国家质量监督检验检疫总局
中国国家标准化管理委员会
发布

前　言

本标准根据GB/T 14602—1993《电子工业用气体　氯化氢》同类产品标准，结合原料、生产工艺特点及半导体工艺对氯化氢产品的新要求而制定。国家标准GB/T 14602—1993《电子工业用气体　氯化氢》在产品质量控制指标及其检验方法上已不适合当前半导体工艺的新要求，尤其未能规定对半导体器件质量有重要影响的杂质——金属离子的含量。因此，需要制定本标准。

本标准对杂质水、甲烷＋乙炔和金属离子含量的测定方法与国际先进标准SEMI C3.35-1101的方法基本相似，而对杂质氧＋氩、氮和一氧化碳、二氧化碳含量的测定方法则优于标准SEMI C3.35-1101的方法。

本标准首次提出了氯化氢专用钢瓶的处理、产品充装和分装规则等。

本标准附录A、附录B为规范性附录，附录C为资料性附录。

本标准由全国半导体材料和设备标准化技术委员会气体分会(SAC/TC 203)提出并归口。

本标准起草单位：北京华宇同方化工科技开发有限公司、光明化工研究设计院、信息产业部标准化四所。

本标准主要起草人：张吉瑞、孙福楠、刘筠。

电子工业用气体 5N 氯化氢

1 范围

本标准规定了电子工业用气体 5N 氯化氢的技术要求、检验方法、检验规则以及包装、标志、运输、储存、充装、分装和安全要求。

本标准适用于以工业氯化氢为原料经净化制得的瓶装液化氯化氢。

氯化氢主要用于微电子工业半导体器件生产中单晶硅片气相抛光、外延和基座腐蚀工艺。也可用于硬质合金和玻璃表面处理、医药中间体和精细化学品制造、科学研究等领域。

分子式:HCl

相对分子质量:36.461(按 2005 年国际相对原子质量)

2 规范性引用文件

下列文件中的条款通过本标准的引用而成为本标准的条款。凡是注日期的引用文件,其随后所有的修改单(不包括勘误的内容)或修订版均不适用于本标准,然而,鼓励根据本标准达成协议的各方研究是否可使用这些文件的最新版本。凡是不注日期的引用文件,其最新版本适用于本标准。

GB 190 危险货物包装标志

GB 5099 钢质无缝气瓶(GB 5099—1994,neq ISO 4705:1983)

GB/T 5832.2 气体中微量水分的测定 第 2 部分:露点法

GB/T 6681 气体化工产品采样通则

GB 7144 气瓶颜色标志

GB 13004 钢质无缝气瓶定期检验与评定

GB 14193 液化气体气瓶充装规定

GB 15258 化学品安全标签编写规定

GB 15382 气瓶阀通用技术条件

GB/T 16942 电子工业用气体氢

GB/T 16943 电子工业用气体氦

GB/T 16944 电子工业用气体氮

GB 17265 液化气体气瓶充装站安全技术条件

定量包装商品计量监督管理办法

气瓶安全监察规程

气瓶安全监察规定

危险货物运输规则

3 要求

5N 氯化氢产品的质量控制项目及技术指标应符合表 1 要求。

表 1 5N 氯化氢产品的质量控制项目及技术指标

项目			指标
氯化氢纯度(体积分数)/10^{-2}		≥	99.999
杂质含量(体积分数)/10^{-6}	氮	≤	2.0
	氧+氩	≤	1.0

表 1（续）

项　目			指标
杂质含量（体积分数）/10^{-6}	甲烷＋乙炔	≤	1.0
	水	≤	1.0
	一氧化碳	≤	2.0
	二氧化碳	≤	2.0
金属离子含量（质量分数）/10^{-6}	铁	≤	0.5
	其他（锰、钴、锌、铜、铬、镍等）	≤	0.1
注 1：表中指标系瓶装氯化氢产品出厂时气相取样分析的质量指标，保质期两年。 注 2：表中氯化氢纯度及氮、氧＋氩、甲烷＋乙炔、一氧化碳、二氧化碳和水含量系体积分数。 注 3：表中铁和其他金属离子含量系质量分数。			

4　检验方法

4.1　氯化氢纯度

氯化氢的纯度（体积分数）ϕ 按式（1）计算：

$$\phi = 100 - \sum \phi_i \times 10^{-4} \qquad \cdots\cdots(1)$$

式中：

ϕ——氯化氢的纯度，10^{-2}；

ϕ_i——氯化氢中第 i 种杂质（不包括金属离子）的含量（体积分数），10^{-6}。

4.2　氧＋氩、氮含量的测定

4.2.1　方法原理

采用气相色谱法，氦为载气，以氦离子化或等效检测器检测。氯化氢样品经装于色谱柱之前的氯化氢吸附管（在此条件下，该吸附管对氧、氩、氮不吸附）后，被测组分经 5A 分子筛色谱柱分离，再依次进入检测器检测。

4.2.2　仪器

配有氦离子化检测器的气相色谱仪（或配有 DID 检测器的气相色谱仪）。

4.2.3　测定条件

测定条件如下：

a)　检测器：氦离子化检测器，最小检测值 10×10^{-9}；

b)　检测器温度：80 ℃；

c)　载气：高纯氦，经纯化器纯化，载气流速 50 mL/min；

d)　色谱柱：长 1 m、内径 2 mm 的不锈钢填充柱，内装（60～80）目 5A 分子筛，柱温 60 ℃；

e)　进样量：2 mL；

f)　色谱柱活化条件：氦气流速 50 mL/min，活化温度（300～360）℃，活化时间 3 h；

g)　氯化氢吸附管：长 100 mm、内径 8 mm 的不锈钢管，内装（60～80）目碱石棉（以下同）。

4.2.4　测定步骤

测定步骤如下：

a)　检查：全面检查仪器系统，确信不漏气，方可启动仪器；

b)　启动：按色谱仪使用说明书及测定条件开启仪器直至基线稳定；

c)　置换：开启氯化氢瓶阀、截止阀，调节流量，置换连接管和进样管，使其具有代表性；

d)　进样：六通阀进样；

e)　测量：记录谱图及各组分的峰面积 A_i。

注：在首次开机时，用经纯化器纯化后的高纯氦置换取样系统 4 h，以排除其中的湿空气（以下 4.3 和 4.5 同，但可采用纯化氮）。

4.2.5 标定

标定要求及步骤如下：

a) 标准气以氦为底气，其中氧＋氩、氮的含量与待测组分相近，其扩展不确定度不大于 10%；

b) 标准气测定步骤同 4.2.4，记录谱图及各组分的峰面积 A_{si}。

4.2.6 结果计算

氯化氢中被测组分的含量按式(2)计算：

$$\phi_i = \phi_{si} \times A_i / A_{si} \quad \cdots\cdots(2)$$

式中：

ϕ_i——样品氯化氢中第 i 种被测组分含量(体积分数)，10^{-6}；

ϕ_{si}——标准气体中第 i 种被测组分含量(体积分数)，10^{-6}；

A_i——样品氯化氢中第 i 种被测组分峰面积，mm^2；

A_{si}——标准气体中第 i 种被测组分峰面积，mm^2。

4.2.7 允许误差

以两次平行测定的平均峰面积值为测定结果，平行测定的峰面积值相对偏差应不大于 20×10^{-2}。

4.3 甲烷、乙炔含量的测定

4.3.1 方法原理

采用气相色谱法，氮为载气，以氢火焰离子化检测器检测。氯化氢样品经装于色谱柱之前的氯化氢吸附管(在此条件下，该吸附管对烃类不吸附)后，被测组分在 GDX-401 填充柱中被分离，再依次进入检测器检测。

4.3.2 仪器

配有氢火焰离子化检测器的气相色谱仪。

4.3.3 测定条件

测定条件如下：

a) 检测器：氢火焰离子化检测器，最小检测值 0.1×10^{-6}；

b) 燃气：高纯氢，流速 40 mL/min；

c) 助燃气：空气，流速 400 mL/min；

d) 载气：高纯氮，经纯化器纯化，载气流速 40 mL/min；

e) 色谱柱：长 4 m、内径 3 mm 的不锈钢管，内装(60～80)目，GDX-401，柱温：135 ℃；

f) 进样量：2 mL；

g) 色谱柱活化条件：氮气流速 40 mL/min，温度 180 ℃，活化时间 30 min。

4.3.4 测定步骤

样品测定步骤同 4.2.4。

4.3.5 标定

标定要求及步骤如下：

a) 标准气以氮为底气，其中各烃类含量与待测组分相近，其扩展不确定度不大于 3%；

b) 标准气测定步骤同 4.2.5。

4.3.6 结果计算

氯化氢中被测组分的含量按式(2)计算。

4.3.7 允许误差

同 4.2.7。

4.4 水含量的测定

4.4.1 方法原理

采用露点法。使被测气体在恒压下，以一定的流量流经露点仪检测室中的镜面。随着镜面温度的逐渐降低被测气体的相对湿度将不断增高。当达到饱和时，镜面便会结露，此时的镜面温度即为露点。按照露点与气体中水含量的关系便可求得被测气体中微量水含量。

4.4.2 仪器

精密冷镜式露点仪。采用制冷机和四级半导体制冷器作为制冷源，最低检测温度控制在－84 ℃(当镜面温度达－85 ℃时，氯化氢将凝结)。

4.4.3 测定条件

测定条件如下：

a) 氯化氢流量：0.5 L/min；

b) 压力：0.1 MPa。

4.4.4 测定步骤

测定步骤如下：

a) 检查：全面检查仪器系统，确信系统不漏气，方可启动仪器；

b) 置换：用经纯化器纯化的高纯氮充分置换通气管及检测室，以排除其中的湿空气；

c) 通气：开启氯化氢瓶阀、截止阀、减压器和调节阀，使氯化氢压力为 0.1 MPa，流量达 0.5 L/min；

d) 测量：连续通入氯化氢气体至少 30 min，使系统被氯化氢气体充分置换。开启露点仪电源，测定露点(当样品的水含量小于 0.3×10^{-6} 时，其露点小于－84 ℃。此时，在本仪器设置的条件下，镜面温度将在(－83～84)℃间保持不变。当持续 30 min 时，可判定样品的露点低于此镜面温度，则该样品的水含量为 $<0.3\times10^{-6}$)。

4.4.5 结果计算

由露点/水含量换算式或查表(见 GB/T 5832.2)求得氯化氢中的微量水含量。

4.4.6 允许误差

以两次平行测定的平均露点值为测定结果，平行测定的露点值偏差不大于±0.5 ℃。

4.5 一氧化碳、二氧化碳含量的测定

4.5.1 方法原理

采用气相色谱法，氮为载气，以氢火焰离子化检测器检测。氯化氢样品经 porapak Q 色谱柱使氯化氢与被测各组分分离，并切割反吹出氯化氢。然后，经转化器将分离后的一氧化碳和二氧化碳分别转化为甲烷，再进入检测器检测。

4.5.2 仪器

配有氢火焰离子化检测器和镍催化剂转化器的气相色谱仪，并装配切割反吹气路(见附录 A 的 A.1)。

4.5.3 测定条件

测定条件如下：

a) 检测器：氢火焰离子化检测器，甲烷最小检测值为 0.1×10^{-6}；

b) 载气：高纯氮，经纯化器纯化，载气流速 40 mL/min；

c) 燃气：高纯氢，流速 40 mL/min；

d) 助燃气：空气，流速 400 mL/min；

e) 尾吹气：高纯氮，流速 50 mL/min；

f) 色谱柱：长 4 m、内径 3 mm 不锈钢管，内装(60～80)目 porapak Q，柱温常温；

g) 转化柱：长 0.5 m、内径 3 mm 不锈钢管，内装(60～80)目镍催化剂，柱温 370 ℃，转化率大于 90%；

h) 进样量：2 mL；

i) 色谱柱活化条件：氮气流速 50 mL/min，温度 180 ℃，活化时间 30 min。

4.5.4 测定步骤

测定步骤如下：

a) 检查：全面检查仪器系统，确信不漏气，方可启动仪器；

b) 启动：按色谱仪使用说明书及测定条件开启仪器直至基线稳定；

c) 置换：开启氯化氢瓶阀、截止阀，调节流量，置换连接管和进样管，使其具有代表性；

d) 进样：转动六通阀，令定量管中的样品随载气进入色谱柱，分离切割掉氯化氢后，再进入转化器将一氧化碳和二氧化碳分别转化为甲烷，依次进入检测器；

e) 切割：当被测组分二氧化碳出峰完毕后，转动切割六通阀，使保留在色谱柱中的氯化氢被吹出；

f) 测量：记录谱图及各组分的峰面积 A_i。

4.5.5 标定

标定要求及步骤如下：

a) 标准气以氮为底气，其中一氧化碳、二氧化碳含量与待测组分相近，其扩展不确定度不大于3%；

b) 标准气测定步骤同4.2.5。

4.5.6 结果计算

氯化氢中被测组分的含量按式(2)计算。

4.5.7 允许误差

同4.2.7。

4.6 金属离子含量的测定

4.6.1 方法原理

首先，将定量的氯化氢样品通过定量的无离子水，把氯化氢中的金属离子吸收到该无离子水所形成的稀盐酸吸收液中。然后，用高频电感耦合等离子体发射光谱仪(ICP-OES)测定吸收液中的金属离子种类及其含量。金属离子的种类由特征谱线确定，而其含量与相应的谱线强度成正比。由无离子水量、吸收液中各金属离子含量及氯化氢通量便可求得氯化氢中各金属离子的重量含量。

4.6.2 仪器

a) 高频电感耦合等离子体发射光谱仪，氩为载气，检测限 10×10^{-9}；

b) 电子秤，感量10 mg。

4.6.3 测定条件

测定条件如下：

a) 取样：氯化氢通量不小于5 g；无离子水量不大于50 mL；

b) 光谱仪：载气流量0.9 L/min，功率1 350 W。

4.6.4 测定步骤

a) 取样

取样装置如附图所示(见附录B的B.1)，取样步骤如下：

(1) 在吸收系统的洗气瓶中准确放入50 mL无离子水；

(2) 准确称量吸收系统(洗气瓶＋吸收瓶＋缓冲瓶)的初始质量 w_1。开启氯化氢瓶阀、截止阀，调节减压阀，使氯化氢气体缓慢通入吸收系统，并监视电子秤的读数。当氯化氢吸收量大于5 g时，关闭氯化氢瓶阀，开启高纯氮气瓶阀置换管路1 min，停止通气。准确称量吸收系统的终止重量 w_2。氯化氢通量则为 $w=w_2-w_1$。

b) 测量

测量步骤如下：

(1) 按照测定铁离子的条件确定等离子体发射光谱仪参数，升温，稳定后开启光谱仪；

(2) 将吸收瓶中的溶液注入等离子体发射光谱仪，测量，并记录相关谱线及其强度；

(3) 对照特征谱线，确定金属离子种类；按照标准曲线，确定吸收液中该金属离子含量 Q_j。

4.6.5 结果计算

氯化氢中被测金属离子的重量含量 ϕ_j 按式(3)计算：

$$\phi_j = (50Q_j/w) \times 10^{-6} \quad \cdots\cdots (3)$$

式中：

ϕ_j——氯化氢中第 j 种被测金属离子的质量含量(质量分数)，10^{-6}；

Q_j——吸收液中第 j 种被测金属离子的含量，mg/L；

w——氯化氢通量，g。

4.6.6 允许误差

以两次平行测定的平均值为测定结果，平行测定的相对偏差不大于 20×10^{-2}。

5 检验规则

5.1 出厂检验

产品由制造商的质检部门检验。质检项目为表 1 中规定的全部项目。产品出厂出具合格证及检验报告。合格证内容为产品识别号、名称、标准编号、检验日期、生产商名称、检验员编号；检验报告内容为产品识别号、名称、标准编号、规格、检验日期、生产商名称、地址、检验员编号。

5.2 组批和取样

5.2.1 组批

每 10 瓶为一批。甲烷＋乙炔含量逐瓶检验；水、金属离子、氧＋氩、氮及一氧化碳、二氧化碳含量每批抽检一瓶。

5.2.2 取样

符合 GB/T 6681 的规定。

5.3 判定

5.3.1 检验结果的全部指标均符合表 1 中规定的要求时，判定该组产品合格；当检验结果有任何一项指标不符合表 1 中规定的要求时，则判定该批产品均为不合格品。

5.3.2 用户有权按本标准的要求检验、验收产品。

5.4 仲裁

当供需双方对产品质量发生异议时，由双方协商解决或提交质量仲裁部门按照本标准仲裁。

6 包装、标志、运输和储存

6.1 包装

6.1.1 钢瓶

氯化氢产品由标识有“HCl”的专用钢瓶包装。氯化氢专用钢瓶应符合 GB 5099 的规定。

6.1.2 瓶阀

氯化氢专用钢瓶的瓶阀为隔膜式阀门，应符合 GB 15382 的规定。接口规格为 CGA330。

6.1.3 钢瓶处理

6.1.3.1 新钢瓶的处理

a) 处理：装阀前经过抛光、除尘、除锈、烘烤等处理；装阀后经过置换、抽空、钝化等处理；

b) 检验：按处理批组，每组任抽一瓶，按照 4.4 的方法测定其中气体的露点。若露点小于－76 ℃，则该组钢瓶处理合格。否则，该组钢瓶处理不合格，重新处理。

6.1.3.2 重复使用钢瓶的处理

6.1.3.2.1 重复使用钢瓶条件

重复使用的钢瓶应符合以下条件：

a) 钢瓶余压不低于 0.3 MPa；

b) 按照4.3的方法测定的空钢瓶内残留物的烃类含量不大于1×10^{-6}；

c) 运输及使用过程中没有发生泄漏；

d) 瓶嘴保护帽和瓶阀保护帽完好，并安放在位；

e) 钢瓶使用期限及状态符合GB 13004的规定。

6.1.3.2.2 对于合格空钢瓶，将其残留物倒入回收系统，然后充装产品氯化氢。

6.1.4 净含量

产品净含量应符合《定量包装商品计量监督管理办法》的规定或执行合同规定。

6.2 标志

6.2.1 氯化氢钢瓶的标志和颜色应符合GB 190和GB 7144的规定。

6.2.2 氯化氢钢瓶上应在规定的部位贴附符合GB 15258规定的安全标签和商标。

6.3 运输和储存

6.3.1 氯化氢钢瓶的运输应符合[气瓶安全监察规程]、[气瓶安全监察规定]和[危险货物运输规则]。

6.3.2 氯化氢钢瓶应储存于通风干燥处。垂直放置，关紧瓶阀，拧紧瓶嘴保护帽，戴好瓶阀保护帽。

6.3.3 搬运时应佩戴防护用品，防止倾倒砸伤。

7 充装、分装

7.1 充装

7.1.1 充装设施需符合GB 14193和GB 17265的规定。

7.1.2 充装汇流排初次使用时，须用经纯化的高纯氮置换，直至流出物的露点小于−72 ℃。

7.1.3 在连接软管的终端应采用钢瓶截止阀与钢瓶连接，以防更换新钢瓶时，大气污染连接软管。

7.1.4 停产时，排空汇流排，关紧钢瓶截止阀。

7.2 分装

7.2.1 应在产品检验报告和合格证的明显位置注明“分装产品”，以示与原装产品的区别。

7.2.2 应注明原装产品的生产商、生产日期、执行标准。并注明分装商、分装日期、执行标准。

7.2.3 分装产品的检验报告和合格证按分装时的实测数据填写。

8 安全、使用

8.1 安全要求

8.1.1 氯化氢对眼、呼吸道粘膜具有强刺激性。急性中毒会引起头痛、呼吸困难、肺水肿等症状；慢性中毒会引起慢性支气管炎、胃功能障碍、牙齿酸蚀等症状。

8.1.2 氯化氢为不燃气体，但与活性金属接触，会发生反应，生成氢气，有潜在着火危险。瓶装氯化氢遇明火或高温，内压增高(参见附录C.1)，有爆裂危险。可用干粉、二氧化碳、水或常规泡沫灭火。

8.1.3 皮肤接触：立即脱去被污染的衣着，用大量流动清水冲洗；眼睛接触：立即提起眼睑，用大量流动清水或生理盐水彻底冲洗；吸入：迅速脱离现场至空气新鲜处，保持呼吸道畅通。严重就医。

8.1.4 氯化氢无腐蚀性，但遇水时有强腐蚀性。对环境有危害，应特别注意对水体的污染。

8.1.5 储存于阴凉、通风的仓库内。库区应备有泄漏应急处理设备和消防器材。

8.1.6 最高容许浓度：中国(MAC)15 mg/m^3。

8.1.7 生产企业应按照氯化氢物化性质(参见附录C)为用户提供安全技术说明书。

8.2 使用要求

8.2.1 使用和检验时，必须使用氯化氢专用减压装置。严防泄漏。

8.2.2 请使用带有钢瓶截止阀的专用减压器，以防更换钢瓶时大气污染连接软管及系统。

8.2.3 初次使用氯化氢的设备、仪器和管路需用经纯化的高纯氮充分置换，以防管路及设备被腐蚀。

8.2.4 生产企业应按照氯化氢物化性质(参见附录C)为用户提供使用说明书。

附 录 A
(规范性附录)
带反吹转化装置的色谱仪

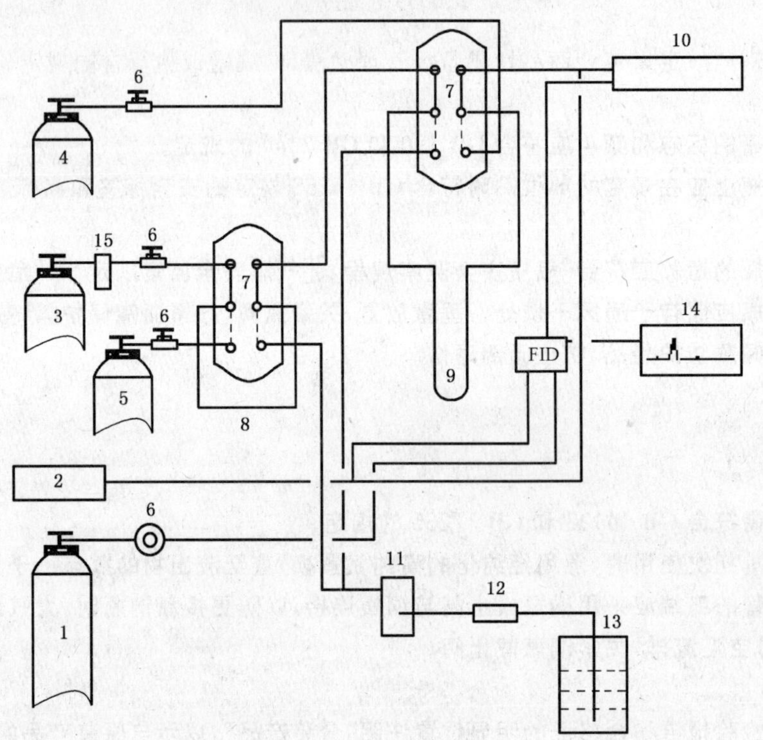

1——合成空气;
2——氢气发生器;
3——载气 N_2;
4——反吹气 N_2;
5——氯化氢钢瓶;
6——调压阀;
7——六通阀;
8——定量进样管;
9——色谱柱;
10——转化柱;
11——缓冲罐;
12——单向阀;
13——吸收器;
14——微处理机;
15——纯化器。

图 A.1 带反吹转化装置的色谱仪示意图

附　录　B
（规范性附录）
金属离子取样器

1——氮气钢瓶；
2——氯化氢钢瓶；
3——调压阀；
4——连接软管；
5——缓冲瓶；
6——洗气瓶；
7——碱吸收瓶；
8——氮气放空；
9——电子秤。

图 B.1　金属离子溶液制备装置示意图

附 录 C
（资料性附录）
氯化氢物化性质

分子式：HCl

分子量：36.461

常压沸点：－85 ℃

气体密度：1.639 kg/m^3（0 ℃，0.1 MPa）

气体比重：1.268（0 ℃，空气＝1）

摩尔体积：22.25 L

氯化氢是一种无色、有刺激性、腐蚀性及窒息性的气体。极易溶于水和酒精，也可溶于乙醚。纯态氯化氢不与大多数金属发生反应。它虽能与碱金属、铝、锰、铁、铜、锡、铅、锌等金属反应，但会在其表面生成一层氯化物保护膜，使金属得到保护。

当有水存在时，与金属发生剧烈反应，生成金属氯化物，并产生氢气。

产品充装于承压钢瓶中，以气/液平衡的形态存在。只要钢瓶中有液体存在，压力将会保持恒定，其值与环境温度有关。当液相耗尽时，钢瓶压力会迅速下降。

液态氯化氢饱和蒸气压见表 C.1。

表 C.1 液态氯化氢饱和蒸气压

温度/℃	－85.03	－10	0	10	20	30	40
压力/MPa	0.1	1.96	2.57	3.32	4.21	5.27	6.53
密度/(g/cm^3)	1.191	0.962	0.924	0.881	0.831	0.772	0.697

ICS 21.160
J 26

中华人民共和国国家标准

GB/T 24470—2009

中凹形弹簧数控卷簧机
技术条件

General technical requirements of digital-controlled mid-concave spring coiling machine

2009-10-15 发布　　2010-03-01 实施

中华人民共和国国家质量监督检验检疫总局
中国国家标准化管理委员会　发布

前　言

本标准由中国机械工业联合会提出。

本标准由全国弹簧标准化技术委员会(SAC/TC 235)归口。

本标准负责起草单位:佛山市源田床具机械有限公司、中机生产力促进中心。

本标准参加起草单位:佛山市南海区标准化研究与促进中心、成都八一家具股份有限公司、暨南大学、佛山市宜奥科技实业有限公司。

本标准主要起草人:李德锵、姜膺、庞敢雄、钱路平、刘祝欢、崔锦联、王思华、柳宁、杨光、张超满、彭小舟。

中凹形弹簧数控卷簧机
技术条件

1 范围

本标准规定了中凹形弹簧数控卷簧机(以下简称卷簧机)的术语和定义、标记、要求、试验方法、检验规则和标志、包装、运输、贮存。

本标准适用于加工弹簧床垫、沙发、坐垫中的中凹形冷卷螺旋压缩弹簧(包括有结簧和无结簧,端圈形状为圆形或异形,以下简称弹簧)的设备。本标准不适用于其他弹簧加工设备。

2 规范性引用文件

下列文件中的条款通过本标准的引用而成为本标准的条款。凡是注日期的引用文件,其随后所有的修改单(不包括勘误的内容)或修订版均不适用于本标准,然而,鼓励根据本标准达成协议的各方研究是否可使用这些文件的最新版本。凡是不注日期的引用文件,其最新版本适用于本标准。

GB/T 191 包装储运图示标志(GB/T 191—2008,ISO 780:1997,MOD)

GB/T 3768—1996 声学 声压法测定噪声源声功率级 反射面上方采用包络测量表面的简易法(eqv ISO 3746:1995)

GB 5226.1—2008 机械安全 机械电气设备 第1部分:通用技术条件(IEC 60204-1:2005,IDT)

GB/T 6388 运输包装收发货标志

GB/T 7932 气动系统通用技术条件(GB/T 7932—2003,ISO 4414:1998,IDT)

GB/T 13306 标牌

GB/T 13384 机电产品包装通用技术条件

GB 18209.2 机械安全 指示、标志和操作 第2部分:标志要求(GB 18209.2—2000,idt IEC 61310-2:1995)

QB/T 1588.4 轻工机械涂漆通用技术条件

3 术语和定义

下列术语和定义适用于本标准。

3.1

中凹形弹簧 mid-concave spring

簧圈直径向两端递增的螺旋弹簧。

3.2

打结 knot

将弹簧的两端缠绕在相邻的弹簧圈钢丝上。

4 标记

4.1 标记编制

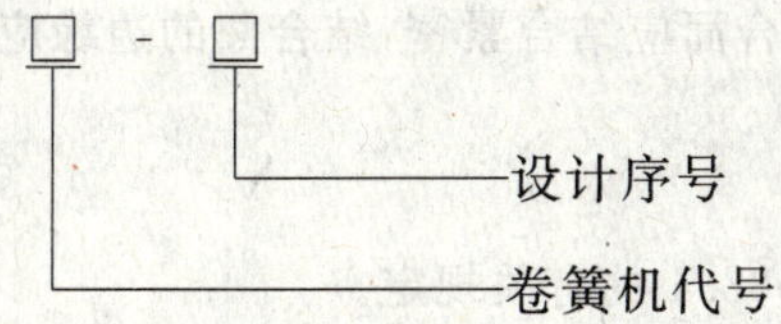

4.2 标记示例

厂家设计序号为2,卷簧机代号为JH的中凹形弹簧数控卷簧机标记为:

JH-2

5 基本参数

卷簧机的基本参数见表1。

表1 卷簧机基本参数

项　目	参　数
弹簧外径[a]/mm	65～90
弹簧自由高度/mm	110～160
弹簧钢丝直径/mm	2.0～2.4
弹簧圈数/圈	4～7
气源气压/MPa	0.6～0.8
生产效率/(个/min)	≥50
[a] 指弹簧端部外径。	
注:特殊要求可按供需双方协议商定。	

6 要求

6.1 使用环境条件

6.1.1 温度:－10 ℃～40 ℃。

6.1.2 相对湿度:不大于95%(25 ℃时)。

6.1.3 电源电压:AC 380 V±38 V。

6.1.4 电源频率:50 Hz±1 Hz。

6.1.5 海拔高度:≤3 000 m。

6.2 一般要求

6.2.1 卷簧机应符合本标准的要求,并按经规定程序批准的图样和技术文件制造。

6.2.2 产品配套的外协件、外购件应符合相应产品标准的要求,外协件经检验合格,外购件须有合格证方可进行装配。

6.3 外观

6.3.1 卷簧机主要表面应无图样规定以外的凸起、凹陷、粗糙不平和其他损伤等缺陷。

6.3.2 电镀件镀层表面应连续、平整光滑、色泽一致,不应有漏镀、起皮、针孔、擦伤、电灼伤及锈蚀等缺陷。

6.3.3 机加工面不应有擦伤、毛刺和锈蚀。

6.3.4 非机加工表面应整齐美观。

6.3.5 文字说明、标记、图案等应清晰。

6.3.6 防护罩、安全门应平整、匀称,不应翘曲、凹陷。

6.3.7 观察窗应清晰透明,材料宜使用有机玻璃或钢化玻璃。

6.3.8 机架、导轨等重要的固定结合面应结合紧密,结合面的边缘应整齐、匀称,不应有明显的错位。

6.3.9 外露的焊缝应平直、均匀。

6.4 涂装

涂漆表面质量应符合QB/T 1588.4的有关规定。

6.5 运转

6.5.1 各连接件、紧固件应结合牢固,无松动现象。

6.5.2 各调整机构、操纵装置应灵活、可靠,无卡阻。

6.5.3 气动、润滑、电气装置应可靠。

6.5.4 各种联锁保护装置应灵活、可靠。

6.6 数控系统

6.6.1 数控系统应具有故障报警功能。

6.6.2 数控系统应具有参数设定、保存和调用功能。

6.6.3 数控系统应具有热处理时间可调功能。

6.7 气动系统

6.7.1 一般要求

气动系统的一般要求应符合 GB/T 7932 的规定。

6.7.2 气动系统耐压

气动系统经 1.25 倍的最大工作压力试验后,应无泄漏,元器件应无损坏,能正常工作。

6.8 电气系统

电气系统应符合 GB 5226.1—2008 的规定。

6.9 性能要求

6.9.1 弹簧尺寸偏差

弹簧尺寸偏差应符合表 2 的规定。

表 2 弹簧尺寸偏差

单位为毫米

项　目	偏　差
弹簧自由高度	±2.0
弹簧外径[a]	±1.0

a 指弹簧端部最大外径(尺寸)。

6.9.2 打结

6.9.2.1 打结圈数、方向

打结圈数应大于 2 圈,打结处钢丝末端的方向应朝向弹簧内侧。

6.9.2.2 打结牢度

弹簧打结应牢固,用 30 N 的力拉扯弹簧的端圈,打结处不应出现滑动。

6.9.2.3 结点位置偏差

两端打结位置在圆周方向应一致,两结点相对位置偏差应不大于 8 mm。

6.9.3 润滑油泄漏

润滑油在卷簧机中应无漏油现象。

6.9.4 弹簧合格率

弹簧合格率应不低于 98%。

注:弹簧尺寸偏差、打结达不到要求为不合格。

6.9.5 生产效率

生产效率应不低于 50 个/min。

6.10 噪声

卷簧机空运转噪声(声压级)应不大于 85 dB(A)。

6.11 安全防护

6.11.1 卷簧机各种安全保护联锁功能装置安全可靠,应设置防护罩、安全门等安全防护装置。

6.11.2 对操作人员有危险的外露、回转和运动部分，应有安全可靠的防护设施。

6.11.3 弹簧在成形及输送过程中如出现掉簧或受阻时应自动停机。

6.11.4 卷簧机应有强制排烟装置。

7 试验方法

7.1 外观检验

用目测手感法进行检查。

7.2 涂装检验

涂漆表面质量按 QB/T 1588.4 的有关规定进行检验。

7.3 运转检验

7.3.1 空运转试验

空运转试验按 6.5、6.6、6.11 的要求用目测手感法进行，试验时间不低于表 3 的规定。

表 3 空运转试验时间

单位为小时

运转速度	试验时间
低速	0.5
中速	0.5
高速	1

7.3.2 负载试验

负载试验应在空运转试验合格后进行。负载试验按 6.5、6.6、6.7、6.11 的要求用目测手感法和相应试验方法进行。试验时间一般不少于 0.5 h。

7.4 气动系统检验

7.4.1 一般要求

气动系统的一般要求按 GB/T 7932 的规定进行检查。

7.4.2 气动系统耐压

将气动系统通入 1.25 倍的最大工作压力的空气或氮气后，保持 10 min，然后检查是否有空气泄漏，元器件是否完好，能否正常工作。

7.5 电气系统检验

按 GB 5226.1—2008 的规定进行。

7.6 性能检验

7.6.1 弹簧尺寸偏差

从用同一工艺参数及连续生产的 100 件产品中随机抽取 10 件进行检验。

7.6.1.1 直径

用分度值小于或等于 0.02 mm 的通用量具测量最大外径(尺寸)。

7.6.1.2 自由高度

自由高度用分度值小于或等于 0.02 mm 的通用量具在弹簧的同一位置测量。

7.6.2 打结

7.6.2.1 打结圈数、方向

目测检查弹簧打结圈数和打结处钢丝末端的方向是否朝向弹簧内侧。

7.6.2.2 打结牢度

如图 1 所示，将弹簧端圈相对打结点 90° 位置固定，用示值为 1 N 的弹簧拉力计，用 30 N 的拉力拉动弹簧的端圈，目测检查打结圈是否滑动。

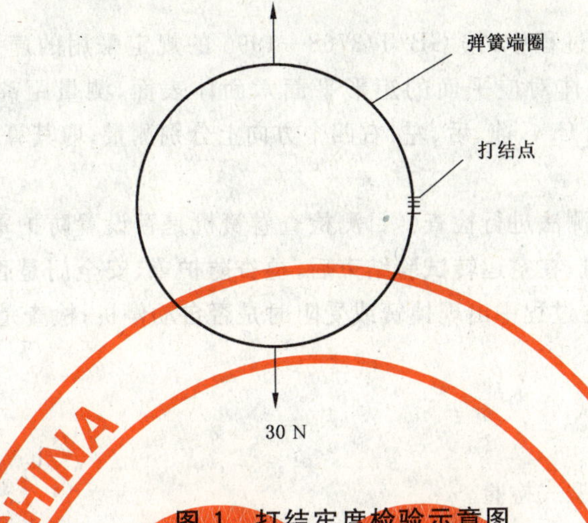

图1 打结牢度检验示意图

7.6.2.3 结点位置偏差

如图2所示，将弹簧竖直放置于平板上，用直角尺的底端靠住弹簧下结点边缘，用示值为1 mm的直尺测量上结点偏离直角尺的垂直距离(a)。

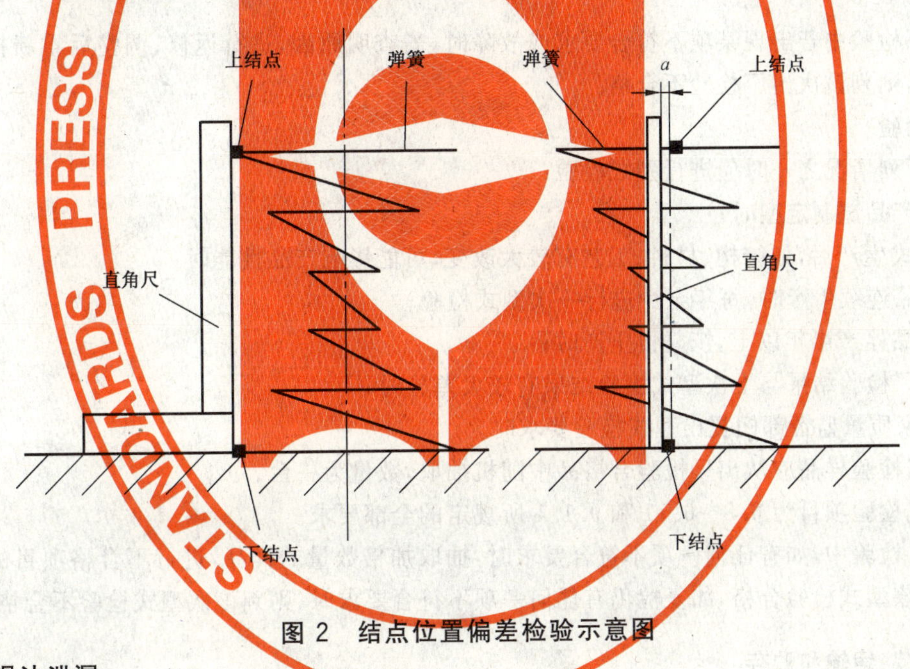

图2 结点位置偏差检验示意图

7.6.3 润滑油泄漏

在负载试验完成后目测检查。

7.6.4 弹簧合格率

在负载试验完成后，随机抽取不少于100个弹簧，检测其尺寸偏差和打结质量，按式(1)进行计算。

$$A = \frac{m - m_1}{m} \times 100\% \qquad \cdots\cdots(1)$$

式中：

A——弹簧合格率，(%)；

m_1——不合格弹簧的数量(包括尺寸偏差、打结不合格的数量)，单位为个；

m——抽取的弹簧样本数量，单位为个。

7.6.5 生产效率

在负载试验中，用秒表测量5 min内生产的弹簧数量，计算生产效率。

7.7 噪声检验

在产品正常条件下空运转过程中，按 GB/T 3768—1996 的规定采用的声级计测定产品的空载噪声。测量表面选用各边与基准体对应平面的矩形平面六面体表面，测量距离 1 m，传声器位置参照 GB/T 3768—1996 附录 C 中图 C.4，前、后、左、右四个方向上分别测量，取其算术平均值。

7.8 安全防护检验

在 7.3 的运转试验中用目测法进行检查。目测检查卷簧机是否设置防护罩、安全门等安全防护装置，并检查安全门打开是否停机；在空运转试验结束后，检查防护罩、安全门是否出现松动；在正常开机过程中，检查弹簧在成形及输送过程中出现掉簧或受阻时是否自动停机；检查是否有强制排烟装置。

8 检验规则

8.1 检验分类

产品检验分为出厂检验和型式检验。

8.2 出厂检验

8.2.1 每台卷簧机产品按本标准检验合格后，并附有产品合格证方可出厂。

8.2.2 出厂检验项目为：6.3～6.7，6.8 中保护接地电路的连续性、绝缘电阻、耐压试验，6.9，6.11 以及 9.1。

8.2.3 出厂检验中若出现某项不符合要求或故障时，需查明原因，进行返修、调整后重新检验，若仍不符合要求时，则判该次出厂检验不合格。

8.3 型式检验

8.3.1 有下列情况之一时应进行型式检验：

a) 新产品试制定型时；

b) 正式生产后，如结构、材料、工艺有较大改变，可能影响产品性能时；

c) 产品连续生产时，每年至少进行一次型式检验；

d) 产品停产半年以上，恢复再生产时；

e) 出厂检验结果与上次型式检验结果有较大差异时；

f) 国家质量监督部门提出型式检验要求时。

8.3.2 型式检验样品应从出厂检验合格品中随机抽取，数量为一台。

8.3.3 型式检验项目为 6.3～6.11 和 9.1.1 所规定的全部要求。

8.3.4 型式检验中，如有任何一项不符合要求时，抽取加倍数量的样品，进行不合格项目的复检，如复检合格仍判该型式检验合格，如复检仍有任何一项不符合要求时，则判该次型式检验不合格。

9 标志、包装、运输和贮存

9.1 标志

9.1.1 产品标志

每台卷簧机产品应在适当的明显位置固定标牌，标牌的尺寸和型式应符合 GB/T 13306 的规定。标牌的内容应包括：

a) 生产厂名称；

b) 产品名称和型号；

c) 主要技术参数(电源电压和频率、额定功率、弹簧规格、生产效率)；

d) 出厂年、月和出厂编号。

9.1.2 安全标志

卷簧机的机械安全指示标志并应符合 GB 18209.2 的规定。

9.1.3 包装标志

产品的运输包装上应有如下标志：

a) 制造厂名称及地址；

b) 产品名称及型号；

c) 毛重或净重,kg；

d) 箱体外形尺寸：长(cm)×宽(cm)×高(cm)；

e) 出厂年、月和出厂编号；

f) 符合 GB/T 191 和 GB/T 6388 要求的包装储运图示标志及运输包装收发货标志。

9.2 包装

9.2.1 产品外露加工表面应涂防锈剂。

9.2.2 产品如有包装,应符合 GB/T 13384 的规定。

9.2.3 产品应随机带上下列文件(装入防水文件袋内)。

a) 产品合格证；

b) 产品使用说明书；

c) 随机备件、附件及清单；

d) 装箱单及其他有关技术资料。

9.3 运输和贮存

9.3.1 运输

在运输过程中应防止直接日晒、雨雪淋袭和接触酸、碱、盐等腐蚀介质,并应避免由于振动和碰撞而引起的损坏。

9.3.2 贮存

产品应贮存在干燥通风、防雨和无腐蚀性气体的场地上。

ICS 21.160
J 26

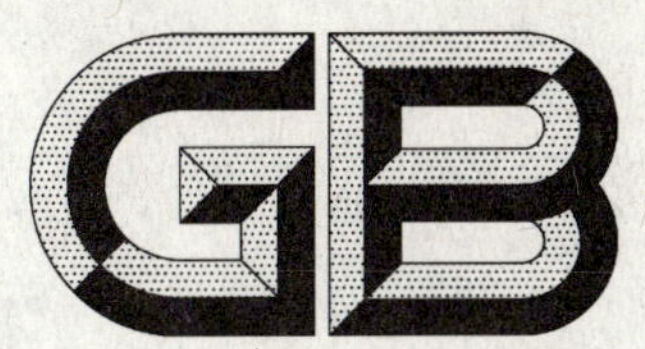

中华人民共和国国家标准

GB/T 24471—2009

串簧机 技术条件

General technical requirements of spring assembling machine

2009-10-15 发布

2010-03-01 实施

中华人民共和国国家质量监督检验检疫总局
中国国家标准化管理委员会
发布

前 言

本标准由中国机械工业联合会提出。

本标准由全国弹簧标准化技术委员会(SAC/TC 235)归口。

本标准负责起草单位:佛山市源田床具机械有限公司、中机生产力促进中心。

本标准参加起草单位:佛山市南海区标准化研究与促进中心、成都八一家具股份有限公司、暨南大学、佛山市宜奥科技实业有限公司。

本标准主要起草人:李德锵、姜膺、庞敢雄、钱路平、刘祝欢、崔锦联、王思华、柳宁、杨光、张超满、彭小舟。

串簧机　技术条件

1　范围

本标准规定了串簧机的术语和定义、标记、要求、试验方法、检验规则和标志、包装、运输、贮存。

本标准适用于将单个弹簧用串簧条组装在一起的设备。

2　规范性引用文件

下列文件中的条款通过本标准的引用而成为本标准的条款。凡是注日期的引用文件，其随后所有的修改单(不包括勘误的内容)或修订版均不适用于本标准，然而，鼓励根据本标准达成协议的各方研究是否可使用这些文件的最新版本。凡是不注日期的引用文件，其最新版本适用于本标准。

GB/T 191　包装储运图示标志(GB/T 191—2008,ISO 780:1997,MOD)

GB/T 3768—1996　声学　声压法测定噪声源声功率级　反射面上方采用包络测量表面的简易法(eqv ISO 3746:1995)

GB 5226.1—2008　机械安全　机械电气设备　第1部分:通用技术条件(IEC 60204-1:2005,IDT)

GB/T 6388　运输包装收发货标志

GB/T 13306　标牌

GB/T 13384　机电产品包装通用技术条件

GB 18209.2　机械安全　指示、标志和操作　第2部分:标志要求(GB 18209.2—2000,idt IEC 61310-2:1995)

QB/T 1588.4　轻工机械涂漆通用技术条件

3　术语和定义

下列术语和定义适用于本标准。

3.1

串簧　assembling

将排列成行的弹簧通过串簧条连接成的一个弹性体。

3.2

串簧条　helical wire

用于串连弹簧组成弹性体的螺旋形钢丝簧。

3.3

封口　binding

每排弹簧串接完成、并切断螺旋串簧条后，将其两端圈收扁夹紧，使串簧条与弹簧紧密连接，并使串簧条不能在弹簧中自由移动和退出。

4 标记

4.1 标记编制

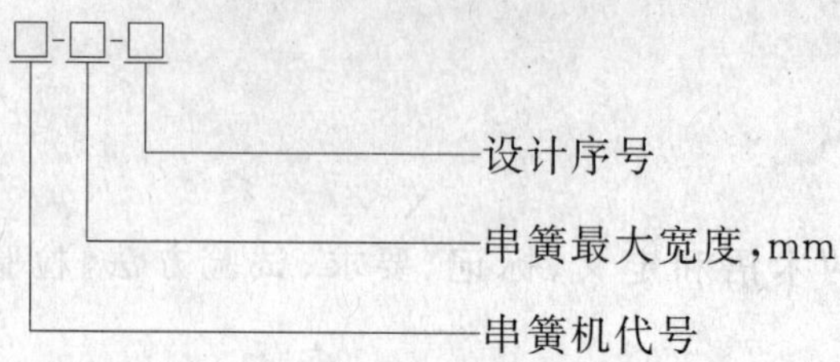

4.2 标记示例

厂家设计序号为 2 型,串簧机代号为 CW,其串簧最大宽度为 1 800 mm 的串簧机标记为:

CW-1800-2

5 基本参数

串簧机的基本参数见表 1。

表 1 串簧机基本参数

项 目	参 数
串网宽度/mm	800～2 000
串簧高度/mm	80～190
弹簧端部外径/mm	65～90
弹簧钢丝直径/mm	1.9～2.4
串簧条钢丝直径/mm	1.3～1.4
串簧速度/(mm/s)	≥300
注:特殊要求可按供需双方协议商定。	

6 要求

6.1 使用环境条件

6.1.1 温度:−10 ℃～40 ℃。

6.1.2 相对湿度:不大于 95%(25 ℃时)。

6.1.3 电源电压:AC 380 V±38 V。

6.1.4 电源频率:50 Hz±1 Hz。

6.1.5 海拔高度:≤3 000 m。

6.2 一般要求

6.2.1 串簧机应符合本标准的要求,并按经规定程序批准的图样和技术文件制造。

6.2.2 产品配套的外协件、外购件应符合相应产品标准的要求,外协件经检验合格,外购件须有合格证方可进行装配。

6.3 外观

6.3.1 串簧机主要表面应无图样规定以外的凸起、凹陷、粗糙不平和其他损伤等缺陷。

6.3.2 电镀件镀层表面应连续、平整光滑、色泽一致,不应有漏镀、起皮、针孔、擦伤、电灼伤及锈蚀等缺陷。

6.3.3 机加工面不应有擦伤、毛刺和锈蚀。

6.3.4 非机加工表面应整齐美观。

6.3.5 文字说明、标记、图案等应清晰。

6.3.6 机架、导轨、工作台等重要的固定结合面应结合紧密，结合面的边缘应整齐、匀称，不应有明显的错位。

6.3.7 外露的焊缝应平直、均匀。

6.4 涂装要求

涂漆表面质量应符合 QB/T 1588.4 的有关规定。

6.5 运转要求

6.5.1 各连接件、紧固件应结合牢固，无松动现象。

6.5.2 各调整机构、操纵装置应灵活、可靠，无卡阻。

6.5.3 润滑、电气装置应可靠。

6.5.4 各种联锁保护装置应灵活、可靠。

6.6 电气系统

电气系统应符合 GB 5226.1—2008 的规定。

6.7 性能要求

6.7.1 尺寸偏差

串簧后的弹性体尺寸偏差应符合表 2 的规定。

表 2 尺寸偏差

单位为毫米

项目	基本尺寸	偏差
长度	≤1 500	±15
	>1 500	±20
宽度	≤1 500	±15
	>1 500	±20
对角线	≤1 500	±15
	>1 500	±20

6.7.2 排簧

排簧时应定位准确，弹簧不可前后左右松动。

6.7.3 弹簧夹钳

弹簧夹钳口张开或夹紧的动作应同步，上下弹簧夹钳口的距离应能根据弹簧高度可调，弹簧夹钳口在最高位置和最低位置的平行度误差应不大于 2 mm。

6.7.4 串簧

6.7.4.1 串簧条在夹钳口串簧通道中通行应顺畅、无阻滞。

6.7.4.2 每排弹簧串接完成，并切断串簧条后，串簧条应准确到位，封口应完整。

6.7.4.3 串簧条与弹簧紧密连接，串簧条不能在弹簧中自由移动和退出。

6.7.4.4 上下排串簧应同步，串簧条在封口时的切口应朝内侧。

6.7.5 送簧

每排串簧完成后，送簧机构应能推动弹性体向前准确移动到下一个工位。

6.7.6 串簧速度

单排串簧速度不低于 300 mm/s。

6.8 噪声

串簧机空运转噪声(声压级)应不大于 80 dB(A)。

6.9 安全防护

6.9.1 各种安全保护联锁功能装置安全可靠，串簧机应设置安全防护装置。

6.9.2 对操作人员有危险的外露、回转和运动部分，应有安全可靠的防护设施。

6.9.3 串簧条在夹钳口串簧通道中受阻时，串簧机应自动停机。

7 试验方法

7.1 外观检验

用目测手感法进行检查。

7.2 涂装要求检验

涂漆表面质量按 QB/T 1588.4 的有关规定进行检验。

7.3 运转检验

7.3.1 空运转试验

空运转试验按 6.5、6.9 的要求用目测手感法进行，试验时间不少于表 3 的规定。

表 3 空运转试验时间

单位为小时

运转速度	试验时间
低速	0.5
中速	0.5
高速	1

7.3.2 负载试验

负载试验应在空运转试验合格后进行。负载试验按 6.5、6.7、6.9 的要求用目测手感法和相应试验方法进行。试验时间一般不少于 0.5 h。

7.4 电气系统检验

按 GB 5226.1—2008 的规定进行。

7.5 性能检验

7.5.1 尺寸偏差

用示值为 1 mm 的直尺或卷尺在弹性体两端和中间位置测量，取其算术平均值，对角线偏差取两个对角线长度之差为测量值。

7.5.2 排簧

在负载试验中目测检查排簧时定位是否准确，用手触动排簧后的弹簧检查是否松动。

7.5.3 弹簧夹钳

在空运转试验中目测检查弹簧夹钳口张开或夹紧动作是否同步，并检查弹簧夹钳口的宽度能否根据弹簧高度可调。将弹簧夹钳口调在最大位置和最小位置时，用示值为 0.02 mm 的游标卡尺测量距弹簧夹钳口两侧面 10 mm 位置时的钳口垂直距离，两数字之差为弹簧夹钳口的平行度。

7.5.4 串簧

在负载试验中目测检查串簧状况，检查串簧条在夹钳口串簧通道中通行是否顺畅、无阻滞，检查串簧条是否准确到位、封口，检查串簧条是否在弹簧中自由移动，目测检查上下排串簧是否同步，检查串簧条在封口时的切口位置是否朝内侧。

7.5.5 送簧

在负载试验中目测检查送簧机构的动作是否准确到位。

7.5.6 串簧速度

在负载试验中用示值为 1 s 的秒表测定单排串簧时间(t)，用示值为 1 mm 的卷尺测量单排弹簧的长度(L)，按式(1)计算串簧速度(V)：

$$V = \frac{L}{t} \quad \cdots\cdots\cdots\cdots(1)$$

式中：

V——串簧速度，单位为毫米每秒(mm/s)；

L——单排弹簧的长度，单位为毫米(mm)；

t——单排串簧时间，单位为秒(s)。

7.6 噪声检验

在设备正常条件下空运转过程中，按 GB/T 3768—1996 的规定采用的声级计测定产品的空载噪声。测量表面选用各边与基准体对应平面的矩形平面六面体表面，测量距离 1 m，传声器位置参照 GB/T 3768—1996附录 C 中图 C.4，前、后、左、右四个方向上分别测量，取其算术平均值。

7.7 安全防护检验

在 7.3 的运转试验中用目测法进行检查。目测检查串簧机是否设置安全防护装置，并检查急停或暂停开关是否可靠；在空运转试验结束后，检查防护罩是否出现松动；检查串簧条在夹钳口串簧通道中受阻时，串簧机是否自动停机。

8 检验规则

8.1 检验分类

产品检验分为出厂检验和型式检验。

8.2 出厂检验

8.2.1 每台串簧机产品按本标准检验合格后，并附有产品合格证方可出厂。

8.2.2 出厂检验项目为：6.3～6.5、6.6 中保护接地电路的连续性、绝缘电阻、耐压试验，6.7，6.9 和 9.1。

8.2.3 出厂检验中若出现某项不符合要求或故障时，需查明原因，进行返修、调整后重新检验，若仍不符合要求时，则判定该次检验不合格。

8.3 型式检验

8.3.1 有下列情况之一时应进行型式检验：

a) 新产品试制定型时；

b) 正式生产后，如结构、材料、工艺有较大改变，可能影响产品性能时；

c) 产品连续生产时，每年至少进行一次型式检验；

d) 产品停产半年以上，恢复再生产时；

e) 出厂检验结果与上次型式检验结果有较大差异时；

f) 国家质量监督部门提出型式检验要求时。

8.3.2 型式检验样品应从出厂检验合格品中随机抽取，数量为一台。

8.3.3 型式检验项目为 6.3～6.9 和 9.1.1 所规定的全部要求。

8.3.4 型式检验中，如有任何一项不符合要求时，抽取加倍数量的样品，进行不合格项目的复检，如复检合格仍判该型式检验合格，如复检仍有任何一项不符合要求时，则判该次型式检验不合格。

9 标志、包装、运输和贮存

9.1 标志

9.1.1 产品标志

每台串簧机产品应在适当的明显位置固定标牌，标牌的尺寸和型式应符合 GB/T 13306 的规定。标牌的内容应包括：

a) 生产厂名称；

b) 产品名称和型号；

c) 主要技术参数(电源电压和频率、额定功率、串网宽度、串簧速度)；

d) 出厂年、月和出厂编号。

9.1.2 安全标志

串簧机的机械安全指示标志并应符合 GB 18209.2 的规定。

9.1.3 包装标志

产品的运输包装上应有如下标志：

a） 制造厂名称及地址；

b） 产品名称及型号；

c） 毛重或净重，kg；

d） 箱体外形尺寸：长(cm)×宽(cm)×高(cm)；

e） 出厂年、月和出厂编号；

f） 符合 GB/T 191 和 GB/T 6388 要求的包装储运图示标志及运输包装收发货标志。

9.2 包装

9.2.1 外露加工表面应涂防锈剂。

9.2.2 产品如有包装，应符合 GB/T 13384 的规定。

9.2.3 产品应随机带上下列文件(装入防水文件袋内)。

a） 产品合格证；

b） 产品使用说明书；

c） 随机备件、附件及清单；

d） 装箱单及其他有关技术资料。

9.3 运输和贮存

9.3.1 运输

在运输过程中应防止直接日晒、雨雪淋袭和接触酸、碱、盐等腐蚀介质，并应避免由于振动和碰撞而引起的损坏。

9.3.2 贮存

产品应贮存在干燥通风、防雨和无腐蚀性气体的场地上。

ICS 21.160
J 26

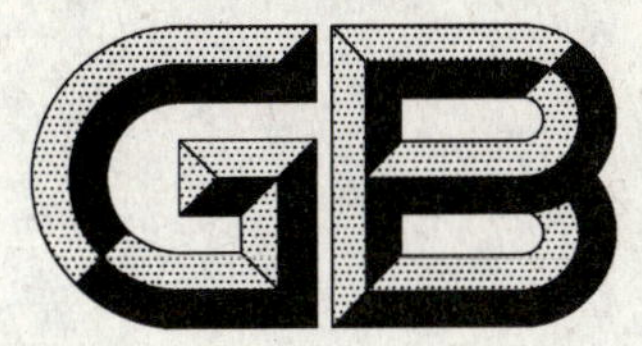

中华人民共和国国家标准

GB/T 24472—2009

数控袋装弹簧胶粘机　技术条件

General technical requirements of digital-controlled pocket spring assembling machine

2009-10-15 发布　　2010-03-01 实施

中华人民共和国国家质量监督检验检疫总局
中国国家标准化管理委员会　发布

前言

本标准由中国机械工业联合会提出。

本标准由全国弹簧标准化技术委员会(SAC/TC 235)归口。

本标准负责起草单位:佛山市源田床具机械有限公司、中机生产力促进中心。

本标准参加起草单位:佛山市南海区标准化研究与促进中心、成都八一家具股份有限公司、广州暨南大学、佛山市宜奥科技实业有限公司。

本标准主要起草人:李德锵、姜膺、庞敞雄、钱路平、刘祝欢、崔锦联、王思华、柳宁、杨光、张超满、彭小舟。

数控袋装弹簧胶粘机　技术条件

1　范围

本标准规定了数控袋装弹簧胶粘机(以下简称胶粘机)的术语和定义、分类和标记、要求、试验方法、检验规则和标志、包装、运输、贮存。

本标准适用于用胶粘合袋装弹簧的设备。

2　规范性引用文件

下列文件中的条款通过本标准的引用而成为本标准的条款。凡是注日期的引用文件,其随后所有的修改单(不包括勘误的内容)或修订版均不适用于本标准,然而,鼓励根据本标准达成协议的各方研究是否可使用这些文件的最新版本。凡是不注日期的引用文件,其最新版本适用于本标准。

GB/T 191　包装储运图示标志(GB/T 191—2008,ISO 780:1997,MOD)

GB/T 3768—1996　声学　声压法测定噪声源声功率级　反射面上方采用包络测量表面的简易法(eqv ISO 3746:1995)

GB 5226.1—2008　机械安全　机械电气设备　第1部分:通用技术条件(IEC 60204-1:2005,IDT)

GB/T 6388　运输包装收发货标志

GB/T 7932　气动系统通用技术条件(GB/T 7932—2003,ISO 4414:1998,IDT)

GB/T 13306　标牌

GB/T 13384　机电产品包装通用技术条件

GB 18209.2　机械安全　指示、标志和操作　第2部分:标志要求(GB 18209.2—2000,idt IEC 61310-2:1995)

QB/T 1588.4　轻工机械涂漆通用技术条件

3　术语和定义

下列术语和定义适用于本标准。

3.1

袋装弹簧　pocket spring

封装于封闭型袋中的弹簧。

3.2

熔胶预热时间　glue-melting warm-up time

从冷机状态开机时,胶料熔化并达到粘接工作温度所需要的加热时间。

3.3

熔胶温度　glue-melting temperature

胶料熔化后满足使用要求所需要的温度。

3.4

连续喷胶　continuous glue-extruding

胶液由喷嘴连续喷出,在封装材料上呈连续直线状。

3.5

间歇喷胶　intermittent glue-extruding

胶液由喷嘴间歇喷出,在封装材料上呈有规律的线段状。

3.6

粘接时间　sticking time

粘接一排袋装弹簧所需的时间。

4　分类和标记

4.1　分类

按照袋装弹簧在胶粘时的排列方式，胶粘机可分为直排式、蜂巢式或直排/蜂巢式，其分类代号按表1的规定。

表1　胶粘机分类及代号

排列方式	代号	说明
直排式	ZP	袋装弹簧按直线排列
蜂巢式	FC	袋装弹簧按错位排列
直排/蜂巢式	ZF	袋装弹簧既可直线排列又可错位排列

4.2　标记

4.2.1　标记编制

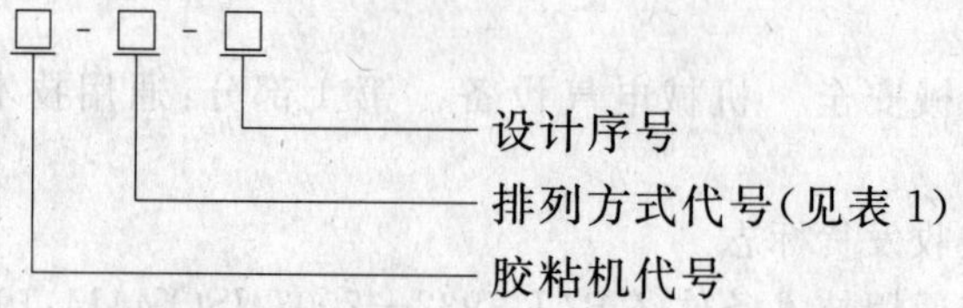

4.2.2　标记示例

厂家设计序号为3A，胶粘机代号为JZ的直排式袋装弹簧胶粘机标记为：

JZ-ZF-3A

5　基本参数

胶粘机的基本参数见表2。

表2　胶粘机基本参数

项　　目	参　　数
粘合宽度/mm	800～2 000
弹簧最大外径/mm	40～80
袋装弹簧高度/mm	60～180
熔胶温度/℃	120～160
喷胶方式	连续或间歇喷胶
气源气压/MPa	0.6～0.8
生产效率/(排/min)	≥3
注：特殊要求可按供需双方协议商定。	

6　要求

6.1　使用环境条件

6.1.1　温度：5 ℃～40 ℃。

6.1.2　相对湿度：不大于95%(25 ℃时)。

6.1.3 电源电压：AC 380 V±38 V。

6.1.4 电源频率：50 Hz±1 Hz。

6.1.5 海拔高度：≤3 000 m。

6.2 一般要求

6.2.1 胶粘机应符合本标准的要求，并按经规定程序批准的图样和技术文件制造。

6.2.2 产品配套的外协件、外购件应符合相应产品标准的要求，外协件经检验合格，外购件须有合格证方可进行装配。

6.3 外观

6.3.1 胶粘机主要表面应无图样规定以外的凸起、凹陷、粗糙不平和其他损伤等缺陷。

6.3.2 电镀件镀层表面应连续、平整光滑、色泽一致，不应有漏镀、起皮、针孔、擦伤、电灼伤及锈蚀等缺陷。

6.3.3 机加工面不应有擦伤、毛刺和锈蚀。

6.3.4 非机加工表面应整齐美观。

6.3.5 文字说明、标记、图案等应清晰规范。

6.3.6 机架、导轨、工作台等重要的固定结合面应结合紧密，结合面的边缘应整齐、匀称，不应有明显的错位。

6.3.7 外露的焊缝应平直、均匀。

6.4 涂装要求

涂漆表面质量应符合 QB/T 1588.4 的有关规定。

6.5 运转要求

6.5.1 各连接件、紧固件应结合牢固，无松动现象。

6.5.2 各调整机构、操纵装置应灵活、可靠，无卡阻。

6.5.3 气动、润滑、电气装置应可靠。

6.5.4 各种联锁保护装置应有效、可靠。

6.6 数控系统

6.6.1 数控系统应具有故障报警功能。

6.6.2 数控系统应具有参数设定、保存和调用功能。

6.7 气动系统

6.7.1 一般要求

气动系统的一般要求应符合 GB/T 7932 的规定。

6.7.2 气动系统耐压

气动系统经 1.25 倍的最大工作压力试验后，应无泄漏，元器件应无损坏，能正常工作。

6.8 电气系统

电气系统应符合 GB 5226.1—2008 的规定。

6.9 性能

6.9.1 熔胶预热时间

熔胶预热时间应不大于 30 min。

6.9.2 粘接时间

每排粘接时间应不大于 20 s。

6.9.3 喷胶

喷胶机构应喷胶均匀，准确到位，无漏喷现象。

6.9.4 粘合

粘合部位应接触紧密，粘合后的袋装弹簧应整齐，无明显高低不平现象。

6.10 噪声

胶粘机空运转噪声(声压级)应不大于 80 dB(A)。

6.11 安全防护

6.11.1 各种安全保护联锁功能装置安全可靠。

6.11.2 对操作人员有危险的外露、回转和运动部分,应有安全可靠的防护设施。

6.11.3 熔胶温度达不到预热温度和预热时间达不到规定要求时,胶粘机应不能进行喷胶作业。

6.11.4 在喷胶作业时,喷胶出现故障或袋装弹簧出现不到位时,胶粘机应自动停机。

7 试验方法

7.1 外观检验

用目测手感法进行检查。

7.2 涂装检验

涂漆表面质量按 QB/T 1588.4 的有关规定进行检验。

7.3 运转检验

7.3.1 空运转试验

空运转试验按 6.5、6.6、6.11 的要求用目测手感法进行,试验时间不少于表 3 的规定。

表 3 空运转试验时间

单位为小时

运转速度	试验时间
低速	0.5
中速	0.5
高速	1

7.3.2 负载试验

负载试验应在空运转试验合格后,按 6.5、6.6、6.7、6.11 的要求用目测手感法和相应试验方法进行。试验时间一般不少于 0.5 h。

7.4 气动系统检验

7.4.1 一般要求

气动系统的一般要求按 GB/T 7932 的规定进行检查。

7.4.2 气动系统耐压

将气动系统通入 1.25 倍的最大工作压力的空气或氮气后,保持 10 min,然后检查是否有空气泄漏,元器件是否完好,能否正常工作。

7.5 电气系统检验

按 GB 5226.1—2008 的规定进行。

7.6 性能检验

7.6.1 熔胶预热时间

试验时采用熔点温度为 150 ℃～160 ℃的胶料。在胶箱内放入规定量的试验用胶料,用示值为 1 s 的秒表测量从冷机状态开机时胶料熔化并达到粘接工作温度所需要的时间。

7.6.2 粘接时间

在负载试验中,用示值为 1 s 的秒表测量粘接一排袋装弹簧所需的时间,连续测量五次,取其算术平均值。

7.6.3 喷胶

在负载试验中,用目测法检查施胶部位施胶是否均匀,施胶位置是否准确,是否有漏喷现象。

7.6.4 粘合

在负载试验中,用目测法检查粘合部位是否接触紧密,粘合后的袋装弹簧是否平整。

7.7 噪声检验

在设备正常条件下空运转过程中,按 GB/T 3768—1996 的规定采用的声级计测定产品的空载噪声。测量表面选用各边与基准体对应平面的矩形平面六面体表面,测量距离 1 m,传声器位置参照 GB/T 3768—1996 附录 C 中图 C.4,前、后、左、右四个方向上分别测量,取其算术平均值。

7.8 气动系统耐压试验

将气动系统通入 1.25 倍的最大工作压力的空气或氮气后,保持 10 min,然后检查是否有空气泄漏,元器件是否完好,能否正常工作。

7.9 安全防护检验

在 7.3 的运转试验中用目测法进行检查。目测检查胶粘机是否设置安全防护装置,并检查急停或暂停开关是否可靠;在熔胶温度未达到预热温度或预热时间未达到规定要求时,检查胶粘机是否能进行喷胶作业;在正常开机过程中,检查喷胶出现故障或袋装弹簧出现不到位时,胶粘机是否能自动停机。

8 检验规则

8.1 检验分类

产品检验分为出厂检验和型式检验。

8.2 出厂检验

8.2.1 每台胶粘机产品按本标准检验合格后,并附有产品合格证方可出厂。

8.2.2 出厂检验项目为:6.3～6.7,6.8 中保护接地电路的连续性、绝缘电阻、耐压试验,6.9,6.11 和 9.1。

8.2.3 出厂检验中若出现某项不符合要求或故障时,需查明原因,进行返修、调整后重新检验,若仍不符合要求时,则判该次出厂检验不合格。

8.3 型式检验

8.3.1 有下列情况之一时应进行型式检验:

a) 新产品试制定型时;

b) 正式生产后,如结构、材料、工艺有较大改变,可能影响产品性能时;

c) 产品连续生产时,每年至少进行一次型式检验;

d) 产品停产半年以上,恢复再生产时;

e) 出厂检验结果与上次型式检验结果有较大差异时;

f) 国家质量监督部门提出型式检验要求时。

8.3.2 型式检验样品应从出厂检验合格品中随机抽取,数量为一台。

8.3.3 型式检验项目为 6.3～6.11 和 9.1.1 所规定的全部要求。

8.3.4 型式检验中,如有任何一项不符合要求时,抽取加倍数量的样品,进行不合格项目的复检,如复检合格仍判该型式检验合格,如复检仍有任何一项不符合要求时,则判该次型式检验不合格。

9 标志、包装、运输和贮存

9.1 标志

9.1.1 产品标志

每台胶粘机产品应在适当的明显位置固定标牌,标牌的尺寸和型式应符合 GB/T 13306 的规定。标牌的内容应包括:

a) 生产厂名称;

b) 产品名称和型号;

c) 主要技术参数(电源电压和频率、额定功率、粘合规格、生产效率);

d） 出厂年、月和出厂编号。

9.1.2 安全标志

胶粘机的机械安全指示标志并应符合 GB 18209.2 的规定。

9.1.3 包装标志

产品的运输包装上应有如下标志：

a） 制造厂名称及地址；

b） 产品名称及型号；

c） 毛重或净重，kg；

d） 箱体外形尺寸：长(cm)×宽(cm)×高(cm)；

e） 出厂年、月和出厂编号；

f） 符合 GB/T 191 和 GB/T 6388 要求的包装储运图示标志及运输包装收发货标志。

9.2 包装

9.2.1 外露加工表面应涂防锈剂。

9.2.2 产品如有包装，应符合 GB/T 13384 的规定。

9.2.3 产品应随机带上下列文件(装入防水文件袋内)。

a） 产品合格证；

b） 产品使用说明书；

c） 随机备件，附件及清单；

d） 装箱单及其他有关技术资料。

9.3 运输和贮存

9.3.1 运输

在运输过程中应防止直接日晒、雨雪淋袭和接触酸、碱、盐等腐蚀介质，并应避免由于振动和碰撞而引起的损坏。

9.3.2 贮存

产品应贮存在干燥通风、防雨和无腐蚀性气体的场地上。

ICS 21.160
J 26

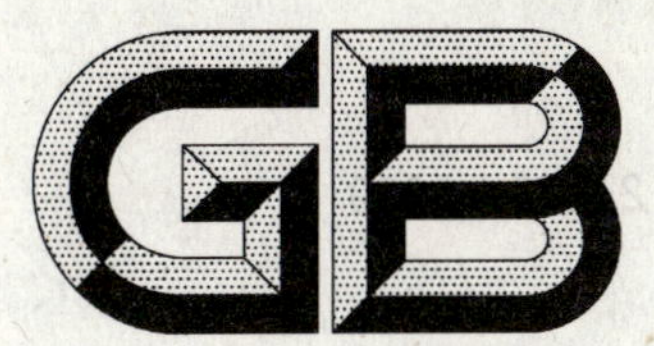

中华人民共和国国家标准

GB/T 24473—2009

数控卷簧装袋机　技术条件

General technical requirements of digital-controlled pocket spring machine

2009-10-15 发布　　　　2010-03-01 实施

中华人民共和国国家质量监督检验检疫总局
中国国家标准化管理委员会　发布

前　言

本标准由中国机械工业联合会提出。

本标准由全国弹簧标准化技术委员会(SAC/TC 235)归口。

本标准负责起草单位：佛山市源田床具机械有限公司、中机生产力促进中心。

本标准参加起草单位：佛山市南海区标准化研究与促进中心、成都八一家具股份有限公司、暨南大学、佛山市宜奥科技实业有限公司。

本标准主要起草人：李德锵、姜膺、庞敢雄、钱路平、刘祝欢、崔锦联、王思华、柳宁、杨光、张超满、彭小舟。

数控卷簧装袋机　技术条件

1　范围

本标准规定了数控卷簧装袋机(以下简称袋装弹簧机)的术语和定义、分类和标记、要求、试验方法、检验规则和标志、包装、运输、贮存。

本标准适用于把连续卷制成形的圆柱螺旋压缩弹簧或中凸形螺旋压缩弹簧(以下简称弹簧)装入封闭型袋中的设备。

2　规范性引用文件

下列文件中的条款通过本标准的引用而成为本标准的条款。凡是注日期的引用文件,其随后所有的修改单(不包括勘误的内容)或修订版均不适用于本标准,然而,鼓励根据本标准达成协议的各方研究是否可使用这些文件的最新版本。凡是不注日期的引用文件,其最新版本适用于本标准。

GB/T 191　包装储运图示标志(GB/T 191—2008,ISO 780:1997,MOD)

GB/T 3768—1996　声学　声压法测定噪声源声功率级　反射面上方采用包络测量表面的简易法(eqv ISO 3746:1995)

GB 5226.1—2008　机械安全　机械电气设备　第1部分:通用技术条件(IEC 60204-1:2005,IDT)

GB/T 6388　运输包装收发货标志

GB/T 7932　气动系统通用技术条件(GB/T 7932—2003,ISO 4414:1998,IDT)

GB/T 13306　标牌

GB/T 13384　机电产品包装通用技术条件

GB 18209.2　机械安全　指示、标志和操作　第2部分:标志要求(GB 18209.2—2000,idt IEC 61310-2:1995)

QB/T 1588.4　轻工机械涂漆通用技术条件

3　术语和定义

下列术语和定义适用于本标准。

3.1

袋装弹簧　pocket spring

封装于封闭型袋中的弹簧。

3.2

端封　end coverage

袋装弹簧的封装材料封口位置在弹簧端面。

3.3

侧封　side coverage

袋装弹簧的封装材料封口位置在弹簧侧面。

3.4

封合　coverage

袋装弹簧入袋后,用加热或其他方法将弹簧封装在袋中。

3.5

破损 damage

由于设备的原因致使封装材料表面破裂。

4 分类和标记

4.1 分类

按照袋装弹簧的封装材料封口位置分为端封型(D)和侧封型(C)。

4.2 标记

4.2.1 标记编制

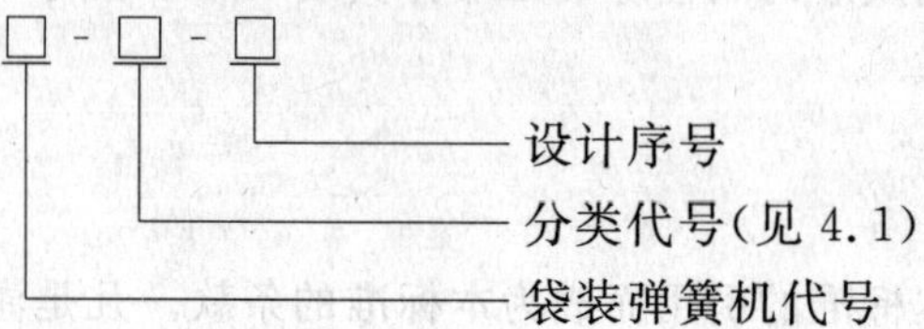

4.2.2 标记示例

厂家设计序号为 6A,袋装弹簧机代号为 DZ 的侧封型袋装弹簧机标记为:

DZ-C-6A

5 基本参数

袋装弹簧机的基本参数见表 1。

表 1 袋装弹簧机基本参数

项　目	参　数
弹簧类型	圆柱螺旋弹簧、中凸形螺旋弹簧
弹簧两端直径/mm	40～65
中凸形弹簧腰部直径/mm	55～75
弹簧自由高度/mm	60～220
弹簧钢丝直径/mm	1.8～2.3
气源气压/MPa	0.6～0.8
生产效率/(个/min)	≥40
封装材料宽度/mm	300～520
注:特殊要求可按供需双方协议商定。	

6 要求

6.1 使用环境条件

6.1.1 温度:−10 ℃～40 ℃。

6.1.2 相对湿度:不大于 95%(25 ℃时)。

6.1.3 电源电压:AC 380 V±38 V。

6.1.4 电源频率:50 Hz±1 Hz。

6.1.5 海拔高度:≤3 000 m。

6.2 一般要求

6.2.1 袋装弹簧机应符合本标准的要求,并按经规定程序批准的图样和技术文件制造。

6.2.2 产品配套的外协件、外购件应符合相应产品标准的要求,外协件经检验合格,外购件须有合格证方可进行装配。

6.3 外观

6.3.1 袋装弹簧机表面应无图样规定以外的凸起、凹陷、粗糙不平等缺陷。

6.3.2 电镀件镀层表面应连续、平整光滑、色泽一致，不应有漏镀、起皮、针孔、擦伤、电灼伤及锈蚀等缺陷。

6.3.3 机加工面不应有擦伤、毛刺和锈蚀。

6.3.4 非机加工表面应整齐美观。

6.3.5 文字说明、标记、图案等应清晰规范。

6.3.6 防护罩、安全门应平整、匀称，不应翘曲、凹陷。

6.3.7 观察窗应清晰透明，材料宜使用有机玻璃或钢化玻璃。

6.3.8 机架、导轨、工作台等重要的固定结合面应结合紧密，结合面的边缘应整齐、匀称，不应有明显的错位。

6.3.9 外露的焊缝应平直、均匀。

6.3.10 与封装材料接触的零部件应采用不生锈的材料制造。

6.4 涂装要求

涂漆表面质量应符合 QB/T 1588.4 的有关规定。

6.5 运转要求

6.5.1 各连接件、紧固件应结合牢固，无松动现象。

6.5.2 各调整机构、操纵装置应灵活、可靠，无卡阻。

6.5.3 气动、润滑、电气装置应可靠。

6.5.4 各种联锁保护装置应灵活、可靠。

6.6 数控系统

6.6.1 数控系统应具有故障报警功能。

6.6.2 数控系统应具有参数设定、保存和调用功能。

6.6.3 数控系统应具有热处理时间可调功能。

6.7 气动系统

6.7.1 一般要求

气动系统的一般要求应符合 GB/T 7932 的规定。

6.7.2 气动系统耐压

气动系统经 1.25 倍的最大工作压力试验后，应无泄漏，元器件应无损坏，能正常工作。

6.8 电气系统

电气系统应符合 GB 5226.1—2008 的规定。

6.9 性能

6.9.1 弹簧尺寸偏差

弹簧尺寸偏差应符合表 2 的规定。

表 2 弹簧尺寸偏差

单位为毫米

项目	偏差
弹簧高度	±8.0
弹簧最大外径	±1.5

6.9.2 润滑油泄漏

袋装弹簧机应无漏油现象。弹簧封装后，封装材料表面不应有油污。

6.9.3 成型袋封合

成型袋的封合和弹簧入袋动作应协调，成型袋的封口应牢固、平整。连续未粘合点数应少于 2。

6.9.4 弹簧入袋率

弹簧入袋率应不低于 99%。

6.9.5 破损

弹簧封装后，成型袋不允许有破损。

6.9.6 生产效率

生产效率应不低于 40 个/min。

6.10 噪声

袋装弹簧机空运转噪声(声压级)应不大于 85 dB(A)。

6.11 安全防护

6.11.1 袋装弹簧机应设置防护罩、安全门，安全门应有自动保护装置。

6.11.2 弹簧在成形及输送过程中如出现掉簧或受阻时应自动停机。

7 试验方法

7.1 外观检验

用目测手感法进行检查。

7.2 涂装检验

涂漆表面质量按 QB/T 1588.4 的有关规定进行检验。

7.3 运转检验

7.3.1 空运转试验

空运转试验按 6.5、6.6、6.11 的要求用目测手感法进行，试验时间不低于表 3 的规定。

表 3 空运转试验时间

单位为小时

运转速度	试验时间
低速	0.5
中速	0.5
高速	1

7.3.2 负载试验

负载试验应在空运转试验合格后进行。负载试验按 6.5、6.6、6.7、6.11 的要求用目测手感法和相应的试验方法进行。试验时间一般不少于 0.5 h。

7.4 气动系统检验

7.4.1 一般要求

气动系统的一般要求按 GB/T 7932 的规定进行检查。

7.4.2 气动系统耐压

将气动系统通入 1.25 倍的最大工作压力的空气或氮气后，保持 10 min，然后检查是否有空气泄漏，元器件是否完好，能否正常工作。

7.5 电气系统检验

按 GB 5226.1—2008 的规定进行。

7.6 性能检验

7.6.1 弹簧尺寸偏差

从用同一工艺参数连续生产的 100 件产品中随机抽取 10 件进行检验。

7.6.1.1 直径

用分度值小于或等于 0.02 mm 的通用量具测量最大外径。

7.6.1.2 自由高度

自由高度用分度值小于或等于0.02 mm的通用量具在同一位置测量。

7.6.2 润滑油泄漏

在负载试验完成后目测检查,弹簧封装后的成形袋有无油污。

7.6.3 成型袋封口

7.6.3.1 在负载试验中,用目测法检查成型袋的封口和弹簧入袋动作是否协调,封口是否平整、不起皱。

7.6.3.2 在负载试验结束后,将10个一组的袋装弹簧从2 m的高度以水平方式自由跌落在水泥地面上,目测检查袋装弹簧封口部位,无破损视为牢固。

7.6.4 弹簧入袋率

在负载试验完成后,按式(1)计算弹簧入袋率。

$$B = \frac{M - M_1}{M} \times 100\% \qquad \cdots\cdots(1)$$

式中:

B——弹簧入袋率,(%);

M_1——弹簧未入袋的数量,单位为个;

M——负载试验中生产的袋装弹簧总数量,单位为个。

7.6.5 封合

在负载试验完成后,随机抽取10个一组的袋装弹簧用目测检查。

7.6.6 生产效率

在负载试验中,用秒表测量5 min内生产的袋装弹簧数量,计算生产效率。

7.7 噪声检验

在设备正常条件下空运转过程中,按GB/T 3768—1996的规定采用的声级计测定产品的空载噪声。测量表面选用各边与基准体对应平面的矩形平面六面体表面,测量距离1 m,传声器位置参照GB/T 3768—1996附录C中图C.4,前、后、左、右四个方向上分别测量,取其算术平均值。

7.8 安全防护检验

在7.3的运转试验中用目测法进行检查。目测检查袋装弹簧机是否设置防护罩、安全门等安全防护装置,并检查安全门打开是否停机;在空运转试验结束后,检查防护罩、安全门是否出现松动;在正常开机过程中,检查弹簧在成形及输送过程中出现掉簧或受阻时是否自动停机。

8 检验规则

8.1 检验分类

产品检验分为出厂检验和型式检验。

8.2 出厂检验

8.2.1 每台袋装弹簧机产品按本标准检验合格后,并附有产品合格证方可出厂。

8.2.2 出厂检验项目为:6.3~6.7,6.8中保护接地电路的连续性、绝缘电阻、耐压试验,6.9,6.11和9.1。

8.2.3 出厂检验中若出现某项不符合要求或故障时,需查明原因,进行返修、调整后重新检验,若仍不符合要求时,则判该次出厂检验不合格。

8.3 型式检验

8.3.1 有下列情况之一时应进行型式检验:

a) 新产品试制定型时;

b) 正式生产后,如结构、材料、工艺有较大改变,可能影响产品性能时;

c) 产品连续生产时,每年至少进行一次型式检验;

d） 产品停产半年以上，恢复再生产时；

e） 出厂检验结果与上次型式检验结果有较大差异时；

f） 国家质量监督部门提出型式检验要求时。

8.3.2 型式检验样品应从出厂检验合格品中随机抽取，数量为一台。

8.3.3 型式检验项目为6.3～6.11和9.1.1所规定的全部要求。

8.3.4 型式检验中，如有任何一项不符合要求时，抽取加倍数量的样品，进行不合格项目的复检，如复检合格仍判该型式检验合格，如复检仍有任何一项不符合要求时，则判该次型式检验不合格。

9 标志、包装、运输和贮存

9.1 标志

9.1.1 产品标志

每台袋装弹簧机产品应在适当的明显位置固定标牌，标牌的尺寸和型式应符合GB/T 13306的规定。标牌的内容应包括：

a） 生产厂名称；

b） 产品名称和型号；

c） 主要技术参数（电源电压和频率、额定功率、产品规格、生产效率、弹簧规格、封装材料规格）；

d） 出厂年、月和出厂编号。

9.1.2 安全标志

袋装弹簧机的机械安全指示标志并应符合GB 18209.2的规定。

9.1.3 包装标志

产品的运输包装上应有如下标志：

a） 制造厂名称及地址；

b） 产品名称及型号；

c） 毛重或净重，kg；

d） 箱体外形尺寸：长（cm）×宽（cm）×高（cm）；

e） 出厂年、月和出厂编号；

f） 符合GB/T 191和GB/T 6388要求的包装储运图示标志及运输包装收发货标志。

9.2 包装

9.2.1 外露加工表面应涂防锈剂。

9.2.2 产品如有包装，应符合GB/T 13384的规定。

9.2.3 产品应随机带上下列文件（装入防水文件袋内）。

a） 产品合格证；

b） 产品使用说明书；

c） 随机备件、附件及清单；

d） 装箱单及其他有关技术资料。

9.3 运输和贮存

9.3.1 运输

在运输过程中应防止直接日晒、雨雪淋袭和接触酸、碱、盐等腐蚀介质，并应避免由于振动和碰撞而引起的损坏。

9.3.2 贮存

产品应贮存在干燥通风、防雨和无腐蚀性气体的场地上。

ICS 91.140.90
Q 78

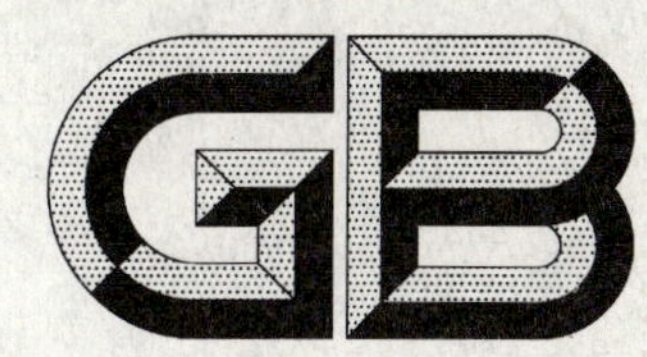

中华人民共和国国家标准

GB/T 24474—2009/ISO 18738:2003

电梯乘运质量测量

Lifts (elevators)—Measurement of lift ride quality

(ISO 18738:2003,IDT)

2009-10-15 发布　　2010-03-01 实施

中华人民共和国国家质量监督检验检疫总局
中国国家标准化管理委员会　发布

前　言

本标准等同采用国际标准 ISO 18738:2003《电梯　电梯乘运质量测量》(英文版)。

为便于使用,本标准对 ISO 18738:2003 作了少量编辑性修改。

本标准的附录 A 和附录 B 为规范性附录。

本标准由全国电梯标准化技术委员会(SAC/TC 196)提出并归口。

本标准负责起草单位:上海永大电梯设备有限公司。

本标准参加起草单位:奥的斯电梯(中国)投资公司、国家电梯质量监督检验中心、上海三菱电梯有限公司、日立电梯(中国)有限公司、通力电梯有限公司、康力电梯有限公司、西子奥的斯电梯有限公司、苏州江南嘉捷电梯股份有限公司、巨人通力电梯有限公司、长江润发机械股份有限公司。

本标准主要起草人:王伟峰、甘晓峰、沈言、王衡、姚姚、张柏炽、宋晓华、王东升、刘成轩、周卫东、邓军德、黄光。

引　言

本标准的目的是鼓励全行业对构成电梯乘运质量的振动和噪声信号的定义、测量、处理和表述方面进行统一。

统一的目的是通过减少因信号采集和量化方法的不同而引起的电梯乘运质量测量结果的差异，使电梯用户受益。

本标准主要用于对下列方面感兴趣的群体提供指导：

1. 完善制造规范和仪器校准方法；

2. 在合同中约定电梯乘运质量技术指标；

3. 根据国际标准来测量电梯乘运质量。

本标准旨在提出这样的电梯乘运质量测量方法：

1. 易于没有噪声和振动分析方面专业知识的人员理解；

2. 与人体响应紧密关联，以确保能更真实地反映人体的感受；

3. 通过国家标准的校准程序获得解释。

电梯行业的经验表明，峰峰值的振动评估与乘客的舒适感有特定的关联。对于本标准，规定量化最大振动峰峰值和A95振动峰峰值的两种表述方式是有必要的。

由于电梯产品的特殊性，有必要在本标准中规定测量过程的必要条件和方法以及量化各个信号的有关界限(起止点)。

为了与人体响应联系起来，分别分析垂直振动和垂直运行控制也是有必要的。

最后，由于包含了利于数字编程的算法，本标准反映出电梯行业对快速自动计算所需信号量的测量仪器的商业需求。如果能满足本标准的要求，也可使用模拟量系统。

电梯乘运质量测量

1 范围

本标准规定了测量和报告电梯运行期间乘运质量的要求和方法。本标准未规定可接受的或不可接受的乘运质量指标。

注：涉及电梯乘运质量的评价时，通常要参考电梯的性能参数。与电梯性能有关的参数包括加加速度和加速度。本标准定义并使用了性能参数，它们对评价电梯的乘运质量是必不可少的。

2 规范性引用文件

下列文件中的条款通过本标准的引用而成为本标准的条款。凡是注日期的引用文件，其随后所有的修改单(不包括勘误的内容)或修订版均不适用于本标准，然而，鼓励根据本标准达成协议的各方研究是否可使用这些文件的最新版本。凡是不注日期的引用文件，其最新版本适用于本标准。

GB/T 2298—1991 机械振动与冲击 术语

GB/T 3785 声级计的电、声性能及测试方法

GB/T 13441.1—2007 机械振动与冲击 人体暴露于全身振动的评价 第1部分：一般要求(ISO 2631-1:1997,IDT)

GB/T 15619—2005 机械振动与冲击 人体暴露 词汇(ISO 5805:1997,IDT)

JJF 1059—1999 测量不确定度评定和表示

ISO 8041:1990 和 Amd. 1:1999 人对振动的响应 测量仪器

3 术语和定义

GB/T 2298—1991 和 GB/T 15619—2005 确立的以及下列术语和定义适用于本标准。

3.1

加速度 acceleration

由电梯运行控制引起的 z 轴速度的变化率。

注：用米每二次方秒表示(m/s^2)。

3.2

振动 vibration

加速度值相对于一个参考值或大或小交替地随时间变化的现象。

注1：用米每二次方秒表示(m/s^2)。

注2：有时用非推荐的单位 Gal(伽利略)表示。

1 Gal=0.01 m/s^2

3.3

A95

在定义的界限范围内，95%采样数据的加速度或振动值小于或等于的值。

注1：该值一般用于按统计学的方法评估典型水平。

注2：见 5.2.3、5.4.1、5.4.3。

3.4

速度 velocity

由电梯运行控制引起的 z 轴位移的变化率。

注：速度用运行速率和方向来报告，用米每秒表示(m/s)。

3.5

V95

在定义的界限范围内,95%采样数据的速度值小于或等于的值。

注1:该值一般用于按统计学的方法评估典型水平。

注2:见5.5.3。

3.6

测量轴　axes of measurement

对于传统结构的电梯采用直角坐标系:

x 垂直于轿厢主门平面的轴(即前后方向);

y 垂直于 x 轴和 z 轴的轴(即左右方向);

z 垂直于轿厢地板的轴(即铅垂方向)。

注:对于非传统结构的电梯,应根据GB/T 13441.1—2007对影响人体的机械振动基本中心坐标系方向的规定,即一个面向轿厢主门站立的人来定义各个轴。

3.7

电梯乘运质量　lift ride quality

与乘客感觉和电梯运行有关的轿内声级和轿厢地板的振动。

3.8

加加速度　jerk

由电梯运行控制引起的 z 轴加速度的变化率。

注1:在出现加加速度期间,乘客对垂直方向乘运质量的感觉用变加速度期间垂直振动的评估来描述。见5.3和5.4.3。

注2:加加速度用米每三次方秒(m/s^3)表示。

3.9

振动峰峰值　peak-to-peak vibration level

被单一交零点分开的两个符号相反的峰值的绝对值之和。

3.10

声音　sound

A计权声压级,以分贝为单位。

3.11

声压级　sound pressure level

L_p

声压与基准声压之比的以10为底的对数乘以20。

注:基准声压值为20 μPa(2×10^{-5} Pa)

3.12

等效声压级　equivalent sound pressure level

L_{Aeq}

平均A计权声压级,在定义的界限内使用A频率计权和"快速"时间计权。

4　测量仪器

4.1　总则

测量仪器应该由以下部分组成:

a)　分别测量三个正交坐标轴加速度的传感器;

b) 测量声压级的传感器；

c) 数据采集系统；

d) 数据存储系统；

e) 数据处理系统。

4.2 特性

测量仪器的特性应满足表1所述要求。

表1 测量仪器的特性

性能参数	振动	加速度	声音
频率计权	全身 x、y、z 轴（见 ISO 8041）	不适用	A计权（见 GB/T 3785）
频带限制	见 ISO 8041	10 Hz 低通滤波（2阶巴特沃斯(2-pole Butterworth)）	不适用
准确度[a]	1类（见 ISO 8041）	1类（见 ISO 8041[b]）	2级（见 GB/T 3785）
时间计权	不适用	不适用	快速（见 GB/T 3785）
环境	见 ISO 8041	见 ISO 8041	见 GB/T 3785
分辨能力	0.005 m/s^2	0.01 m/s^2	1 dB
测量范围	最大瞬时加速度以上20%到最小瞬时加速度以下20%[c]	最大加速度以上20%到最小加速度以下20%[d]	从最小值以下2 dB到最大值以上5 dB[e]

a 信号应经滤波以排除无关信号；

b 在0 Hz～1 Hz范围内的准确度应与ISO 8041中1 Hz的准确度相同；

c $-1.5\ m/s^2 \sim +1.5\ m/s^2$ 的范围应可以满足上述要求；

d $7\ m/s^2 \sim 13\ m/s^2$ 的范围应可以满足上述要求；

e 30 dB(A)～90 dB(A)的范围应可以满足上述要求。

4.3 振动数据处理

振动数据应按照ISO 8041的要求进行计权，以模拟人体对振动的响应。

振动信号应使用ISO 8041定义的全身 x、y 和 z 轴计权系数和频带限制进行频率计权。

对于数字采样系统，应使用未压缩的数据。

4.4 环境影响

仪器应符合ISO 8041规定的机械振动、温度范围和湿度范围的要求。

4.5 声音测量要求

声音测量系统应符合GB/T 3785中2型声级计的要求。

4.6 校准要求

4.6.1 总则

所有测量仪器的校准应能溯源到有关国家基准。测量系统在首次使用前以及可能影响到校准的大修或改造之后应进行校准。

4.6.2 振动测量系统

校准应包括对8 Hz、0.1 Hz到80 Hz间至少5个近似等距的频率的正弦输入进行读数误差测定，输入的加速度幅值不得小于0.1 m/s^2。

校准应符合ISO 8041的要求。

4.6.3 加速度测量系统

校准应在 8 Hz 和 0 Hz 分别进行，要求如下：

a) 8 Hz 时，对 0.01 m/s^2 到 2.0 m/s^2 间的至少 5 个等距加速度幅值应确定读数误差。校准应符合 ISO 8041 的要求；

b) 0 Hz 时，应进行准确度检查。从 0 Hz 到 1 Hz 的系统准确度应与 ISO 8041 规定的 1 Hz 的准确度相同。

4.6.4 声音测量系统

声音测量系统的校准应按照 GB/T 3785 对 2 级声级计的要求进行。

5 乘运质量的评价

5.1 计算界限

应采用下列界限来定义所计算信号量的范围(见图 1)。

界限 0 电梯离开端站开始关门前至少 0.5 s；

界限 1 电梯开始运行后离开端站 500 mm；

界限 2 电梯到达端站停止运行前 500 mm；

界限 3 电梯到达端站，停止运行或门完全打开(以最后发生的动作为准)后至少 0.5 s。

注 1：界限 1 和界限 2 是根据经验得出的，其目的是为了把电梯运行的信号与因门操作引起的信号分离开来而单独进行评价。然而，在极少数情况下，界限 1 和界限 2 可能包括了占主导地位的门操作的影响，或可能排除了由于电梯运行而产生的信号的主要区域。对于这种情况，在有关协议各方同意的条件下，量化电梯运行信号时允许调整这两个界限到足以防止出现这种情况。

界限 1 或界限 2 应：

a) 增加到 500 mm 以上。电梯从端站运行 500 mm 后如果门操作引起的振动或声音的信号占主导地位(如：关门运行的振动或声音衰减异常缓慢)；

b) 减小到 500 mm 以下。如果因电梯运行引起的振动或声音在信号中占主导地位，若不减小到 500 mm 以下，它可能在计算中被排除(如：有问题的液压电梯在平层期间产生的振动)。

注 2：界限 0 和界限 3 的定义已经包括了电梯运行的开始和结束，这将确保 5.5.1 描述的速度计算的准确度。界限 1 和界限 2 已基于距离被定义，以排除门操作和简化信号处理。

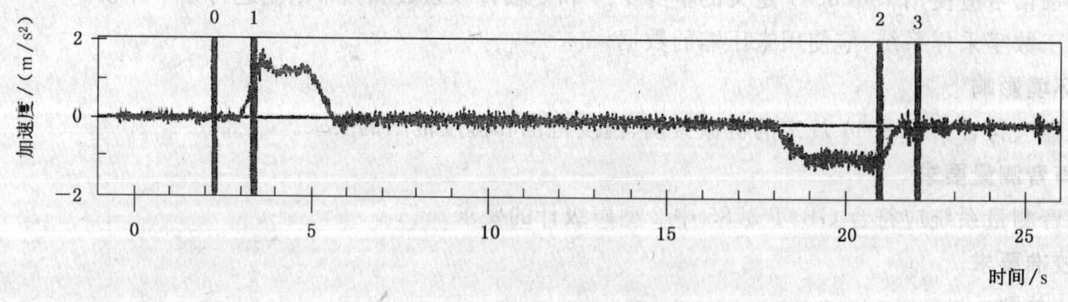

图 1 典型 z 轴加速度信号的计算界限

5.2 加速度和减速度

5.2.1 总则

加速度和减速度值应通过对原始 z 轴信号进行 10 Hz 低通滤波后计算，见图 2。10 Hz 低通滤波器应是表 1 所描述的 2 阶巴特沃斯(2-pole Butterworth)滤波器。

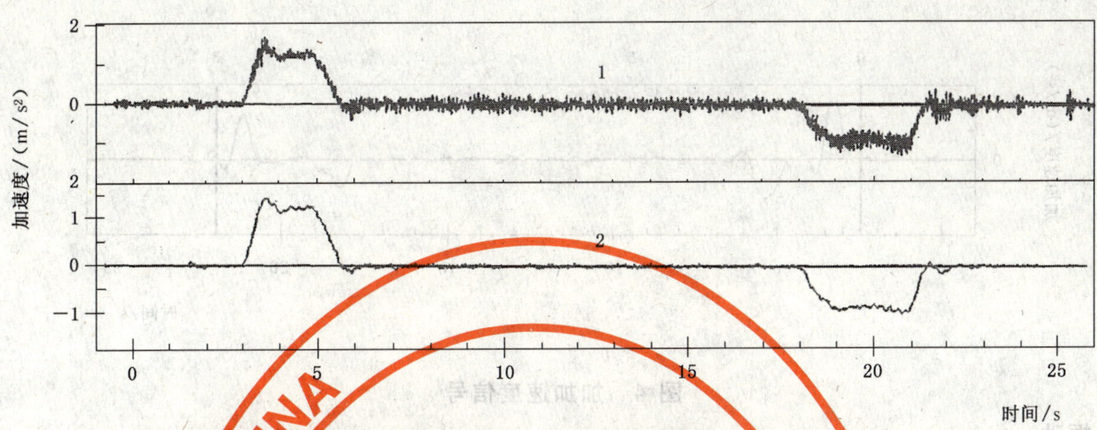

1——原始 z 轴信号；

2——10 Hz 滤波后的 z 轴信号。

图 2 原始 z 轴信号和 10 Hz 滤波后的 z 轴信号

5.2.2 最大加速度和最大减速度

最大加速度应是加速度信号中最大绝对值，最大减速度应是减速度信号中最大绝对值。

注：量化加速度和减速度是为了确认与乘运质量结果对应的运行控制设置。

5.2.3 A95 加速度和 A95 减速度

A95 加速度应是在界限 0 到界限 3 之间的前半部分信号中，在最大速度的 5%到 95%的范围内计算。A95 减速度应是在界限 0 到界限 3 之间的后半部分信号中，在最大速度的 95%到 5%的范围内计算，见图 3。

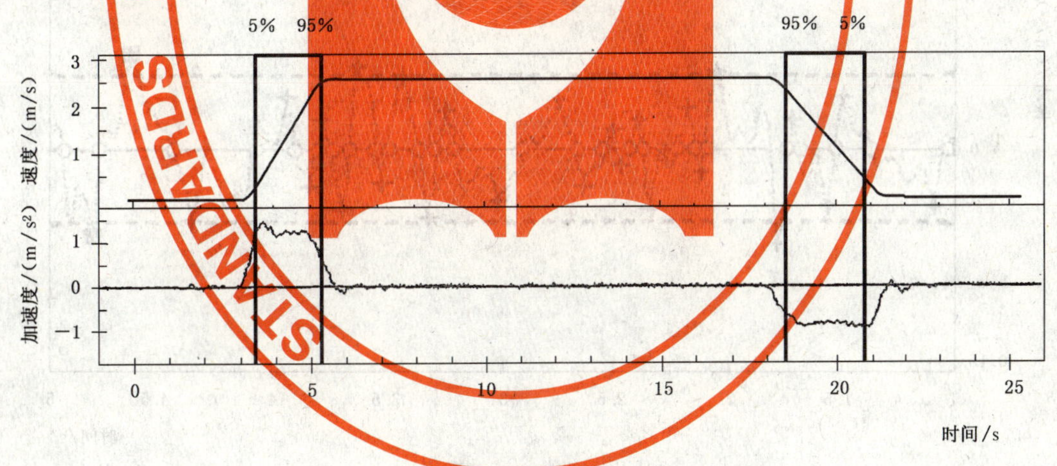

图 3 A95 加速度和 A95 减速度的计算

5.3 加加速度

5.3.1 总则

加加速度对乘运质量的影响应采用 5.4.3 定义的垂直振动来评价。

注 1：量化加加速度是为了确认与乘运质量结果对应的运行控制设置。

如图 4 所示，加加速度应在 5.2 定义的 10 Hz 滤波后的 z 轴加速度信号中计算，取 0.5 s 持续运行区间的中点，运用最小二乘法拟合线计算斜率得出加速度信号的时间函数。

注 2：拟合线的持续时间是由经验确定的。

5.3.2 最大加加速度

最大加加速度应是界限 0 到界限 3 之间加加速度信号的最大绝对值，见图 4。

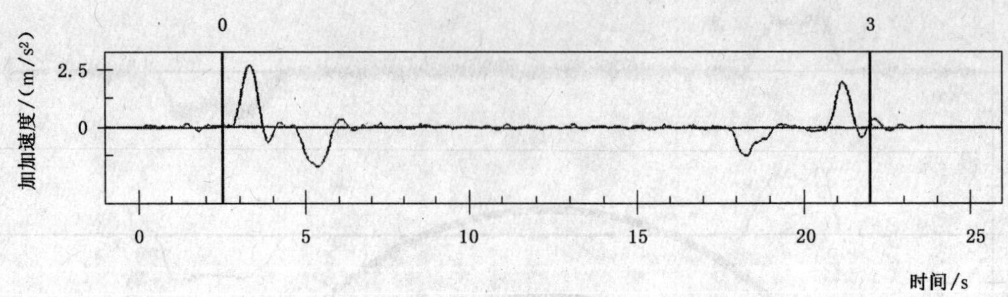

图 4 加加速度信号

5.4 振动

5.4.1 总则

振动应按照 4.3 规定对时域内的加速度信号计权确定。

振动信号应采用峰峰值评价(见 3.9)。最大振动峰峰值是指在所定义的界限内所有峰峰值的最大值。A95(典型)振动峰峰值是指在所定义界限内 95%的峰峰值小于或等于的值。

振动峰峰值、最大振动峰峰值和 A95(典型)振动峰峰值如图 5 所示,计算方法见附录 A。

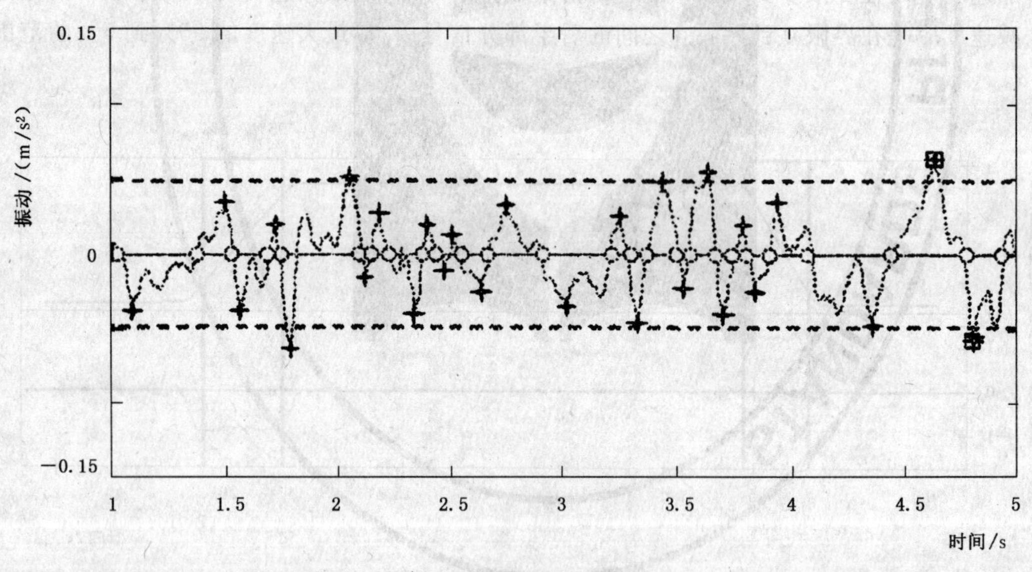

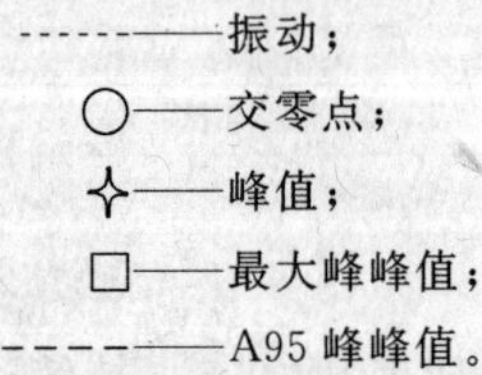

图 5 峰峰值计算示意图

5.4.2 水平振动:*x* 和 *y* 轴

在界限 1 和界限 2 之间,计权的 x 轴和计权的 y 轴时域信号的振动峰峰值应按 5.4.1 计算(见图 6)。报告中应包括最大振动峰峰值和 A95 振动峰峰值。

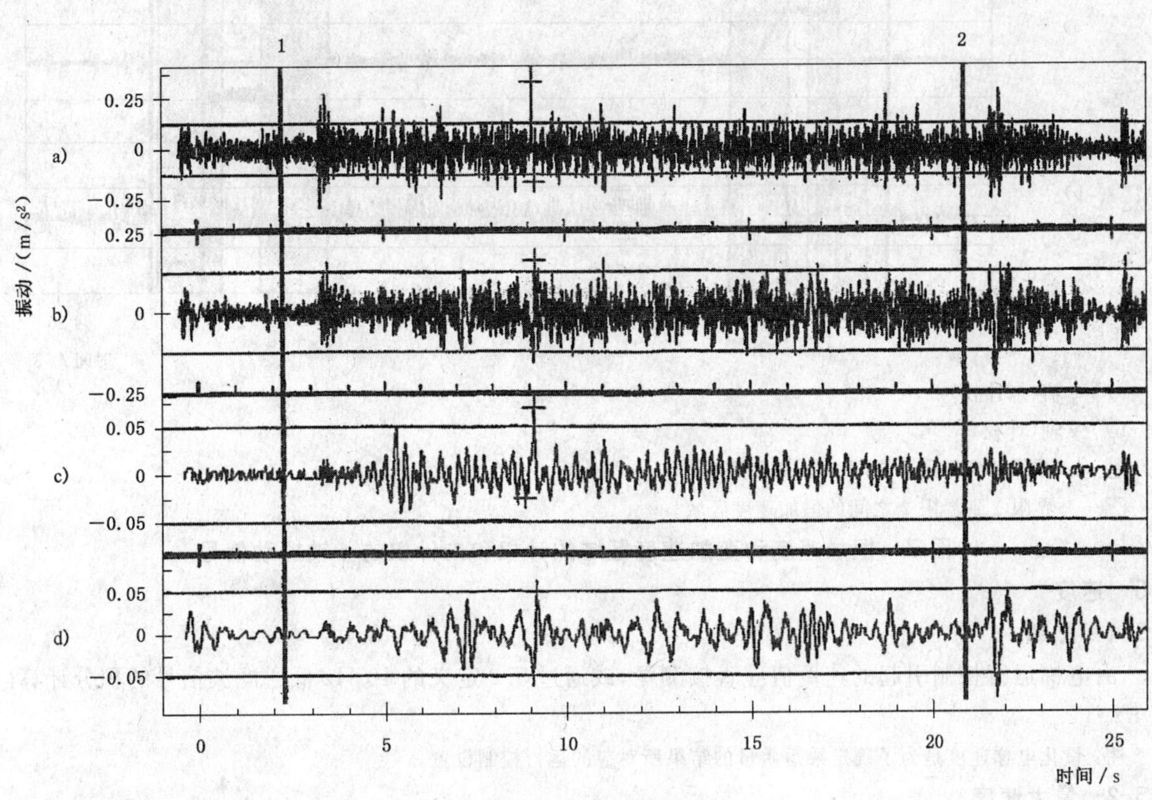

a) x 轴(未计权)

b) y 轴(未计权)

c) x 轴(计权)

d) y 轴(计权)

图 6 未计权和计权的水平振动信号

5.4.3 垂直振动:z 轴

在界限 0 到界限 3 之间,计权的 z 轴时域信号的振动峰峰值应按 5.4.1 计算。计算出的振动值应在附录 B 定义的以下两个不同振动信号区域分别写入报告(见图 7):

a) 恒加速度区域,由运行控制引起且加速度为常数;

b) 变加速度区域。

对于恒加速度区域,报告应写入最大和 A95 振动峰峰值。

对于变加速度区域,报告应写入最大振动峰峰值。

注:由于对运行时间最小化的要求,较高的振动值可能发生在变加速度区域。附录 B 所述的程序用于定义这些区域,并允许在每个区域内分别计算垂直振动。

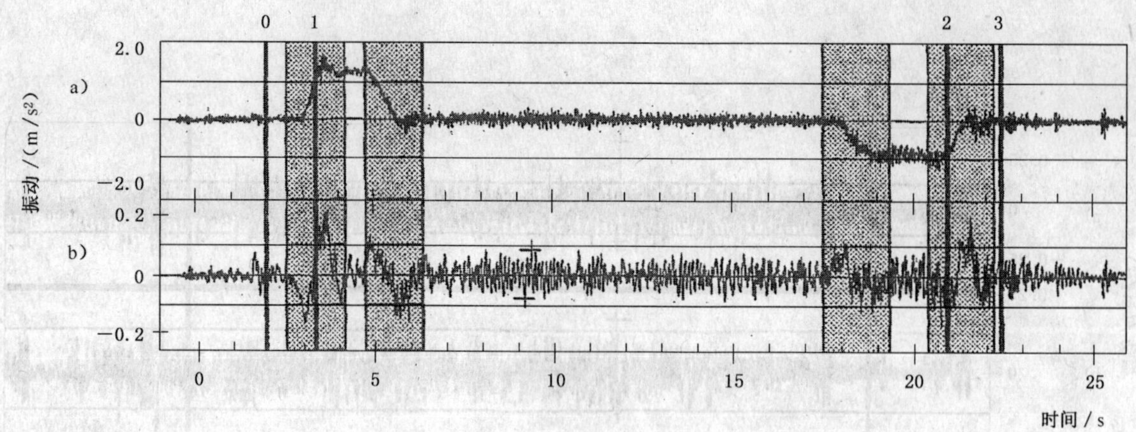

a) z 轴(未计权)

b) z 轴(计权)

▩——界限 0 到界限 3 之间的变加速度区域;

□——界限 1 到界限 2 之间的恒加速度区域。

图 7 恒加速度和变加速度区域的计权和未计权的 z 轴振动信号

5.5 速度

5.5.1 总则

由电梯运行控制引起的速度值应直接测量,或通过 5.2 定义的 10 Hz 低通滤波信号的积分计算(见图 8)。

注:量化电梯速度是为了确定乘运质量的结果所对应的运行控制设置。

5.5.2 最大速度

最大速度应是速度的最大绝对值。

5.5.3 V95 速度

V95 速度计算的界限范围应是:从加速段最大速度的 95%后 1 s 到减速段最大速度的 95%前 1 s,见图 8。

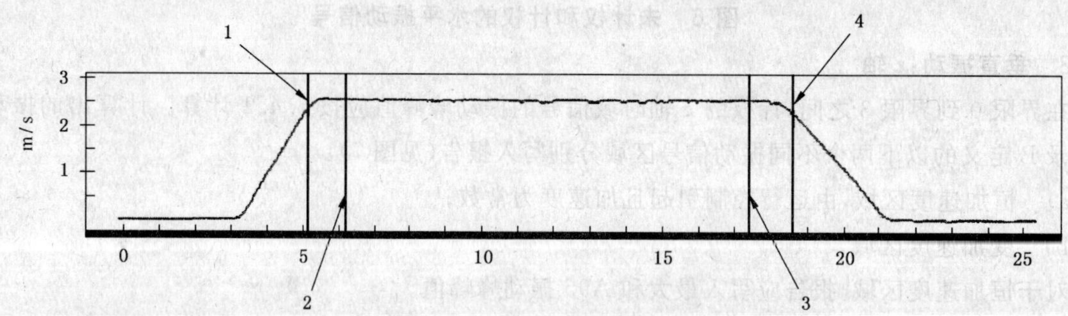

1——加速段最大速度的 95%;

2——加速段最大速度的 95%后 1 s;

3——减速段最大速度的 95%前 1 s;

4——减速段最大速度的 95%。

图 8 V95 速度的计算

5.6 声音

界限 1 和界限 2 之间的最大声压级和 L_{Aeq} 声压级应按 3.10、4.5、5.1 和表 1 的定义计算和表述(见图 9)。

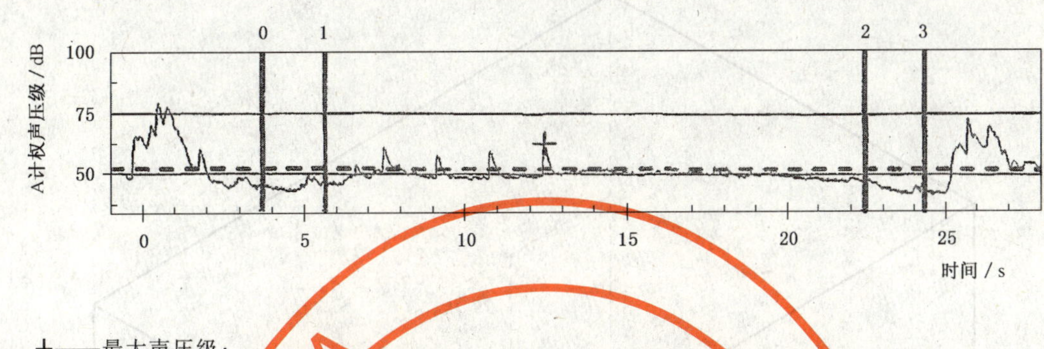

+——最大声压级；

- - -——L_{Aeq}声压级。

图 9 最大声压级和 L_{Aeq} 声压级

6 测量程序和结果的表述

6.1 测量的准备和结果的表述

6.1.1 总则

测量工作宜在有关各方同意的时间进行，以避免因环境噪声可能产生的影响而带来争议。

下列情况不宜进行声音测量：

a) 存在与电梯或建筑物的机器设备正常运行无关的声源，且

b) 有关一方认为上述声源有可能影响测量结果。

注：例如，建筑物环境噪声，建筑施工、装修或清洁工作的噪声均可能影响测量结果。

在正常建筑物环境条件下，除非有关各方对技术或物业的因素达成一致，否则在测量期间附属设备和建筑物的机器设备宜按 6.1.2、6.1.3、6.1.4 规定运行。

6.1.2 轿厢附属设备

轿厢风扇或空调宜关闭，声讯报警、到站钟和广播设备也宜关闭。如有任何一种设备不能关闭，则应在结果报告中说明。

注：仅需评价与电梯运行有关的振动和声音。

6.1.3 层站附属设备

可在轿厢内听到的警报、钟声和广播设备宜关闭。

6.1.4 建筑物的机器设备

建筑物的所有机器设备，包括邻近的电梯，都宜处于正常服务状态。

6.2 传感器的位置

6.2.1 总则

振动测量传感器应放置在轿厢地板中心半径为 100 mm 的圆形范围内(见图 10)，声音测量传感器的位置应在轿厢地板该区域的上方 1.5 m±0.1 m 处，且应沿 x 轴直接对着轿厢主门。

注：通常，人员对于振动测量传感器的放置位置和声音测量传感器的握持高度的判断足以满足上述要求(见 6.3)。

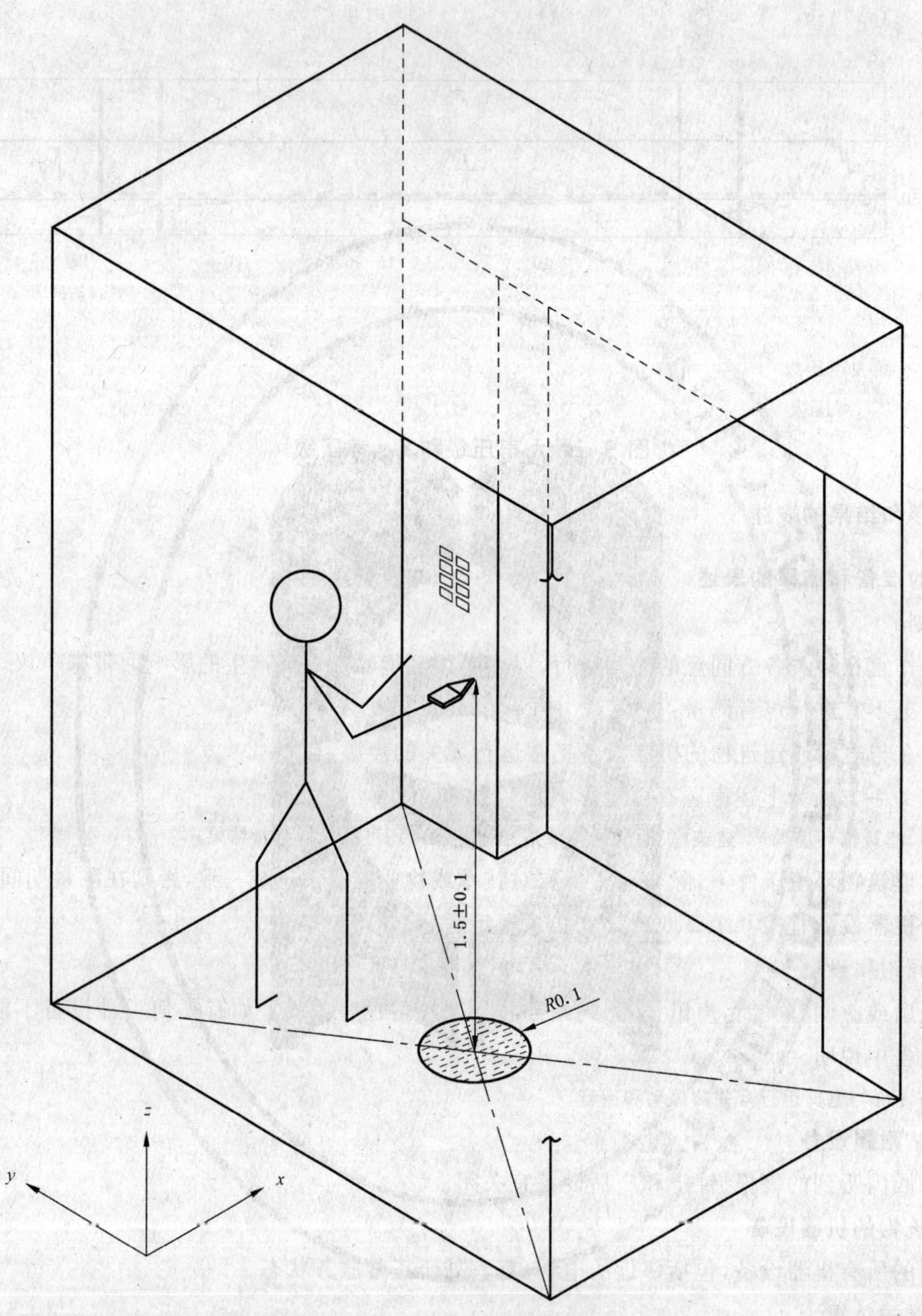

图 10　测量传感器的位置

6.2.2　仪器在轿厢地板上的放置

仪器应放置在正常使用的地板表面上。如地板表面未达到正常使用状态，测量时也不应增加其他覆盖物。仪器支脚应该施加给地板一个不小于 60 kPa 的压强，该压强近似于人脚产生的压强(见注)。在整个测量过程中仪器应与地板始终保持稳定接触。

注：放置在轿厢地板上的仪器用于测量振动，该振动反映了人站在地板上感觉到的情况。仪器的结构应使其在三个坐标轴方向与地板的任何机械隔离尽可能小，因为这种隔离可能导致与机械共振相关的衰减或放大从而使得测量偏离人的感觉。因此，对于充分接触的最低要求是至少施加人脚产生的压强。

例如：假设站立乘客体重的 90%分布在两脚跟部，单脚跟部接触面的周长为 0.25 m：

$C=\pi\times d$；

$A=\pi\times r^2$

其中：

C为周长；

d为直径＝0.079 6 m；

r为半径＝0.039 8 m；

A为接触面积＝$\pi\times(0.039\ 8\ \text{m})^2=0.004\ 97\ \text{m}^2$（对单脚）。

根据体重的90％分布在脚跟部、10％在脚前部的假设，且人体的平均质量（m）为68 kg，可计算出单脚作用于接触面积上的最大质量为$\frac{0.9\times 68}{2}$kg，即30.6 kg。

由30.6 kg和接触面积0.004 97 m^2得出平均压强p为：

$$\frac{mg}{A}=\frac{30.6\times 9.81}{0.004\ 97}=60\ 400\ \text{Pa}>60\ \text{kPa}。$$

其中，g为重力加速度（$g=9.806\ 65\ \text{m/s}^2$）。

6.3 人员

在轿厢内不应超过2人。如测量时轿厢内有2人，其站立位置不应导致轿厢明显不平衡。在测量过程中，每个人均应保持静止和安静。为避免因轿底和地板表面的局部变形而影响测量，人员不应将脚放在距振动测量传感器150 mm范围内；为避免被测声音声级的改变，人员不应站在距声音测量传感器300 mm范围内；人员也不应站在声音测量传感器和轿门之间（见图10）。

6.4 测量程序

为了采集数据，测量应包括：出发端站的门关闭操作过程、电梯从端站到端站的全程运行、门开启操作全过程和电梯到达端站的停靠过程、以及在运行的每个端点加上0.5 s（见5.1）。应至少测量一次上行和一次下行。因异常或意外事件而使试验被认为是非正常运行的应重新测量，非正常的数据可作废。

6.5 结果的表述

如果6.1.1所述声音测量延期，应在报告中说明。下列一般信息、乘运质量结果和运行特性（供参考）也应写入报告：

a） 一般信息

——测量的日期和时间；

——测量仪器的识别号和最后一次校准日期；

——参加测量人员的姓名和完成测量的机构名称；

——6.1.2、6.1.3和6.1.4所述设备的状态；

——建筑物信息；

——电梯编号；

——运行方向和起止端站。

b） 乘运质量结果

——电梯运行期间最大声压级和L_{Aeq}声压级；

——电梯运行期间x轴和y轴的最大振动峰峰值和A95（典型的）振动峰峰值；

——电梯运行在变加速度区域内，z轴最大振动峰峰值；

——电梯运行在恒加速度区域内，z轴最大振动峰峰值和A95（典型的）振动峰峰值。

c） 运行特性（供参考）

——最大速度和V95（典型的）速度；

——最大加、减速度和A95（典型的）加、减速度；

——最大加加速度。

在报告上述数值时，有效数字的位数不应超出由不确定度评估得到的位数。对报告数值有异议时，应参照GUM（测量不确定度表示指南）处理。所有不确定度的评估都应按95％的置信水平进行。

附 录 A
（规范性附录）
振动峰峰值的计算

计算振动峰峰值、最大振动峰峰值、A95（典型）振动峰峰值的步骤：

第一步：在计算的第一个界限后，找出第 1 、第 2 和第 3 个计权信号的交零点；

第二步：找出第 1 和第 3 交零点之间的最大正、负信号值；

第三步：求出这两个量绝对值的和，用 P_{123} 表示，其中 P 代表峰峰值；

第四步：在交零点 2 到 4、3 到 5、4 到 6 等之间重复第二、三步，求出所有的峰峰值直到最后界限之前的最后一个交零点，分别称为 P_{123}，P_{234}，P_{345}，P_{456} 等；

第五步：采用下述方法计算最大峰峰值：

$P_{max}=(P_{123},P_{234},P_{345}\cdots\cdots)_{max}$

（即所有峰峰值中的最大值）；

第六步：采用下述方法计算 A95 峰峰值：

$P_{A95}=(P_{123},P_{234},P_{345}\cdots\cdots)_{A95}$。

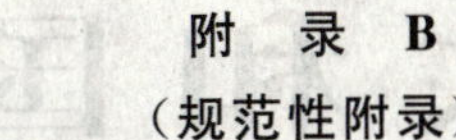

附　录　B
（规范性附录）
恒加速度和变加速度区域的计算

定义恒加速度和变加速度区域的步骤：

第一步：采用 1 Hz 低通 2 阶巴特沃斯(2-pole Butterworth)滤波器对 5.2.1 定义的加速度信号进行滤波；

第二步：在第一步算得的滤波后加速度信号上，取 1 s 持续运行区间的中点，运用最小二乘法拟合线，计算斜率的时间函数；

第三步：在时间轴上识别出第二步计算出的斜率绝对值大于 0.3 m/s^3 的所有区段；

第四步：在第三步标识出的每一区段的前、后各增加 0.5 s；

第五步：定义第四步得出的区段为变加速度区域；

第六步：定义时间轴上界限 1 和界限 2 之间除去第四步得出的区段以外的区段为恒加速度区域。

注：上述程序是根据经验确定的。第二步中的 1 s 最小二乘法的计算用于定义两个加速度区域，不能用于计算加加速度值。

ICS 91.140.90
Q 78

中华人民共和国国家标准

GB/T 24475—2009

电梯远程报警系统

Remote alarm on lifts (elevators)

2009-10-15 发布　　2010-03-01 实施

中华人民共和国国家质量监督检验检疫总局
中国国家标准化管理委员会　发布

前　　言

本标准等同采用 EN 81-28:2003《电梯制造与安装安全规范　运送乘客和货物的电梯　第 28 部分:乘客电梯和载货电梯的远程报警》(英文版)。

为了便于使用,本标准对 EN 81-28:2003 做了少量编辑性修改。

本标准的附录 A 为规范性附录,附录 B 为资料性附录。

本标准由全国电梯标准化技术委员会(SAC/TC 196)提出并归口。

本标准负责起草单位:苏州江南嘉捷电梯股份有限公司。

本标准参加起草单位:上海三菱电梯有限公司、日立电梯(中国)有限公司、奥的斯电梯(中国)投资有限公司、上海永大电梯设备有限公司、华升富士达电梯有限公司、上海市特种设备监督检验技术研究院、杭州西子孚信科技有限公司。

本标准主要起草人:魏山虎、张志雁、陈军、欧瑞华、李福盛、梁军、孔健、徐国强、李慧勋。

引 言

本标准考虑了与机器相关的危险、危险状态和事件。

制定本标准时，作如下假设：

1） 通信网络（见附录A）未发生故障；

2） 电网未发生造成该区域中的电梯同时困人的故障；

3） 本标准与国家相关电梯标准结合使用。

本标准还提供了救援组织具有的服务水平的基本信息。

电梯远程报警系统

1 范围

本标准适用于各类乘客电梯和载货电梯的报警系统。

本标准规定了提供给电梯业主的有关维修服务和救援服务的最基本的信息。

本标准考虑了按预定用途和在供应商预定的条件下使用电梯时，因电梯未能正常工作而造成使用人员被困的主要危险。

本标准不适用于其他情况下寻求帮助的报警系统，如心脏病发作、信息查询等。

本标准是对 GB 7588—2003 和 GB 21240—2007 14.2.3 紧急报警装置相关规定的补充。

2 规范性引用文件

下列文件中的条款通过本标准的引用而成为本标准的条款。凡是注日期的引用文件，其随后所有的修改单(不包括勘误的内容)或修订版均不适用于本标准，然而，鼓励根据本标准达成协议的各方研究是否可使用这些文件的最新版本。凡是不注日期的引用文件，其最新版本适用于本标准。

GB/T 7024—2008 电梯、自动扶梯、自动人行道术语

GB 7588—2003 电梯制造与安装安全规范(eqv EN 81-1:1998)

GB/T 15706.1—2007 机械安全 基本概念与设计通则 第 1 部分：基本术语、方法学(ISO 12100-1:2003,IDT)

GB/T 15706.2—2007 机械安全 基本概念与设计通则 第 2 部分：技术原则与规范(ISO 12100-2:2003, IDT)

GB/T 20900—2007 电梯、自动扶梯和自动人行道 风险评价和降低的方法(ISO/TS 14798:2006,IDT)

GB 21240—2007 液压电梯制造与安装安全规范(EN 81-2:1998,MOD)

EN 81-70:2003 电梯制造与安装安全规范 乘客和货客电梯的特殊应用 第 70 部分：包括残障人员使用的电梯的可接近性(Safety rules for the construction and installations of lifts—Part 70:Particular applications for passenger and good passenger lifts—Accessibility to lifts for persons including persons with disability)

EN 13015:2001 电梯及自动扶梯维护 维护指导规则(Maintenance for lifts and escalators—Rules for maintenance instructions)

3 术语和定义

GB/T 7024—2008、GB 7588—2003、GB/T 20900—2007 和 GB 21240—2007 确定的以及下列术语和定义适用于本标准。

3.1

报警 alarm

介于报警触发装置启动和报警终止之间的状态。

3.2

确认 acknowledgement

由救援服务组织发给报警装置的信息，以通知该报警已经收到。

3.3

报警装置　alarm equipment

报警系统中能检测、识别、证实报警并启动双向通信的部分，它是电梯的一部分。

3.4

报警终止　end of alarm

由报警系统发给救援服务组织的信息，以通知被困的状态已经结束。

3.5

报警触发装置　alarm initiation device

供设备使用人员在被困情况下寻求外部帮助的装置，示例见附录A。

3.6

报警系统　alarm system

由报警触发装置和报警装置组成，示例见附录A。

3.7

人工响应　human response

由救援服务组织的人员通过报警系统直接发出的响应。

3.8

接收装置　reception equipment

在电梯之外(如：在救援服务组织)能处理报警信息和双向通信的装置，示例见附录A。

3.9

救援服务组织　rescue service

负责接收报警信息，并救援被困在设备中的使用人员的组织，示例见附录A。救援服务组织可为维护组织的一部分，见附录B。

3.10

传输器　transmitter

能在报警装置和接收装置之间建立起双向通信的部分，示例见附录A。

3.11

设备业主　owner of the installation

有权处置设备，并负责设备的运行和使用，包括救援被困的使用人员的自然人或法人。

3.12

供应商　installer

负责提供电梯设备包括报警系统的自然人或法人。

3.13

报警系统的制造厂商　manufacturer of the alarm system

负责设计、制造和将报警系统投入市场的自然人或法人。

3.14

设备　installation

安装完毕的乘客电梯或载货电梯，包括报警系统。

3.15

维护组织　maintenance organization

由称职的维护人员组成，具备规定资质的，代表电梯设备所有人执行维护工作的法人或法人下属部门。

4 安全要求和(或)防护措施

4.1 总则

报警系统应符合本章的安全要求和(或)防护措施。

此外,本标准未涉及的并不重大的相关危险(如:锐边),应根据 GB/T 15706.1—2007 和 GB/T 15706.2—2007 的原则进行设计。

4.1.1 报警

报警装置应确保即使在进行维护时,通过 4.1.5 所述报警过滤的完整报警信息(见 4.1.6)也应被发送直至确认。

如果在确认之前发送失败,再发送的延迟间隔时间应减少到通信网络能满足的最小限度(见 GB 7588—2003 中 0.2.5 和 GB 21240—2007 中 0.2.5)。

因为通信网络的特性需要(见 GB 7588—2003 中 0.2.5 和 GB 21240—2007 中 0.2.5),如果通信中断,在报警确认后,报警装置应不得妨碍任何再发送。报警系统应能接收从救援服务组织发出的通信信息直到报警终止。

向传输器发送的报警信息应不得延迟,报警过滤时除外。

在确认和报警终止之间,应将报警过滤旁路。

如在确认后通信中断,报警装置应停止自动再发送。

4.1.2 报警终止

应提供方法,能够表明从报警系统到救援服务组织的报警已被处理,且无使用人员被困在电梯中。

报警终止应仅从报警所属的设备上触发。报警终止的触发装置应防止任何非胜任人员触及。

应采取措施使报警装置可远程复位。

4.1.3 紧急电源

即使在电源转换或电源发生故障时,任何报警信息不得受阻或丢失。

当使用可充式紧急电源时,如果该电源的容量小于报警系统正常工作 1 h 所需的容量,应有立即自动地将该情况通知救援服务组织的措施。

4.1.4 轿厢内的信息

应有符合 EN 81-70:2003 中 5.4.4.3 的视觉和听觉信号,并通知乘客该报警已被确认。

4.1.5 报警过滤

应有措施使报警系统能过滤不适当的报警。

当下列任一情况发生时,应能通过过滤取消报警:

——轿厢处在开锁区域,且轿门和层门完全打开;

——在轿厢运行中和到下一层站开门期间。

但是,在维护和(或)修理过程中所触发的报警不应被过滤。

报警系统还应提供方法允许救援服务组织使报警过滤功能有效和无效。

4.1.6 识别

即使在测试时,报警装置也应使救援服务组织至少能识别该设备。

4.1.7 通信

在报警触发装置启动后,被困的使用人员应不必再作其他操作。

在报警启动后,乘客应无法中断双向通信。

在报警过程中使用人员应一直可以再次启动报警。

4.2 技术要求

4.2.1 有效性/可靠性

报警系统应可被使用人员在进入轿厢的任何时间内操作(见 GB 7588—2003 中 0.2.5 和 GB 21240—2007 中 0.2.5)。

报警装置应可发送报警信息至另一个接收装置。

为了达到测试目的，报警装置应能自动模拟报警输入信号(自动测试)并且连接至接收装置，该测试的频率应满足电梯预定服务时使用人员的安全要求，但至少每三天测试一次。

4.2.2 电气接口

报警系统与电梯安全电路部件之间的任何电气接口应符合 GB 7588—2003 中 13.2.2 和 14.1.2.1.3 或 GB 21240—2007 中 13.2.2 和 14.1.2.1.3 的各项要求。

4.2.3 报警触发装置

报警触发装置应安装在使用人员存在被困危险的地方。轿厢内的报警触发装置一般应设置在操纵盘上。

4.2.4 报警装置的可接近性

报警装置应安装在轿厢(但乘客不可接近)、井道、机器区间或滑轮间。

4.2.5 参数修改

应采用适当的方法(如：登录密码)，对读写报警系统的功能性参数进行保护。

5 信息

5.1 与报警系统一起提供的信息

报警系统的制造厂商应将下列信息提供给电梯供应商：

——关于安装、测试和安全维护的指导意见；

——需将 5.3 相关的信息通知设备业主，特别是有关双向通信系统的测试(手动测试)和测试周期的信息。

5.2 与电梯一起提供的信息

电梯供应商应将下列信息提供给设备业主：

——设备业主需要保证电梯报警信息被连接至救援服务组织；

——应通知救援服务组织的有关信息(见 5.3)；

——应使报警装置始终保持在工作状态，与救援服务组织进行双向通信；

——如双向通信发生故障，电梯应停止服务；

——应通过使用报警触发装置(手动测试)，周期性地检查从救援服务组织发出的声音响应，见 EN 13015:2001 中 4.3.2.16.a；

——报警系统使用说明；

——报警系统的基本维护要求；

——如果报警装置中包含拨号参数(如：电话号码等)，应说明如何更改这些参数。

5.3 设备业主提供给救援服务组织的信息

设备业主应将下列信息提供给救援服务组织：

——电梯供应商的基本信息，需包含本标准要求；

——应始终能建立双向通信，能够与被困的使用人员建立持续联系，包括可定期地与他们进行交谈，通知其救援进展的情况。

注：设备业主可在官方语言外，要求以其他的特定语言做出人工响应(见 GB 7588—2003 中 0.2.5 和 GB 21240—2007 中 0.2.5)。

——电梯供应商提供的有关报警系统的接口；

——周期性检查；

——自动测试；

——发出报警的地址，包括电梯的位置；

——建筑物的管理组织，包括必要的救援服务的有效性(如：每 24 h 期间内)；

——接近被困的使用人员的方法；
——与进入建筑物并接近设备有关的特殊危险；
——需要确保装置的通信相容性，使得在确认发至报警装置前能够完整且正确地接收和区别报警；
——通知其报警系统紧急电源的时间限制。

6 电梯交付使用前的测试

电梯交付使用前的测试内容应包括报警系统的功能。

注：对整个设备的测试应符合国家相关电梯标准的要求。

7 标志和注意事项

轿厢中至少应有下列标志：

——轿厢内有报警系统和与救援服务组织连接的标志；

注：可使用象形图。

——报警触发装置标志(如：报警开关的按钮，触摸屏等)应为黄色，且为如下的符号：

图 1 警铃

附　录　A
（规范性附录）
电梯和救援服务组织之间的典型双向通信

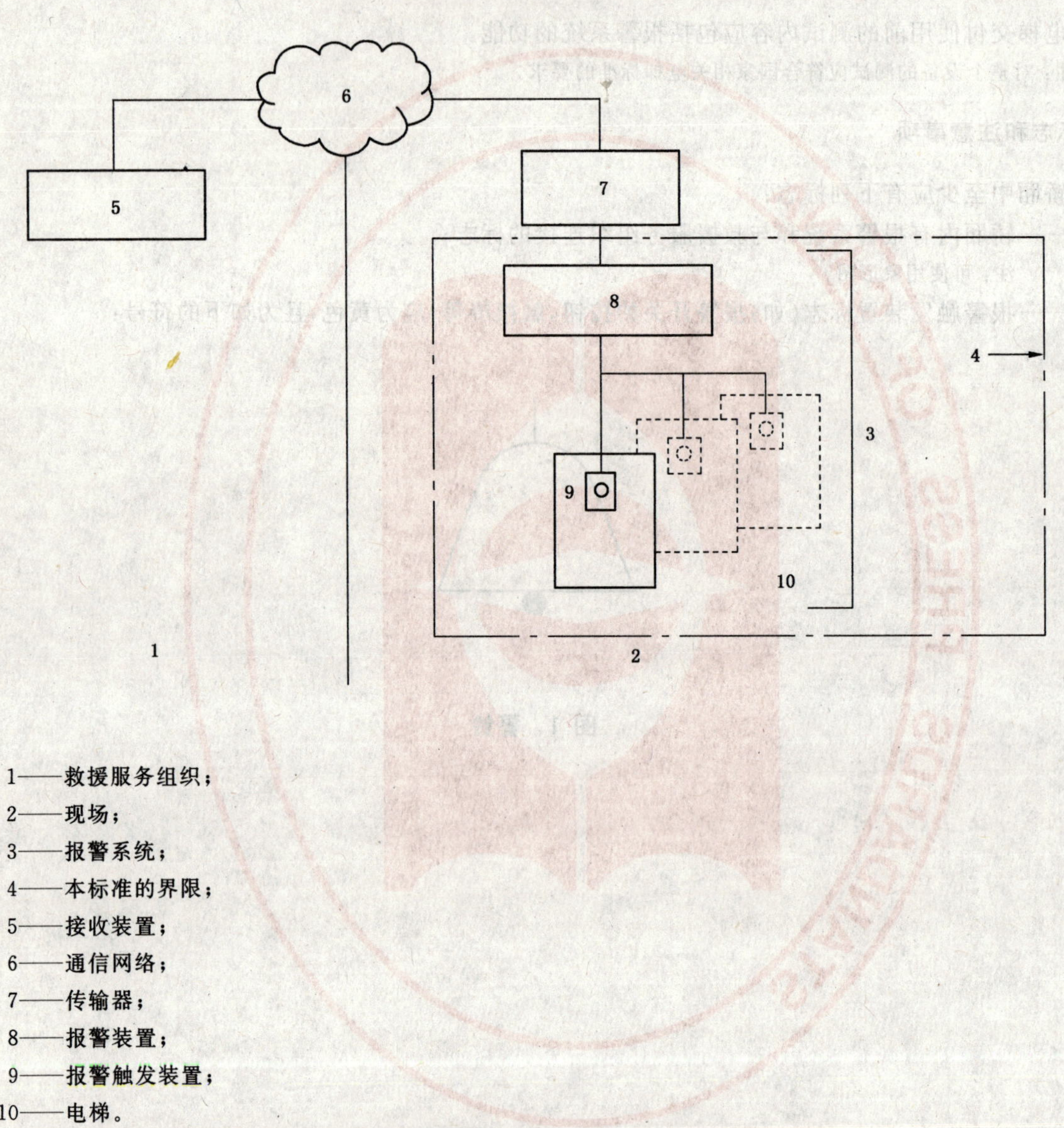

1——救援服务组织；
2——现场；
3——报警系统；
4——本标准的界限；
5——接收装置；
6——通信网络；
7——传输器；
8——报警装置；
9——报警触发装置；
10——电梯。

图 A.1　电梯和救援服务组织之间的典型双向通信

附 录 B
（资料性附录）
救援服务组织运作的一般信息

B.1 总则

风险分析表明救援服务组织应提供应急预案确保被困的使用人员在尽可能短的时间内得到解救。

救援服务组织应进行风险评价，以确保其救援方法、组织结构等均能提供充分的服务。

救援服务组织应考虑电梯供应商的指导意见以及设备业主所提供的资料。

以下是对救援服务组织如何开展工作的指导意见。

如果国家法规对救援服务组织有更严格的要求，应执行国家法规。

B.2 运作

报警系统应通过双向通信使被困的使用人员与救援服务组织进行充分的联系。救援服务组织的装置应始终适于提供服务，且救援服务组织应能快速响应报警。

如果要求在一天内任何时候都能提供救援服务，所谓“充分”就是指 24 h 的工作。

如果设备并不要求为使用人员提供 24 h 服务，此时救援保障可仅限于设备工作时间。

为了提高相关人员的安全性以及减小长时间被困的危险性，救援服务组织应对整个救援过程（包括进入建筑物）进行管理、跟踪和记录，以确保救援成功。

B.3 响应时间

在正常情况下，救援服务组织必须确保在接收报警与报警确认之间的时间不得超过 5 min。

救援服务组织至少需具有下列能力：

——对所连接的设备进行管理的硬件能力（特别是足够的通信手段）；

——人力资源，特别当救援服务组织选择报警过滤功能无效时；

——经过培训能实施救援的人员；

——备用服务（见 B.6）。

在报警确认后，到现场进行干预的时间应尽可能短，正常情况下（如无交通堵塞，不利的气候条件等）不超过 1 h。

B.4 识别

为缩短干预时间和提高相关人员的安全性，救援服务组织在接收到报警后应能立即得到与救援有关的资料，如：

a) 发出报警的地址，包括设备的位置；

b) 轿厢识别；

c) 接近被困使用人员的方法；

d) 与进入建筑物以及接近设备相关的风险和危险。

B.5 通信

救援服务组织向报警系统发出确认并作出人工响应之前，应核实报警的识别已完全且正确地收到。

为了通知被困的使用人员救援进展的情况，救援服务组织应在任何时候可重新建立与被困的使用人员的双向通信。

如果救援服务组织认为有必要(如:防止恐慌等),应能定期与被困的使用人员通话。

B.6 备用服务

如果救援服务组织不能接收或处理报警,应有合适的资源提供备用服务。

B.7 定期测试

救援服务组织应按照4.2.1和5.2的要求对所有定期测试进行管理和控制,并在测试失败时采取适当的措施。

B.8 培训

负责处理报警的人员应经过培训,并配备必要的工具。应特别注意报警装置的安全复位(如果有)。

负责救援的人员应根据EN 13015:2001中6.1培训。

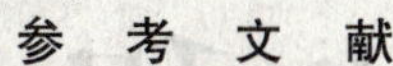

参 考 文 献

[1] prEN 81-71 电梯制造与安装安全规范 第71部分:乘客电梯和载货电梯的特殊应用 防野蛮使用的电梯(prEN 81-71, Safety rules for the construction and installations of lifts—Part 71:Particular applications for passenger and goods passenger lifts—Vandal resistant lifts).

[2] TBR 21:1998,终端设备(TE);与终端设备的模拟公共电话网络(PSTN)相连的可被全欧洲批准的连接要求,在此网络中地址由双音多频(DTMF)信号提供[TBR 21:1998, Terminal Equipment (TE); Attachment requirements for pan-European approval for connection to the analogue Public switched telephone networks (PSTNs) of TE (excluding TE supporting the voice telephone service) in which network addressing, if provided, is by means of dual tone multi frequency (DTMF) signaling.].

[3] TR 101 150 V1.1.1:1998年5月,应用TBR 21的报告(TR 101 150 v1.1.1:May 1998, Report on the application of TBR 21.).

ICS 91.140.90
Q 78

中华人民共和国国家标准

GB/T 24476—2009

电梯、自动扶梯和自动人行道数据监视和记录规范

Specification for data logging and monitoring for lifts, escalators and passenger conveyors

2009-10-15 发布　　2010-03-01 实施

中华人民共和国国家质量监督检验检疫总局
中国国家标准化管理委员会　发布

前　言

本标准等同采用 EN 627:1995《电梯、自动扶梯和自动人行道数据监视和记录规范》(英文版)。

本标准的附录 A 为规范性附录。

本标准由全国电梯标准化技术委员会(SAC/TC 196)提出并归口。

本标准负责起草单位:上海市特种设备监督检验技术研究院。

本标准参加起草单位:上海三菱电梯有限公司、奥的斯电梯(中国)投资有限公司、日立电梯(中国)有限公司、华升富士达电梯有限公司。

本标准主要起草人:薛季爱、徐国强、陈军、蒋灏、林汉洁、马春明。

引 言

本标准是对数据监视和记录的规定，不同于 GB 7588—2003、GB 16899—1997 和 GB 21240—2007 的安全要求。

本标准规定了电梯、自动扶梯或自动人行道运行状态的信息记录的方法和系统。这种信息有助于服务并可应用于一台或多台设备。

电梯、自动扶梯和自动人行道数据监视和记录规范

1 范围

本标准规定了电梯、自动扶梯和自动人行道的数据监视和记录的基本特征。

2 规范性引用文件

下列文件中的条款通过本标准的引用而成为本标准的条款。凡是注日期的引用文件，其随后所有的修改单(不包括勘误的内容)或修订版均不适用于本标准，然而，鼓励根据本标准达成协议的各方研究是否可使用这些文件的最新版本。凡是不注日期的引用文件，其最新版本适用于本标准。

GB/T 7024—2008 电梯、自动扶梯、自动人行道术语

GB 7588—2003 电梯制造与安装安全规范(eqv EN 81-1:1998)

GB 16899—1997 自动扶梯和自动人行道的制造与安装安全规范(eqv EN 115:1995)

GB 21240—2007 液压电梯制造与安装安全规范(EN 81-2:1998,MOD)

3 术语和定义

GB/T 7024—2008、GB 7588—2003、GB 16899—1997、GB 21240—2007 确立的以及下列术语和定义适用于本标准。

3.1

报警 alarm

对 GB 7588—2003 和 GB 21240—2007 中规定的紧急报警装置操作的监视。

3.2

数据记录装置 data logging equipment

按照时间和日期永久和(或)暂时读取并记录与设备运行有效性相关的数据(如:故障、报警和事件)的装置。

3.3

事件 event

设计中预计的在设备运行过程中发生的任何异常，不是故障，但是可能影响或中断设备的正常运行。

3.4

故障 fault

可能影响或中断设备正常运行的状态。

3.5

设备 installation

一台电梯或成组运行的多台电梯、一台自动扶梯或一台自动人行道。

3.6

监视装置 monitoring equipment

与数据记录装置相连并对其进行查询，用于显示数据记录装置记录的故障和(或)事件信息的装置。

3.7

现场通信装置　on-site equipment

与设备或数据记录装置相连，并具有不与其他设备或装置共享的专用通信链接的设备。

4　数据记录

应根据表 A.1 至表 A.6 所列的相应代码和发生的时间、日期识别数据记录装置记录的故障、报警和事件。代码的前两位足够应用于表示故障/报警/事件的种类。在表 A.2 至表 A.6 中以“*”表示的后两位可用于故障、报警或事件的辅助识别。这些代码不应用于其他目的。

注：设备的一个故障或事件可能导致多个代码被记录。

记录的时间和日期应以数据记录装置的内部时钟为基准。

5　监视及报告

5.1　所有与设备相关的通信装置应获得有关方的认可，且应尽可能安装在设备所在区域范围之内。监视装置可安装在机房内和(或)机房外(远程点)。

5.2　现场通信装置应能自动传送表 A.2 至表 A.6 中列出的故障、报警和事件。

5.3　现场通信装置应能与一个或多个远程点进行通信。

5.4　应能在远程点与现场通信装置进行通信以获得设备的当前状态并读取数据。

应提供安全系统，例如密码，以控制通信链接。

如果在读取数据过程中发生故障或报警，则故障或报警优先于读取数据。

5.5　通过单一的通信链接可将多台设备连接到一个中心点。

5.6　如果数据记录装置不能保持通信链接时，应至少保存最近的十条记录(指故障、报警和事件的总和)。

6　硬件

6.1　应提供备份使数据至少保持 8 h。

6.2　如果 GB 7588—2003 和 GB 21240—2007 中指定的紧急报警装置的信号通过数据记录及监视装置通信，则报警功能传输能力在断电后应至少保持 1 h。

6.3　数据记录装置的连接或故障不应妨碍设备符合相关国家标准中指定的安全规则。

附 录 A
（规范性附录）
代 码 表

表 A.1 代码分配

	电梯				自动扶梯和自动人行道			
	表编号	已用[a]	保留[b]	可选[c]	表编号	已用[a]	保留[b]	可选[c]
故障	表 A.2	00～13	14～24	25～39	表 A.5	60～64	65～69	70～74
报警	表 A.4	90	91～94	95～99	—	—	—	—
事件	表 A.3	40～46	47～54	55～59	表 A.6	75～78	79～84	85～89

a 本标准表 A.2 至表 A.6 中指定的代码。

b 保留用于以后增加至本标准的代码。

c 本标准中已用代码和保留代码以外的可供自由使用的代码。

表 A.2 电梯故障代码

代码	故 障	说 明
00**	无故障记录	数据记录装置中的所有故障记录已被清除
01**	安全回路断路	任何安全开关断开(例如:松绳、超速、门锁等)
02**	运行时门锁回路断路	电梯在运行过程中,层门或轿门安全回路断路(门锁瞬间断开)
03**	关门故障	未按设定的参数关门
04**	轿厢在开门区域外停止	
05**	按钮卡住	任何轿厢或层站呼叫指令在轿厢停止该层后仍持续保持登记状态,并超过预定的时间
06**	电梯启动失败	
07**	电梯供电电压过低	供电电源超出范围
08**	未分配	
09**	自检失败	电梯按照规定的时间间隔自动登记的指令运行失败(如果有)
10**	运行时间限制器动作	在规定的时间内没有到达下一楼层的开门区域 (见 GB 7588—2003 的 12.10 或者 GB 21240—2007 的 12.12)
11**	楼层位置丢失	电梯楼层位置重新设置
12**	驱动系统温度过高	
13**	开门故障	未按设定的参数开门

表 A.3 电梯事件代码

代码	事 件	说 明
40**	无事件记录	轿厢返回正常服务或数据记录装置中的所有事件记录已被清除
41**	电梯主电源断电	无主电源
42**	检修运行模式	

表 A.3（续）

代码	事　件	说　明
43＊＊	消防服务模式	
44＊＊	数据记录停止	当授权人员在现场和数据记录被禁止时(见 90＊＊)
45＊＊	轿厢专用模式	电梯不响应层站召唤
46＊＊	应急电源运行	

表 A.4　电梯报警代码

代码	报　警	说　明
90＊＊	报警按钮动作	未被 44＊＊禁止

表 A.5　自动扶梯和自动人行道故障代码

代码	故　障	说　明
60＊＊	无故障记录	数据记录装置中的所有故障记录已被清除
61＊＊	安全回路断路	任何安全开关断开(例如:梯级下陷、扶手带断裂)
62＊＊	供电电压过低	
63＊＊	梳齿开关动作	
64＊＊	驱动主机温度过高	

表 A.6　自动扶梯和自动人行道事件代码

代码	事　件	说　明
75＊＊	无事件记录	自动扶梯或自动人行道返回正常服务或数据记录装置中的所有事件记录已被清除
76＊＊	主电源断电	无主电源
77＊＊	检修运行模式	
78＊＊	紧急停止动作	

ICS 91.140.90
Q 78

中华人民共和国国家标准

GB/T 24477—2009

适用于残障人员的电梯附加要求

Accessibility to lifts for persons including persons with disability

2009-10-15 发布　　　　2010-03-01 实施

中华人民共和国国家质量监督检验检疫总局
中国国家标准化管理委员会　发布

前　言

本标准等同采用 EN 81-70:2003《电梯制造与安装安全规范　客梯和客货梯特殊应用　第 70 部分:包括残障人员使用的电梯的可接近性》(英文版)。

为了便于使用,本标准对 EN 81-70:2003 做了下列编辑性修改:

——本标准删除了 EN 81-70:2003 中引言、规范性引用文件和附录 A 中的部分内容,并删除了附录 ZA(资料性附录)"本欧洲标准与电梯安全导则的关系",因其不适合我国国情且其存在与否对本标准的理解和使用没有任何影响。

——EN 81-70:2003 第 1 章"范围"中第 3 段内容,在本标准中用"本标准考虑了使用 GB/T 13800—1992 和 GB 12996—1991 规定尺寸的轮椅车的人员对电梯的可接近性。"来代替,以适用于我国使用轮椅车的残障人员的可接近性。

——在本标准的"规范性引用文件"中,用国内标准代替了 EN 81-70:2003 的"规范性引用文件"中对应的国外标准;在本标准 5.4.1.3 中,直接引入了 ISO 7000:1989 中所规定的符号。

——在本标准的"参考文献"中,用国内文件代替了 EN 81-70:2003 的"参考文献"中对应的国际文件。

本标准的附录 B、附录 C 和附录 F 为规范性附录,附录 A、附录 D、附录 E 和附录 G 为资料性附录。

本标准由全国电梯标准化技术委员会(SAC/TC 196)提出并归口。

本标准负责起草单位:中国建筑科学研究院建筑机械化研究分院。

本标准参加起草单位:华升富士达电梯有限公司、上海三菱电梯有限公司、日立电梯(中国)有限公司、通力电梯有限公司、国家电梯质量监督检验中心、奥的斯电梯(中国)投资有限公司、西子奥的斯电梯有限公司、东芝电梯(中国)有限公司、上海永大电梯设备有限公司、苏州江南嘉捷电梯股份有限公司。

本标准主要起草人:陈凤旺、陈路阳、甘靖戈、罗照希、袁柳琴、冯云、李福盛、张国华、姜华、涂长祖、周卫东、王强。

引　言

0.1　本标准对所涉及的危险、危险状态和事件进行了规定。

0.2　本标准在有关现行国家电梯安全标准的基础上，增加了包括残障人员在内的人员对电梯可接近性的最低要求。

本标准根据使用轮椅车的乘客对于可接近性的不同要求，规定了电梯的三种轿厢尺寸。可接近性和可用性的程度由尺寸大小、空间和技术水平决定。

本标准还进一步规定了正常操作时不同使用情况下的电梯和用户界面的设计要求。

注：可根据社会要求和经济情况从表1中选择合适的电梯尺寸，作为建筑物中的电梯的最小尺寸。

0.3　本标准按照对残障的不同分类，确定了其中一些类型的相关危险和风险。

本标准也考虑了1993年12月20日第48届联合国全体大会上所通过的残疾人机会均等标准规则(决议48/96)的有关规定。

0.4　买主和供应商之间所作的协商内容为：

a）电梯的预定用途；

b）电梯功能的临时激活；

c）环境条件；

d）土建工程问题；

e）安装地点的其他方面的问题。

适用于残障人员的电梯附加要求

1 范围

本标准规定了包括附录B表B.1所列出的残障人员在内的人员安全和独立地接近与使用电梯的最低要求。

标准适用的电梯符合表1最小轿厢尺寸的要求，且设置动力驱动的自动水平滑动轿门和层门。

本标准考虑了使用GB/T 13800—1992和GB 12996—1991规定尺寸的轮椅车的人员对电梯的可接近性。

本标准规定了附加技术要求，以减小第4章中所述的残障人员使用电梯时易发生的伤害。

2 规范性引用文件

下列文件中的条款通过本标准的引用而成为本标准的条款。凡是注日期的引用文件，其随后所有的修改单(不包括勘误的内容)或修订版均不适用于本标准，然而，鼓励根据本标准达成协议的各方研究是否可使用这些文件的最新版本。凡是不注日期的引用文件，其最新版本适用于本标准。

GB/T 7024—2008 电梯、自动扶梯、自动人行道术语

GB 7588—2003 电梯制造与安装安全规范(eqv EN 81-1:1998)

GB 12996—1991 电动轮椅车

GB/T 13800—1992 手动轮椅车

GB/T 15706.1—2007 机械安全 基本概念与设计通则 第1部分:基本术语和方法(ISO 12100-1:2003,IDT)

GB/T 15706.2—2007 机械安全 基本概念与设计通则 第2部分:技术原则(ISO 12100-2:2003,IDT)

GB/T 18775 电梯维修规范

GB/T 20900—2007 电梯、自动扶梯、自动人行道 风险评价和降低的方法(ISO/TS 14798:2006,IDT)

GB 21240—2007 液压电梯制造与安装安全规范(EN 81-2:1998,MOD)

prEN 81-21:2006 电梯制造与安装安全规范 运载乘客和货物的电梯 第21部分:在用建筑物的新安装乘客和客货电梯(Safety rules for the construction and installation of lifts—Lifts for the transport of persons and goods—Part 21:New passenger and goods passenger lifts in existing buildings)

EN 81-28:2003 电梯制造与安装安全规范 运载乘客和货物的电梯 第28部分:乘客和客货电梯的远程报警装置(Safety rules for the construction and installation of lifts—Lifts for the transport of persons and goods—Part 28:Remote alarms on passenger and goods passenger lifts)

3 术语与定义

GB/T 7024—2008、GB 7588—2003、GB 21240—2007、GB/T 20900—2007中给出的及下列术语和定义适用于本标准。

3.1

平层准确度 stopping accuracy

由控制系统使电梯轿厢停在目的层站且轿门完全打开时，轿厢地坎和层门地坎间的最大垂直距离。

3.2

平层保持精度　leveling accuracy

电梯装卸期间轿厢地坎和层门地坎间的最大垂直距离。

3.3

按钮控制系统　push button control system

用于单台电梯的控制系统，该电梯在每一层站仅有一个按钮，且电梯每次仅服务于一个轿内选层或层站呼梯。

3.4

集选控制系统　collective control system

在信号控制的基础上把召唤信号集合起来进行有选择的应答。电梯可有(无)司机操纵。在电梯运行过程中可以应答同一方向所有层站呼梯信号和操纵盘上的选层按钮信号，并自动在这些信号指定的层站平层停靠。电梯运行响应完所有呼梯信号和指令信号后，可以返回基站待命，也可以停在最后一次运行的目标层待命。

3.5

目的层控制系统　destination control system

用于单台或多台电梯的控制系统，该系统在层站登记目的层站(目标层)。

3.6

临时激活操作　temporary activation control

为单次运行而激活某项功能或服务的方法。

4　影响可接近性的主要危险和障碍

本章包括了与本标准有关的全部的主要危险状态和事件，这些危险状态和事件是根据其在这类电梯中的重要性，通过风险评价识别出来的，需要采取措施消除或减少风险。

残障人员及其使用的辅助器具可能遇到的影响可接近性的障碍和附加风险见附录 C。

注：本标准未规定因过敏反应引起的危险，但是在附录 D 中给出了有关这些危险的说明。在附录 E 中给出了针对视觉残障人员的特殊设计的进一步建议。

5　安全要求和(或)防护措施

5.1　总则

下列规定是 GB 7588—2003、GB 21240—2007、prEN 81-21:2006、EN 81-28:2003、GB/T 18775 的附加要求。

5.2　入口-开门要求

5.2.1　入口净开门宽度应至少为 800 mm。

轿门和层门应为动力驱动的自动水平滑动门。

5.2.2　所有需要的层站(见 0.4)应无障碍可接近。

5.2.3　控制系统应能够调整开门保持时间，以适合电梯的使用需求(通常在 2 s 至 20 s 之间)，应设置减少该时间的装置(如：在轿厢内设置一个关门按钮)。调整开门保持时间的装置应不能被乘客接近。

5.2.4　GB 7588—2003 中 7.5.2.1.1.3 和 GB 21240—2007 中 7.5.2.1.1.3 要求的保护装置(如光幕)应至少覆盖轿厢地坎以上 25 mm 至 1 800 mm 之间。该装置应为传感器，以防止乘客直接接触关闭中的门扇的前沿。

5.3　轿厢尺寸、轿厢内的设施、平层准确度/平层保持精度

5.3.1　轿厢尺寸

具有单一入口或贯通入口的轿厢的内部尺寸应按表 1 进行选择(见 0.4)。

轿厢尺寸为未装潢的轿厢尺寸。如果轿壁装潢可能减小表1规定的轿厢最小尺寸,则其厚度不应超过15 mm。

具有相邻入口的轿厢应具有适当的宽度和深度,以便使用轮椅车的乘客进、出轿厢。

表1 具有单一入口或贯通入口的轿厢的最小尺寸

电梯类型	额定载重量和轿厢最小尺寸[a]	可接近性的级别	说明
1	450 kg 轿厢宽度:1 000 mm 轿厢深度:1 250 mm	轿厢适用于一位使用轮椅车的乘客使用。	1类电梯确保使用GB/T 13800—1992中规定的手动四轮轮椅车或GB 12996—1991中规定的室内型或室外型电动轮椅车的人员的可接近性。
2	630 kg 轿厢宽度:1 100 mm 轿厢深度:1 400 mm	轿厢适用于一位使用轮椅车的乘客和一位伴随人员使用。	2类电梯确保使用GB/T 13800—1992中规定的手动四轮轮椅车或GB 12996—1991中规定的室内型或室外型电动轮椅车的人员的可接近性。
3	1 275 kg 轿厢宽度:2 000 mm 轿厢深度:1 400 mm	轿厢适用于一位使用轮椅车的乘客和多名其他乘客使用。轮椅车也能够在轿厢内转向。	3类电梯确保使用GB/T 13800—1992中规定的手动四轮轮椅车或GB 12996—1991中规定的室内型或室外型电动轮椅车的人员的可接近性。 3类电梯为使用电动室内型轮椅车和使用步行辅助工具(助行架、助行手扶车等)的人员提供了足够的转向空间。
[a] 轿厢宽度是指未装潢的轿壁内表面之间的水平距离,该距离与入口平行测量。 轿厢深度是指未装潢的轿壁内表面之间的水平距离,该距离与入口垂直测量。			

5.3.2 轿厢内的设施

5.3.2.1 应至少在一面轿壁上安装扶手,该扶手抓握部分截面的任何尺寸应在30 mm至45 mm之间,如有棱角,其最小半径为10 mm。抓握部分与其所固定的轿壁之间的间隙应至少为35 mm。抓握部分顶边距地板高度应在(900±25)mm范围内。

如果扶手的位置阻挡了按钮或操作装置,扶手应断开,以便能清楚地看到按钮和操作装置。

扶手的凸出末端应封闭且应朝向轿壁,以减小有关伤害的风险。

5.3.2.2 当设置折叠椅时(见0.4),其应具有下列的特性:

a) 座面距地板的高度为500 mm±20 mm;

b) 深度为300 mm到400 mm之间;

c) 宽度为400 mm到500 mm之间;

d) 所能支撑的质量至少为100 kg。

5.3.2.3 对于表1中规定的1类和2类的轿厢尺寸,当使用轮椅车的乘客不能在轿厢内转向时,应安装一个使乘客退出轿厢时能观察到身后障碍物的装置(如镜子)。如果采用玻璃镜子,应使用安全玻璃。

当轿厢壁板过度反光或进行了镜面装饰,应采取措施以避免对视觉障碍的乘客造成视觉混乱(如:采用装饰玻璃或使镜子底边距地板的垂直距离不小于300 mm等)。

5.3.3 平层准确度/平层保持精度

在正常使用情况下,轿厢的平层准确度/平层保持精度应为:

——平层准确度±10 mm;

——平层保持精度±20 mm。

5.4 操作装置和信号

操作装置和信号的设计要求见表2。

注:附录G给出了超出本条要求的其他装置的指导,如:超大型(XL)操作装置(见0.4)。

5.4.1 **层站操作装置**

5.4.1.1 使用按钮时，应符合表 2 规定。

5.4.1.2 使用数字组合式键盘系统时(见 0.4)，应符合附录 F 规定。

5.4.1.3 提供临时激活操作装置时(见 0.4)，启动装置应使用符合残障规定要求的符号标识，即：

5.4.1.4 对于单台电梯，层站操作装置应设置在邻近层门处。

对于并联或群控电梯组，操作装置的数量最少为：

——电梯面对面设置时，每面一个；

——一个层站操作装置最多控制四台相邻的电梯，且操作装置安装于四台电梯中间。

5.4.2 **轿厢操作装置**

5.4.2.1 电梯按钮的标识应符合下列规定：

a) 选层按钮：−2、−1、0、1、2 等；

b) 警铃按钮：黄色并标识为铃形符号；

c) “再开门”按钮：◀|▶；

d) 关门按钮：▶|◀。

注：见 GB 7588—2003 中 15.2.3 和 GB 21240—2007 中 15.2.3。

5.4.2.2 轿厢按钮应符合表 2 规定并按下列要求排列：

a) 警铃和门按钮的中心线到轿厢地板的高度不小于 900 mm；

b) 选层按钮应布置在警铃和门按钮的上方；

注：当选层按钮水平布置时，可按图 G.2 或图 G.3 排列。

c) 单行水平布置时，选层按钮应按照从左到右的顺序排列。单行垂直排列时，选层按钮应按照从底部到顶部的顺序排列。多行垂直排列时，应按照先从左到右再从底部到顶部的顺序排列。

5.4.2.3 轿厢操纵盘应布置在下列轿壁上：

a) 中分门时，应设置在进入轿厢时的右侧；

b) 旁开门时，应设置在关门到位侧。

对于有两个轿厢入口的 3 类电梯，每个入口均应满足 a)或 b)规定。

5.4.2.4 如果轿厢内使用数字组合式键盘进行选层登记(见 0.4)，则其应符合附录 F 的要求。

5.4.2.5 对于目的层控制系统(见 0.4)，当乘客选择了“临时激活操作”后，门的关闭动作应在激活关门按钮后才启动。如果轿厢未被使用，则电梯应在 30 s 到 60 s 之内恢复到正常运行状态。

本条规定可作为 5.2.3 的一个选择方案。

表 2 操作装置的要求

序号	项　目	层站操作装置	轿厢操作装置
a)	按钮活动部件的最小面积	490 mm^2	
b)	按钮活动部件的最小尺寸	内切圆的直径为 20 mm	
c)	按钮活动部件的识别	通过视觉(对比)和触觉(浮雕)从面板或其周围来识别	
d)	面板的识别	与其周围颜色的不同(见 E.2)	
e)	操作力	2.5 N～5.0 N	
f)	操作反馈	需要让乘客感知所按的按钮已被操作	
g)	登记反馈	登记的反馈应是可见和可发声的，声级可在 35 dB(A)～65 dB(A)[b] 之间调整。即使呼梯信号已经被登记，也必须为每次按钮操作提供听觉信号	

表 2(续)

序号	项　目	层站操作装置	轿厢操作装置
h)	建筑物出口层按钮	—	比其他按钮高(5±1)mm(宜为绿色)
i)	符号的位置	宜在按钮的活动部件(或其左边 10 mm～15 mm)	
j)	符号	与背景形成对比,高 15 mm～40 mm	
k)	浮雕凸出的高度	最小 0.8 mm	
l)	按钮活动部件之间的间距	最小 10 mm	
m)	选层按钮组与其他按钮组之间的间距[a]	—	至少是两个呼梯按钮活动部分间距的两倍
n)	地板与任何按钮中心线之间的最小高度	900 mm	
o)	地板与最高按钮中心线之间的最大高度	1 100 mm	1 200 mm (宜为 1 100 mm)
p)	按钮的布置	垂直	见 5.4.2.2
q)	对适用于轮椅车的电梯,任何按钮的中心线到轿厢或层站拐角之间的最小侧面间距	500 mm	400 mm

[a] 如:警铃/门按钮与选层按钮之间。

[b] 根据环境状况调整。

5.4.3　层站信号

5.4.3.1　对于按钮控制系统,当门即将打开时,应提供一个可听见的到站信号。如果开门声级达到 45 dB(A)或以上,则该开门声音已足够作为到站信号。

5.4.3.2　在进入轿厢之前,控制系统确定了下一次运行的方向(集选控制),应点亮指示器的箭头(见 GB 7588—2003 中 14.2.4.3 和 GB 21240—2007 中 14.2.4.3),并应将其设置在门的上方或门的附近。

指示器箭头应设置在距离地面 1.80 m 至 2.50 m 之间的位置,从层站水平方向在不小于 140°的范围内清晰可见。箭头的高度应至少 40mm。

箭头指示灯点亮时应同时伴有听觉信号,表示上行和下行的听觉信号应有所区别,如:

——响 1 声表示上行;

——响 2 声表示下行。

5.4.3.3　对于单台电梯,可通过设置在轿厢内的从层站可视和可听的装置来满足 5.4.3.2 规定。

5.4.3.4　对于采用目的层控制系统的电梯(见 0.4):

a)　选层数字应采用视觉和听觉信号确认。该视觉信号应布置在目的层呼梯输入装置附近。

b)　每台电梯应被分别标识(例如:A、B、C 等)。标识应设置在层门的正上方。标识的高度应最小为 40 mm,并与周围环境相区别。

c)　被分派的电梯应采用视觉和听觉信号指示。该视觉信号应布置在目的层呼梯输入装置附近。

d)　视觉和听觉信号应使电梯容易地被识别。

e)　视觉和听觉信号应能让乘客分辨出响应其所呼叫的电梯。

5.4.3.5　听觉信号的声级可根据现场情况在 35 dB(A)至 65 dB(A)之间调整。该调整装置应不能被乘客接近。

5.4.4 轿厢信号

5.4.4.1 位置信号应设置在轿厢操纵盘或其上方。指示器的中心线距轿厢地板高度应在1.60 m至1.80 m之间。显示楼层的数字的高度应不小于30 mm，且不宜大于60 mm。

附加指示器可设置在其他位置(见0.4)如：轿门上方或其他轿厢操纵盘上。

如果在高处设置了一个附加指示器(如：轿门上方)，轿厢操纵盘上的指示器可设置在1.60 m以下。

5.4.4.2 当轿厢停站时，应至少采用一种官方语言告知乘客轿厢的位置，声级可根据现场情况在35 dB(A)至65 dB(A)之间调整。

5.4.4.3 报警系统应满足EN 81-28:2003和下列要求：

紧急报警装置应可发出视觉和听觉信号，安装在操纵盘或其上方，该装置应由下列组成：

a) 一个黄色的发光象形图和听觉信号来表明紧急报警信号已发出。

b) 一个绿色的发光象形图和通常要求的听觉信号(语音连接)来表明紧急报警已被登记，该听觉信号的声级应能根据现场情况在35 dB(A)至65 dB(A)之间调整。

注：关于象形图的要求见ISO 4190-5:2006。

c) 对于听力有障碍的乘客可提供助听器作为通讯辅助手段(见0.4)。

紧急报警装置按钮的位置、尺寸和标识应符合5.4.2的规定。

6 安全要求和(或)防护措施的验证

本标准中的规定应依据表3所列出的各种检验方法来验证。

表3 验证符合要求的方法

条款	要求	型式试验/检验			
		目测检验[a]	测量[b]	功能[c]	设计[d]
5.1	总则	见GB 7588、GB 21240、prEN 81-21、EN 81-28和GB/T 18775			
5.2.1	入口净开门宽度	×	×		
5.2.2	无障碍接近	×			
5.2.3	开门保持时间		×		
5.2.4	保护装置	×	×	×	
5.3.1	轿厢尺寸		×		
5.3.2.1	扶手		×		
5.3.2.2	折叠椅	×	×		×
5.3.2.3	轿壁上的镜子等	×	×	×	×
5.3.3	平层准确度/平层保持精度		×	×	
表2,a)	按钮活动部件的面积		×		
表2,b)	按钮活动部件的尺寸		×		
表2,c)	按钮活动部件的识别	×			
表2,d)	面板的识别	×			
表2,e)	操作力		×		
表2,f)	操作反馈	×	×		

表 3（续）

条款	要　求	型式试验/检验			
		目测检验[a]	测量[b]	功能[c]	设计[d]
表 2,g)	登记反馈	×	×		
表 2,h)	建筑物出口层按钮	×	×		
表 2,i)	符号的位置	×	×		
表 2,j)	符号		×		
表 2,k)	浮雕凸出的高度		×		
表 2,l)	按钮活动部件之间的间距		×		
表 2,m)	选层按钮组与其他按钮组之间的间距		×		
表 2,n)	地板与任何按钮中心线之间的最小高度		×		
表 2,o)	地板与最高按钮中心线之间的最大高度		×		
表 2,p)	按钮的布置	×			
表 2,q)	对适用于轮椅车的轿厢,任何按钮的中心线到轿厢或层站拐角之间的最小侧面间距		×		
5.4.1.2	数字组合式键盘(附录 F)	×	×	×	
5.4.1.3	临时激活	×		×	
5.4.1.4	层站操作装置的设置	×			
5.4.2.1	按钮的标识	×			
5.4.2.2	按钮的排列	×			
5.4.2.3	轿厢操纵盘的位置		×		
5.4.2.4	数字组合式键盘(附录 F)	×	×	×	
5.4.2.5	关门按钮		×	×	
5.4.3.1	层站的听觉信号[e]		×	×	
5.4.3.2	指示器箭头和听觉信号	×	×	×	
5.4.3.3	单台电梯的要求	×	×	×	
5.4.3.4a)	选层的确认	×			
5.4.3.4b)	电梯标识	×			
5.4.3.4c)	电梯分派	×			
5.4.3.5	声级[e]		×		
5.4.4.1	位置信号	×	×		
5.4.4.2	声级[e]		×	×	
5.4.4.3	紧急警报装置	×	×	×	
F.1	数字组合式键盘(总则)	×			
F.2 第一句	5.4.1 和 5.4.2	×	×	×	

表 3（续）

条款	要　求	型式试验/检验			
		目测检验[a]	测量[b]	功能[c]	设计[d]
F. 2a)	按键间距		×		
F. 2b)	登记反馈	×	×		
F. 2c)	符号的大小		×		
F. 2d)	键“5”上的点	×	×		
F. 2e)	标志的位置	×			
F. 2f)	建筑物出口层按键	×	×	×	

注：×表示用于验证符合要求的方法。

[a] 目测检验是通过对提供部件的表观检查核实是否符合要求。

[b] 测量是通过使用器具核实是否符合要求，应使用适当的检测方法和试验标准。

[c] 功能检验/试验是通过所提供部件执行其功能，验证其是否符合要求。

[d] 作图/计算是验证所提供部件的设计特性是否符合要求。

[e] 声级 dB(A)（快速）应在距声源 1 m 处进行测量。

7　使用信息

7.1　总则

所有电梯应按照 GB/T 15706.2—2007 第 6 章的要求提供与维护、检验、修理、定期检查和救援操作相关的说明书。

7.2　电梯业主的信息

说明书不仅应满足 GB 7588、GB 21240、prEN 81-21 和 EN 81-28 和 GB/T 18775 的相关的要求，而且还应提醒业主注意下列事项：

a）需要保持能够安全和无障碍地接近电梯和层站上的操作装置；

b）调整开门保持时间的信息；

c）调整轿厢内和层站听觉信号声级的信息；

d）经电梯业主授权的人员救援被困乘客（救援服务）时，即使轿厢内的乘客无应答，也应立即响应紧急报警信号；

注：轿厢内的乘客可能包括有听力或语言障碍的人员。

e）根据附录 B 的 B.1 残障类型，制定残障人员的安全援救程序；

f）为了确保所有的乘客能安全地使用电梯，安装者所预料的设计上的安全信息及业主对设计上的特殊要求都应提供说明。

附 录 A
（资料性附录）
可接近性综述

可接近性是已建立环境的基本特征，是指房屋、公共建筑物、工作场所等能够到达和使用。可接近性能够使包括残障人员在内的人员参与到社会和经济活动中。它基于通用设计原则。这些原则适用于建筑物、设备和装置、基础设施和产品的设计。

目的是提供给包括残障人员在内的人员方便、安全的使用环境。

在本标准中，可接近性被描述为：残障人员能够安全、独立地接近和使用电梯的特性。

通用设计涉及了基本的可接近性。

注：绝大多数使用助行器的人员不能倒退移动。因此，本标准中轿厢宽度是一个重要的条件。试验表明在使用助行架时，使用者需要 1 200 mm 的宽度才能转身，即便如此，使用者也需提起助行架。本标准中只有 3 类电梯充分考虑了转身空间的需要。

独立性的目标不是绝对意义上的所有人员可以使用电梯，但是他们尽可能地在没有其他人员帮助的情况下独立使用电梯。关于独立使用的要求不能完全包括所有人。尽管可能需要助手、同伴、服务员、过路人的帮助，但是在一般情况下确保所有人能够使用电梯。

附　录　B
（规范性附录）
所考虑的残障的分类

B.1　表B.1和表B.2定义了残障的类型。

B.2　本标准考虑了表B.1中所述的残障类型，且据此对可接近性和安全进行了分析（见附录C）。

本标准未考虑各种残障的组合，见表B.2，因为已对各种组合残障作了下列假设：

——被针对不同种类的单一残障的规定所覆盖；或

——这种组合残障造成了对电梯功能的要求，需经过业主和制造商之间的协商采用特定的措施来满足，或只有在其他人员帮助的情况下才能使用电梯（见0.4）。

本标准不考虑与电梯功能不直接相关的残障的类型（如：幽闭恐怖症），见表B.2。

表B.1　本标准包括的残障类型

类　　型	子　　类	特　　征
生理残障	行动不便	需要使用： ——轮椅车 ——拐棍 ——拐杖 ——步行架 ——助行手扶车
	耐力和平衡机能障碍	行动缓慢、平衡能力差
	灵活性障碍	上肢功能的下降（胳膊、手、手指）
感官残障	视觉障碍	盲（使用盲杖、导盲犬），弱视、色盲
	听觉障碍	聋、听力差
	语言障碍	语音交流困难或无法用语音交流
智力残障	学习障碍	对操作装置的领悟能力低下

表B.2　本标准不包括的残障类型

类　　型	子　　类	说　　明
组合	所包括的残障	见B.2
生理残障	极度行动不便	无上肢或瘫痪
	身高异常	侏儒症或巨人症
过敏反应		参见附录D
恐怖症	幽闭恐怖症	

附录 C
（规范性附录）
风险分析

表 C.1 列出了在电梯的正常使用和可预见的误用过程中可能对人员导致风险的主要危险状态和危险事件。它包括了 GB/T 15706.1—2007 对应的条款以及本标准相关的条款，来降低或消除与这些危险相关的风险。

程度不明的感官残障被认为完全丧失，如：视觉障碍被考虑为盲人。

注：关于风险评价的原则见 GB/T 20900—2007。

表 C.1 主要危险的列表

主要危险状态和危险事件	GB/T 15706.1—2007	本标准中的相关条款
一般的电梯危险	所有	见 GB 7588，GB 21240
残障人员的特定危险		
1 机械危险		
1.1 挤压	4.2.1	5.2.4，5.3.2.3，5.4.4.3
1.2 剪切	4.2.1，4.2.2	
1.3 接触卷入	4.2.1	
1.4 冲击	4.2.1	
1.5 稳定性降低	4.2.2	5.3.2.1，5.3.2.2
1.6 滑倒、绊倒、坠落	4.10	5.3.3
2 由于在机械设计中忽视人类工效学原理引起的危险	4.9	见表 C.2

本标准进行了单独的分析（结果见表 C.2），以识别可接近性的障碍。

表 C.2 可接近性要求

影响可接近性的主要方面	本标准中的相关条款
1 出入电梯	
1.1 轿厢尺寸	5.3
1.2 轿门尺寸、性能	5.2
1.3 平层准确度/平层保持精度	5.3.3
1.4 其他	5.3.3
2 操作装置和信号	
2.1 感知（察觉、识别、理解）	5.4
2.2 操作（位置、尺寸、操作力、确认）	5.4
3 其他	
3.1 辅助设施	5.3.2
3.2 通讯	5.4.4.3

附 录 D
（资料性附录）
易引起过敏的材料

D.1 总则

使乘客产生过敏反应的典型材料包括镍、铬、钴、天然橡胶或人造橡胶。

引起过敏反应的材料应避免用在按钮、操作装置、手柄或扶手上。

D.2 镍

镍引起过敏反应。通常金属表面被涂上一层镍。在不锈钢中，镍被紧密合金化，因此不会引起过敏反应。但是，如果镍与酸性物质接触，可能被分离。其他的金属电镀层下也可能含有镍(如：铬电镀或金电镀层下可能有镍电镀层)，由于磨损，镍可能暴露出来。通常所称的白金中也含有镍成分。

与皮肤(手指，手)接触的金属物体中所含镍的总质量与该物体总质量之比宜小于 0.05%，或镍从金属物体中脱离的速度应小于 0.5 $\mu g/cm^2$/周(至少两年的正常使用期)。

D.3 铬

不同于金属铬，溶于水的铬可能在皮肤接触处引起过敏反应。因此，镀铬的物体或含铬的不锈钢不会引起过敏反应。铬鞣革、镀铬的镀锌金属和表面覆锌的镀铬钢可能引起过敏。

D.4 钴

因为合金(如：不锈钢)中钴的含量比镍少很多，有效地控制镍的含量，钴的含量会更少，因此可不考虑钴引起过敏的问题。

D.5 表面材料

由于纺织品或有浮雕的塑料壁纸、厚地毯等容易聚集灰尘，因此不宜作为电梯轿厢表面的材料。因为灰尘会导致过敏反应，尤其对于患有过敏性哮喘病的人员。

D.6 轿厢清洁和通风

轿厢宜设计成易清洁、易通风的结构，并宜定期清洁。

附 录 E
（资料性附录）
考虑视障人员的指南

E.1 总则

为了最大限度发挥尚存视力，利用颜色对比、尤其是听觉信号，来有效地帮助乘客识别物体和避免危险。适当的照明需与颜色相结合。盲人需要有触觉和听觉的装置来使其能够独立的操作电梯。

E.2 颜色/色调的对比和表面情况

E.2.1 通常，有些颜色（如：绿色与棕色或灰色与粉红色）看起来差异很大，但是在色彩纯度上是非常相似的，因此不能提供有效的对比。确定颜色对比度是否足够的简单方法是利用黑白复印或黑白照片；高对比度显示为黑色对白色，低对比度显示为灰色对灰色。

E.2.2 对比度是指一个表面相对另一个表面反射率的比值。100%的对比度是白/黑，因为一个无光泽的黑色表面吸收所有的光线（0% 反射率），一个白色的表面反射所有的光线（100%反射率）。

E.3 照明设备

E.3.1 反射和眩光会引起视觉的混乱和不舒适 。眩目可能由光源的不正确放置而引起，尤其是灯发出的光线与视线在一条直线上时。非反射内部表面的适当使用和照明装置的合理设计，能够减少眩光的影响。日光也是引起眩目的一种光源。

E.3.2 间接照明的合理使用，例如：向上的照明灯，可防止眩目。阴影容易引起错觉，并能够掩盖潜在的危险。任何照度的变化都应是逐渐变化的，相邻区域照度应避免大的变化。

E.3.3 一个区域内聚光照明不宜用作唯一的光源，因为这种照明方式导致明暗对比度极高。聚光照明可用于周围照明的有效补充。

E.3.4 应合理地安装特殊的照明装置，如：向下的照明装置，以确保阴影不投向人的脸部，以避免读唇更困难。

E.4 触摸图形和符号与盲文

E.4.1 触摸图形和符号既是可视的又是可触的，且有较高的对比度。白色背景上的黑色数字或字母是最易识别的，如果发光，宜采取其他方式避免眩目。为了易于识别，触摸图形和符号高度不宜小于 15 mm。浮雕外形截面如倒置的字母 V，且宜倒圆角，其凸出高度至少为 0.8 mm。

E.4.2 盲文可作为独立的特征来补充触摸图形，当需要采用大的文字时盲文是非常有用的。使用盲文时，应采用中国盲文。

E.5 层站

E.5.1 为了区分层门的位置，层门与周围墙壁的颜色和色调应形成对比。

E.5.2 呼梯按钮宜与周围颜色和色调形成对比。可通过使用对比色的面板或有对比色边框的按钮来实现。

E.5.3 层门外一块大约 1 500 mm×1 500 mm 可辨识的地面可以帮助确认层门的位置。这可通过颜色或地面装饰的变化来实现，但地面装饰宜平整。

E.6 轿厢

E.6.1 轿厢内部照明宜保证轿厢地面照度最小为 100 lx，且均匀分布，应避免使用聚光照明。

E.6.2 轿厢内壁宜是非反射的亚光表面，其颜色和色调与地板形成对比，另外，地板也宜是亚光表面。

E.6.3 轿厢地板宜与层站地面有相似的表面特征。

E.6.4 操作按钮宜凸出轿壁几毫米。

E.6.5 建议使用语音作为听觉信号。语音也可提供其他信息，如：商店和办公室所在楼层的位置。另外，视觉指示也是有用的。

附 录 F
（规范性附录）
数字组合式键盘

F.1 总则

可在轿内或层站使用数字组合式键盘(见 0.4)。数字按键应按照图 F.1 排列。

注：在协商中，需考虑电梯的位置和告知乘客正确使用数字组合式键盘的方法的可能性。

F.2 设计要求

除满足 5.4.1 和 5.4.2 规定外，还应满足下列要求：

a) 为了识别数字组合式键盘，按钮之间的间距应在 10 mm～15 mm 之间。对于倾斜的数字组合式键盘，该间距可减少为 5 mm～15 mm。

b) 乘客应能通过可感知的按钮行程或声音反馈来判断按钮已被有效操作。呼梯登记应能通过视觉和听觉信号[可调范围为 35 dB(A)～65 dB(A)]来确认。每次呼梯，即使已被登记，也应给出听觉信号。

c) 楼层数字的高度应在 15 mm～40 mm 之间，并与背景形成对比。

d) 数字“5”按键上，应有一个单独的可触摸“·”来为视觉障碍者定位。

e) 数字和符号应设置在按键的活动部件上。

f) 轿内数字组合式键盘的出口按键(主服务层楼)应能明显地区别于其他按键。该按键应比其他按键高(5±1)mm 且为绿色，或采用一个凸出的星形图案(“★”)的按键。

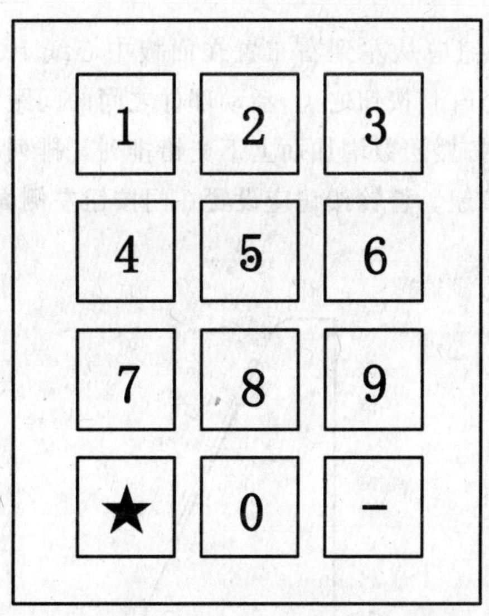

图 F.1 数字组合式键盘输入系统示意图

附 录 G
（资料性附录）
其他设施

G.1 超大型(XL)操作装置

G.1.1 引言

本附录提供了进一步提高可接近性的超大型(XL)操作装置的设计指南(见0.4)。

G.1中所述的操作装置规格被称作超大型(XL)操作装置。提出这种设计规格是为了使需求者容易地描述他们的要求，供货方也容易地理解他们的要求。

尤其是，超大型(XL)操作装置可被用于额定载重量大于或等于630 kg的乘客电梯。

G.1.2 层站操作

在每个层站操作电梯的按钮宜满足下列要求：

a) 活动部件的最小尺寸为50 mm×50 mm，或最小直径为50 mm。

b) 如果有标识，该标识宜为30 mm，最大为40 mm，且以浮雕的形式位于按钮活动部件上并与背景形成对比。

G.1.3 轿厢操作

轿厢内设置的按钮，宜满足下列要求：

a) G.1.2中a)和b)的要求。

b) 相邻两个按钮的活动部件之间的间距宜为10 mm。

c) 选层按钮应按水平方向布置在一块与水平面倾斜的面板上。该倾斜面板突出部分应为100 mm。见附图G.1。

d) 对于单排按钮，选层按钮应从左到右布置在面板中心线上。面板左侧应为门按钮和警铃按钮。警铃按钮应在“再开门”按钮之上，活动部件之间的间距宜为10 mm。见附图G.2。

对于双排按钮，选层按钮应按楼层数增加而上下交错排列。排列顺序为从下到上、从左到右。面板左侧应为“再开门”按钮和警铃按钮。警铃按钮应设置在门按钮左侧面板中心线上。见附图G.3。

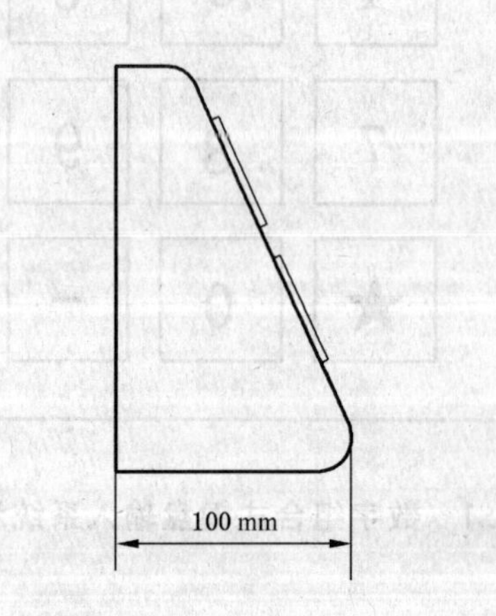

图G.1 超大型(XL)轿厢操作装置示例(侧视图)

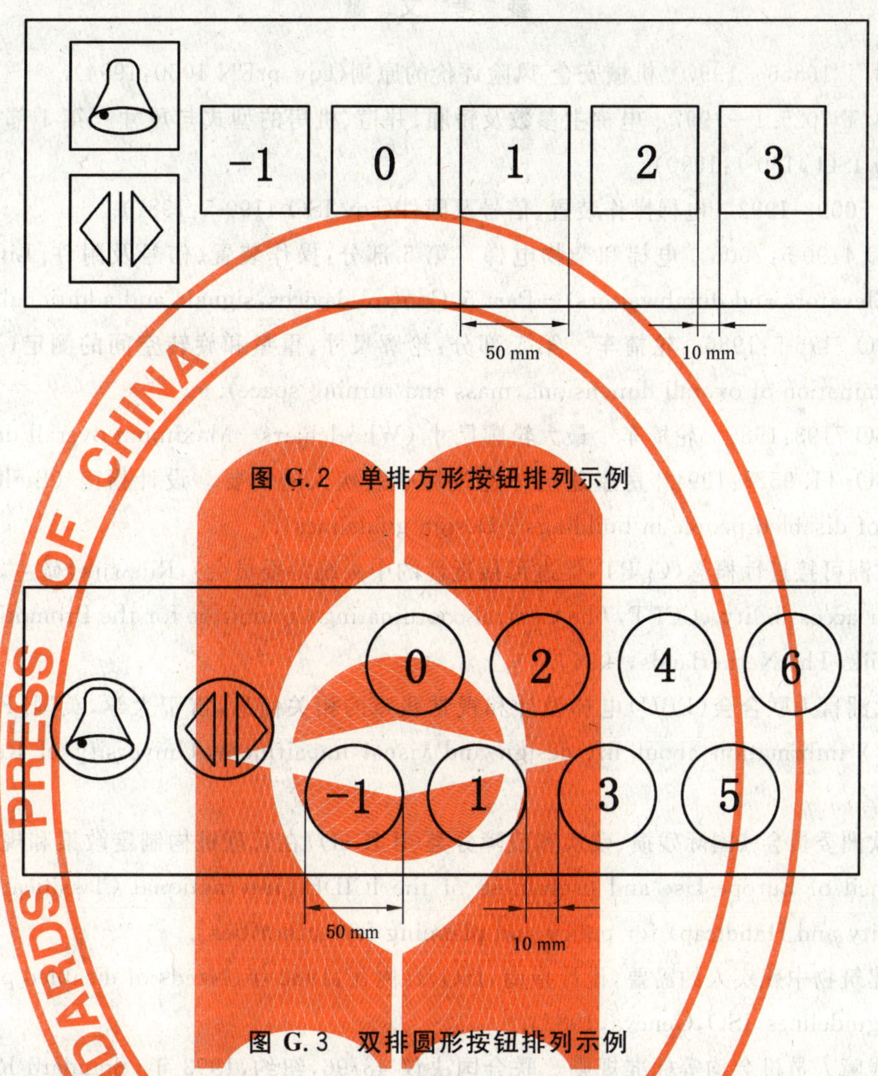

图 G.2 单排方形按钮排列示例

图 G.3 双排圆形按钮排列示例

G.2 遥控呼梯登记

在需要的情况下，可安装遥控系统(如：磁卡或芯片卡、红外线发射器等)。该系统可激活电梯的个性化功能和信号为残障人员服务。

参 考 文 献

[1] GB/T 16856—1997 机械安全-风险评价的原则(eqv,prEN 1050:1994).

[2] GB/T 7025.1—1997 电梯主参数及轿厢、井道、机房的型式与尺寸 第1部分:Ⅰ、Ⅱ、Ⅲ、Ⅵ类电梯(eqv ISO 4190-1:1990).

[3] JG 5009—1992 电梯操作装置、信号及附件(eqv ISO 4190-5:1987).

[4] ISO 4190-5:2006 电梯和杂物电梯 第5部分:操作装置、信号及附件[Lifts and service lifts (USA:Elevators and dumbwaiters)—Part 5:Control devices,signals and additional fittings].

[5] ISO 7176-5:1986 轮椅车 第5部分:轮廓尺寸、重量和旋转空间的测定(Wheelchairs—Part 5:Determination of overall dimensions,mass and turning space).

[6] ISO 7193:1985 轮椅车 最大轮廓尺寸(Wheelchairs—Maximum overall dimensions).

[7] ISO/TR 9527:1994 房屋建筑 建筑物中残疾人的需要 设计指南(Building construction—Needs of disabled people in buildings—Design guidelines).

[8] 欧洲可接近性概念(CCPT,促进可接近性的中央统筹委员会),Rijswijk,荷兰,1996[European concept for accessibility (CCPT,The Central coordinating Committee for the Promotion of Accessibility),Rijswijk,The Netherlands,1996].

[9] 欧洲盲人联合会(EBU)电梯设计和视觉残障的相关信息,雷丁大学,英国[European Blind Union (EBU) information about lift design and visual impairment,University of Reading,United Kingdom].

[10] 欧洲委员会-《国际残损、残疾和残障分类(ICIDH)》在管理机构制定政策和规划时的应用和有效性[Council of Europe-Use and usefulness of the ICIDH(International Classification of Impairment,Disability and Handicap) for policy and planning for authorities].

[11] 建筑物中残疾人的需要,设计指南,ISO,日内瓦,1982年(Needs of disabled people in buildings,Design guidelines,ISO,Geneva,1982).

[12] 残障人员机会均等标准规则。联合国决议48/96,纽约,1993年(Standard Rules on the equalization of opportunities for persons with disabilities. Resolution 48/96,United Nations,New York 1993.

[13] 欧盟委员会和成员国家政府代表在残障人员机会均等委员会的1996年12月20日会议上的决议,布鲁塞尔97/C12/01(Resolution of the Council of the European Union and of the representatives of the governments of the Member States meeting within the Council on Equality of Opportunity for People with Disabilities of 20 December 1996,Brussels 97/C12/01).

[14] 建筑视觉,考虑视觉残障人员需要的建筑和室内设计方案手册,P. Barker,J. Barrick,R. Wilson,1996,皇家全国盲人协会(RNIB),英国(Building Sight,a handbook of building and interior design solutions to include the needs of visually impaired people,P. Barker,J. Barrick,R. Wilson,1996,RNIB,United Kingdom).

[15] 电梯使生活便捷,瑞典建筑研究委员会,1986,斯德哥尔摩,瑞典(Elevators make life easier,Swedish Council for Building Research,1986,Stockholm,Sweden).

[16] 障碍环境的成本,旧楼加装电梯的成本收益分析,A. D. Ratzka,瑞典建筑研究委员会,斯德哥尔摩,1984年(The cost of disabling environments,a cost revenue analysis of installing elevators in

old houses, A. D. Ratzka, Swedish Council for Building Research, Stockholm, 1984).

[17] 为残障人员设计,新范例,Selwyn Goldsmith,建筑出版社,牛津,1997年(Designing for the Disabled, The new Paradigm, Selwyn Goldsmith, Architectural Press, Oxford, 1997).

[18] 95/16/EC 电梯指令(Directive 95/16/EC of the European Parliament and of the Council on the approximation of the laws of the member states relating to lifts).

[19] 95/216/EC 关于在用电梯安全性改进的建议,1995年6月8日[European Commission recommendation of 8 June 1995 concerning improvement of safety of existing lifts(95/216/EC)].

[20] GB/T 15720—1995 中国盲文.

ICS 91.140.90
Q 78

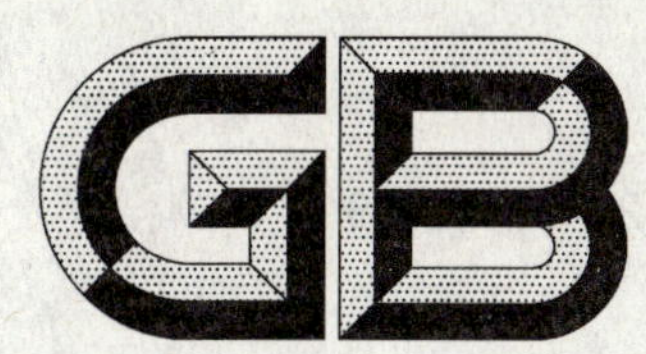

中华人民共和国国家标准

GB/T 24478—2009

电梯曳引机

Traction machine of electric lifts

2009-10-15 发布　　2010-03-01 实施

中华人民共和国国家质量监督检验检疫总局
中国国家标准化管理委员会　发布

前言

本标准为乘客电梯和载货电梯的曳引机的设计、制造与检验规定了统一的技术要求，曳引机应用于电梯时，还需满足 GB 7588—2003《电梯制造与安装安全规范》的相关规定。

本标准由全国电梯标准化技术委员会(SAC/TC 196)提出并归口。

本标准负责起草单位：苏州通润驱动设备股份有限公司。

本标准参加起草单位：浙江西子富沃德电机有限公司、日立(中国)电梯有限公司、上海三菱电梯有限公司、奥的斯电梯(中国)投资有限公司、国家电梯质量监督检验中心、通力电梯有限公司、上海永大电梯设备有限公司、宁波欣达电梯配件厂、金泰德胜电机有限公司、许昌博玛曳引机制造有限公司、宁波申菱电梯配件有限公司。

本标准主要起草人：张鹤、曹建文、杨志华、曾洪波、甘靖戈、梁庆信、周春明、林卫东、游宗镛、潘式正、张雷泉、陈新喜、赖豪杰。

电 梯 曳 引 机

1 范围

本标准规定了额定速度不大于8.0 m/s的电梯曳引机的技术要求、试验方法、检验规则、标志、包装、运输及贮存。

本标准适用于乘客电梯和载货电梯的曳引机。

本标准不适用于杂物电梯和家用电梯的曳引机。

2 规范性引用文件

下列文件中的条款通过本标准的引用而成为本标准的条款。凡是注日期的引用文件,其随后所有的修改单(不包括勘误的内容)或修订版均不适用于本标准,然而,鼓励根据本标准达成协议的各方研究是否可使用这些文件的最新版本。凡是不注日期的引用文件,其最新版本适用于本标准。

GB/T 191—2008 包装储运图示标志(ISO 780:1997,MOD)

GB 755—2008 旋转电机 定额和性能(IEC 60034-1:2004,IDT)

GB/T 1029—2005 三相同步电机试验方法

GB/T 1032—2005 三相异步电动机试验方法

GB 1971—2006 旋转电机 线端标记与旋转方向(IEC 60034-8:2002,IDT)

GB/T 3768—1996 声学 声压法测定噪声源 声功率级 反射面上方采用包络测量表面的简易法(eqv ISO 3746:1995)

GB 7588—2003 电梯制造与安装安全规范(eqv EN 81-1:1998)

GB 14711—2006 中小型旋转电机安全要求

3 术语和定义

下列术语和定义适用于本标准。

3.1

曳引机额定速度 rated speed of traction machine

设计规定的曳引轮节圆直径上的线速度。

3.2

曳引机额定转矩 rated torque of traction machine

额定电压和额定频率时,曳引机输出的转矩。

3.3

许用径向载荷 allowed radial load

曳引轮上允许承受的最大径向载荷。

3.4

启(制)动次数 starts per hour

允许的每小时启(制)动次数。

3.5

制动器制动响应时间 release time of brake

制动器断电到制动力矩达到额定值的时间。

3.6

制动电磁铁释放电压　release voltage of brake

电磁力不能维持吸合状态时的电压。

4　技术要求

4.1　工作条件

a)　海拔高度不超过 1 000 m。如果海拔高度超过 1 000 m，则应按 GB 755—2008 有关规定进行修正。

b)　环境空气温度应保持在 +5 ℃～+40 ℃之间。

c)　运行地点的空气相对湿度在最高温度为 +40 ℃时不应超过 50%，在较低温度下可有较高的相对湿度，最湿月的月平均最低温度不应超过 +25 ℃，该月的月平均最大相对湿度不应超过 90%。若可能在设备上产生凝露，则应采取相应措施。

d)　电网供电电压波动与额定值偏差不应超过 ±7%。

e)　环境空气不应含有腐蚀性和易燃性气体。

4.2　性能要求

4.2.1　电机

4.2.1.1　电压、频率维持在额定值，同步电机的过载转矩不应小于额定值的 1.5 倍，对额定转矩大于 700 N·m 或用于电梯额定速度大于 2.5 m/s 的曳引机的过载转矩应由曳引机制造商与用户商定；对于异步电机，堵转转矩与额定转矩的比值不应小于 2.2，对于多速电机低速绕组不应小于 1.4；过载持续时间 15 s，不能产生影响曳引机正常运行的现象。

4.2.1.2　定子绕组的绝缘电阻在热状态时或温升试验结束时，不应小于 0.5 MΩ，冷态绝缘电阻不应小于 5 MΩ。

4.2.1.3　耐压试验应按表 1 进行。

表 1　耐压试验

项　　目	试验电压/V	试验持续时间/s	泄漏电流/mA
三相出线端与机壳接地	2 倍电源电压 +1 000	60	≤100
温度传感器与机壳接地	500	60	≤100
温度传感器与曳引机三相出线端	500	60	≤100

4.2.1.4　电机应符合 GB 755—2008 中 9.7 超速的规定。

4.2.1.5　电机的接线、标志、防护、接地应符合 GB 1971—2006 和 GB 14711—2006 有关要求。

4.2.2　制动系统

4.2.2.1　制动系统应采用机电式制动器(摩擦型)，不应采用带式制动器。

4.2.2.2　曳引机的额定制动力矩应按 GB 7588—2003 中 12.4.2.1 与曳引机用户商定，或为额定转矩折算到制动轮(盘)上的力矩的 2.5 倍。

所有参与向制动轮(盘)施加制动力的制动器机械部件应至少分两组设置。应监测每组机械部件，如果其中一组部件不起作用，则曳引机应停止运行或不能启动，并应仍有足够的制动力使载有额定载重量以额定速度下行的轿厢减速下行。

电磁线圈的铁芯被视为机械部件，而线圈则不是。

制动衬不应含有石棉材料。

4.2.2.3　在满足 4.2.2.2 的情况下，制动器电磁铁的最低吸合电压和最高释放电压应分别低于额定电压的 80% 和 55%。

制动器制动响应时间不应大于 0.5 s，对于兼作轿厢上行超速保护装置制动元件的曳引机制动器，其响应时间应根据 GB 7588—2003 中 9.10.1 的要求与曳引机用户商定。

制动器线圈耐压试验应满足如下要求：导电部分对地间施以 1 000 V 电压，历时 1 min，不应出现击穿现象。

4.2.2.4 制动器应进行不少于 200 万次的动作试验，试验过程不应进行任何维护，试验结束后，其性能应仍能满足 4.2.2.2 及 4.2.2.3 的要求。

4.2.3 其他性能要求

4.2.3.1 曳引轮节圆直径与钢丝绳直径之比不应小于 40。

4.2.3.2 在设计规定的工作制、负载持续率、启(制)动次数的运行条件下，应满足下列要求：

a) 采用 B 级或 F 级绝缘时，制动器线圈温升应分别不超过 80 K 或 105 K。对裸露表面温度超过 60 ℃的制动器，应增加防止烫伤的警示标志。

b) 采用 B 级或 F 级绝缘时，电动机定子绕组温升应分别不超过 80 K 或 105 K。

c) 减速箱的油温不应超过 85 ℃；滚动轴承的温度不应超过 95 ℃；滑动轴承的温度不应超过 80 ℃。

d) 曳引机在温升试验后应仍能正常运行。

4.2.3.3 在检验平台上，曳引机以额定频率供电空载运行时，A 计权声压级噪声的测量表面平均值 $\overline{L}_{PA}$ 不应超过表 2 规定。制动器噪声单独检测，其噪声不应超过表 3 规定。

表 2 空载噪声

项目		曳引机额定速度/(m/s)		
		≤2.5	>2.5 ≤4	>4 ≤8
空载噪声 $\overline{L}_{PA}$/dB(A)	无齿轮曳引机	62	65	68
	有齿轮曳引机	70	80	—

表 3 制动器噪声

项目	曳引机额定转矩/N·m		
	≤700	>700 ≤1 500	>1 500
制动器噪声 $\overline{L}_{PA}$/dB(A)	70	75	80

4.2.3.4 曳引机振动应满足下列要求：

a) 无齿轮曳引机以额定频率供电空载运行时，其检测部位的振动速度有效值的最大值不应大于 0.5 mm/s。

b) 有齿轮曳引机曳引轮处的扭转振动速度有效值的最大值不应大于 4.5 mm/s。

4.2.3.5 曳引轮绳槽槽面法向跳动允差为曳引轮节圆直径的 1/2 000，各槽节圆直径之间的差值不应大于 0.10 mm。

4.2.3.6 曳引机的手动紧急操作装置应符合 GB 7588—2003 中 12.5.1 的规定。

4.2.3.7 曳引轮绳槽面应采用与曳引绳耐磨性能相匹配的材质，曳引轮绳槽面材质应均匀，其硬度差不应大于 15HB。

4.2.3.8 有齿轮曳引机的箱体分割面、观察窗(孔)盖等处应紧密连接，不允许渗漏油。电梯正常工作时，减速箱轴伸出端每小时渗漏油面积不应超过 25 cm^2。

4.2.3.9 曳引机应有效率指标。

4.3 其他要求

4.3.1 曳引机的防护应符合 GB 7588—2003 中 9.7 和 12.11 的要求。

4.3.2 曳引机的编码器(如果有)应具有防干扰屏蔽和机械防护。

4.3.3 表面涂层应均匀,外露旋转部件应涂成黄色,漆膜应黏附牢固,并应具有足够的附着力。曳引机制动器的手动松闸扳手应涂成红色。

5 试验方法

5.1 电机过载(堵转)转矩

同步电机的过载转矩应按 GB/T 1029—2005 中 8.4 电动机的短时过转矩试验的要求进行测试。

异步电机的堵转转矩应按 GB/T 1032—2005 第 7 章的要求进行测试。

5.2 效率

在额定运行状态下,达到热稳定时,采用曳引轮输出功率与电机的输入功率之比来测定曳引机的效率(见图 1)。

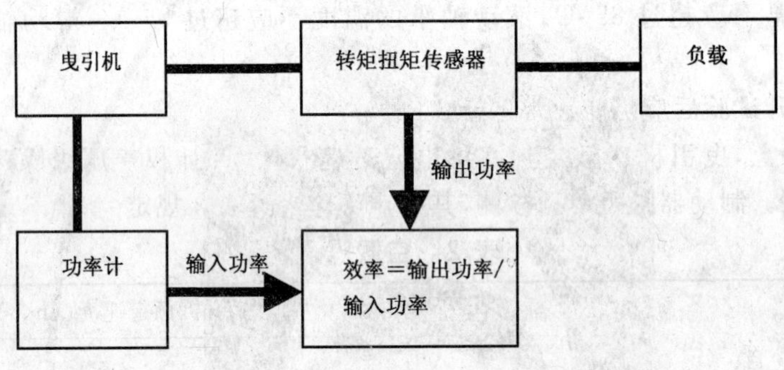

图 1 曳引机效率测试示意图

5.3 制动力矩

将曳引机固定在试验平台上,使制动器处于制动状态,采用力矩传感器测定曳引轮匀速转动时的力矩,其平均值为制动力矩。

5.4 噪声

5.4.1 曳引机空载噪声应采用 GB/T 3768—1996 所规定的矩形六面体法进行测试。

5.4.2 制动器噪声测试按曳引机同一测试位置,检测时每点至少测量 3 次,取平均值。

5.5 振动

5.5.1 无齿轮曳引机振动速度有效值的测定,振动传感器垂直方向置于机座顶部、水平方向置于机座中部,见图 2,在空载正、反运转中读出振动传感器的数据,取平均值。

5.5.2 有齿轮曳引机扭振振动速度有效值的测定,振动传感器置于曳引轮轮辐切向,在轻载正、反运转中测定扭转振动速度有效值,取其中的最大值。轻载范围取 20%~40%曳引机额定转矩。

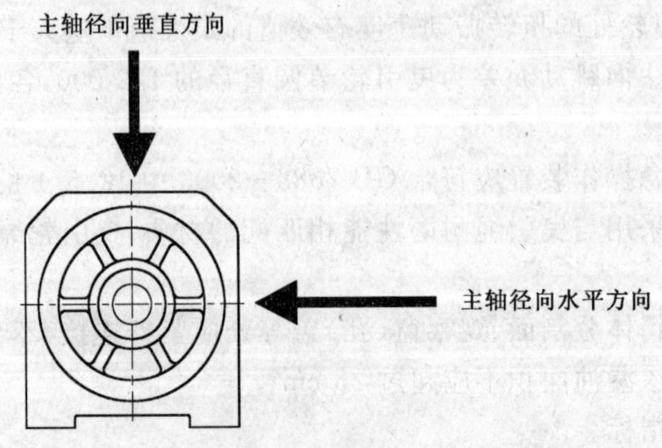

图 2 无齿轮曳引机振动速度测试位置

5.6 温升

5.6.1 电动机定子绕组

额定转矩下，按曳引机运行工作制、负载持续率和周期运行，当达到热稳定状态时，按 GB 755—2008 中 8.6.2 规定的测量方法测量电动机定子绕组温升。也可利用公式(1)计算出等效电流后，使曳引机在等效电流值连续运行，当达到热稳定状态时，按 GB 755—2008 中 8.6.2 规定的测量方法测量电动机定子绕组温升。

$$I_k = \sqrt{\frac{I_1^2 t_1 + I_2^2 t_2 + I_3^2 t_3 + I_4^2 t_4 + \cdots + I_n^2 t_n}{t_1 + t_2 + t_3 + t_4 + \cdots t_n}} = \sqrt{\frac{\sum_1^n I_i^2 t_i}{\sum_1^n t_i}} \quad \cdots\cdots(1)$$

式中：

I_k——等效电流值(见图 3)；

I_1、I_2、I_3、I_4、……、I_i、……、I_n——各运行区间电流值(见图 3)；

t_1、t_2、t_3、t_4、……、t_i、……、t_n——各运行区间时间(见图 3)；

i——第 i 个运行区间。

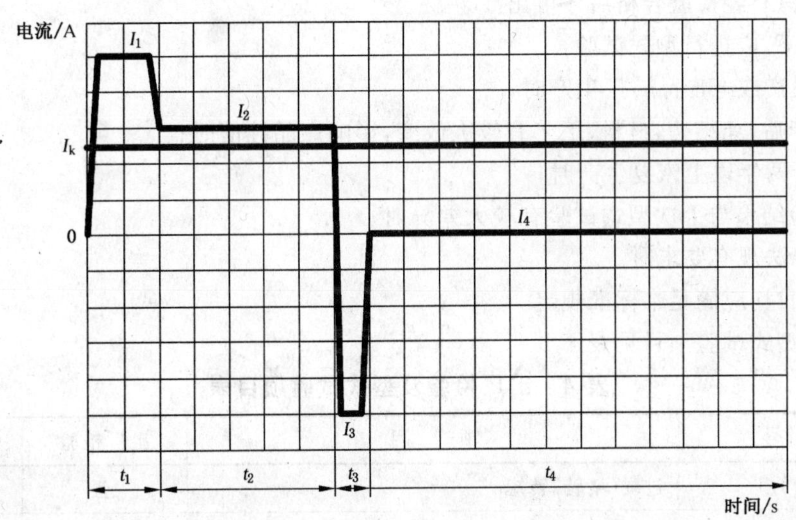

曲线——实际电流；

直线——等效电流。

图 3 电机温升测试模拟曲线

5.6.2 制动线圈

在工作电压下，按曳引机运行工作制、负载持续率和周期运行，制动器达到热稳定状态时，按 GB 755—2008 中 8.6.2 规定的测量方法测量制动线圈温升。

5.7 制动器电磁铁的最低吸合电压和最高释放电压

应在制动器温升试验结束时测量制动器电磁铁的最低吸合电压和最高释放电压。

5.8 制动器制动响应时间

制动器制动响应时间的检测示意图见图 4，曳引机以额定速度空载运行，切断制动器电源，采用示波记录仪记录制动器断电信号到力矩传感器达到额定制动力矩信号的时间差值。示波记录仪的分辨率不应小于 0.01 s。

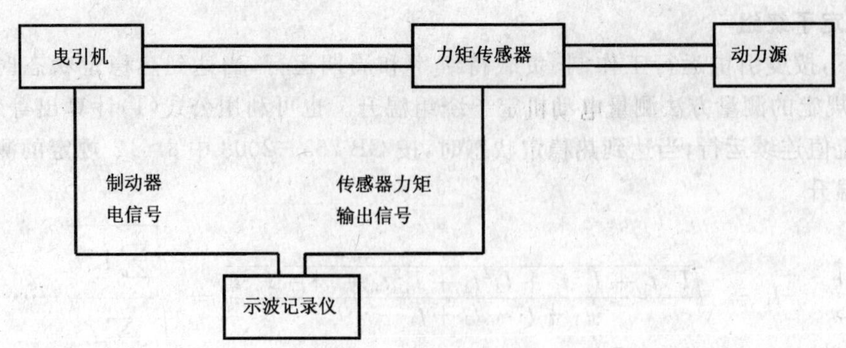

图 4　制动器制动响应时间检测示意图

5.9　制动器动作试验

将制动器组装在曳引机上，使电机处于静止状态，然后进行周期不小于 5 s 的连续不间断的制动器动作试验。

6　检验规则

6.1　每台曳引机只有经检验合格后才可出厂。

6.2　在下列情况下，应进行型式试验：

a)　新产品投产或老产品转厂生产时；

b)　正式生产后，如结构、材料、工艺有较大改变，影响产品性能时；

c)　产品停产两年以上恢复生产时；

d)　出厂检验结果与上次型式试验有较大差异时；

e)　国家法律法规有要求时。

6.3　型式试验项目均应满足本标准规定。

6.4　出厂检验和型式试验项目见表 4。

表 4　出厂检验及型式试验项目表

序号	条款号	项　　目	出厂检验	型式试验
1	4.2.1.1	过载(堵转)转矩	△	★
2	4.2.1.2	定子绕组的热态绝缘电阻	△	★
3	4.2.1.2	定子绕组的冷态绝缘电阻	△	★
4	4.2.1.3	耐压试验	★	★
5	4.2.2.2	制动力矩	★	★
6	4.2.2.3	制动器电磁铁的最低启动电压、最高释放电压	△	★
7	4.2.2.3	制动器制动响应时间	△	★
8	4.2.2.3	制动器线圈耐压试验	★	★
9.	4.2.2.4	制动器动作试验	△	★
10	4.2.3.1	绳径比	△	★
11	4.2.3.2	制动器线圈温升	△	★
12	4.2.3.2	曳引机线圈温升	△	★
13	4.2.3.3	曳引机空载噪声	△	★

表 4（续）

序号	条款号	项　　目	出厂检验	型式试验
14	4.2.3.3	制动器噪声	△	★
15	4.2.3.4	曳引机空载振动速度	△	★
16	4.2.3.5	曳引轮绳槽槽面法向跳动允差	★	★
17	4.2.3.5	曳引轮绳槽各槽节圆直径之间的差值	△	★
18	4.2.3.6	手动紧急操作装置	★	★
19	4.2.3.7	绳槽硬度	△	★
20	4.2.3.8	减速箱渗漏油	△	★
21	4.2.3.9	效率	△	★
22	4.3.1	防护	★	★
23	4.3.2	编码器防护	★	★
24	4.3.3	外观	★	★
注：★必需进行；△企业抽查。				

7 标志、包装和运输与贮存

7.1 标志

产品铭牌应设置在明显位置，铭牌应是永久性的并应至少标明下列内容：

a) 产品名称、型号；

b) 曳引机额定速度(或电梯额定速度)；

c) 额定功率；

d) 额定电压；

e) 额定电流；

f) 额定频率；

g) 额定输出转矩(或额定载重量)；

h) 防护等级；

i) 出厂编号；

j) 制造商名称和商标；

k) 出厂日期。

7.2 包装和运输

7.2.1 产品的包装和运输应符合 GB/T 191—2008 的规定或与客户商定。

7.2.2 曳引机应整体包装，并应采取措施防止松动。包装箱应防雨、透气。

7.2.3 随机文件

a) 产品合格证；

b) 使用维护说明书；

c) 装箱单。

7.3 贮存

7.3.1 曳引机应放在干燥通风的室内，采取防雨防潮措施。

7.3.2 持续存放时间不应超过 12 个月，超过存放时间，应重新检查其完好状况。

ICS 91.140.90
Q 78

中华人民共和国国家标准

GB/T 24479—2009

火灾情况下的电梯特性

Behaviour of lifts in the event of fire

2009-10-15 发布　　2010-03-01 实施

中华人民共和国国家质量监督检验检疫总局
中国国家标准化管理委员会　发布

前　言

本标准等同采用EN 81-73:2005《电梯制造与安装安全规范　特殊用途的乘客和货客电梯　第73部分:火灾情况下的电梯特性》(英文版)。

为了便于使用,本标准对EN 81-73:2005做了下列编辑性修改:

——本标准的引言删除了EN 81-73:2005引言中与本标准无关的内容,因为其存在与否对本标准的理解和使用没有任何影响;

——本标准删除了EN 81-73:2005附录ZA(资料性附录)"本欧洲标准与电梯安全导则的关系",因为其不适合我国国情且其存在与否对本标准的理解和使用没有任何影响;

——在本标准的规范性引用文件中用国内标准代替了EN 81-73:2005的规范性引用文件中对应的国外标准。

本标准附录A为资料性附录。

本标准由全国电梯标准化技术委员会(SAC/TC 196)提出并归口。

本标准负责起草单位:日立电梯(中国)有限公司。

本标准参加起草单位:上海市特种设备监督检验技术研究院、上海三菱电梯有限公司、奥的斯电梯(中国)投资有限公司、通力电梯有限公司、国家电梯质量监督检验中心、东芝电梯(中国)有限公司、西子奥的斯电梯有限公司、华升富士达电梯有限公司。

本标准主要起草人:鲁国雄、肖云英、方良、徐卫玉、蒋灏、马凌云、周春明、杨晓军、刘祖斌、杜运猛。

引　言

本标准指出了火灾情况下电梯所涉及的危险、危险状态和事件的范围。

在建筑物发生火灾时人们可能会使用电梯，因为他们没有意识到潜在的危险，而且电梯也没有退出服务。

本标准的目的是：

a) 减少建筑物发生火灾时乘客被困在轿厢内的风险；

b) 电梯最终停在指定层站，以使消防员或救援人员明确轿厢内没有乘客被困；

c) 减少轿厢内的乘客暴露在火和烟中的风险。

本标准基于下列假设：

——适用于所有驱动类型的乘客电梯和载货电梯；

——建筑物管理系统与电梯控制系统之间明确地分开；

——火灾自动探测系统触发电梯产生特定动作的信号，或者一个手动召回装置向电梯输入信号；

——电梯控制系统接收到火灾探测系统的信号后确定电梯的动作；

——电梯是在普通乘客可以使用的正常工作状态下；

——火灾报警系统按照预定方式工作；

——依赖于建筑物的火灾报警系统以及对这些信息的处理，电梯可能存在不同的响应；

——建筑设计者、建筑施工者或规划者仔细考虑了本标准。设置手动召回装置或在各层站设置火灾探测装置，将极大地提高火灾时建筑物内人员的安全水平；

——采用 GB/T 20900—2007 作为风险评价的方法。

火灾情况下的电梯特性

1 范围

本标准以火灾报警探测系统传递到电梯控制系统的信号为基础，规定了建筑物发生火灾时确保电梯特性的特殊要求和安全规则。

本标准适用于新的乘客电梯和载货电梯。对于在用的乘客电梯和载货电梯，本标准也可作为提高安全性的基础。

本标准给出了建筑物火灾情况下电梯控制的多种选择方案。

本标准不适用于下列情况：

——在火灾情况下还保持使用的消防员电梯；

——用作建筑物内人员疏散的电梯；

——井道中发生火灾。

2 规范性引用文件

下列文件中的条款通过本标准的引用而成为本标准的条款。凡是注日期的引用文件，其随后所有的修改单(不包括勘误的内容)或修订版均不适用于本标准，然而，鼓励根据本标准达成协议的各方研究是否可使用这些文件的最新版本。凡是不注日期的引用文件，其最新版本适用于本标准。

GB/T 2893.1—2004 图形符号 安全色和安全标志 第1部分：工作场所和公共区域中安全标志的设计原则(ISO 3864-1:2002,MOD)

GB 7588—2003 电梯制造与安装安全规范(eqv EN 81-1:1998)

GB/T 15706.2—2007 机械安全 基本概念与设计通则 第2部分：技术原则(ISO 12100-2:2003,IDT)

GB/T 20900—2007 电梯、自动扶梯和自动人行道 风险评价和降低的方法(ISO/TS 14798:2006,IDT)

GB 21240—2007 液压电梯制造与安装安全规范(EN 81-2:1998,MOD)

ISO 8421-3:1989 消防术语 第3部分：火灾探测和报警(Fire protection-vocabulary—Part 3:Fire detection and alarm)

EN 54-1:1996 火灾探测和火灾报警系统 第1部分：导论(Fire detection and fire alarm systems—Part 1:introduction)

EN 54-2:1997 火灾探测和火灾报警系统 第2部分：控制和指示装置(Fire detection and fire alarm systems—Part 2:Control and indicating equipment)

EN 81-72:2003 电梯制造与安装安全规范 乘客电梯和货客电梯的特殊应用 第72部分：消防员电梯(Safety rules for the construction and installation of lifts—Particular application for passenger and goods passenger lifts:Firefighters)

3 术语和定义

GB 7588—2003、GB/T 15706.2—2007、GB 21240—2007、EN 54-1:1996和EN 54-2:1997中确立的以及下列术语和定义适用于本标准。

3.1

建筑物业主 building owner

建筑物法律上的所有者。

3.2

建筑物的疏散预案　building evacuation strategy

预先制定的用于建筑物发生火灾时的人员疏散方案。

3.3

火灾探测接口　fire detection interface

专用于传递火灾信息的电信号接口。火灾信号可以通过下列任一方式产生：

——手动；

——半自动；

——自动。

3.4

电梯控制接口　lift control interface

(1) 电梯控制系统的界面；

(2) 专门用于接收火灾探测接口电信号的接口。

3.5

协议　protocol

管理设备(如用于数据传输的串行通信线路)之间交换信息格式的规则。

3.6

火灾情况下电梯特性的火灾报警系统　fire alarm systems for the behaviour of a lift in the event of fire

3.6.1

火灾自动探测和报警系统　automatic fire detection and alarm system

包含火灾自动探测元件的火灾报警系统(见3.6.3)，它触发火灾警报和其他特定动作。

[ISO 8421-3:1989，定义3.1.3]

3.6.2

火灾报警控制和指示装置　fire alarm control and indicating equipment

可以向火灾探测装置(见3.6.4)提供电源的装置，其还应具备下列功能：

——可以接收专用信号，并提供火灾报警信号；

——能够通过火灾报警发送设备，将火灾报警信号发送到消防机构或自动灭火装置；

——可以自动监视系统的功能。

[ISO 8421-3:1989，定义3.1.15]

3.6.3

火灾报警系统　fire alarm system

提供听觉和/或视觉和/或其他可感知的火灾报警信号的部件的组合。该系统也可能触发其他的动作，比如启动电梯控制系统。

[ISO 8421-3:1989，定义3.1.21]

注：本标准的术语“火灾报警系统”是一个总称，它包括“火灾自动探测和报警系统”(见3.6.1定义)和“手动召回装置”(见3.11)。

3.6.4

火灾探测装置　fire detecter

火灾自动探测系统的一部分，它至少包括一个监测特定的物理或化学现象的传感器，并向火灾报警控制和指示装置(见3.6.2)发送信号。

[ISO 8421-3:1989，定义3.2.2]

3.7

建筑物管理系统　building management system

用于协调建筑物中所有分系统的总系统。

3.8

指定层　designated landing

在火灾发生时，依据建筑物的疏散预案，允许人员离开电梯以便安全地撤离建筑物或建筑物区域的特定楼层。

3.9

主指定层　main designated landing

如果系统还有其他指定层，用作主要疏散层的指定层。

3.10

备用指定层　alternative designated landing(s)

依据建筑物的疏散预案，如果自动检测到主指定层发生火灾，电梯应到达的指定层。

3.11

手动召回装置　manual recall device

一个手动操作装置(例如：装有可敲碎的玻璃面板的拨动开关、按钮或钥匙开关等)，当它动作时产生电信号，使电梯按预定的控制方式运行。

4　重大危险列表

本章包括本标准所涉及的所有重大危险、危险状态和事件，通过风险评价证明它们对电梯是重要的，需要采取措施消除或降低风险。表1中所列重大危险基于GB/T 20900—2007，同时也列出了本标准中的安全要求和/或保护措施。

表1　本标准中涉及的重大危险

GB/T 20900—2007	火灾情况下电梯的重大危险或危险状态	本标准条款号
B.2.1	机械危险	5.1.1/5.1.2/5.3.4/5.3.5/5.3.6/5.3.7
B.2.1b)	被困危险	5.1.3/5.3
B.2.1b)	冲击危险	5.3.1/5.3.2
B.2.3	热危险(热或烟危险的组合)	5.1/5.2/5.3.1a)、b)、c)/5.3.2/5.3.3/5.3.5/5.3.7/5.4
B.2.6	因忽视人类工效学所引起的危险(例如：不合适的设计或显示装置的位置不合理等)	5.1.3/5.3.8

5　安全要求和/或防护措施

5.1　通则

电梯在火灾情况下应通过下列方式(参见附录A图A.1)退出正常服务。

5.1.1　输入信号

接收到电信号后，电梯应按5.3的要求动作。该电信号应源于火灾自动探测和报警系统或手动召回装置。

如果设置手动召回装置，则应满足下列要求：

a)　是双稳态的；

b)　清楚地标示该装置的状态，以避免任何错误；

c)　适当地标示该装置的用途；

d)　安装在建筑物的管理中心或主指定层；和

e) 当易接近时，应有防误操作保护，例如：装在可敲碎的玻璃面板后或设置在安全的区域。

注：火灾自动探测和报警系统、手动召回装置的选择，需在建筑物设计或规划阶段协商决定。

5.1.2 电梯的停止位置

5.1.2.1 如果电梯因故障停止，从火灾探测系统向电梯控制系统发出的信号不应导致电梯启动。

5.1.2.2 检修运行控制和紧急电动运行控制不应受到火灾探测系统的影响。

5.1.3 禁止标志

在所有层站靠近电梯的明显位置处，应按照图1设置一个符合GB/T 2893.1要求的禁止标志。该标志的直径应至少为50 mm，如图1所示。

注：该标志可附加"火灾时请勿使用电梯"的文字说明。

图1 "火灾时请勿使用电梯"标志

5.2 火灾报警系统和电梯控制系统间的接口要求

5.2.1 通则

接口线路中断应触发5.3所述的电梯火灾召回。

注1：接口类型由电梯制造商与建筑物业主协商确定（见GB 7588—2003中0.2.5和GB 21240—2007中0.2.5）。

注2：火灾自动探测和报警系统、手动召回装置的选择，需在建筑物设计或规划阶段协商决定。

可使用的接口示例见5.2.2、5.2.3。

5.2.2 分立接口

分立接口应通过无源的常开触点实现，探测到火灾时断开。

应有向电梯控制系统提供信号的触点。

如有需要，电梯状态等信号的触点应由电梯制造商提供。

5.2.3 串行接口

串行接口应是失效安全型的，按照标准的软硬件协议（如EIA-422-A或ITU-T V.11）以串行信号形式实现信息传递。

5.3 电梯收到火灾探测信号时的特性

在火灾情况下，电梯的响应原则是使轿厢返回到指定层并允许所有乘客离开电梯。

5.3.1 当收到来自火灾自动探测和报警系统（见3.6.1）或手动召回装置（见3.11）的火灾信号时，电梯应有下列响应：

a) 所有的层站控制和轿厢控制，包括"重开门按钮"均应变为无效；

b) 所有已登记的召唤都应被取消；

c) 电梯应按下列方式执行由接收到的信号所触发的指令：

1) 动力驱动的自动门的电梯，如果是停在层站处，应关门，中间不停层直接运行到指定层；

2) 手动门或动力驱动的非自动门的电梯，如果正开着门停在层站，应在该层站保持原状态。如果门关着，电梯应中间不停直接运行到指定层；

3） 正在驶离指定层的电梯，应在最近的可停靠楼层正常停止，不开门，然后立刻改变方向，返回到指定层；

4） 正在驶向指定层的电梯，应继续运行且中间不停层直接运行到指定层；

注：如果电梯已经开始向非指定层减速，可正常停层但不开门，然后立刻运行到指定层且中间不停层。

5） 如果电梯由于安全装置动作而停止运行，应保持原状态。

5.3.2 可能受热或烟雾影响的门保护装置应无效，以允许关门。GB 7588—2003 中 7.5.2.1.1.3 和 GB 21240—2007 中 7.5.2.1.1.3 的最后一段所规定的保护应保留。

5.3.3 GB 21240—2007 中 14.2.1.5b）所规定的自动返回最低层站应不起作用。

5.3.4 电梯组中的一台电梯发生故障，应不影响其他电梯向指定层的运行。

5.3.5 动力驱动的自动门的电梯到达指定层后应停止，打开轿门和层门，并且电梯退出正常服务。

5.3.6 对于手动门的电梯，轿厢到达指定层后，电梯门应解锁，并且电梯退出正常服务。

5.3.7 电梯可通过下列方式恢复到正常运行状态：

a） 火灾自动探测系统的复位电信号；或

b） 手动召回装置复位，该装置应设计成其复位仅能由被授权人员操作。

即使火灾探测（报警）系统仍为激活状态（例如，探测系统不能复位），为使电梯恢复正常运行，应提供一个无源常开触点的信号，该触点应由建筑物业主与电梯制造商协商提供。

5.3.8 在指定层应设置一个“禁止进入”标志（见图2）的指示器，提示不应使用电梯。该指示器由正常电源供电，当电梯在指定层时燃亮。如果该指示器设置在层站控制装置上，该标志的最小直径应为 25 mm；如果作为一个独立的指示器，该标志的最小直径应为 50 mm。

图2 “禁止进入”标志

5.4 指定层

5.4.1 如果安装了火灾探测系统，电梯应按以下要求设置一个或多个指定层：

电梯接收到 5.1.1 规定的电信号后，应按 5.3 的要求返回主指定层（通常是地面层）。

5.4.2 对于某些建筑物，依照国家相关规定、建筑设计者或规划者等的要求可能要提供更复杂的解决方案。这时，应按以下方式设置多个指定层：

当火灾自动探测系统探测到主指定层发生火灾时，电梯应收到一个附加的电信号，使电梯运行到备用指定层。

注：一旦电梯接收到返回指定层的信号，电梯将执行此操作，而忽略火灾探测系统的其他任何信号，5.3.7 规定的复位信号除外。

5.4.3 在任何情况下，电梯应按 5.3 所述要求响应。

6 安全要求和/或保护措施的验证

第5章和第7章的安全要求和/或保护措施应按照表2的要求验证。

表 2 验证表

条款	目测检查[a]	设计符合性检查[b]	设计文件审查[c]	功能试验[d]
5.1.1	×			×
5.1.2				×
5.1.3	×			
5.2			×	
5.3		×		×
5.3.1	×	×	×	×
5.3.2				×
5.3.3				×
5.3.4				×
5.3.5				×
5.3.6				×
5.3.7		×		×
5.3.8	×			×
5.4.1				×
5.4.2				×
7	×			
注：如果采用经过型式试验的产品，则按产品文件进行测试和检查。				

a 目测检查的结果仅能说明其存在(如:标志、控制面板、使用手册)，所要求的标志符合标准要求，递交给业主的文件内容是与要求一致的。

b 设计符合性的检查结果是证实电梯是按照设计进行制造的，其零部件、装置符合设计文件。

c 设计文件审查的结果是证明本标准的要求在设计文件（如:布置图、说明书)中已得到满足。

d 功能试验的结果是表明电梯包括安全装置是按预定要求工作的。

7 使用信息

在交付给建筑物业主的使用手册(用户文件)中应说明火灾情况下电梯的特性，以及维护和定期测试火灾报警系统的必要性。

附 录 A
（资料性附录）
电梯情节与接口

A.1 构成本标准应用基础的电梯情节

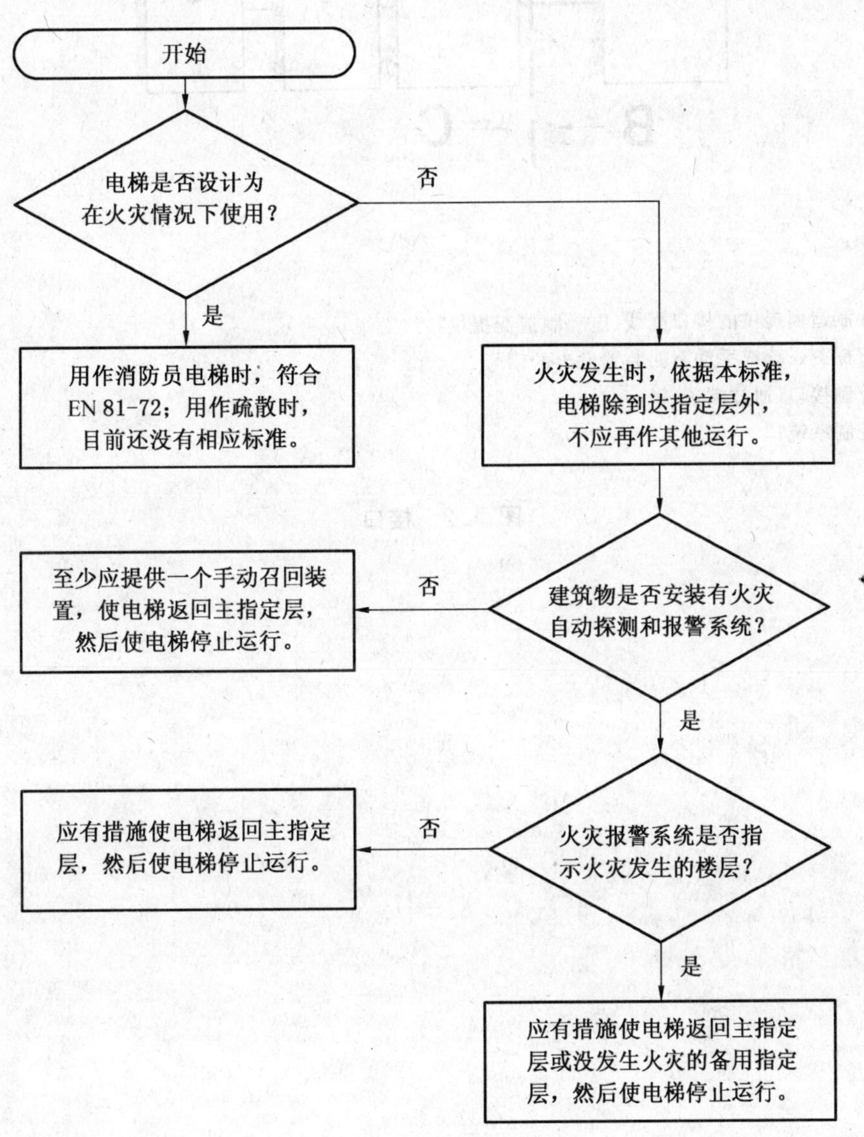

图 A.1 电梯情节

A.2 火灾自动探测系统和电梯接口

图 A.2 为火灾自动探测系统和电梯控制间接口的说明。

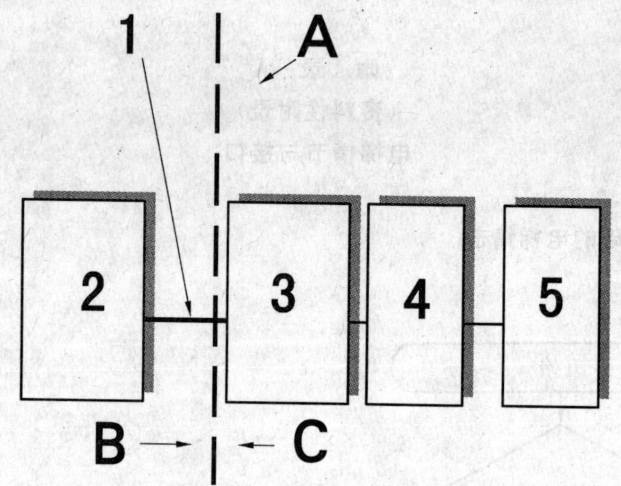

A——边界；

B——建筑物；

C——电梯；

1——非电梯制造商提供的接口配线(电梯制造商提供接线端子)；

2——从火灾探测系统或手动召回装置发出的信号；

3——电梯控制接口(通过端子)；

4——电梯控制系统；

5——电梯。

图 A.2 接口

参考文献

[1] GB/T 16856.1—2008 机械安全 风险评价 第1部分:原则(ISO 14121-1:2007,IDT).

[2] EIA-422-A 稳压数字接口电梯的电气特性(Electrical characteristics of balanced voltage digital interface circuits).

[3] ITU-T V.11 运行在数字信号传输速率达到10 Mbit/s的平衡双流交换电路的电气特性(Electrical characteristics for balanced double-current interchange circuits operating at data signalling rates up to 10 Mbit/s).

ICS 91.140.90
Q 78

中华人民共和国国家标准

GB/T 24480—2009

电梯层门耐火试验
泄漏量、隔热、辐射测定法

**Landing doors fire resistance test—
Methods for leakage rate, thermal insulation and radiation**

2009-10-15 发布　　2010-03-01 实施

中华人民共和国国家质量监督检验检疫总局
中国国家标准化管理委员会　发布

前　言

本标准等同采用 EN 81-58:2003《电梯制造与安装安全规范　检查和试验　第 58 部分:层门耐火试验》(英文版)。

为了便于使用,本标准对 EN 81-58:2003 做了下列编辑性修改:

——将"本欧洲标准"改为"本标准";

——本标准删除了 EN 81-58:2003 前言和引言的部分内容和附录 ZA,因为其不适合我国国情且其存在与否对本标准的理解和使用没有任何影响。

本标准的附录 A、附录 B、附录 C 和附录 D 为规范性附录。

本标准由全国电梯标准化技术委员会(SAC/TC 196)提出并归口。

本标准负责起草单位:日立电梯(中国)有限公司。

本标准参加起草单位:国家电梯质量监督检验中心、上海三菱电梯有限公司、奥的斯电梯(中国)投资有限公司、通力电梯有限公司、杭州西子孚信科技有限公司。

本标准主要起草人:于向前、于梅、马培忠、陆跃华、苏靖、梅明旺、吴庆丰。

引　言

本标准遵循 EN 1363-1《耐火试验　第 1 部分：基本要求》中的基本原则，并引用了 EN 1634-1《对于门和隔板装置的耐火试验　第 1 部分：耐火门和耐火隔板》中的方法。另外，还采用了一种测定气体泄漏量来确定电梯层门完整性的方法。

本标准没有规定试验之前电梯层门的机械性能，因为这些要求已包含在相关的产品标准中。

电梯层门耐火试验 泄漏量、隔热、辐射测定法

1 范围

本标准规定了电梯层门耐火性能试验的方法,用于电梯层门完整性、抗辐射性和隔热性的检测。

本标准适用于防止火焰经层门向井道蔓延的各种形式的电梯层门。

2 规范性引用文件

下列文件中的条款通过本标准的引用而成为本标准的条款。凡是注日期的引用文件,其随后所有的修改单(不包括勘误的内容)或修订版均不适用于本标准,然而,鼓励根据本标准达成协议的各方研究是否可使用这些文件的最新版本。凡是不注日期的引用文件,其最新版本适用于本标准。

GB/T 2624.1—2006 用安装在圆形截面管道中的差压装置测量满管流体流量 第1部分:一般原理和要求(ISO 5167-1:2003,IDT)

GB 7588—2003 电梯制造与安装安全规范(eqv EN 81-1:1998)

GB/T 15706.1—2007 机械安全 基本概念与设计通则 第1部分:基本术语和方法(ISO 12100-1:2003,IDT)

GB 21240—2007 液压电梯制造与安装安全规范(EN 81-2:1998,MOD)

ISO 5221 空气配给和空气扩散 输气管道中气流速度测量方法的规则(Air distribution and air diffusion—Rules to methods of measuring air flow rates in an air handling duct)

ISO 9705 燃烧试验 表面产品的全尺寸房间试验(Fire tests—Full scale room test for surface products)

EN 1363-1:1999 耐火试验 第1部分:基本要求(Fire resistance tests—Part 1:General requirement)

EN 1363-2 耐火试验 第2部分:可选择和附加的方法(Fire resistance tests—Part 2:Alternative and additional procedures)

EN 1634-1 对于门和隔板装置的防火试验 第1部分:耐火门和耐火隔板(Fire resistance tests for door and shutter assemblies—Part 1:Fire doors and shutters)

3 术语和定义

GB/T 15706.1—2007 和 EN 1363-1:1999 确立的以及下列术语和定义适用于本标准。

3.1

电梯层门 lift landing door

设置在电梯层站入口的门。

3.2

非隔热层门 thermally uninsulated lift landing door

不满足 EN 1363-1 和 15.2 所规定的隔热要求的电梯层门。

注:一般的电梯层门属于此类。

3.3

隔热层门 thermally insulated lift landing door

满足 EN 1363-1 和 15.2 所规定的隔热要求的电梯层门。

3.4

开门宽度　door opening

层门完全开启时的净宽。

3.5

门组件　door assembly

门框、门扇及导轨等组成的完整装置，用于电梯层站的出入口。它包括面板、构件、密封材料及操作件等。

3.6

支撑结构　supporting construction

在试验架或加热炉正面开口处设置的用于支撑电梯层门的机械构件。

3.7

泄漏量　leakage rate

电梯层门侧的气体压力过大而导致热气单位时间内通过门间隙和门裂缝的总流量。

4 试验原理

4.1 EN 1634-1 包含了一种用于确定门耐火性能的方法，这种门的任何一侧都可能暴露于建筑物的火焰中，需要它们来阻止火焰从一侧到另一侧的蔓延。电梯层门是一种特殊用途的门，通常认为火灾从特定方向发生，也就是层站一侧，这样就会仅仅在火焰进入电梯井道之后才会发生危险。电梯层门一般都不设计成具有双向阻断热气通道的能力。

4.2 本试验包括将电梯层门层站侧暴露于高温条件下一段时间，并在这段时间内评估门的耐火性能，高温条件的详细说明见 EN 1363-1 中的相关规定。试验期间，在炉内气体向低温一侧泄漏的情况下，门受火面的整个高度上都存在正压力。在背火面安置一个罩子来收集泄漏的气体，用一台引风机通过一根连接有测量流动气体体积系统的管道将这些气体抽走(见附录 A)。用 CO_2 作为跟踪气体，在加热炉和气流测量点测量气体浓度，通过监测气流速度和温度，可计算出热气通过电梯层门的泄漏量。本方法给出了热气泄漏随时间变化的记录，它可按常规条件进行修正，为评估门作为一道有效防火屏障的能力提供了依据。

5 试验设备

5.1 加热炉应符合 EN 1363-1 要求。

5.2 罩子应符合附录 A 规定。

5.3 泄漏测量装置应符合附录 A 规定。

6 试验条件

6.1 加热炉应按 EN 1363-1 所要求的温度-时间曲线进行控制。

6.2 加热炉应能使层门样件受火面在整个高度上保持正压，其地坎处压力值应保持在(2±2)Pa 范围内。

注：层门样件高度方向上的压力梯度大约为 8.5 Pa/m。

7 层门样件

7.1 结构

层门样件应能完整地表现门组件所有的必要特征。

7.2 数量

如果仅需要得到电梯层门在层站侧暴露在高温条件下的特征，则仅需提供一套层门样件。如果需要按照10.2的方法检验电梯层门的结构，则需要提供第二套层门样件。

7.3 尺寸

层门样件应是全尺寸或是能适应加热炉的最大尺寸。加热炉前开口的典型尺寸是3 m×3 m，对于典型的3 m×3 m的加热炉，为了暴露出至少200 mm宽的支撑结构，其支撑结构的开口应限制在2.6 m×2.8 m(宽×高)以内。

7.4 安装

层门样件应安装在具有足够的耐火性能的支撑结构上。支撑结构应先安装在试验架内并预留出安装层门样件的空间。支撑结构两个垂直边和顶部的宽度不应小于200 mm。

层门样件与支撑结构之间连接的设计，包括连接件所用的材料，都应与实际使用的类型相同。层门样件与支撑结构的位置关系也应与实际情况一致。

如果没有特殊要求，则试验前层门样件的安装间隙应为符合GB 7588—2003和GB 21240—2007要求的最大值。

8 支撑结构

为了试验结果可以被直接应用，层门样件应竖直安装在附录B中规定的标准支撑结构上。

注：如果试验时的支撑结构是一种能够在实际中使用的特定型式，则试验结果仅适用于这种结构。

9 湿度条件

9.1 层门样件、支撑结构以及所用的密封材料应满足EN 1363-1和EN 1634-1要求。如果电梯层门主要由非吸湿性的材料构成，则不需要干燥处理。如果已知支撑结构的含水量对于层门样件或固定系统的性能没有影响，则也不必要对其进行干燥处理。

9.2 如果有必要，应提供电梯层门所使用材料的样品来检测其含水量。

10 试验前的检测

10.1 概述

试验前，应检查层门样件的结构完整性以及间隙尺寸和啮合尺寸是否与门组件产品图样一致，同时确认层门样件能够正常使用。

10.2 结构细节

层门样件在试验室安装前，试验申请人应将层门样件的完整、详细说明书提交给试验负责人。此说明书应足够详细以使试验人员能在试验前检查层门样件，并应确保所提供信息的准确性。试验层门样件应按EN 1363-1的要求进行确认。

为避免破坏层门样件或考虑到试验后的层门样件无法评估其结构细节，试验人员可取消对层门样件结构细节的检查，但应选择下列两种方法之一进行确认：

a) 试验人员应要求检查被测门组件的加工过程；

b) 试验申请人应按试验要求另外提供一套门组件或门组件的一部分(如：门扇)。试验人员可任意地选择用于试验和结构检查的层门样件。

10.3 间隙尺寸和啮合尺寸

层门样件的运动部件与固定部件之间的间隙尺寸应在试验前进行测量。应测量多个尺寸来描述间隙的真实情况，沿着每一个侧面或边缘至少测量三个尺寸。间隙尺寸应精确到±0.5 mm。图1到图4列出了不同类型的电梯层门和需要记录的间隙。啮合的深度和安全导向尺寸(如果有)也应测量和记录。

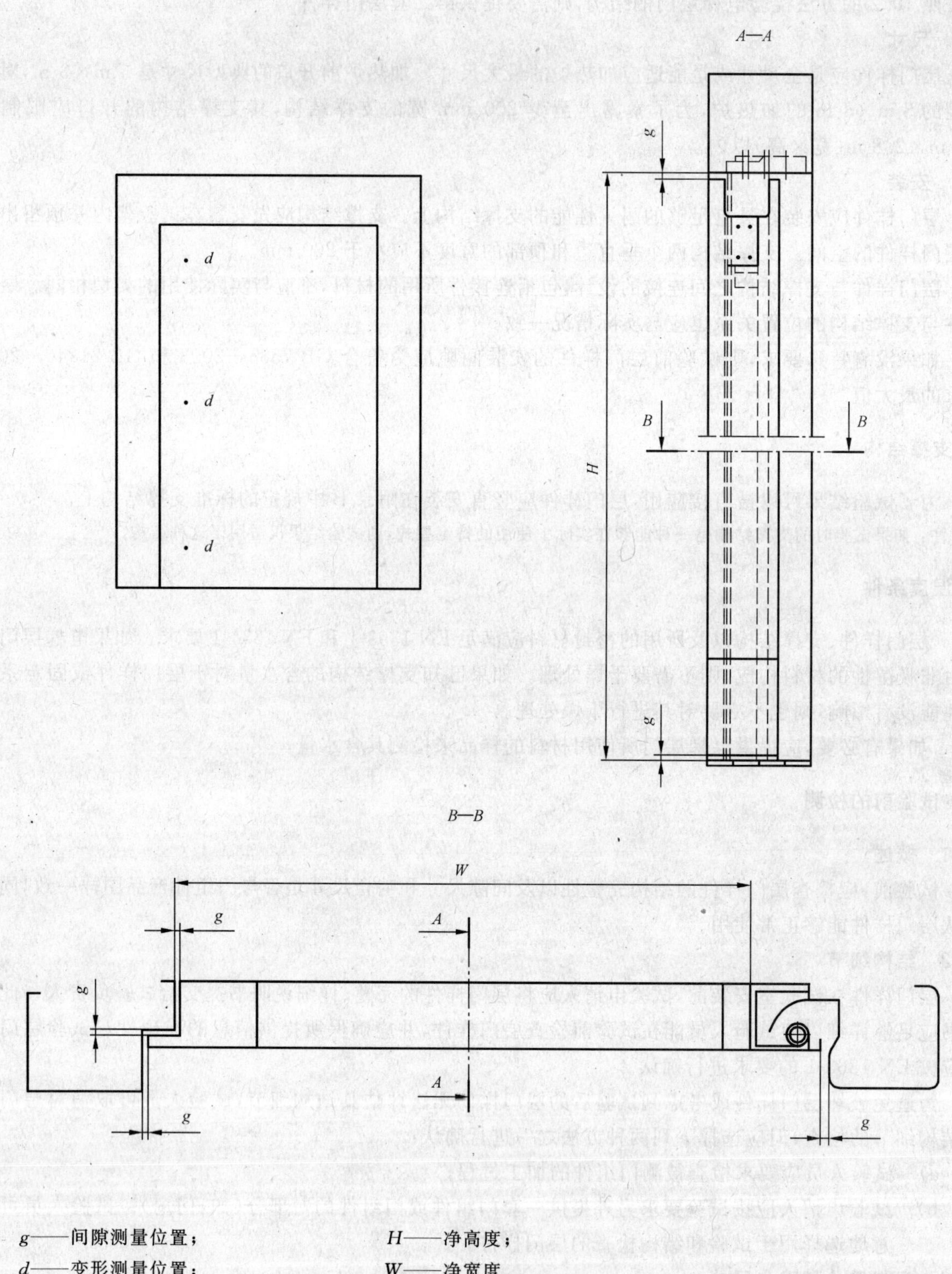

g——间隙测量位置；　　　　H——净高度；

d——变形测量位置；　　　　W——净宽度。

图 1 单扇旋转门的间隙(g)和变形尺寸(d)

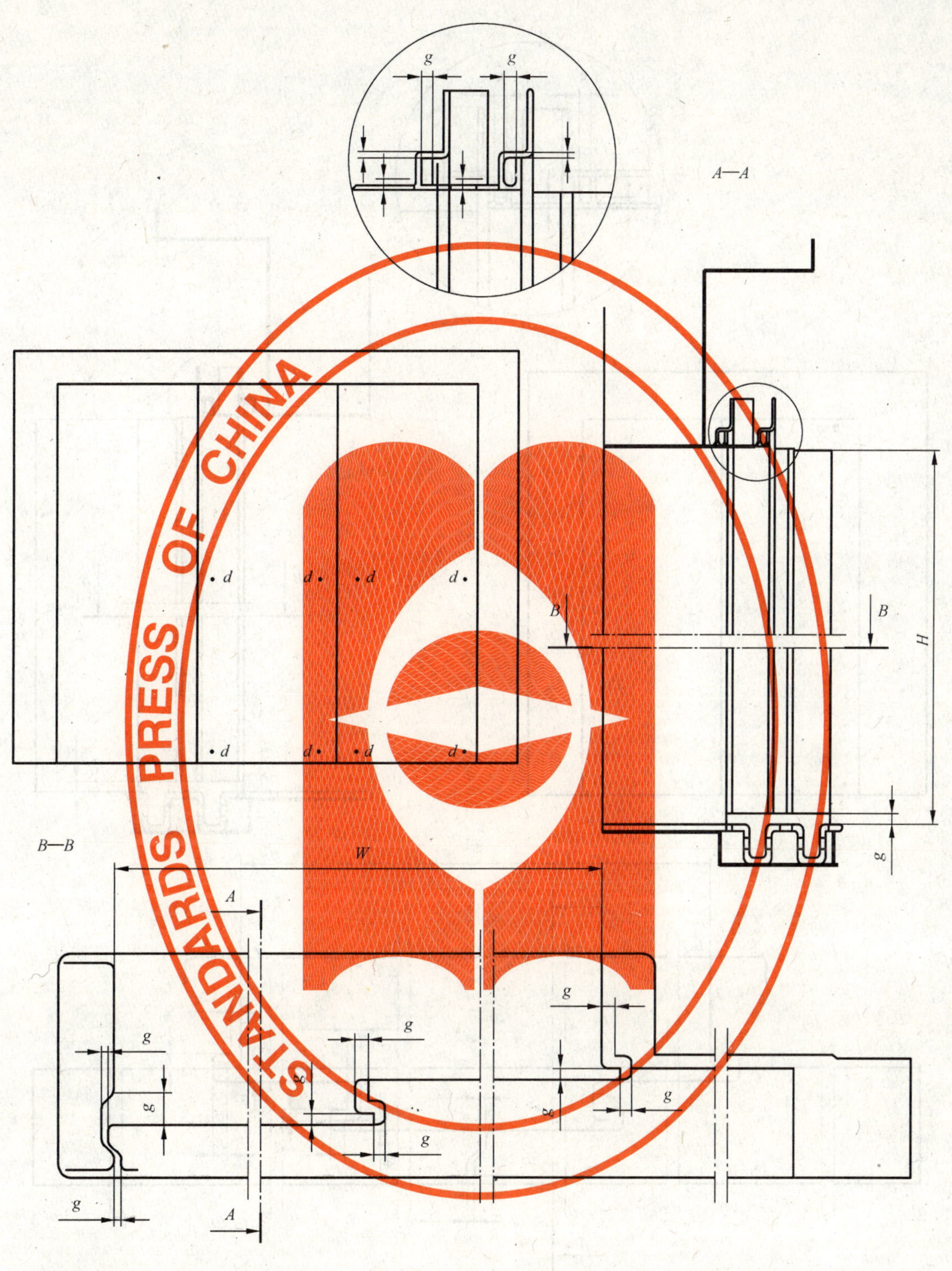

g——间隙测量位置；　　　*H*——净高度；

d——变形测量位置；　　　*W*——净宽度。

图 2　双扇旁开门的间隙(*g*)和变形尺寸(*d*)

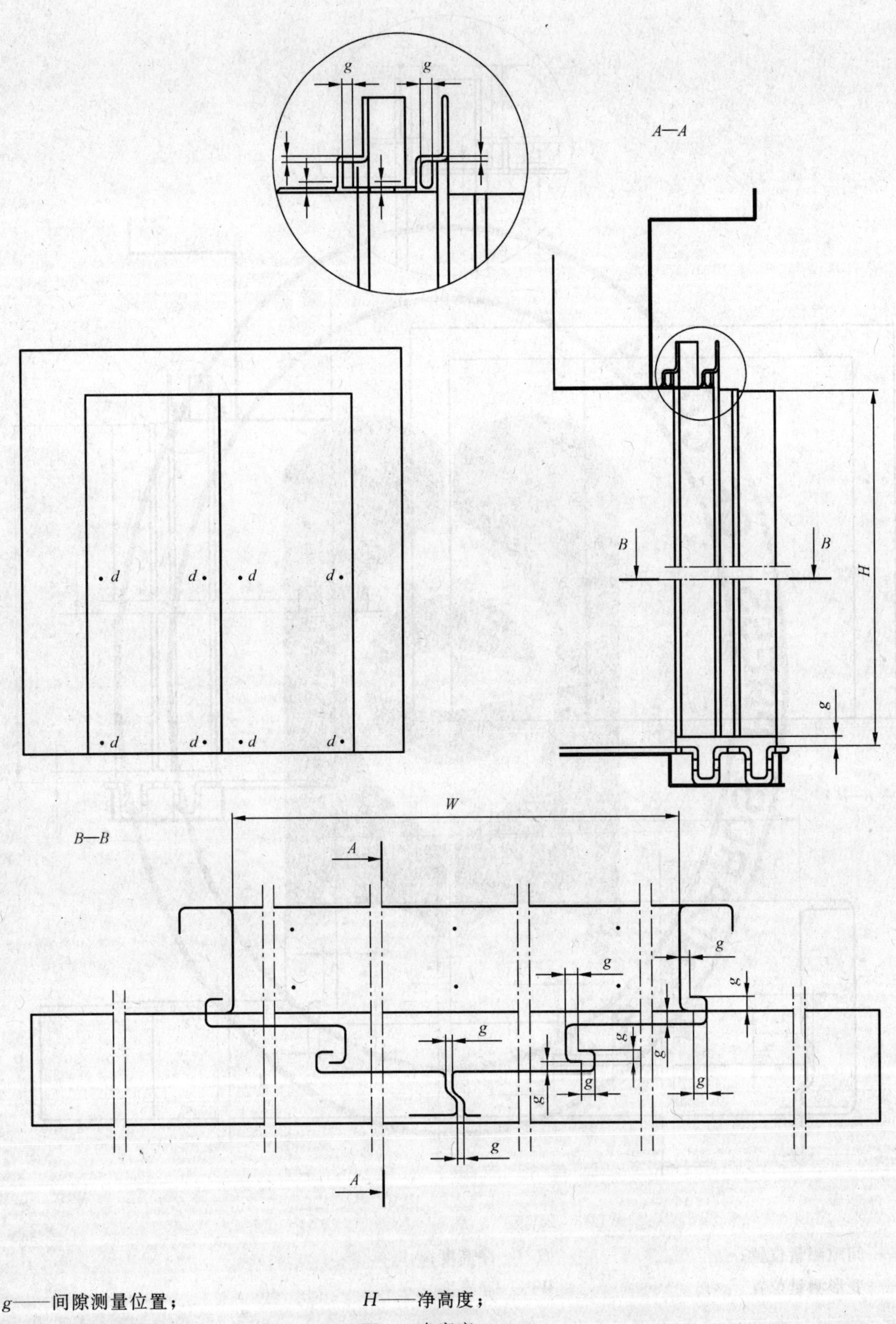

g——间隙测量位置；
d——变形测量位置；
H——净高度；
W——净宽度。

图 3　中分门的间隙(g)和变形尺寸(d)

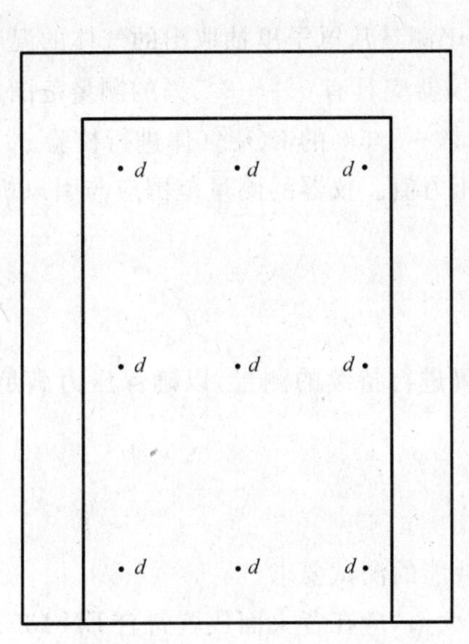

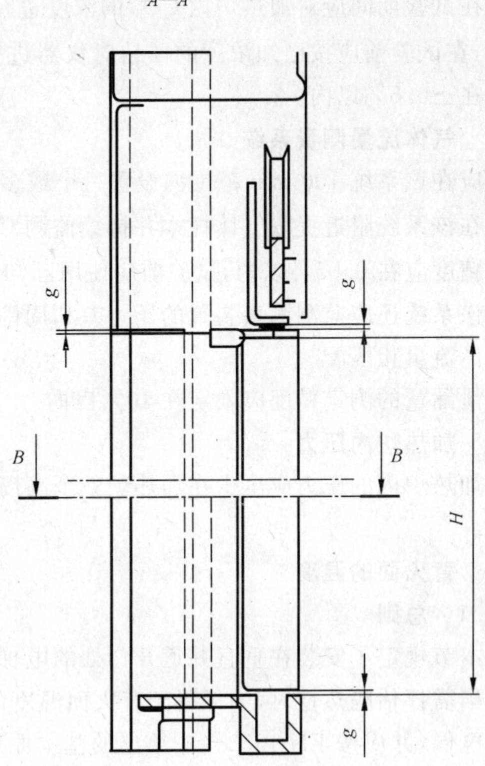

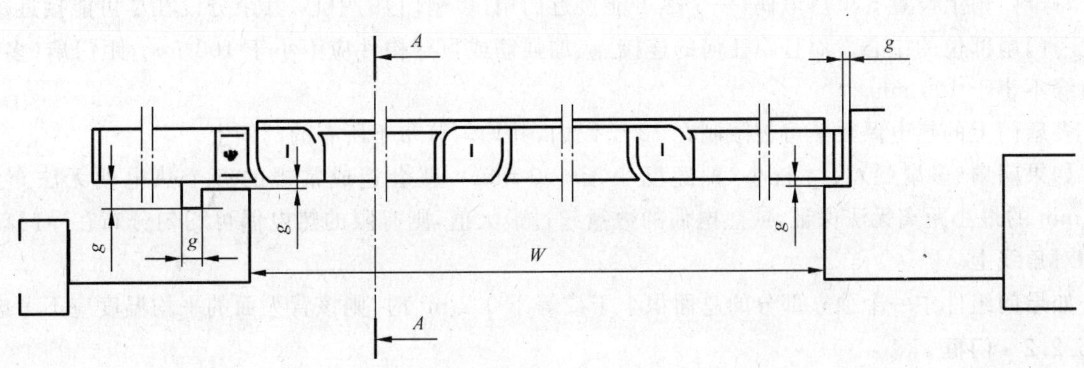

g——间隙测量位置；　　H——净高度；
d——变形测量位置；　　W——净宽度。

图 4　多扇滑动门的间隙(*g*)和变形尺寸(*d*)

10.4　功能性检查

试验前，应将层门样件尽可能最大限度地进行开关门功能性检查，开门宽度最小为 150 mm。

11　试验仪器的使用与数据采集

11.1　加热炉热电偶

加热炉热电偶的性能、数量和位置应符合 EN 1634-1 有关门测试要求。

11.2 加热炉内 CO_2 浓度

在试验期间应对加热炉内 CO_2 的浓度进行持续监测。CO_2 浓度测量仪的测量范围应在0%～20%之间，在试验前应按已知浓度的样品对仪器进行校准。测量 CO_2 浓度的精度，即仪器和测量系统的精度应在±0.5%以内。

11.3 气体流量测量系统

应在该系统100 mm范围内设置一个或多个热电偶，用于测量从罩子里抽取出的气体的温度。

在该系统附近提取气体样本并持续监测 CO_2 的浓度。仪器应具有0%～2.5%的测量范围，CO_2 的测量精度应在0.05%以内，试验前应使用已知浓度范围在1%～2.5%的 CO_2 气体进行校验。

该系统还应监测测量装置的压力差和周围环境的大气压力值。仪器的测量范围应与引风机所收集的气体流量相匹配。

泄漏量的测定精度应限定在10%以内。

11.4 加热炉内压力

加热炉内的压力应至少在加热炉整个高度上的两个位置进行持续的测量，以确保压力满足6.2的规定。

11.5 背火面的温度

11.5.1 总则

本节规定了安装在垂直井道开口处的电梯层门的隔热性能的测试要求。

当需评估隔热性时，为了得到背火面温度的平均值和最大值，应在背火面放置符合EN 1363-1规定的热电偶，并应按EN 1363-1中给出的基本原理进行固定。

注：如果门或门的任何部分不要求评价隔热性，则不要求测量温度。

11.5.2 测量平均温度的热电偶的位置

11.5.2.1 门扇(多扇门)

每个门扇上设置5个热电偶，一个尽可能接近门扇(多扇门)的中心，其余分设在尽可能接近每个四分之一门扇部位的中心。而且距任何的连接点、加强筋或贯穿构件应不小于100 mm，距门扇(多扇门)的边缘不小于100 mm。

多扇门上的热电偶数量可被限制在12个以内，并均匀分布于所有的门扇上。

如果门扇(多扇门)尺寸较小(即宽度小于400 mm)，就会造成常规的五个热电偶无法布置，或100 mm的最小距离无法保证，或热电偶的数量超过最大值，则有限的热电偶可均匀分布在净门口的中心和对角线上。

如果门组件中一个独立部分的总面积小于或等于0.2 m^2 时，则该背火面的平均温度应不考虑。

11.5.2.2 门框

层门样件的门框可包括以下部分：含机械装置(在滑动门和折叠门上)的顶部水平部分、两侧垂直部分和门楣。在含有机械装置的顶部水平部分不应放置热电偶。

宽度或高度大于300 mm的侧板和门楣，应每平方米或其中的每个部分设置一个热电偶，并至少设置两个热电偶。

这些热电偶应距任何的连接点、加强筋或贯穿构件不小于100 mm，距侧板和门楣的边缘不小于100 mm。

如果门楣的高度或侧板的宽度小于300 mm，则不需要热电偶来测定平均温升。

应测定每个区域的平均隔热性能。

11.5.3 测定最高温度的热电偶的位置

11.5.3.1 门扇(多扇门)

最高的温度值应由测量平均温升的热电偶来测量(见11.5.2.1)。

11.5.3.2 门框

最高的温度值应由测量平均温升的热电偶来测量(见 11.5.2.2)。对于宽度或高度在 300 mm 到 100 mm 之间的垂直部分或水平部分,则只需在每一个部分的中心设置一个热电偶。

对于宽度或高度小于 100 mm 的垂直或水平部分,不需要测量温度。

11.6 热辐射的测量

如果要求层门样件满足辐射标准,则应按 EN 1363-2 中要求的仪器在背火面测量辐射值。为了满足 EN 1363-2 中辐射计位于离受火面 1 m 远的位置要求,则需要在幕帘上剪开相应的孔。

11.7 变形的测量

为了扩展试验数据的应用,有必要在试验过程中记录层门样件的变形。该测量应在特定的位置进行。见图 1 到图 4 中的位置"*d*"。

11.8 气体流量测量系统的验证

试验前应按附录 C 的规定对泄漏量测量系统的可靠性与能力进行校验,CO_2 气体生成装置的设置见附录 C 中图 C.1。

12 试验程序

将层门样件安装于加热炉的前面以形成一个密封的加热炉空间。检查 CO_2 测量系统的精度,并进行气体流量测量系统的验证(见 11.8)。

上述的验证完成后,保持引风机运转并点燃加热炉。应按 EN 1363-1 中规定的标准加热曲线控制加热炉温度。

在试验开始时,热电偶离层门样件最近受火面的距离应为 100 mm。

应记录试验过程中气体测量仪器的读数和加热炉中 CO_2 的浓度,包括记录气体流量测量系统的验证的数据(见 11.8),以用于分析。如果要测量背火面的温度及其产生的辐射和层门变形量,则这些数据也应记录下来。应记录燃烧的开始时间和持续时间。

应注意观察层门样件在试验过程中的基本变化,并记录门的变形、缝隙的扩大、材料的软化或融化、表面处理的炭化等相关信息。对背火面散发大量浓烟的危险情况,虽然本试验中没有提到相关的评估内容,但是如果出现这种情况应记录下来。

13 试验终止

试验达到委托人选定的耐火时间后结束。层门样件已不再能满足任何性能指标时试验终止。

14 耐火性评定

14.1 电梯层门的性能评定应以下列能力为依据:作为防火屏障保持在原有位置的能力;控制热气从层站侧泄漏到电梯井道的能力;以及满足任何附加标准的隔热和抗辐射的能力。

14.2 气体泄漏量应修正为常温常压下的泄漏量,泄漏量的单位为 m^3/min,具体过程见附录 D。泄漏量的限值见第 15 章。

注:当观察到的泄漏量曲线出现瞬时峰值,且这些峰值是由于测量环节中的波动引起的,而不是因层门样件裂缝的增大或进一步的断裂导致泄漏量真实增加时,这些瞬时峰值可忽略不计。

由于易燃材料(涂层、油漆)在一定温度和一定时间内会发生分解,可能引起检测到的 CO_2 暂时增加,但这与泄漏量的增加无关,因此这些数据不应用于性能分级。

14.3 如果需要确定电梯层门的隔热性,则应根据背火面的温升或表面热辐射的任一项进行判断。其隔热性指标见 15.2 和 15.3。

15 耐火性指标

15.1 完整性(E)

完整性是判断电梯层门性能的一项主要技术指标。对于层门样件,只要开门宽度方向上的每米泄漏量不超过 3 m^3/min,就认为是满足完整性的要求,而不必考虑最初 14 min 的试验。

当层门样件背火面发生持续燃烧 10 s 以上的火焰时,则判定丧失完整性。

15.2 隔热性(I)

如果需要确定隔热性,当平均温度超过初始温度 140 ℃时,则判定丧失隔热性。

当门扇、宽度不小于 300 mm 的门楣和侧板上最高温度超过初始温度 180 ℃时,则判定丧失隔热性。

当垂直部分和/或门楣的宽度(垂直部分)或高度(门楣)在 100 mm 到 300 mm 之间时,这些部分的最高温度超过初始温度 360 ℃时,则判定丧失隔热性。

15.3 抗辐射性(W)

如果需要确定抗辐射性,当测量到的辐射超过 15 kW/m^2 时,则判定丧失抗辐射性。其测量方法见 EN 1363-2。

16 直接应用的范围

按照完整性和隔热性指标得到的试验结果,可应用于与层门样件结构相同但尺寸不同的电梯层门,但应满足下列要求:

a) 符合下列条件的电梯层门无需任何修正就可应用测量到的泄漏量:
——高度比层门样件低的相同结构的电梯层门;
——开门宽度或者井道口宽度在层门样件开门宽度±30%范围内变化的相同结构的电梯层门。

b) 高度增加不大于层门样件高度 15%的相同结构的电梯层门,需要按照附录 D 中规定的方法对测量到的泄漏量进行修正。

上述 a)和 b)可以组合使用。

如果试验是在标准支撑结构(见附录 B)中进行,则其结果适用于所有密度不小于 600 kg/m^3 且厚度不小于 100 mm 的支撑结构。

采用不同于附录 B 中所规定的标准支撑结构测量到的试验结果仅适用于这种特定结构。

17 分级方法和耐火性表述

17.1 耐火性指标

电梯层门的耐火性应依据 15.1、15.2 和 15.3 采用下列一个或多个指标来表示,其单位为时间的“min”:

——完整性:*xx* min;
——隔热性:*yy* min;
——抗辐射性:*zz* min。

17.2 分级时段

为达到分级的目的,17.1 所述的测量结果应向下归入至最近的分级时段:15 min,20 min,30 min,45 min,60 min,90 min 或 120 min。

17.3 字母标记

电梯层门耐火性应使用下列字母标记:

——E 完整性;

——I 隔热性；

——W 抗辐射性。

17.4 耐火性表述

应按下列形式表述耐火性等级：

——E tt:tt 为满足完整性指标的时间等级；

——EI tt:tt 为满足完整性和隔热性指标的时间等级；

——EW tt:tt 为满足完整性和抗辐射性指标的时间等级。

当指标混合使用时，时间等级应采用最短时间指标所对应的时间等级。例如一个电梯层门有下列指标：E:47 min，W:25 min，I:18 min，则它应归为 E 45 和/或 EW 20 和/或 EI 15 类中。

17.5 耐火性等级

电梯层门耐火性等级见表 1。

表 1 电梯层门耐火性时间等级

单位为分钟

E	15		30	45	60	90	120
EI	15	20	30	45	60	90	120
EW		20	30		60		

18 试验报告

根据 EN 1363-1 和 EN 1634-1 中的有关规定，试验报告应提供所需的基本内容。同时，还应根据需要提供下列数据：

a) 在试验期间通过层门样件的泄漏量；

b) 火焰出现的起始时间和持续时间；

c) 层门样件随时间的变形量；

d) 测量时热辐射随时间的变化值；

e) 测量时背火面温度随时间的变化值；

f) 层门样件的耐火性等级和应用范围。

附 录 A
（规范性附录）
罩子和气体泄漏量测量系统

罩子应采用薄板金属盒的形式，底部开口，固定于加热炉背火面，形成一个在试验过程中收集从层门样件泄漏过来气体的收集器。其前面和两侧面应设置有玻璃纤维幕帘，尽可能减少泄漏气体与周围空气的混合。

应设置一个抽取聚集在罩子顶部的气体的引风机。使用节流孔板或其他类似装置的监控系统来测量气体的流速、温度和 CO_2 的浓度。通过与加热炉内 CO_2 气体浓度的比较来计算电梯层门的泄漏量。

系统的基本布局见图 A.1，罩子的结构见图 A.2。罩子应由 1.0 mm～1.5 mm 厚度的薄金属板制成，并采用适当的方法与加热炉或支撑结构连接，以保证连接处的气密性。罩子内部在距顶端 150 mm 处，应固定一块(15±5)mm 厚的硅酸钙板作为隔板，该隔板和罩子的三个面都应保持 50 mm 的间隙，以保证气流畅通。在罩子顶部中心的位置，应设置一个直径至少为 200 mm 的金属管道，用来连接一台引风机。

注 1：对于常用的双扇门，可使用性能指标为 2 500 m^3/h 的引风机。

在罩子的前面和两侧应设置可调整的玻璃纤维幕帘。

幕帘的高度应可调，以保证试验时，前面幕帘应垂放至罩子正面的下缘 1 500 mm 处，两侧的幕帘应垂放至层门地坎位置。同时应在幕帘的下缘设置小的重物，以避免试验时幕帘的晃动。

应合适地安装罩子，其隔板的下表面高于层门样件所有固定部分的顶部边缘 300 mm，应使位于门框内的门扇处于罩子宽度的中心。

注 2：3 000 mm 宽的罩子适用于不大于 2 600 mm 宽的电梯层门。

测量气流的装置应带有排气管，装置的设计应符合 GB/T 2624.1 和 ISO 5221 或其他相关标准中的有关规定，以测量通过管道的气体流动速度。还应采用相关仪器进行下列测量：

a) 加热炉内 CO_2 的浓度，通常浓度不大于 10%。
b) 在气流测量点：
   1) CO_2 浓度，通常浓度不大于 1%；
   2) 气体温度，℃；
   3) 气体压力，Pa；
   4) 测量装置内的压力差，Pa。

根据上面提到标准的有关规定，管道的总长度不能太长，同时应在气体流量测量装置的每一段设置一段长的直管。

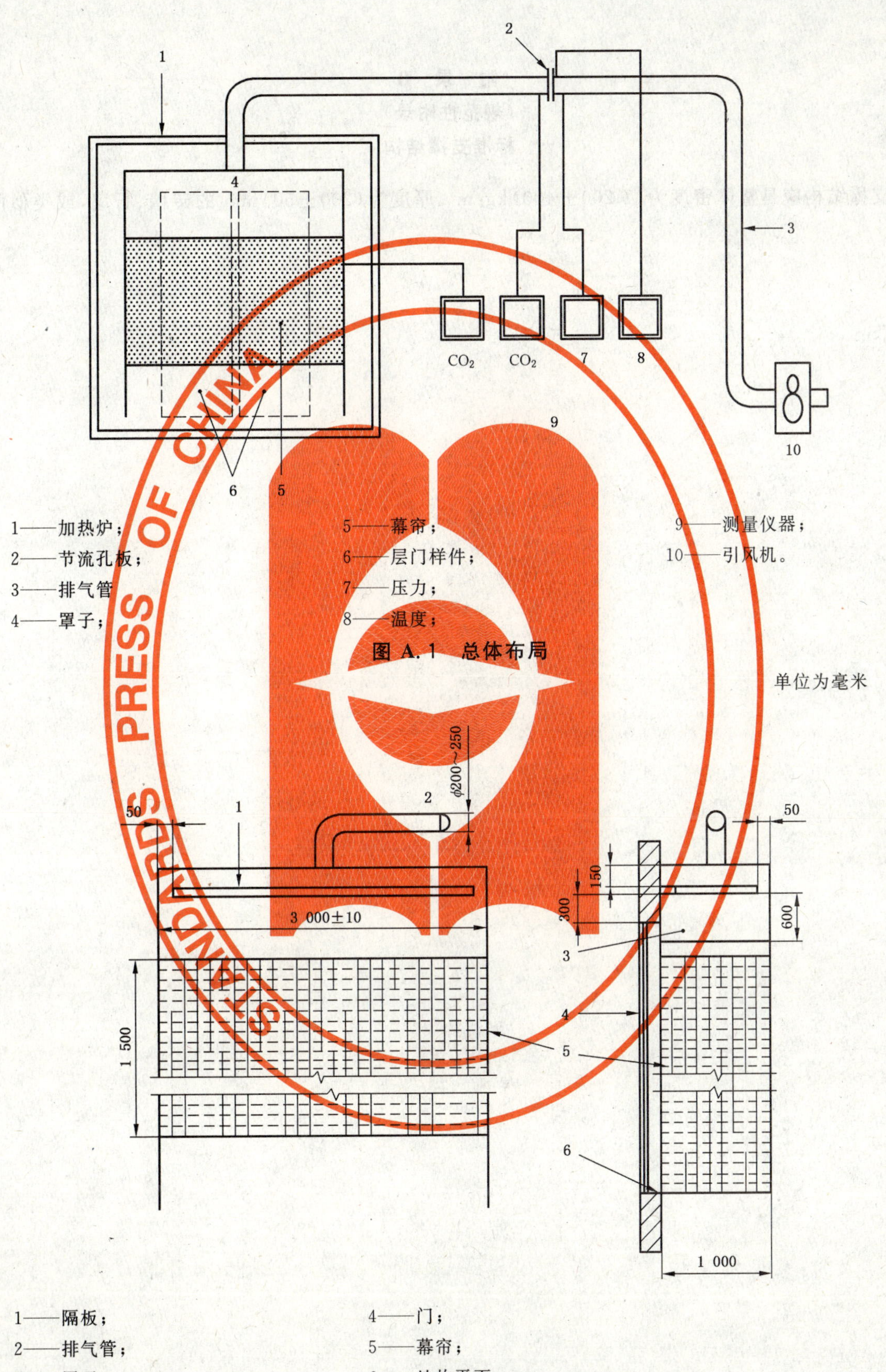

1——加热炉；
2——节流孔板；
3——排气管；
4——罩子；
5——幕帘；
6——层门样件；
7——压力；
8——温度；
9——测量仪器；
10——引风机。

图 A.1 总体布局

单位为毫米

1——隔板；
2——排气管；
3——罩子；
4——门；
5——幕帘；
6——地坎平面。

图 A.2 罩子的结构

附 录 B
(规范性附录)
标准支撑结构

支撑结构应是整体密度为(1 200±400)kg/m^3、厚度为(200±50)mm 的砖墙、石墙，或类似的水泥墙。

附 录 C
（规范性附录）
气体泄漏量测量系统验证方法

层门样件耐火试验前，应通过 10 min 的预热，紧接着 5 min 的测量来确认气体泄漏量测量系统的可操作性和精确度。

图 C.1 为一个燃烧炉的例子，它应放置在罩子下，并位于门高度的中心处。燃烧炉应符合 ISO 9705 的规定，其输出功率达 300 kW。

向燃烧炉提供标准流速为 1.36 L/s 的丙烷气体，从而可按照 0.25 m^3/s 速度释放出 CO_2。采用附录 D 中的公式(D.2)可计算出气体流速和 CO_2 的浓度。可通过使用质量流量控制器或测量重量的损失来控制 CO_2 气体的流动速度。

应尽可能采取措施将流速、CO_2 浓度的理论值和测量值之间的误差控制在 10%以内。当误差超过 10%时，测量的泄漏量应修正。

泄漏量验证过程中应注意保护层门样件。

单位为毫米

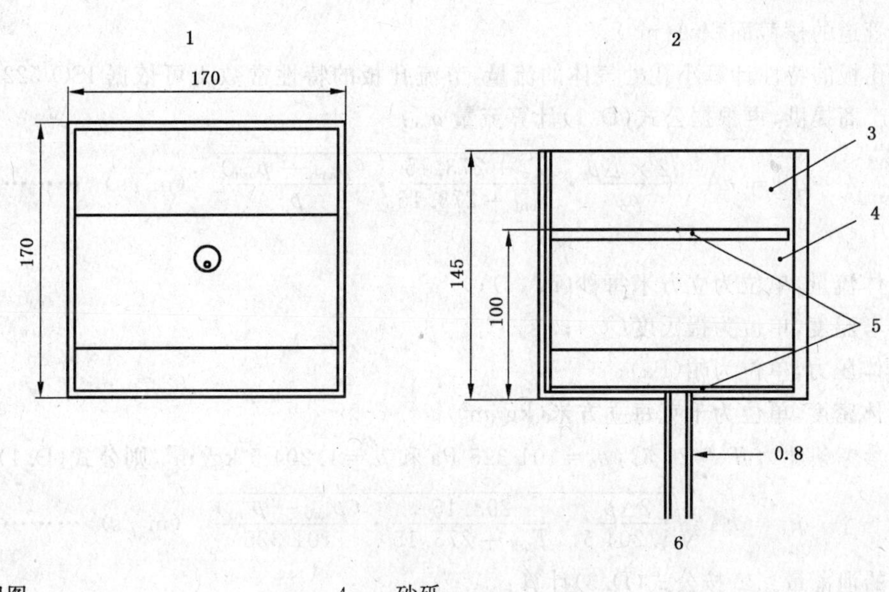

1——俯视图；
2——剖视图；
3——沙子；
4——砂砾；
5——黄铜丝布；
6——气体输入端。

图 C.1 标准规格燃烧炉示例

附 录 D
（规范性附录）
气体泄漏量的计算

D.1 气体泄漏量的计算

根据 GB/T 2624.1 使用节流孔板测量并计算泄漏量。

在试验过程中，为计算层门样件的泄漏量，应测量下列数据：

a） 加热炉内 CO_2 的浓度 C_{furn}（%）；

b） 管道中节流孔板处 CO_2 的浓度 C_{orif}（%）；

c） 加热炉内门顶部处的压力 p_{furn}（Pa）；

d） 节流孔板两端的压力差 Δp（Pa）；

e） 节流孔板处的下游压力 p_{orif}（Pa）；

f） 实验室的环境压力 p_{amb}（Pa）；

g） 节流孔板小孔处气体的温度 T_{orif}（℃）；

h） 排气管道的横截面积 A（m^2）。

应由节流孔板的特性计算小孔处气体的流量，节流孔板的特性常数 k 可依据 ISO 5221 获得，或由节流孔板的生产商提供，再根据公式（D.1）计算流量 q_{vo}：

$$q_{vo} = kA\sqrt{\frac{2\times\Delta p}{\rho_o}\cdot\frac{T_o+273.15}{T_{orif}+273.15}\cdot\frac{(p_{amb}-p_{orif})}{p_o}} \quad (m^3/s) \quad \cdots\cdots\cdots\cdots(D.1)$$

式中：

q_{vo}——气体流量，单位为立方米每秒（m^3/s）；

T_o——参考温度，单位为摄氏度（℃）；

p_o——气体压力，单位为帕（Pa）；

ρ_o——气体密度，单位为千克每立方米（kg/m^3）。

如果选定参考条件为 T_o=20 ℃，p_o=101 325 Pa 和 ρ_o=1.204 5 kg/m^3，则公式（D.1）变为：

$$q_{vo} = kA\sqrt{\frac{2\Delta p}{1.2045}\cdot\frac{293.15}{T_{orif}+273.15}\cdot\frac{(p_{amb}-p_{orif})}{101325}} \quad (m^3/s) \quad \cdots\cdots\cdots\cdots(D.2)$$

层门样件的泄漏量 q_{vleak} 按公式（D.3）计算：

$$q_{vleak} = q_{vo}\cdot\frac{C_{orif}}{C_{furn}} \quad (m^3/s) \quad \cdots\cdots\cdots\cdots(D.3)$$

D.2 压力的修正

估算的气体泄漏量应该根据加热炉内压力的变化，并依据标准压力 20 Pa 来进行修正。电梯层门泄漏量 q_{vcorr} 的修正见公式（D.4）：

$$q_{vcorr} = q_{vleak}\cdot\frac{20}{p_{furn}} \quad (m^3/s) \quad \cdots\cdots\cdots\cdots(D.4)$$

式中：

p_{furn}——加热炉内理想压力为 20 Pa 的高度处的压力值。

经过公式（D.4）修正的泄漏量作为电梯层门的泄漏量，应以连续曲线或指定分级的方法予以说明。

注：气体压力修正过程的示意，见图 D.1。

图 D.1 中的实线代表加热炉内地坎处压力为 2 Pa、压力-高度梯度为 8.5 Pa/m 的理想压力变化曲线。实际上加热炉中的压力会发生变化(在两条平行的虚线之间)。压力越高就会产生越大的泄漏量，反之亦然。这说明加热炉中的压力变化需要修正。

显然，泄漏量应根据主要裂缝出现处高度的压力进行修正，因为主要是这些裂缝引起了加热炉内气体的泄漏，但在实际中无法操作。由以往的试验可知，进行泄漏量修正的最佳高度为由图中的实线和A轴组成的三角形重心的高度(总高度的2/3)。事实上，地坎处泄漏量的修正可能会达100%(如果压力为设定值的两倍)，而在顶部的压力只会导致少量的修正。

其中：

A——电梯层门的顶部；

B——地坎；

C——压力(Pa)；

H——门的净高度；

1——在此高度下加热炉中压力的波动范围。

图 D.1　压力修正的示意图

D.3　泄漏量曲线的解释

为获得泄漏量而进行的一系列的检测中，会产生不同的时间滞后和不同的记录频率。检测内容包括：加热炉和管道内 CO_2 气体的浓度、加热炉内的压力、测量装置内的压力差和管道内的温度。

时间滞后是受响应时间或实际的物理变化时间和记录该变化的时间差的影响。为减少泄漏量曲线中不是由实际变化而引起的异常或峰值，在进行上述计算时，测量需要根据这种时间的变化进行修正。

取样、测量和记录频率的不同，也会在计算气体泄漏量时导致异常波动的增加和峰值的干扰。使用适当的平滑技术，可以减少这些影响。因此，试验人员有责任表述对测量系统所得结果的处理方式(如在测量和结果的计算中使用快速傅立叶变换)。为了提高泄漏量曲线的精确度，可调整测量的方法(如采用电子阻尼或改变频率)或通过数学方法(如衰减、加权平均值)实现。在进行重要参数的平滑处理时不应忽略气体泄漏的真实变化。试验报告应包含所有经平滑处理和未经平滑处理的泄漏量曲线。

参 考 文 献

[1] prEN 13501-2 除通风设备之外使用防火试验中的数据进行的分级(prEN 13501-2,Fire classification of construction products and building elements—Part 2:classification using data from fire resistance tests,excluding ventilation services).

ICS 77.150.99
H 61

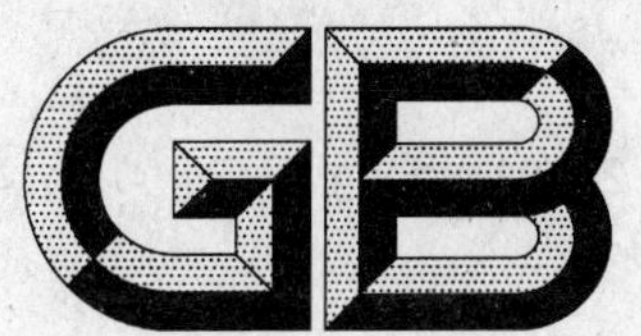

中华人民共和国国家标准

GB/T 24481—2009

3C产品用镁合金薄板

Magnesium alloys sheets for 3C products

2009-10-30 发布

2010-06-01 实施

中华人民共和国国家质量监督检验检疫总局
中国国家标准化管理委员会 发布

前　言

本标准参照采用 ASTM B 90/B 90M:1998(2005)《镁合金薄板和厚板》和 JIS H 4201—2005《镁合金薄板和厚板》编制。

本标准由中国有色金属工业协会提出。

本标准由全国有色金属标准化技术委员会归口。

本标准负责起草单位:重庆奥博铝材制造有限公司、中铝洛阳铜业有限公司。

本标准参加起草单位:山西闻喜银光镁业(集团)有限责任公司、北京有色金属研究总院、国家镁合金材料工程技术研究中心。

本标准主要起草人:王里进、罗正勤、魏小川、刘阳、孙前、张越、李向宇、文钰。

3C 产品用镁合金薄板

1 范围

本标准规定了厚度在 0.40 mm～2.00 mm 之间的 3C 产品(即计算机类、通讯类、消费类电子产品)用镁合金薄板的要求,试验方法、检验规则和标志、包装、运输、贮存及合同内容等。

本标准适用于 3C 产品用镁合金薄板。

2 规范性引用文件

下列文件中的条款通过本标准的引用而成为本标准的条款。凡是注日期的引用文件,其随后所有的修改单(不包括勘误的内容)或修订版均不适用于本标准,然而,鼓励根据本标准达成协议的各方研究是否可使用这些文件的最新版本。凡是不注日期的引用文件,其最新版本适用于本标准。

GB/T 228 金属材料 室温拉伸试验方法

GB/T 5153 变形镁及镁合金牌号和化学成分

GB/T 13748(所有部分) 镁及镁合金化学分析方法

GB/T 16865 变形铝、镁及其合金加工制品拉伸试验用试样

GB/T 17432 变形铝及铝合金化学成分分析取样方法

3 要求

3.1 产品分类

3.1.1 板材的牌号、状态和规格应符合表 1 的规定。需要其他牌号、状态、规格时,由供需双方协商决定,并在合同中注明。

表 1

牌　号	供应状态	规格/mm		
		厚度	宽度	长度
AZ31B AZ40M ME20M	O、H22、H14	0.40～0.8	100～600	300～1 200
AZ41M	O、H24、H16	>0.8～2.0	100～700	300～1 500
M2M	O、H24、H18			

3.1.2 标记示例

产品标记按产品名称、牌号、状态、规格和标准编号的顺序表示。标记示例如下:

用 AZ31B 合金制造的、供应状态为 O、厚度为 0.6 mm、宽度为 300 mm、长度为 1 000 mm 的定尺板材,标记为:

示例:镁板 AZ31B-O 0.6×300×1 000 GB/T 24481—2009。

3.2 化学成分

3C 产品用镁合金薄板的牌号和化学成分应符合 GB/T 5153 的规定。

3.3 尺寸允许偏差

3.3.1 板材的厚度、宽度和长度的尺寸允许偏差应符合表 2 的规定。厚度允许偏差仅为单向偏差时,其值为本表数值的两倍。

表 2

单位为毫米

厚　度	厚度允许偏差		宽度允许偏差	长度允许偏差
	宽度			
	≤500	＞500～700		
0.40～0.8	±0.03	±0.04	±2.0	±3.0
＞0.8～1.2	±0.04	±0.05	±3.0	±4.0
＞1.2～2.0	±0.06	±0.07	±4.0	±5.0

3.3.2　板材的不平度应符合表 3 的规定。

表 3

单位为毫米

板材厚度	板材宽度	
	≤500	＞500～700
	不平度，不大于	
0.40～0.8	2	3
＞0.8～1.2	3	4
＞1.2～2.0	4	5

3.3.3　板材对角线长度的允许偏差和侧边弯曲度，由供需双方商定。

3.4　室温力学性能

板材室温力学性能应符合表 4 的规定。

表 4

牌号	供应状态	板材厚度/mm	抗拉强度 R_m/(N/mm²)	规定非比例伸长应力 $R_{p0.2}$/(N/mm²)	伸长率 $A_{50\ mm}$/%
			不小于		
AZ31B	O	0.40～0.8	225	130	12
		＞0.8～2.0	225	130	12
	H22	0.40～0.8	245	190	6
		＞0.8～2.0	240	180	6
	H14	0.40～0.8	260	—	2
		＞0.8～2.0	260	—	2
AZ40M	O	0.40～0.8	240	150	12
		＞0.8～2.0	235	140	12
	H22	0.40～0.8	255	190	6
		＞0.8～2.0	255	180	6
	H14	0.40～0.8	270	—	2
		＞0.8～2.0	270	—	2
AZ41M	O	0.40～0.8	240	150	12
		＞0.8～2.0	235	140	12
	H24	0.40～0.8	275	200	6
		＞0.8～2.0	270	190	6

表 4（续）

牌号	供应状态	板材厚度/mm	抗拉强度 R_m/(N/mm²)	规定非比例伸长应力 $R_{p0.2}$/(N/mm²)	伸长率 $A_{50\ mm}$/%
			不小于		
AZ41M	H16	0.40～0.8	290	—	2
		>0.8～2.0	290	—	2
ME20M	O	0.40～0.8	230	120	12
		>0.8～2.0	225	110	12
	H22	0.40～0.8	245	160	8
		>0.8～2.0	240	150	8
	H14	0.40～0.8	260	—	2
		>0.8～2.0	260	—	2
M2M	O	0.40～0.8	190	110	6
		>0.8～2.0	180	100	6
	H24	0.40～0.8	215	90	4
		>0.8～2.0	210	90	4
	H18	0.40～0.8	240	—	2
		>0.8～2.0	240	—	2

3.5 表面质量

3.5.1 板材表面应清洁，不允许有腐蚀、裂口、裂纹、分层、气泡、压折、氧化夹渣和熔剂夹渣。板材表面允许有轻微的擦伤、划伤、压坑、辊印和修理痕迹等缺陷，深度应不超过厚度公差之半，并保证板材最小厚度。

3.5.2 板材应按需方的要求以下列方式之一进行表面处理及防护：

a) 磨光；

b) 磨光和垫纸；

c) 磨光和覆膜；

d) 涂油；

e) 磨光和涂油。

4 试验方法

4.1 化学成分分析方法

化学成分分析按照 GB/T 13748 规定的方法进行，仲裁按 GB/T 13748 规定的方法进行。

4.2 尺寸测量方法

4.2.1 厚度用精度为 0.01 mm 的千分尺（或相同精度的测量工具）进行测量，板材应在距板材边缘不小于 20 mm 的范围内进行测量。

4.2.2 长度及宽度用精度 1 mm 的卷尺或相应精度的测量工具测量。

4.2.3 板材不平度测量时应将板材自由放在平台上，测量板与平台的间隙，一张板材有多个波浪存在时，应测量其中最大的一个。

4.3 室温力学性能检验方法

板材的室温力学性能按 GB/T 228 的规定执行。

4.4 表面质量检查方法

板材的表面质量一般用目视法检验。需进行尺寸界定的表面缺陷可使用相应精度的工具测量。

5 检验规则

5.1 检查和验收

5.1.1 板材应由供方技术质量检验部门进行检验，保证产品质量符合本标准（或合同内容）的规定，并填写质量证明书。

5.1.2 需方应对收到的产品按本标准的规定进行复验。复验结果与本标准及订货合同的规定不符时，应以书面形式向供方提出，由供需双方协商解决。表面质量和尺寸偏差的异议，应在收到产品之日起一个月内提出，其他的异议，应在收到产品之日起三个月内提出。如需仲裁，仲裁取样应由供需双方共同进行。

5.2 组批

板材应成批提交验收，每批应由同一牌号、状态和规格组成，批重不限。计重可采用检斤法，也可采用理论计算法。

5.3 检验项目

每批产品出厂前应进行化学成分、尺寸偏差、力学性能和表面质量的检验。

5.4 取样

产品取样应符合表5的规定。

表 5

检验项目	取样规定	要求的章条号	试验方法的章条号
化学成分	按照 GB/T 17432 规定的取样方法取样	3.2	4.1
尺寸偏差	逐张检验	3.3	4.2
力学性能	每批取纵向拉伸试样3个；其他要求按 GB/T 16865 的规定执行	3.4	4.3
表面质量	逐张检查	3.5	4.4

5.5 检验结果的判定

5.5.1 化学成分不合格时，判该批产品不合格。

5.5.2 产品尺寸偏差，表面质量不合格时，判该张不合格。

5.5.3 力学性能有不合格项目时，应从该批中另取双倍数量的试样进行重复试验；重复试验结果全部合格，则判该批合格；若重复试验结果仍有不合格项，则判该批不合格。

6 标志、包装、运输和贮存

6.1 标志

在检验的板材上应打印上如下印记：

a） 供方技术质量检验部门的检印；

b） 供方名称、商标；

c） 牌号；

d） 供应状态；

e） 规格；

f） 批号。

6.2 包装

6.2.1 板材可用木材和纤维板或胶合板制成的木箱包装，包装箱应干燥；整个板垛应用塑料布或防潮纸包裹,不得使板材裸露。

6.2.2 每箱中要有装箱单,其上注明:

a) 供方名称;

b) 牌号;

c) 供应状态;

d) 规格和批号;

e) 包装件数和净重;

f) 包装日期。

6.3 运输和贮存

6.3.1 板材的运输物应清洁、干燥、无污染物;在运输时应有防雨(雪)苫布保护包装箱不被浸蚀;不得与化学活性物质、潮湿性材料及易燃物品同装一车运输;在搬运时应采取合适的装卸方式防止将包装箱(物)损坏。

6.3.2 需方收到产品后,应及时保管在清洁、干燥、无腐蚀性气氛,无雨雪侵入,无化学活性物质、潮湿性材料及易燃物品的库房内。应在十日内检查产品有无腐蚀现象并组织验收。对长期存放的板材应定期进行防腐处理。

6.4 质量证明书

每批板带材应附有符合本标准要求的质量证明书,其上注明:

a) 供方名称、地址、电话、传真;

b) 产品名称;

c) 牌号;

d) 规格;

e) 供应状态;

f) 批号;

g) 净重和件数;

h) 力学性能检验结果和技术质量检验部门印记;

i) 本标准编号;

j) 包装日期。

7 合同内容

订购本标准所列材料的合同内应包括下列内容:

a) 产品名称;

b) 牌号;

c) 供应状态;

d) 尺寸规格;

e) 净重或张数;

f) 本标准编号;

g) 增加本标准以外内容时的协商结果。

ICS 77.150
H 63

中华人民共和国国家标准

GB/T 24482—2009

焙烧钼精矿

Roasted molybdenum concentrate

2009-10-30 发布　　　　2010-06-01 实施

中华人民共和国国家质量监督检验检疫总局
中国国家标准化管理委员会　发布

前　言

本标准的附录 A 为规范性附录。

本标准由中国有色金属工业协会提出。

本标准由全国有色金属标准化技术委员会归口。

本标准负责起草单位:金堆城钼业集团有限公司。

本标准参加起草单位:洛阳栾川钼业集团股份有限公司。

本标准主要起草人:尹孝刚、郭鼎鹏、任娟玲、马志军、王郭亮、田永红、张江峰。

焙 烧 钼 精 矿

1 范围

本标准规定了焙烧钼精矿的要求、试验方法、检验规则、包装、标志、贮运及订货单(或合同)内容等。

本标准适用于焙烧法生产的用于冶金炉料、钼化工、陶瓷等领域的焙烧钼精矿。

2 规范性引用文件

下列文件中的条款通过本标准的引用而成为本标准的条款。凡是注日期的引用文件,其随后所有的修改单(不包括勘误的内容)或修订版均不适用于本标准,然而,鼓励根据本标准达成协议的各方研究是否可使用这些文件的最新版本。凡是不注日期的引用文件,其最新版本适用于本标准。

GB/T 3249 金属及其化合物粉末费氏粒度的测定方法

GB/T 4325.23 钼化学分析方法 燃烧-电导法测定硫量

GB/T 4325.27 钼化学分析方法 燃烧-库仑滴定法测定碳量

GB/T 7314 金属材料 室温压缩试验方法

YS/T 555(所有部分) 钼精矿化学分析方法

3 要求

3.1 分类

产品分为三个品种:焙烧钼精矿(普通)、焙烧钼精矿(高溶)、焙烧钼精矿(块)。

3.2 牌号

产品根据 Mo 含量的不同,分为 YMo62、YMo60、YMo57、YMo55、YMo53 五个牌号。

3.3 化学成分

产品化学成分应符合表 1 规定。

表 1 焙烧钼精矿化学成分表

%

品种	牌号	化学指标(质量分数)										
		Mo	钼的碱溶解度	Bi	S	Cu	P	C	Sn	Sb	WO_3	Pb
		不小于		不大于								
焙烧钼精矿(普通、块)	YMo62	62.00	—	—	0.10	0.18	0.05	0.10	0.05	0.04	—	0.10
	YMo60	60.00	—	—	0.10	0.22	0.05	0.10	0.05	0.04	—	0.10
	YMo57	57.00	—	—	0.10	0.25	0.05	0.10	0.05	0.04	—	0.10
	YMo55	55.00	—	—	0.10	0.28	0.05	0.10	0.05	0.04	—	0.10
	YMo53	53.00	—	—	0.10	0.30	0.05	0.10	0.05	0.04	—	0.10
焙烧钼精矿(高溶)	YMo60	60.00	98.50	0.10	0.30	0.20	0.05	0.10	0.05	0.04	0.05	0.10
	YMo53	53.00	98.00	0.10	0.30	0.26	0.05	0.10	0.05	0.04	0.05	0.10

注 1:钼的碱溶解度是指在氨水中所能溶解的钼量占总钼量的质量分数。

注 2:YMo-指焙烧钼精矿在出口时海关指定的符号。

3.4 物理性能

3.4.1 粒度和重量

焙烧钼精矿(普通、高溶)的产品粒度≤5 mm;焙烧钼精矿(块)每块的重量为:30 g~60 g。

3.4.2 抗压强度

焙烧钼精矿(块)抗压强度 R_{mc}≥45 MN/m²。

3.5 其他

用户如有其他要求,供需双方协商解决。

4 试验方法

4.1 化学成分

4.1.1 钼含量及其他杂质元素按照 YS/T 555 的规定进行。

4.1.2 碳、硫元素含量测定分别按 GB/T 4325.27 和 GB/T 4325.23 的规定进行。

4.1.3 钼的碱溶解度的测定按照附录 A 或双方认可的方法进行。

4.2 粒度和重量

焙烧钼精矿(普通、高溶)的产品粒度的测定按 GB/T 3249 的规定进行。焙烧钼精矿(块)用药物天平称量。

4.3 抗压强度

焙烧钼精矿(块)抗压强度的测定按 GB/T 7314 的规定或供需双方认可的方法进行。

5 检验规则

5.1 检查和验收

5.1.1 产品应由供方质量检验部门进行检验,产品应符合本标准(或订货合同)规定,并填写质量证明书。

5.1.2 需方应对收到的产品按本标准的规定进行检验。如检验结果与本标准(或订货合同)的规定不符时,应在收到产品之日起,45 天内向供方提出,由供需双方协商解决。如需仲裁,仲裁物料应不少于该批产品的 60%,仲裁取样在货物存放地由供需双方共同进行,仲裁机构由供需双方共同商定。

5.2 组批

焙烧钼精矿应成批交货,每批由同一品种、同一牌号的产品组成,重量不小于 10 t。

5.3 检验项目

每批产品均应进行化学成分、粒度、抗压强度的检验。

5.4 取样和制样

5.4.1 焙烧钼精矿(普通、高溶)的取样

桶装或袋装取样时,随机抽取 30% 的物件,在所抽取的物件中均匀布点,用探管取样,将所取的试样合并成一个单样加工。

5.4.2 焙烧钼精矿(块)取样

袋装焙烧钼精矿(块)取样时,将每一袋产品均匀分三层,每层布三点,每点取二球,共取十八块合并成一个单样加工。桶装焙烧钼精矿(块)取样时,将每一桶产品分二层,每层布两点,每点取一块,共取四块合并成一个单样加工。焙烧钼精矿(块)抗压强度的取样参照执行。

5.4.3 制样

将所取试样破碎至 2.00 mm,用翻滚法和移堆法混匀,用方格法缩分至 1 kg。缩分后的试样再磨并通过 0.090 mm 的筛子,筛分后再次用翻滚法和移堆法混匀,用四分法缩分至分析试样所要求的重量。

5.5 检验结果判定

5.5.1 化学成分检验结果不符合本标准规定时，允许加倍取样重复试验，重复试验仍有一个结果不合格时，判该批不合格。

5.5.2 粒度不符合本标准规定时，允许加倍取样重复试验，重复试验仍有一个结果不合格时，判该批不合格。

5.5.3 焙烧钼精矿(块)抗压强度不符合本标准规定时，允许加倍取样重复试验，重复试验仍有一个结果不合格时，判该批不合格。

6 包装、标志、运输和贮存

6.1 包装

产品包装时应有塑料袋内衬，内置纸制标签后铅封。桶装每桶净重 250 kg，袋装每袋净重 1 t。

6.2 标志

每桶或每袋产品应有标签或产品合格证，并标明：

a) 产品名称及商标；

b) 牌号；

c) 毛重；

d) 净重；

e) 生产批号或产品批号；

f) 生产日期；

g) 出厂检验号编码及检验部门印记；

h) 本标准编号及生产厂(公司)名称。

6.3 运输和贮存

6.3.1 250 kg 桶装焙烧钼精矿运输时，4 桶配一木制托盘，铁桶放置在托盘上并用钢带固定。产品运输时，不应有污染，防潮、防雨，不得剧烈碰撞。

6.3.2 产品应贮存在通风、干燥的库房内，防止雨淋、受潮，避免露天存放。

7 订货单(或合同)内容

合同(或订货单)应包括下列内容：

a) 产品名称；

b) 产品品种；

c) 产品牌号；

d) 技术要求；

e) 产品净重；

f) 本标准编号。

附　录　A
（规范性附录）
钼的碱溶解度含量的测定方法

A.1　范围

本标准规定了焙烧钼精矿(高溶)中钼的碱溶解度含量的测定方法。

本标准适用于焙烧钼精矿(高溶)中钼的碱溶解度含量的测定。测定范围:98.00%～99.17%。

A.2　方法提要

试样经氨水分解,过滤,残渣用混酸分解,以硫氰酸盐比色法测定其中的钼,计算出钼的碱溶解度的含量。

A.3　试剂

A.3.1　氨水。

A.3.2　氨水洗液(5+95)。

A.3.3　混酸:取1 000 mL硫酸缓慢加入1 000 mL水中,待冷却后加入1 000 mL硝酸、2 000 mL磷酸、100 mL高氯酸,混匀。

A.3.4　硫酸-硫酸铜溶液:取130 mL硫酸在搅拌下加入500 mL水中,加入0.2 g硫酸铜溶解,冷却后稀释至1 000 mL。

A.3.5　硫脲(70 g/L)。

A.3.6　硫氰酸钾(600 g/L)。

A.3.7　钼标准贮存溶液:称取高纯三氧化钼3.000 6 g于300 mL烧杯中,加入50 mL水,10 g氢氧化钠,搅拌溶解,冷至室温,移入500 mL容量瓶中,稀释至刻度,摇匀。转移于聚乙烯瓶中贮存。此溶液1 mL含钼4 mg。

A.3.8　钼标准溶液:移取25.00 mL钼标准贮存溶液(A.3.7)于500 mL容量瓶中,用水稀释至刻度,摇匀,此溶液1 mL含钼0.2 mg。

A.4　仪器

分光光度计。

A.5　分析步骤

A.5.1　试料

称取1 g左右试样,精确至0.000 1 g。

A.5.2　测定次数

独立地进行两次测定,取其平均值。

A.5.3　空白试验

随同试料做空白试验。

A.5.4　测定

A.5.4.1　将试料(A.5.1)置于300 mL烧杯中,加少许水轻轻摇动,使样品散开。加入50 mL氨水,盖上表面皿,于电热板低温处加热分解5 min(从溶液微沸算起),取下,趁热用快速定性滤纸过滤,用氨水洗液(A.3.2)洗涤沉淀和滤纸15次,将滤纸和沉淀转入原烧杯。

A.5.4.2 加入 25 mL 混酸(A.3.3),盖上表面皿,于电热板上加热分解。若滤纸分解不完全,溶液颜色发黑,可补加 5 mL 混酸(A.3.3),蒸至出现三氧化硫白烟,小气泡刚好消失,取下,冷却,转入 200 mL 容量瓶中,以水稀释至刻度,摇匀。

A.5.4.3 分取 10 mL 溶液于预先加入 60 mL～80 mL 硫酸-硫酸铜溶液(A.3.4)的 100 mL 容量瓶中,混匀,加入 10 mL 硫脲溶液(A.3.5)、5 mL 硫氰酸钾溶液(A.3.6),以硫酸-硫酸铜溶液稀释至刻度,摇匀。放置 20 min 后,移取部分试液于 1 cm 吸收池中,以试料空白为参比,于分光光度计 530 nm 处测量其吸光度。从工作曲线上查出相应的钼量。

A.5.5 工作曲线的绘制

A.5.5.1 移取 0 mL、1.00 mL、2.00 mL、3.00 mL、4.00 mL、5.00 mL 钼标准溶液(A.3.8)于一组 100 mL 容量瓶中。加入 60 mL～80 mL 硫酸-硫酸铜溶液(A.3.4),混匀,加入 10 mL 硫脲溶液(A.3.5),5 mL 硫氰酸钾溶液(A.3.6),以硫酸-硫酸铜溶液稀释至刻度,摇匀。

A.5.5.2 放置 20 min 后,移取部分试液于 1 cm 吸收池中,以试剂空白为参比调零,测定吸光度。以钼量为横坐标,吸光度为纵坐标绘制工作曲线。

A.6 分析结果计算

钼的碱溶解度以质量分数 w_1 计,数值以%表示,按式(A.1)计算:

$$w_1 = 100 - \frac{m_1 \cdot V_0 \times 10^{-3}}{m_0 \cdot V_1} \times 100 \qquad \text{(A.1)}$$

式中:

m_1——从工作曲线上查得的钼量,单位为毫克(mg);

V_0——试液总体积,单位为毫升(mL);

m_0——试料量,单位为克(g);

V_1——分取试液体积,单位为毫升(mL);

V_2——分液体积,单位为毫升(mL)。

ICS 77.120.10
H 61

中华人民共和国国家标准

GB/T 24483—2009

铝 土 矿 石

Bauxite

2009-10-30 发布　　2010-06-01 实施

中华人民共和国国家质量监督检验检疫总局
中国国家标准化管理委员会　发布

前　言

本标准根据国土资源部 DZ/T 0202—2002《铝土矿、冶镁菱镁矿地质勘查规范》中铝土矿一般工业指标的划分规定，在沉积型一水硬铝石、堆积型一水硬铝石和红土型三水铝石三种类型铝土矿石相应牌号前分别加注 C、D、H 字样以示区分。本标准主要技术内容来源于 YS/T 78—1994，但新增加了五个牌号：CLK6-62、CLK3.5-55、DLK6-5、DLK4-45 和 HLK4-45。本标准未纳入其中的 LK3-53 和 DLK8-50 两个牌号。

本标准由中国有色金属工业协会提出。

本标准由全国有色金属标准化技术委员会归口。

本标准负责起草单位：中国铝业股份有限公司贵州分公司、中国铝业股份有限公司山东分公司。

本标准参加起草单位：山东南山铝业股份有限公司、中国有色金属工业标准计量质量研究所。

本标准主要起草人：邹韶宁、吴光跃、张杰、杨腾举、曾萍、李林海、杨开国、王昭文、刘海石。

铝 土 矿 石

1 范围

本标准规定了铝土矿石产品的分类、要求、试验方法、检验规则及标志、运输、贮存、订货单(或合同)内容。

本标准适用于供生产氧化铝、刚玉型研磨材料和高铝水泥等用的由含水氧化铝、氧化铁与氧化硅等组成的铝土矿石。

2 规范性引用文件

下列文件中的条款通过本标准的引用而成为本标准的条款。凡是注日期的引用文件,其随后所有的修改单(不包括勘误的内容)或修订版均不适用于本标准,然而,鼓励根据本标准达成协议的各方研究是否可使用这些文件的最新版本。凡是不注日期的引用文件,其最新版本适用于本标准。

GB/T 2009 散装矾土取样、制样方法

YS/T 575(所有部分) 铝土矿石化学分析方法

3 要求

3.1 产品分类

铝土矿石按矿床、矿石类型分成沉积型一水硬铝石、堆积型一水硬铝石及红土型三水铝石三大类型,每种类型按化学成分划分牌号。

3.2 化学成分

3.2.1 铝土矿石的化学成分应符合表1的规定。

表 1

矿床(矿石)类型	牌号	$w(Fe_2O_3)/w(SiO_2)$(铝硅比)	化学成分(质量分数)/%					
			Al_2O_3	Fe_2O_3	S	CaO+MgO	TiO_2	水分
		≥		≤				
沉积型(一水硬铝石)	CLK12-70	12	70	5	0.30	1.5	—	7
	CLK8-65	8	65	8	0.50	1.5	—	
	CLK6-62	6	62	9	0.50	1.5	—	
	CLK5-60	5	60	10	0.50	1.5	—	
	CLK3.5-55	3.5	55	—	0.8	—	—	
堆积型(一水硬铝石)	DLK15-60	15	60	20	0.10	1.5	—	8
	DLK11-55	11	55	25	0.10	1.5	—	
	DLK6-50	6	50	28	0.10	1.5	—	
	DLK4-45	4	45	28	0.10	1.5	—	
红土型(三水铝石)	HLK7-50	7	50	18	—	—	2	8
	HLK4-45	4	45	18	—	—	2	
	HLK3-40	3	40	25	—	—	3	

3.2.2 用作高铝水泥的铝土矿石应符合下列要求：

$w(Fe_2O_3)$≤2.5%，$w(TiO_2)$≤3.5%，$w(R_2O)$（一价金属氧化物）≤1.0%，$w(MgO)$≤1.0%。

3.2.3 用作研磨材料的铝土矿石应符合下列要求：

$w(Al_2O_3)$≥70%、$w(Fe_2O_3)$≤5%、$w(TiO_2)$≤4.5%、$w(CaO+MgO)$≤1.0%，$w(Fe_2O_3)/w(SiO_2)$≥12。

3.3 粒度

铝土矿石最大标称粒度不大于150 mm。

3.4 外观质量

铝土矿石中不得混入杂物。

3.5 其他要求

需方对铝土矿石有特殊要求时，由供需双方协商，并在订货单（或合同）中注明。

4 试验方法

4.1 铝土矿石的化学成分按YS/T 575或供需双方协商的其他方法的规定进行，仲裁分析按YS/T 575的规定进行。

4.2 铝土矿石的粒度测定方法由供需双方协商确定，并在订货单（或合同）注明。

4.3 铝土矿石中混入的杂物以目视检查。

5 检验规则

5.1 检查和验收

5.1.1 铝土矿石应由供方技术（质量）监督部门进行检验，保证产品质量符合本标准的规定并填写质量证明书。

5.1.2 需方应对收到的产品按本标准的规定进行检验。如检验结果与本标准（或订货单）的规定不符时，应在收到产品之日起一个月内向供方提出，由供需双方协商解决。如需仲裁，应在需方仲裁取样，由供需双方共同进行。

5.2 组批

铝土矿石应成批提交检验，每批应由同一牌号的铝土矿石组成。

5.3 检验项目

每批铝土矿石应进行化学成分、外观质量的检验。需方需要检测粒度时，需在订货单（或合同）中注明。

5.4 取样

5.4.1 铝土矿石化学成分的仲裁取样和制样按GB/T 2009规定的方法进行。

5.4.2 粒度和外观质量的仲裁取样由供需双方协商解决。

5.5 检验结果的判定

5.5.1 化学成分仲裁分析结果不合格时，判该批不合格，但可按仲裁分析结果重新判定牌号。

5.5.2 粒度和外观质量不合格时由供需双方协商解决。

6 标志、运输、贮存

6.1 标志

每批产品应插牌标志，标明：

a) 产品名称、商标；

b) 批号；

c) 净重；

d） 牌号；

e） 本标准编号；

f） 生产企业名称和地址。

6.2 运输

每车厢(货仓)应装运同一牌号的产品,不得混装。

6.3 贮存

产品堆放场地要干净,防止混入杂物。

6.4 质量证明书

每批产品应附有质量证明书,其上注明：

a） 供方名称、地址；

b） 产品名称和牌号；

c） 批号；

d） 净重和车(船)数；

e） 分析检验结果和供方技术(质量)监督部门印记；

f） 本标准编号；

g） 发货日期。

7 订货单(或合同)内容

本标准所列材料的订货单(或合同)内容应包括下列内容：

a） 产品名称；

b） 牌号；

c） 重量；

d） 本标准编号；

e） 其他。

ICS 77.120.99
H 63

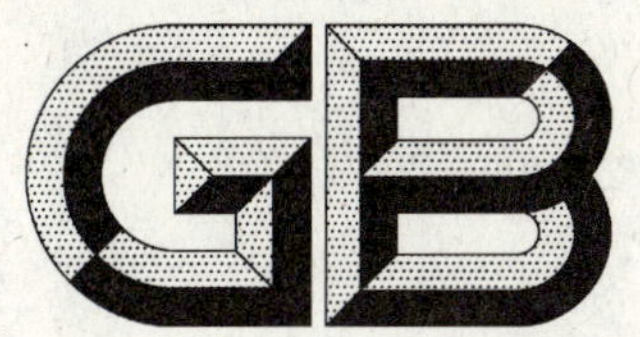

中华人民共和国国家标准

GB/T 24484—2009

钼铁试样的采取和制备方法

Sampling and preparation of the ferromolybdenum samples

2009-10-30 发布　　　　2010-06-01 实施

中华人民共和国国家质量监督检验检疫总局
中国国家标准化管理委员会　发布

前　言

本标准的附录 A 为资料性附录。

本标准由中国有色金属工业协会提出。

本标准由全国有色金属标准化技术委员会归口。

本标准负责起草单位:洛阳栾川钼业集团股份有限公司。

本标准参加起草单位:金堆城钼业集团有限公司、洛阳出入境检验检疫局。

本标准主要起草人:田永红、方春生、郭鼎鹏、陈利革、薛世钦、任娟玲、马志军。

钼铁试样的采取和制备方法

1 范围

本标准规定了化学分析用钼铁试样的采取和制备方法。

本标准适用于钼铁产品的采取、复验和仲裁。

2 取样

2.1 取样工具

2.1.1 取样铲

取样铲见图1,取样铲的尺寸符合表1规定。

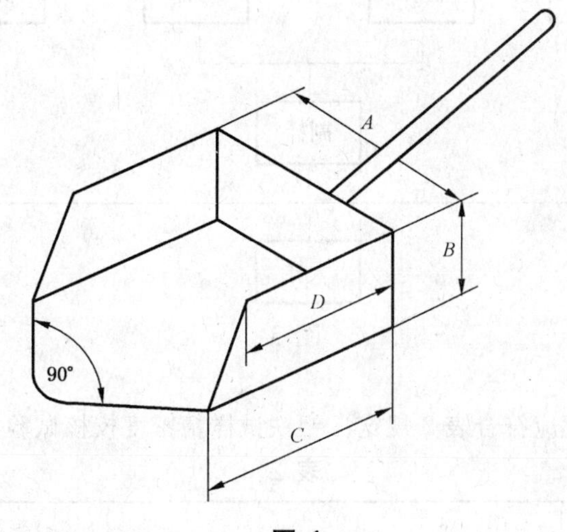

图 1

表 1

最大粒度/mm	样品厚度/mm	尺寸/mm				材料厚度/mm	A/C	B/C
		A	B	C	D			
>100～150	250～350	350	140	350	300	2	1.0	0.4
>50～100	150～250	250	110	250	220	2	1.0	0.44
>20～50	50～150	150	75	150	130	2	1.0	0.50
>4～20	20～50	60	35	60	50	1	1.0	0.58

2.1.2 网筛

筛孔为 150 mm、100 mm、50 mm、20 mm、4 mm。

2.2 取样程序

2.2.1 验明交货批的质量。

2.2.2 根据交货批量的大小及取样精密度要求,确定所需最少份样数。

2.2.3 确定取样方法,工具及份样量。

2.3 份样组合方式

2.3.1 直接组成大样方式见图2。

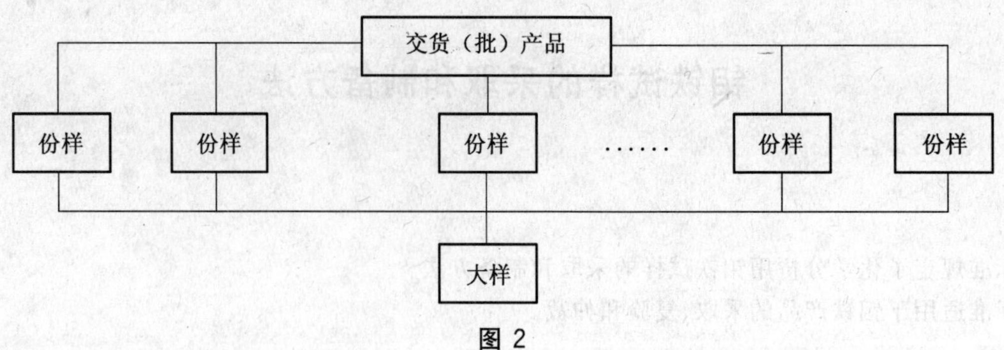

图 2

2.3.2 先组成副样，再组成大样见图 3。

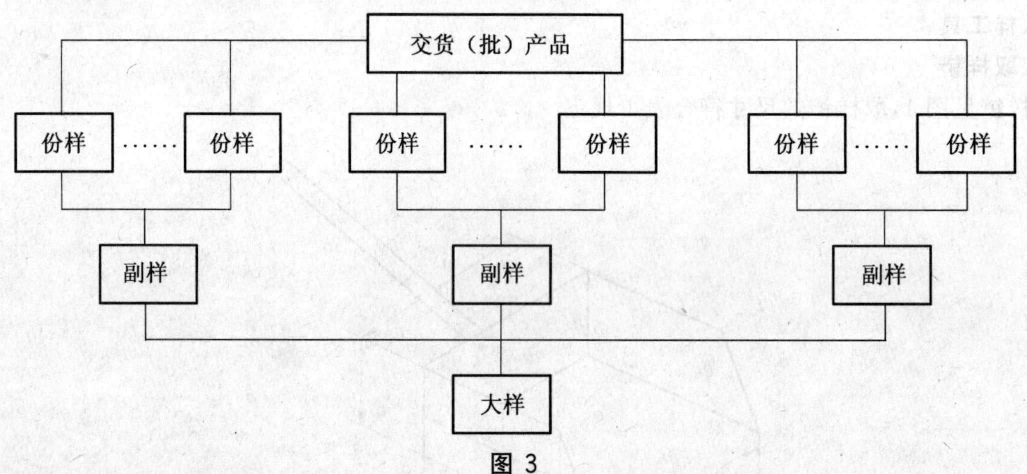

图 3

2.4 份样数与取样的精密度

最少份样数及取样精密度应符合表 2 规定。钼铁试样精密度校核试验方法参见附录 A。

表 2

交货批量/t	＞16～25	＞10～16	＞5～10	＞3～5	＞1～3	＞0.5～1	≤0.5
最少份样数/个	20	17	14	11	9	7	5
取样精密度/%	0.29	0.32	0.35	0.39	0.43	0.49	0.58

2.5 份样量

份样的最小量与该批货物最大粒度的对应关系，应符合表 3 规定。

表 3

最大粒度/mm	≤150	≤100	≤50	≤25	≤10
份样的最小量/kg	7.5	5.0	3.5	1.5	0.5

2.6 取样方法

钼铁一般按级组批或按炉组批供货，在取样过程中通常采用流动间隔取样、分层取样或包装件取样。

2.6.1 流动间隔取样

在一检验批散装钼铁的装卸或计量的移动过程中，按一定的质量（或时间）间隔采取份样。取样间隔应按式(1)或式(2)计算，如遇小数则取整数部分，份样数应符合表 2 规定，份样量应大致相同且满足表 3 的要求。

$$T \leqslant \frac{N_1}{n} \qquad \cdots\cdots(1)$$

式中：

T——取样间隔，单位为吨(t)；

N_1——检验批质量，单位为吨(t)；

n——表 2 规定的份样数。

$$T \leqslant \frac{60N_1}{G \cdot n} \qquad \cdots\cdots(2)$$

式中：

T——取样间隔，单位为分钟(min)；

N_1——检验批质量，单位为吨(t)；

G——每小时装卸量，单位为吨每小时(t/h)；

n——表 2 规定的份样数。

取第一个份样时，可在第一间隔内任意确定，但不可在第一间隔的起点开始，以后继续取的份样按计算的间隔取，取样间隔不得大于计算所得的间隔。如按规定间隔应取份样已经完成，而钼铁的装卸或计量尚在进行，应按原定间隔继续取份样，直至整批钼铁移动完毕为止。

2.6.2 分层取样

将正在装卸的钼铁分成数层(不得少于 3 层)，在各层的新露面上均匀布点采取份样。每层应取最少份样数按式(3)计算，如遇小数则取整数部分。

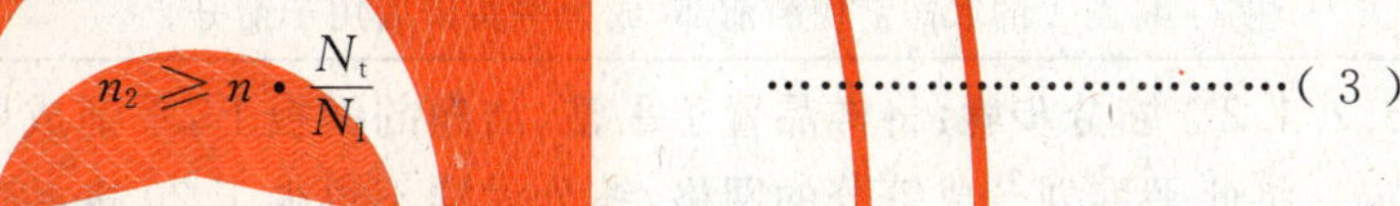

$$n_2 \geqslant n \cdot \frac{N_t}{N_1} \qquad \cdots\cdots(3)$$

式中：

n_2——每层应取的份样数；

n——表 2 中规定的份样数；

N_t——每层的质量，单位为吨(t)；

N_1——检验批质量，单位为吨(t)。

2.6.3 包装件取样

包装件取样通常采用两步取样法，在取样过程中，可采用随机取样或系统取样，份样量符合表 3 规定，抽样件数符合表 4 规定。将所取样品的包装件全部打开，将样品堆放在干净的钢板上，摊成平整的长方型，其厚度符合表 1 规定，然后按照网格法进行取样，最少网格数符合表 4 规定，份样量应大致相同且符合表 3 规定。

表 4

交货批量/t	最少抽样件数			最少网格数
	包装件重 100 kg	包装件重 250 kg	包装件重 1 000 kg	
>16～25	60	24	6	20
>10～16	40	16	5	17
>5～10	30	9	4	14
>3～5	12	5	全取	11
>1～3	6	3	全取	9

3 试样的制备

3.1 制样设备及工具

3.1.1 鄂式破碎机。

3.1.2 研磨机。

3.1.3　不锈钢金属缩分板，十字分样板。

3.1.4　标准筛，筛孔为 2.8 mm，1.0 mm，0.125 mm。

3.1.5　毛刷。

3.2　缩分方法

3.2.1　网格法

3.2.1.1　缩分铲的大小应符合表 5 规定。

表 5

试样全通过的粒度/mm	摊开试样的厚度/mm	缩分铲尺寸/mm					B/C
		A	B	C	D	材料厚度	
>5.00～10.00	25～35	60	35	60	50	1	0.58
>2.80～5.00	20～30	50	30	50	40	1	0.60
>1.00～2.80	15～25	40	25	40	30	0.5	0.62
>0.50～1.00	10～15	30	20	30	25	0.5	0.67
≤0.50	5～10	15	10	15	15	0.5	0.67

注 1：表 5 所规定的尺寸见图 1。

注 2：将图 1 的取样铲切断前部，成为平头铲后用于缩分。

3.2.1.2　缩分步骤：将样品置于平整、洁净的钢板上，平铺成厚度均匀的长方形平堆，其厚度按表 5 规定。将此平堆划分成等分的网格，缩分大样不得少于 20 格，缩分副样不得少于 12 格。从图 4 或图 5 所示的每一网格的任意部位用表 5 规定的取样铲垂直插入，铲取等量的一铲集合为缩分试样。如果缩分后的试样质量小于所需质量，应增加每铲的质量或网格数。

×	×	×	×
×	×	×	×
×	×	×	×

图 4

×	×	×	×	×
×	×	×	×	×
×	×	×	×	×
×	×	×	×	×

图 5

3.2.2　圆锥四分法

将试样置于平整、洁净的钢板上，堆成圆锥形，然后转堆。每铲沿圆锥顶尖均匀散落，注意勿使圆锥中心错位。如此反复，至少转堆三次，待试样充分混匀后，将锥顶压平，用十字分样板自上而下将试样分成四等份，任取对角两部分，其余弃之。重复上述操作数次，缩分至所需用量。

3.2.3　二分器缩分法

3.2.3.1　按表 6 选用合适的二分器，所选用的二分器其沟槽宽度约等于样品全量通过的最大粒度的 2～3 倍，并应经过精密度校核试验证明是符合要求的。

3.2.3.2　使用前应将二分器内各个部位清理干净，沟槽内应平滑不得有锈，使用过程中要一直保持沟槽畅通无阻。

3.2.3.3　先将全部样品通过二分器二次，混匀后再行缩分，应使样品均匀地落入每个沟槽中，将盛样容器对准出口，勿使样品撒落在外，将已分成二份的样品，随机选定一份作为缩分样品，重复操作至不少于该粒度的最少留量。

表 6

试样最大粒度/mm	＞5～10	＞3～5	≤3
二分器沟槽宽度/mm	20	10	6

3.3　制样要求

3.3.1　供货化学组成的置信度为95％时，试样制备的精密度为0.6％。

3.3.2　在制样全过程中应防止样品有任何污染。

3.3.3　试样破碎后要求全部过筛，根据试样的最大粒度，决定缩分后所留最小试样量符合表7规定。制样前应将破碎机内部清扫干净。制样后残留在破碎机内部的样品，应全部取走。

表 7

试样最大粒度/mm	≤10	≤5	≤2.8	≤1.0	≤0.125
缩分后试样最小重量/kg	13.0	2.0	1.0	0.4	0.2

3.4　制样程序

可根据需要参照图6的程序制备试样。

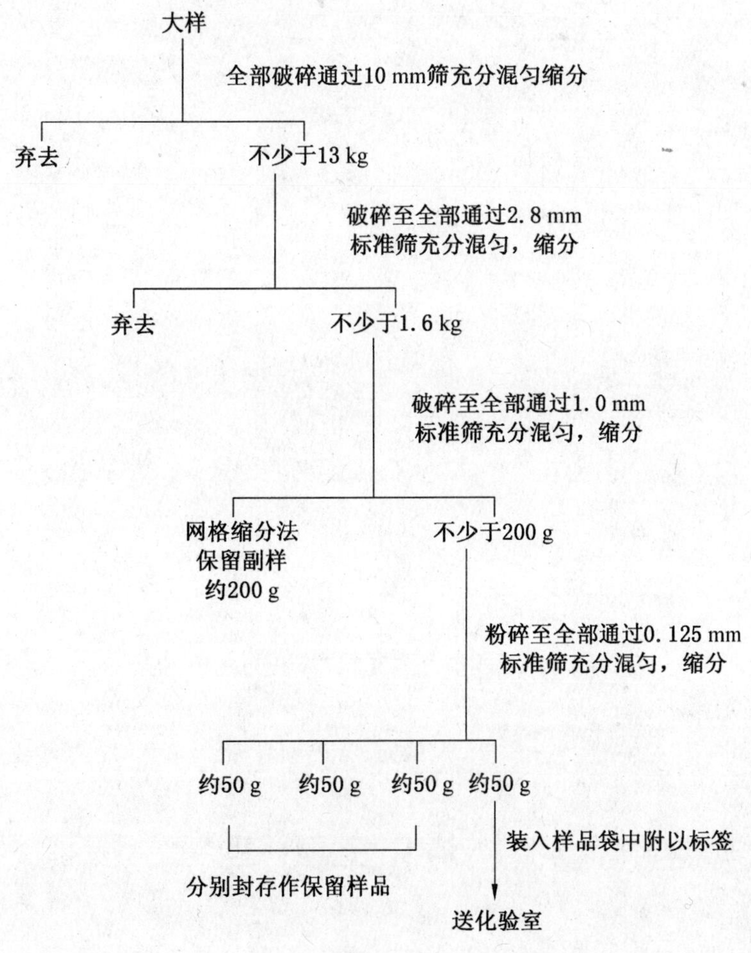

图 6

4 试样容器和标签

成分试样混匀缩分后装入试样袋中，并附以标签注明：

a) 品名；

b) 单位；

c) 样品编号；

d) 数量；

e) 取样、制样人员；

f) 取样日期；

g) 分析项目。

附 录 A
（资料性附录）
钼铁试样精密度校核试验方法

A.1 范围

本试验方法适用于散装矿产品取样、制样及测定精密度的校核。试验可结合日常工作进行。

A.2 试验方法

A.2.1 试验批数

为了取得比较可靠的结论，应该用足够多的钼铁产品进行试验，不得少于10批。若供做试验的批数不足，可将每个大批量分成几个部分，并且逐个部分进行试验，以使达到足够的试验批数。

A.2.2 份样数

试验所需要的份样数为取样标准中规定的份样数的二倍。

A.2.3 份样量

根据货物的最大粒度，按表3的规定执行。

A.2.4 大样

对于本试验规定的任何取样方法，都是将全部奇数份样集合为一个大样A，将全部偶数份样集合为一个大样B。

A.2.5 取样间隔

由批的吨数除以$2n$（n为规定取样所需份样数），算出的间隔吨数，小数点后可舍弃。

A.2.6 取样方式

根据校核需要，按2.6的任一取样方法进行。

A.3 样品制备和缩分程序

A.3.1 样品的破碎、混合和缩分方法按第3章的规定进行。

A.3.2 样品缩分程序按下列方式进行，按图A.1（方式1）或图A.2（方式2）的方式进行。

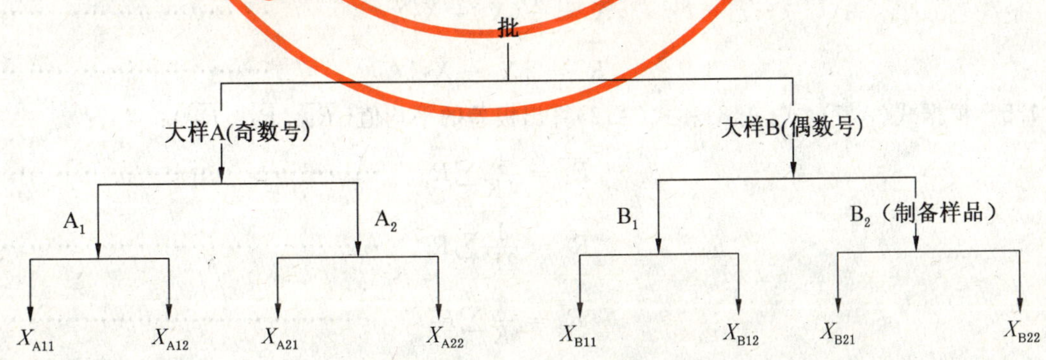

图 A.1

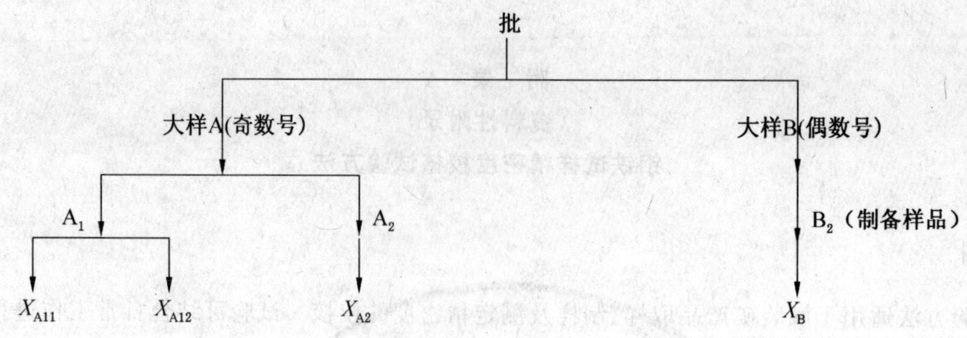

图 A.2

A.4 数据解析(采用95%概率)

A.4.1 方式1

A.4.1.1 将一批试验所得四个制备样品、八个测定结果用下列符号代表：

X_{A11}、X_{A12}代表大样A制备样品A_1的一对测定结果；

X_{A21}、X_{A22}代表大样A制备样品A_2的一对测定结果；

X_{B11}、X_{B12}代表大样B制备样品B_1的一对测定结果；

X_{B21}、X_{B22}代表大样B制备样品B_2的一对测定结果。

A.4.1.2 根据式(A.1)和式(A.2)算出每个制备样品双试验测定结果的平均值($\overline{X}_{ij}$)和极差(R_1)：

$$\overline{X}_{ij}=\frac{1}{2}(X_{ij1}+X_{ij2}) \qquad \cdots\cdots (A.1)$$

$$R_1=|X_{ij1}-X_{ij2}| \qquad \cdots\cdots (A.2)$$

式中：

i——大样A和B的成对制备样品；

j——制备样品的双试验测定结果。

A.4.1.3 根据式(A.3)和式(A.4)算出成对制备样品A_1、A_2、B_1、B_2的平均值($\overline{\overline{X}}_i$)和极差($R_2$)：

$$\overline{\overline{X}}_i=\frac{1}{2}(\overline{X}_{i1}+\overline{X}_{i2}) \qquad \cdots\cdots (A.3)$$

$$R_2=|\overline{X}_{i1}-\overline{X}_{i2}| \qquad \cdots\cdots (A.4)$$

A.4.1.4 根据式(A.5)和式(A.6)算出大样A和B的平均值($\overline{\overline{\overline{X}}}$)和极差($R_3$)：

$$\overline{\overline{\overline{X}}}=\frac{1}{2}(\overline{\overline{X}}_1+\overline{\overline{X}}_2) \qquad \cdots\cdots (A.5)$$

$$R_3=|\overline{\overline{X}}_1-\overline{\overline{X}}_2| \qquad \cdots\cdots (A.6)$$

A.4.1.5 根据式(A.7)、式(A.8)和式(A.9)算出极差的平均值($\overline{R_1}$、$\overline{R_2}$、$\overline{R_3}$)：

$$\overline{R_1}=\frac{1}{4K}\sum R_1 \qquad \cdots\cdots (A.7)$$

$$\overline{R_2}=\frac{1}{2K}\sum R_2 \qquad \cdots\cdots (A.8)$$

$$\overline{R_3}=\frac{1}{K}\sum R_3 \qquad \cdots\cdots (A.9)$$

式中：

K——试验批数。

A.4.1.6 算出舍弃数值界限：

R_1舍弃数值界限为$\overline{R_1}\times D_4$；

R_2舍弃数值界限为$\overline{R_2}\times D_4$；

R_3舍弃数值界限为$\overline{R_3}\times D_4$；

D_4舍弃系数，对于成对测定为3.267。凡超出数值界限之数据予以舍去。

A.4.1.7 重复按式(A.7)、式(A.8)、式(A.9)算出极差的平均值$\overline{R_1}$、$\overline{R_2}$、$\overline{R_3}$及相应的舍弃数值界限，并予舍弃，直至所有数值均小于舍弃数值界限。

A.4.1.8 按式(A.10)、式(A.11)、式(A.12)算出按极差推算的测定标准偏差(S_M)、制样标准偏差(S_D)和取样标准偏差(S_S)的估计值：

$$S_M=\sqrt{(\overline{R}_1/d_2)^2} \quad\cdots\cdots(A.10)$$

$$S_D=\sqrt{(\overline{R}_2/d_2)^2-\frac{1}{2}(\overline{R}_1/d_2)^2} \quad\cdots\cdots(A.11)$$

$$S_S=\sqrt{(\overline{R}_3/d_2)^2-\frac{1}{2}(\overline{R}_2/d_2)^2} \quad\cdots\cdots(A.12)$$

式中：

$1/d_2$——由极差估算标准偏差的系数，对于成对试验为0.886 5。

A.4.1.9 按式(A.13)、式(A.14)、式(A.15)算出测定精密度(β_M)、制样精密度(β_D)和取样精密度(β_S)：

$$\beta_M=2S_M \quad\cdots\cdots(A.13)$$

$$\beta_D=2S_D \quad\cdots\cdots(A.14)$$

$$\beta_S=2S_S \quad\cdots\cdots(A.15)$$

A.4.1.10 按式(A.16)、式(A.17)、式(A.18)算出取样、制样和测定的总标准偏差(S_{SDM})和总精密度(β_{SDM})：

$$S_{SDM}{}^2=S_M{}^2+S_D{}^2+S_S{}^2 \quad\cdots\cdots(A.16)$$

$$S_{SDM}=\sqrt{S_M{}^2+S_d{}^2+S_S{}^2} \quad\cdots\cdots(A.17)$$

$$\beta_{SDM}=2\ S_{SDM} \quad\cdots\cdots(A.18)$$

将β值与所规定的精密度进行比较。

A.4.2 方式2

A.4.2.1 将一批钼铁的三个制备样品、四个测定结果用下列符号代表：

X_{A11}、X_{A12}代表大样A制备样品A_1的一对测定结果；

X_{A2}代表大样A制备样品A_2的单试验测定结果；

X_B代表大样B制备样品B的单试验测定结果。

A.4.2.2 算出制备样品A_1的双试验测定结果的极差(R_1)，成对制备样品A_1、A_2的极差(R_2)，大样A和B的极差(R_3)。计算方法同方式1。计算可任意取X_{A11}或X_{A12}，但需前后一致。

A.4.2.3 按式(A.19)、式(A.20)、式(A.21)算出极差的平均值($\overline{R_1}$、$\overline{R_2}$、$\overline{R_3}$)：

$$\overline{R_1}=\frac{1}{4K}\sum R_1 \quad\cdots\cdots(A.19)$$

$$\overline{R_2}=\frac{1}{2K}\sum R_2 \quad\cdots\cdots(A.20)$$

$$\overline{R_3}=\frac{1}{K}\sum R_3 \quad\cdots\cdots(A.21)$$

式中：

K——试验批数。

A.4.2.4 算出舍弃数值界限，并与舍弃直至所有数值均小于舍弃数值界限。计算方法同方式1。

A.4.2.5 按式(A.22)、式(A.23)、式(A.24)算出按极差推算的测定标准偏差(S_M)、制样标准偏差

(S_D)和取样标准偏差(S_S)的估计值：

$$S_M = \sqrt{(\overline{R}_1/d_2)^2} \quad \cdots\cdots(A.22)$$

$$S_D = \sqrt{(\overline{R}_2/d_2)^2 - \frac{1}{2}(\overline{R}_1/d_2)^2} \quad \cdots\cdots(A.23)$$

$$S_S = \sqrt{(\overline{R}_3/d_2)^2 - \frac{1}{2}(\overline{R}_2/d_2)^2} \quad \cdots\cdots(A.24)$$

A.4.2.6 算出测定精确度(β_M)、制样精密度(β_D)、取样精密度(β_S)、总精密度(β_{SDM})和总标准偏差(S_{SDM})，计算方法同方式1。将β值与各取样、制样标准中所规定的精密度进行比较。

A.5 结果的探讨与说明

通过本试验所求得的β值若小于标准中规定的β值，说明日常的取样、制样和测定过程符合要求。当试验求得的β值大于规定的β值时，应检查取样、制样和测定是否有不正常情况，必要时加以改进。

ICS 77.160
H 71

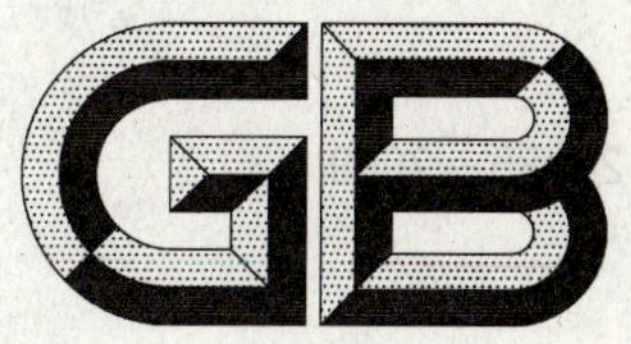

中华人民共和国国家标准

GB/T 24485—2009

碳化铌粉

Niobium carbide powder

2009-10-30 发布　　2010-06-01 实施

中华人民共和国国家质量监督检验检疫总局
中国国家标准化管理委员会　发布

前　言

本标准由中国有色金属工业协会提出。

本标准由全国有色金属标准化技术委员会归口。

本标准负责起草单位：九江有色金属冶炼厂。

本标准参加起草单位：宁夏东方钽业股份有限公司。

本标准主要起草人：张浩、张俊峰、廖新庚、王忠、朱芳。

碳 化 铌 粉

1 范围

本标准规定了碳化铌粉的要求、试验方法、检验规则和标志、包装 、运输、贮存及订货单(或合同)内容。

本标准适用于氧化铌(或铌粉)经碳化制得的碳化铌粉。产品供生产硬质合金的添加剂等用。

2 规范性引用文件

下列文件中的条款通过本标准的引用而成为本标准的条款。凡是注日期的引用文件,其随后所有的修改单(不包括勘误的内容)或修订版均不适用于本标准,然而,鼓励根据本标准达成协议的各方研究是否可使用这些文件的最新版本。凡是不注日期的引用文件,其最新版本适用于本标准。

GB/T 3249 金属及其化合物粉末费氏粒度的测定方法

GB/T 5314 粉末冶金用粉末的取样方法

GB/T 15076(所有部分) 钽铌化学分析方法

GB/T 20508—2006 碳化钽粉

3 要求

3.1 产品分类

3.1.1 产品按化学成分分为三个牌号:FNbC-1、FNbC-2、FNbC-3。

3.1.2 产品按粒度分为三种规格:10、15、30。

3.2 化学成分

3.2.1 各牌号产品的化学成分应符合表1的规定。

表 1

质量分数/%

项 目		FNbC-1	FNbC-2	FNbC-3
NbC		≥99.5	≥99.0	≥99.0
总碳		11.0±0.4	11.0±0.4	11.0±0.4
杂质含量,不大于	游离碳	0.15	0.15	0.15
	Ta	0.5	1.0	1.0
	Al	0.005	0.005	0.01
	Ca	0.005	0.01	0.015
	Co	0.05	0.1	0.15
	Cr	0.05	0.1	0.15
	Fe	0.05	0.1	0.15
	K	0.005	0.008	0.01
	Mn	0.005	0.01	0.02
	Mo	0.05	0.1	0.15
	Na	0.005	0.008	0.01

表 1（续）

质量分数/%

项　目		FNbC-1	FNbC-2	FNbC-3
杂质含量，不大于	Si	0.005	0.01	0.02
	Sn	0.005	0.01	0.05
	Ti	0.005	0.01	0.02
	W	0.05	0.1	0.15
注：NbC 的含量为百分之百(100%)减去表中杂质 Al、Ca、Co、Cr、Fe、K、Mn、Mo、Na、Si、Sn、Ti、W 实测总和的余量。				

3.2.2　各牌号与各规格产品的氧、氮含量应符合表 2 的规定。

表 2

项　目	FNbC-1			FNbC-2			FNbC-3		
产品规格	10	15	30	10	15	30	10	15	30
氧含量/%，不大于	0.25	0.25	0.25	0.30	0.25	0.25	0.30	0.25	0.25
氮含量/%，不大于	0.03	0.05	0.15	0.05	0.05	0.15	0.20	0.20	0.20

3.3　粒度

各规格产品的费氏平均粒径应符合表 3 的规定。

表 3

产 品 规 格	10	15	30
费氏平均粒径/μm	≤1.0	＞1.0～1.5	＞1.5～3.0

3.4　外观质量

3.4.1　产品为褐色粉末。

3.4.2　产品无目视可见的夹杂物。

4　试验方法

4.1　产品的化学成分中总碳量的分析方法参照 GB/T 20508—2006 中附录 A 的规定进行。

4.2　产品的化学成分中游离碳量的分析方法参照 GB/T 20508—2006 中附录 B 的规定进行。

4.3　产品的化学成分中 Ta、N、Al、Cr、Fe、Mn、Mo、Si、Sn、Ti、W、O、K、Na 的分析方法按 GB/T 15076 的规定进行，其他杂质含量的分析按供需双方认可的方法进行。

4.4　产品粒度的检验按 GB/T 3249 的规定进行。

4.5　产品的外观质量用目视检查。

5　检验规则

5.1　检查和验收

5.1.1　产品应由供方质量检验部门进行检验，保证产品质量符合本标准(或订货合同)的规定，并填写质量证明书。

5.1.2　需方应对收到的产品按本标准的规定进行检验，如检验结果与本标准(或订货合同)的规定不符时，应在收到产品之日起 3 个月内向供方提出，由供需双方协商解决。如需仲裁，仲裁取样供需方共同进行。

5.2　组批

产品应成批提交验收，每批应由同一牌号、同一规格、同一混合料组成。

5.3 检验项目

每批产品的检验项目及取样方法见表 4。

表 4

检验项目	取样与制样方法	要求的章条号	试验方法的章条号
化学成分	按 GB/T 5314 规定进行	3.2	4.1、4.2、4.3
粒度	按 GB/T 5314 规定进行	3.3	4.4
外观质量	逐批	3.4	4.5

5.4 检验结果判定

化学成分、粒度或外观质量的检验结果与本标准(或订货合同)规定不符时,该批判不合格。

6 标志、包装、运输、贮存

6.1 标志

6.1.1 每瓶产品应附标签,标明生产厂名称、商标、牌号和批号。

6.1.2 产品应包装成箱,每箱应注明:

a) 生产厂名称、商标;

b) 产品名称和牌号;

c) 批号;

d) 净重。

6.2 包装、运输、贮存

6.2.1 产品用双层盖塑料瓶包装,严密封口后置于箱中。或按合同要求包装。

6.2.2 产品运输时必须用防雨运输工具。

6.2.3 产品应存放于无酸、碱气氛之处,不得露天堆放,严防受潮。

6.2.4 产品的存放期不宜超过一年。

6.3 质量证明书

每批产品应附有质量证明书,其上注明:

a) 供方名称、地址、电话、传真;

b) 产品名称和牌号;

c) 批号;

d) 净重和件数;

e) 各项分析检验结果和质量检验部门印记;

f) 本标准编号;

g) 出厂日期(或包装日期)。

7 订货单(或合同)内容

本标准所列材料的订货单(或合同)内应包括下列内容:

a) 产品名称;

b) 牌号;

c) 化学成分、粒度等特殊要求;

d) 数量;

e) 本标准编号;

f) 其他需要协商或增加本标准以外要求的内容。

ICS 77.150.10
H 61

中华人民共和国国家标准

GB/T 24486—2009

线缆编织用铝合金线

Aluminium alloy wires for cable braiding

2009-10-30 发布　　2010-06-01 实施

中华人民共和国国家质量监督检验检疫总局
中国国家标准化管理委员会　发布

前言

本标准由中国有色金属工业协会提出。

本标准由全国有色金属标准化技术委员会归口。

本标准起草单位:杭州飞祥电子线缆实业有限公司、中国电子科技集团公司第二十三研究所、杭州银河线缆有限公司。

本标准主要起草人:谢校祥、王锐臻、沈樑君、谢迪江。

线缆编织用铝合金线

1 范围

本标准规定了线缆编织用铝合金线的要求、试验方法、检验规则和标志、包装、运输、贮存及质量证明书与合同(或订货单)内容。

本标准适用于电线电缆编织层用铝合金编织线(以下简称线材)。

2 规范性引用文件

下列文件中的条款通过本标准的引用而成为本标准的条款。凡是注日期的引用文件,其随后所有的修改单(不包括勘误的内容)或修订版均不适用于本标准,然而,鼓励根据本标准达成协议的各方研究是否可使用这些文件的最新版本。凡是不注日期的引用文件,其最新版本适用于本标准。

GB/T 191 包装储运图示标志(GB/T 191—2008,ISO 780:1997,MOD)

GB/T 3048.2 电线电缆电性能试验方法 第2部分:金属材料电阻率试验

GB/T 3190 变形铝及铝合金化学成分

GB/T 4909.2 裸电线试验方法 第2部分:尺寸测量

GB/T 4909.3 裸电线试验方法 第3部分:拉力试验

GB/T 4909.7 裸电线试验方法 第7部分:卷绕试验

GB/T 7999 铝及铝合金光电直读发射光谱分析方法

GB/T 12966 铝合金电导率涡流测试方法

GB/T 17432 变形铝及铝合金化学成分分析取样方法

GB/T 20975(所有部分) 铝及铝合金化学分析方法

3 要求

3.1 产品分类

3.1.1 产品的牌号、状态、典型直径和用途

线材的牌号、状态、典型直径和用途见表1。需要其他牌号、状态或直径的线材时,应供需双方协商决定,并在合同(或订货单)中注明。

表1

牌号	状态	典型直径/mm	用途
5154	H36	0.100,0.120,0.130,0.140,0.150,0.160,0.180,0.200,0.220,0.240,0.260	高速编织机用
5154C	0		普通编织机用

3.1.2 标记示例

产品标记按产品名称、合金牌号、状态、直径及标准编号的顺序表示。标记示例如下:

用5154合金制造的、状态为H36、直径为0.120 mm的线材,标记为:

线材 5154-H36 ϕ0.12 GB/T 24486—2009

3.2 化学成分

5154C的化学成分应符合表2的规定,5154的化学成分应符合GB/T 3190的要求。

表 2

牌号	化学成分(质量分数)/%										
	Si	Fe	Cu	Mn	Mg	Cr	Ti	Zn	其他杂质[a]		Al
									单个	合计	
5154C	≤0.20	≤0.30	≤0.10	0.05～0.25	3.2～3.7	≤0.01	≤0.01	≤0.01	≤0.05	≤0.15	余量

[a] 指表中未列出的元素。

3.3 直径偏差

线材的直径偏差应符合表 3 规定。

表 3　　单位为毫米

直　径	直径偏差
0.100～0.160	±0.003
>0.160～0.260	±0.004

3.4 力学性能

3.4.1 拉伸性能

线材的室温拉伸试验结果应符合表 4 的规定。需方有特殊要求时，应供需双方协商决定，并在合同(或订货单)中注明。

表 4

合金牌号	状　态	直径/mm	室温拉伸试验结果	
			抗拉强度/MPa	断裂时伸长率/%
5154C	H36	0.100～0.260	≥305	≥5
	O	0.100～0.260	≥250	≥9
5154	H36	0.100～0.260	≥305	≥5
	O	0.100～0.160	≥220	≥8
		>0.160～0.260		≥10

3.4.2 卷绕性能

线材经卷绕试验应不断裂。

3.5 电性能

线材的电阻率或体积电导率应符合表 5 规定。

表 5

牌　号	状　态	20 ℃时的电阻率/(Ω·μm)	体积电导率/(%IACS)
5154C	H36 O	≤50.00	34.48
5154		≤53.88	32.00

3.6 表面质量

线材表面不允许有影响用户使用的缺陷。

3.7 接头

线材不允许接头。

4 试验方法

4.1 化学成分

化学成分分析方法可采用 GB/T 20975 或 GB/T 7999，仲裁分析方法按 GB/T 20975 的规定进行。

4.2 直径偏差

直径偏差应按 GB/T 4909.2 的规定，用投影仪进行测量。

4.3 力学性能

4.3.1 拉伸性能

按 GB/T 4909.3 的规定进行室温拉伸试验。

4.3.2 卷绕性能

卷绕性能试验按 GB/T 4909.7 的规定进行，采用手工卷绕，芯轴直径为试样自身直径。H36 状态卷绕圈数为 10 圈，O 状态卷绕圈数为 20 圈。

4.4 电性能

4.4.1 电阻率

电阻率按 GB/T 3048.2 进行测定，电阻温度系数取 0.002 0 $℃^{-1}$。

4.4.2 体积电导率

按 GB/T 12966 规定的方法测定体积电导率。

4.5 表面质量、接头

表面质量、接头以目视检查。

5 检验规则

5.1 检查和验收

5.1.1 线材应由供方进行检验，保证线材质量符合本标准的规定，并填写质量证明书。

5.1.2 需方应对收到的线材按本标准的规定进行检验。检验结果与本标准或合同(或订货单)的规定不符时，应以书面形式向供方提出，由供需双方协商解决。属于表面质量及尺寸偏差的异议，应在收到线材之日起一个月内提出，属于其他性能的异议，应在收到线材之日起三个月内提出。如需仲裁，供需双方应在需方共同进行仲裁取样。

5.2 组批

线材应成批提交验收，每批应由同一牌号、状态和直径的线材组成。

5.3 检验项目

每批线材均应进行直径偏差、力学性能、电性能、表面质量和接头的检验。需方对化学成分要求按批检验时，应在合同(或订货单)中注明。

5.4 取样

线材的取样应符合表 6 的规定。

表 6

<table>
<tr><th colspan="2">检验项目</th><th>取样规定</th><th>要求的章条号</th><th>试验方法的章条号</th></tr>
<tr><td colspan="2">化学成分</td><td>按 GB/T 17432 的规定进行。</td><td>3.2</td><td>4.1</td></tr>
<tr><td colspan="2">直径偏差</td><td rowspan="6">每批按盘数的 1% 抽样，但不少于 3 盘，不多于 10 盘，从盘头取样。电性能每盘取 1 个试样/检验项目。</td><td>3.3</td><td>4.2</td></tr>
<tr><td rowspan="2">力学性能</td><td>拉伸性能</td><td>3.4.1</td><td>4.3.1</td></tr>
<tr><td>卷绕性能</td><td>3.4.2</td><td>4.3.2</td></tr>
<tr><td rowspan="2">电性能</td><td>电阻率</td><td rowspan="2">3.5</td><td rowspan="2">4.4</td></tr>
<tr><td>体积电导率</td></tr>
<tr><td colspan="2">表面质量、接头</td><td>3.6、3.7</td><td>4.5</td></tr>
</table>

5.5 检验结果的判定

5.5.1 化学成分不合格时,判该批线材不合格。

5.5.2 直径偏差不合格时,应从该批线材(包括原检验不合格的那盘线材)中(或该不合格试样代表的那盘线材上)另取双倍数量的试样进行重复试验。重复试验结果全部合格,则判该批线材合格。若重复试验结果仍不合格,则判该批线材不合格。经供需双方商定,该批线材可由供方逐盘检验,合格者交货。

5.5.3 力学性能不合格时,应从该批线材(包括原检验不合格的那盘线材)中(或该不合格试样代表的那盘线材上)另取双倍数量的试样进行重复试验。重复试验结果全部合格,则判该批线材合格。若重复试验结果仍有不合格项目,则判该批线材不合格。经供需双方商定,该批线材可由供方逐盘检验,合格者交货。

5.5.4 电性能不合格时,应从该批线材(包括原检验不合格的那盘线材)中(或该不合格试样代表的那盘线材上)另取双倍数量的试样进行重复试验。重复试验结果全部合格,则判该批线材合格。若重复试验结果仍有不合格项目,则判该批线材不合格。经供需双方商定,该批线材可由供方逐盘检验,合格者交货。

5.5.5 表面质量不合格或出现接头时,应从该批线材(包括原检验不合格的那盘线材)中(或该不合格试样代表的那盘线材上)另取双倍数量的试样进行重复试验。重复试验结果全部合格,则判该批线材合格。若重复试验结果仍不合格,则判该批线材不合格。经供需双方商定,该批线材可由供方逐盘检验,合格者交货。

6 标志、包装、运输、贮存

6.1 标志

6.1.1 线盘标志

每个线盘上应附有标签或标牌,标明下列内容:

a) 生产企业名称、地址或商标;
b) 产品名称、牌号、状态、直径;
c) 生产日期;
d) 毛重及净重;
e) 产品批号;
f) 检验员印记;
g) 本标准编号。

6.1.2 包装箱标志

每个包装箱上应印有标签,标明下列内容:

a) 生产企业名称、地址或商标;
b) 产品名称、牌号、状态、直径;
c) 生产日期;
d) 盘数、毛重及净重;
e) 产品批号;
f) 检验员印记;
g) 本标准编号;
h) 符合 GB/T 191 规定的图示标志要求。

6.2 包装

线材应排绕整齐,成盘包装,每盘线为整根,外层应与线盘侧板边缘保持适当的距离。需方对包装有特殊要求时,应供需双方协商决定,并在合同(或订货单)中注明。

6.3 运输、贮存

线材运输中应防潮、防蚀。线材应贮存在干燥、通风、防雨、防水及不含酸碱性物质或有害气体的库房内，室内相对湿度不超过70%。

6.4 质量证明书

每批线材应附有质量证明书，其上注明：

a) 供方名称、地址、电话、传真；

b) 产品名称、牌号；

c) 型号、状态；

d) 直径；

e) 出厂批号；

f) 净重和件数；

g) 检验结果和技术监督部门印记；

h) 本标准编号；

i) 出厂日期。

7 合同（或订货单）内容

本标准所列产品的合同（或订货单）应包括下列内容：

a) 产品名称、牌号；

b) 直径；

c) 型号、状态；

d) 每盘净重；

e) 数量（重量）；

f) 本标准编号；

g) 化学成分、包装方式等其他特殊要求。

ICS 77.120.10
H 61

中华人民共和国国家标准

GB/T 24487—2009

氧 化 铝

Alumina

2009-10-30 发布 2010-06-01 实施

中华人民共和国国家质量监督检验检疫总局
中国国家标准化管理委员会 发布

前　言

本标准主要技术内容来源于 YS/T 274—1998，但未纳入其中的 AO-4 牌号。

本标准由中国有色金属工业协会提出。

本标准由全国有色金属标准化技术委员会归口。

本标准负责起草单位：中国铝业股份有限公司山东分公司、中国铝业股份有限公司贵州分公司。

本标准参加起草单位：中国铝业股份有限公司河南分公司、山东南山铝业股份有限公司、中国有色金属工业标准计量质量研究所。

本标准主要起草人：李林海、钟沂妹、邹韶宁、毕效革、曾萍、王昭文、伍良渝、安坤、杨开国、刘海石。

氧　化　铝

1　范围

本标准规定了氧化铝(Al_2O_3)的要求、试验方法、检验规则及标志、包装、运输、贮存及订货单(或合同)内容。

本标准适用于熔盐电解法生产金属铝用氧化铝,也适用于生产刚玉、陶瓷、耐火制品及生产其他氧化铝化学制品用原料氧化铝。

2　规范性引用文件

下列文件中的条款通过本标准的引用而成为本标准的条款。凡是注日期的引用文件,其随后所有的修改单(不包括勘误的内容)或修订版均不适用于本标准,然而,鼓励根据本标准达成协议的各方研究是否可使用这些文件的最新版本。凡是不注日期的引用文件,其最新版本适用于本标准。

GB/T 6609(所有部分)　氧化铝化学分析方法和物理性能测定方法

GB/T 8170　数值修约规则与极限数值的表示和判定

3　要求

3.1　产品分级

氧化铝按化学成分分为三个牌号:AO-1、AO-2、AO-3。

3.2　化学成分

3.2.1　氧化铝的化学成分应符合表1的规定。表中化学成分按在300 ℃±5 ℃温度下烘干2 h的干基计算,Al_2O_3 含量为100.0%减去表1中所列杂质总和的余量。杂质含量按GB/T 8170的规定进行数值修约。

表 1

牌　号	化学成分(质量分数)/%				
	Al_2O_3,不小于	杂质含量,不大于			
		SiO_2	Fe_2O_3	Na_2O	灼减
AO-1	98.6	0.02	0.02	0.50	1.0
AO-2	98.5	0.04	0.02	0.60	1.0
AO-3	98.4	0.06	0.03	0.70	1.0

3.2.2　氧化铝微量元素主要包括 V_2O_5、P_2O_5、MnO、TiO_2 等,如果需方有要求,供方应提供检测数据。

3.3　物理性能

氧化铝物理性能主要包括粒度、比表面积、松装密度等项目,如需方有要求,供方应提供检测数据。

3.4　外观质量

氧化铝为白色晶体,不应有杂物和团块。

3.5　其他要求

需方有特殊要求时由供需双方协商确定。

4　试验方法

4.1　氧化铝的化学成分仲裁分析按GB/T 6609的规定进行。

4.2 氧化铝的物理性能分析方法按 GB/T 6609 的规定或供需双方商定的其他方法进行。

4.3 氧化铝的外观质量以目视检测。

5 检验规则

5.1 检查和验收

5.1.1 氧化铝应由供方技术监督部门进行检验,保证产品质量符合本标准规定,并填写产品质量证明书。

5.1.2 需方应对收到的产品按本标准的规定进行检验。如检验结果与本标准的规定不符时,应在收到产品之日起 1 个月内向供方提出,由供需双方协商解决。如需仲裁,仲裁取样由供需双方共同进行。

5.2 组批

氧化铝应成批提交检验,每批应由同一牌号的产品组成,袋装氧化铝或槽罐车散装氧化铝每批重量不大于 3 000 t。袋装氧化铝交货净含量以实际检斤为准。

5.3 检验项目

每批氧化铝应进行化学成分和外观质量的检验。需方要求对物理性能进行检验时应在合同中注明。

5.4 取样

5.4.1 生产取样

供方可在生产过程中选取有代表性样品,并作为出厂检验依据。

5.4.2 仲裁取样

化学成分和物理性能的仲裁取样按照 GB/T 6609 的规定进行。外观质量的取样由供需双方协商解决。

5.5 检验结果的判定

5.5.1 化学成分仲裁分析结果不合格时,判该批不合格,但可按仲裁分析结果重新判定牌号。

5.5.2 物理性能仲裁分析结果不合格时,判该批不合格或由供需双方协商解决。

5.5.3 外观质量不合格时由供需双方协商解决。

6 标志、包装、运输、贮存

6.1 标志

包装袋上应标明:

a) 产品名称、商标;

b) 批号;

c) 净重;

d) 牌号;

e) 本标准编号;

f) 生产企业名称和地址。

6.2 包装

包装袋用复合塑料编织袋。需方对产品包装有特殊要求时,可由供需双方协商确定。

6.3 运输

产品发运时,车厢内应清扫干净或铺苇席。不同等级的产品不得混装。

6.4 贮存

产品应分批堆放在清洁、干燥的仓库内。

6.5 质量证明书

每批产品应附质量证明书,其上注明:

a） 生产企业名称；

b） 产品名称和牌号；

c） 批号、净含量；

d） 分析检验结果及技术监督部门印记；

e） 本标准编号；

f） 生产日期。

7 订货单（或合同）内容

本标准所列材料的订货合同应包括下列内容：

a） 产品名称；

b） 牌号；

c） 净含量；

d） 本标准编号；

e） 其他。

ICS 77.040.99
H 21

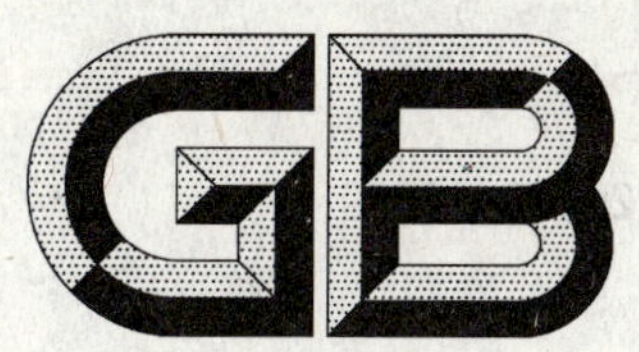

中华人民共和国国家标准

GB/T 24488—2009

镁合金牺牲阳极电化学性能测试方法

Test method for electrochemical properties of magnesium alloys sacrificial anode

2009-10-30 发布　　　　2010-06-01 实施

中华人民共和国国家质量监督检验检疫总局
中国国家标准化管理委员会　发布

前　言

本标准修改采用美国材料与试验协会标准 ASTM G 97-1997(2002)《用于地下的镁牺牲阳极的试验室评价方法》,为方便对照,在附录 A 中列出了本标准的章条和对应的 ASTM G 97—1997(2002)章条的对照表。与 ASTM G 97—1997(2002)相比,主要变化如下:

——增加了挤压镁阳极的有关内容;

——增加了对电流效率的计算;

——删除了第 2 章、第 4 章和第 12 章;

——进行了编辑性整理。

本标准的附录 A 为资料性附录。

本标准由中国有色金属工业协会提出。

本标准由全国有色金属标准化技术委员会归口。

本标准负责起草单位:北京广灵精华科技有限公司、维恩克(鹤壁)镁基材料有限公司。

本标准参加起草单位:北京有色金属研究总院、费县银光镁业有限公司、南京云海特种金属股份有限公司。

本标准主要起草人:孙金凤、贾鑫、房中学、李书平、王峰、陶卫建、韩莉。

镁合金牺牲阳极电化学性能测试方法

1 范围

1.1 本标准规定了镁合金牺牲阳极试样在饱和硫酸钙和氢氧化镁介质中工作时的电化学性能测试方法。

1.2 本标准适用于以饱和硫酸钙和氢氧化镁试验电解液模拟长期处于石膏-膨润土-硫酸钠填充料【其典型成份为：石膏($CaSO_4 \cdot 2H_2O$,75%)＋膨润土(20%)＋硫酸钠(5%)】环境下镁合金牺牲阳极电化学性能的测试。

1.3 本标准试图确定为镁合金牺牲阳极供需双方进行质量保证，然而长期现场性能表现可能不等同于用这种实验室的试验方法获得的性能特性。

1.4 本标准没有阐明所有与使用有关的安全事项。本标准的使用者有责任在使用前采取适当的安全和保健措施，并制定相应的规章制度。

2 方法原理

已知直流电流经串联联接的试验电池，每个试验电池由一个已知质量的镁合金试样作为阳极，一个钢制阴极试验坩埚作为阴极和一种已知的电解液组成，在14天试验期间以及电流关闭试验结束1 h后多次测量试样的氧化电位，并测量流经电池总的安培小时(Ah)，试验结束后，每个试样清洗、称重，计算试样损失每单位质量测得的安培小时。

3 装置

基本试验装置如下：

3.1 直流电源：至少可供电2 mA及12 V。

3.2 钢制阴极试验坩埚：构造示意图如图1所示。

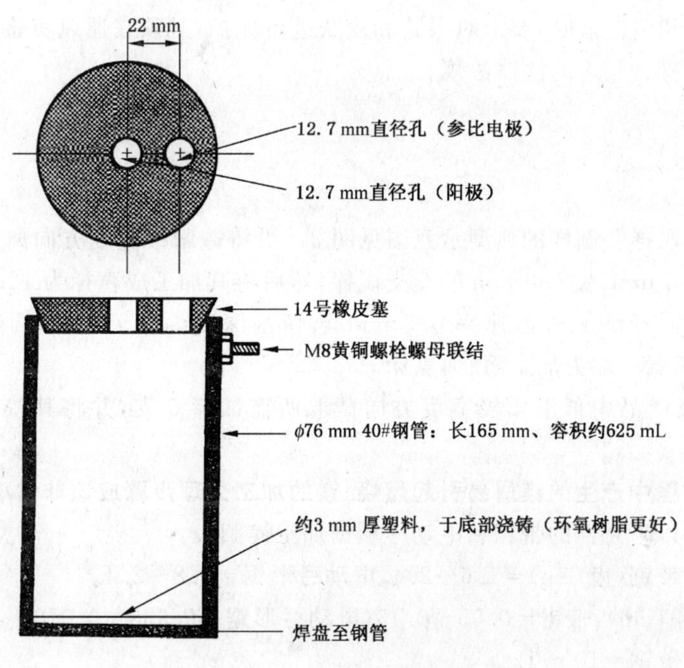

图1 试验用坩埚构造示意图

3.3 铜库仑计：如图2所示，或电子库仑计。

3.4 饱和甘汞参比电极。

3.5 电位计：输入阻抗≥10^7 Ω。

3.6 天平：最大称量100 g，感量0.1 mg。

3.7 烘箱：温度≥110 ℃。

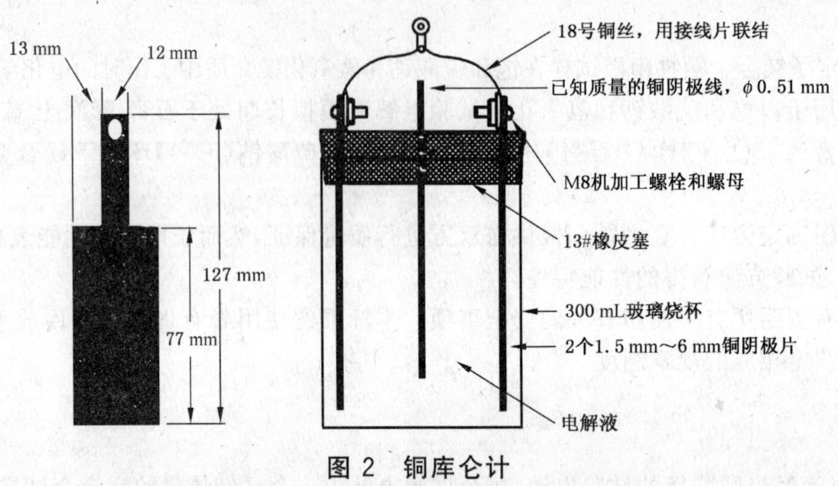

图2 铜库仑计

4 试剂

4.1 电解液(饱和硫酸钙-氢氧化镁溶液)：将5.0 g试剂级硫酸钙 $CaSO_4 \cdot 2H_2O$、0.1 g试剂级氢氧化镁 $Mg(OH)_2$ 加入1 000 mL的Ⅳ型或更高的试剂级水中。

4.2 库仑计溶液：将235 g试剂级 $CuSO_4 \cdot 5H_2O$、27 mL 98%的 H_2SO_4、50 cm^3 未改性乙醇加入900 mL的Ⅳ型或更高级的试剂级水中。

4.3 阳极清洗液：将250 g试剂级 CrO_3 加入到1 000 mL的Ⅳ型或更高的试剂级水中。

5 预防和保护措施

5.1 使用库仑计溶液和清洗液时，要求对眼睛和皮肤进行保护，必须在通风实验柜中进行试样清洗。

5.2 清洗液的处理应符合相应的法律法规。

6 取样、制样

6.1 取样

6.1.1 从铸造阳极上取样及制样的典型示意图见图3。沿铸造阳极宽度方向离边缘约13 mm处截取截面尺寸为16 mm×16 mm、长180 mm的5支试棒，然后将其加工成直径为12.7 mm的试棒(建议加工参数为：加工速率800 r/min、进刀速率0.5 mm/r、切割深度≤1.9 mm)，再将试棒切割成长度为152 mm的试样，试样任意一端为加工面(加盖标记)。

6.1.2 从挤制镁阳极产品中部沿阳极宽度方向截取所需试棒5支，并将其按照6.1.1的方法进行加工。

6.1.3 切割和加工过程中产生的镁屑易引起燃烧，镁的加工处理步骤应该非常小心。

6.1.4 建议使用具有以下特性的带锯和电动弓形锯加工镁阳极：

a) 锯片的齿距：带锯(齿/cm)＝1.6～2.4，电动弓形锯＝0.8～2.4。

b) 锯齿外钮倾角(cm)：带锯＝0.05～0.13，电动弓形锯＝0.038～0.076。

c) 端面突出角：带锯＝10°～12°。

d) 间隙角：带锯、电动弓形锯＝20°～30°。

6.2 称重

用水和丙酮清洗每个试样，然后在烘箱中于 105 ℃干燥 30 min，冷却，称重(挤制镁阳极试样加工端面需用环氧树脂封好)，精确至 0.1 mg。

注意：用丙酮清洗后，为避免试样污染，必须戴手套拿试样。

6.3 制样

6.3.1 铸造镁阳极试样：用导电胶带缠绕试样距加工端面 100 mm 处开始到距未加工端面 13 mm 的部分，然后将其浸入电解液，暴露在电解液中的区域是加工端面及其以始长度 100 mm 的试样侧面，浸入面积为 41.2 cm^2，通过试验电路的电流为 1.60 mA，阳极电流密度为 0.039 mA/cm^2。

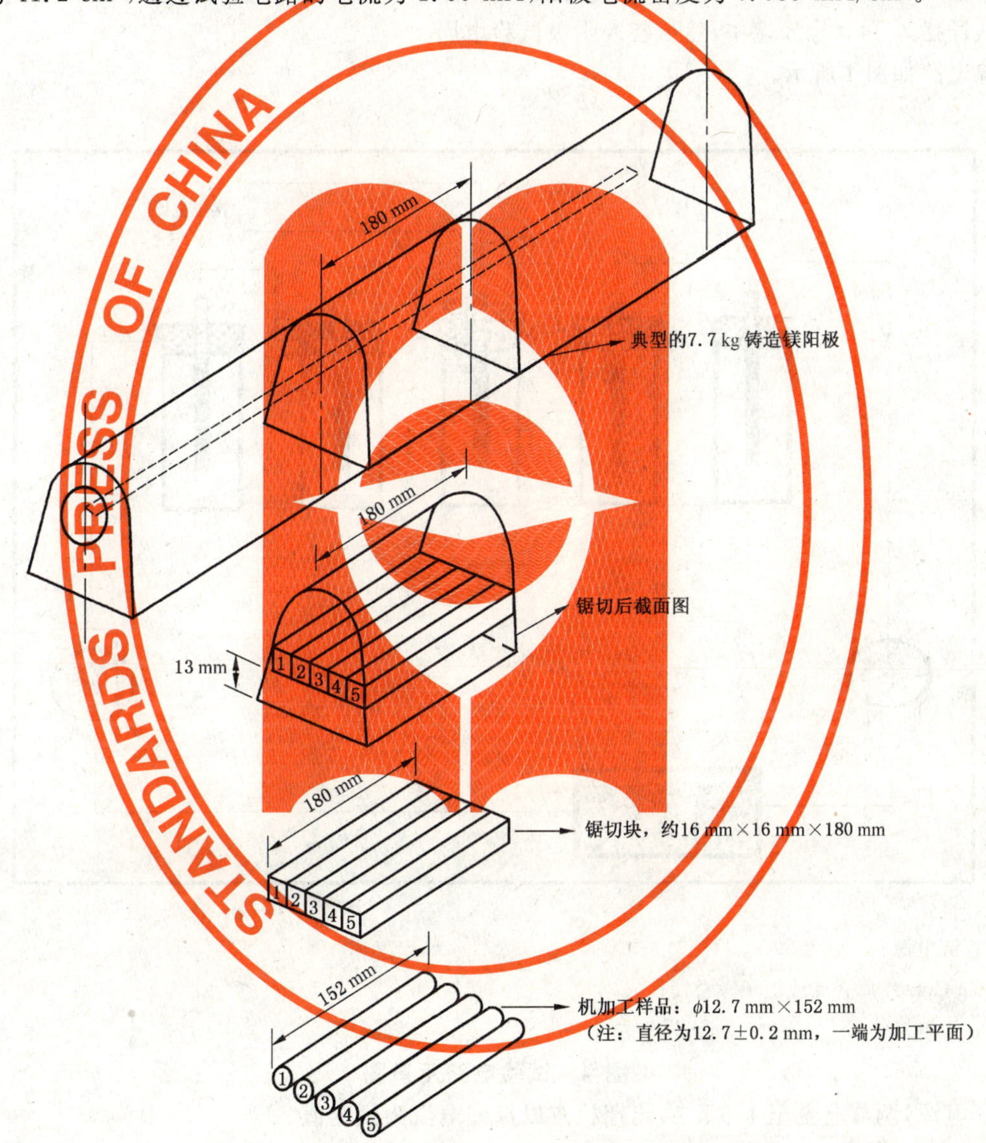

图 3 从铸造阳极上取样制样示意图

6.3.2 挤制镁阳极试样：用导电胶带缠绕试样距加工端面 103.2 mm 处开始到距未加工端面 10 mm 的部分，然后将其浸入电解液，暴露在电解液中的区域是加工端面以始长度 103.2 mm 的试样侧面，浸入面积为 41.2 cm^2(不计加工端面的面积)，通过试验电路的电流为 1.60 mA，阳极电流密度为 0.039 mA/cm^2。

6.4 试样准备

6.4.1 用软塑料刷洗试验坩埚，若试验坩埚表面完全被一种高电阻涂层所覆盖(这种涂层将导致无法得到所需电流)，必须用喷砂、金属丝刷或刮削等方法去除表面的硬质粘结沉积。

6.4.2 若用铜库仑计(如图2所示)代替电子库仑计,则用细磨料(00#或更高)研磨库仑计导线,然后在烘箱中于105 ℃干燥15 min后冷却,在装入库仑计之前称重,浸入库仑计溶液的铜丝长度为10 mm~50 mm,将铜片阳极装入库仑计溶液之前必须进行清洗,铜丝和铜片的纯度应≥99.9%。

6.4.3 完整的试验电路示意图见图4,回路导线是18#绝缘绞合铜线,每根导线的各端用鳄鱼夹子夹住,只有在测量氧化电位时,才用甘汞电极。

7 操作步骤

7.1 将阳极试验电解液加入阴极试验坩埚,溶液距顶端约15 mm。

7.2 将试样插入14#橡胶塞中,然后装入阴极试验坩埚。

7.3 试验电路如图4所示。

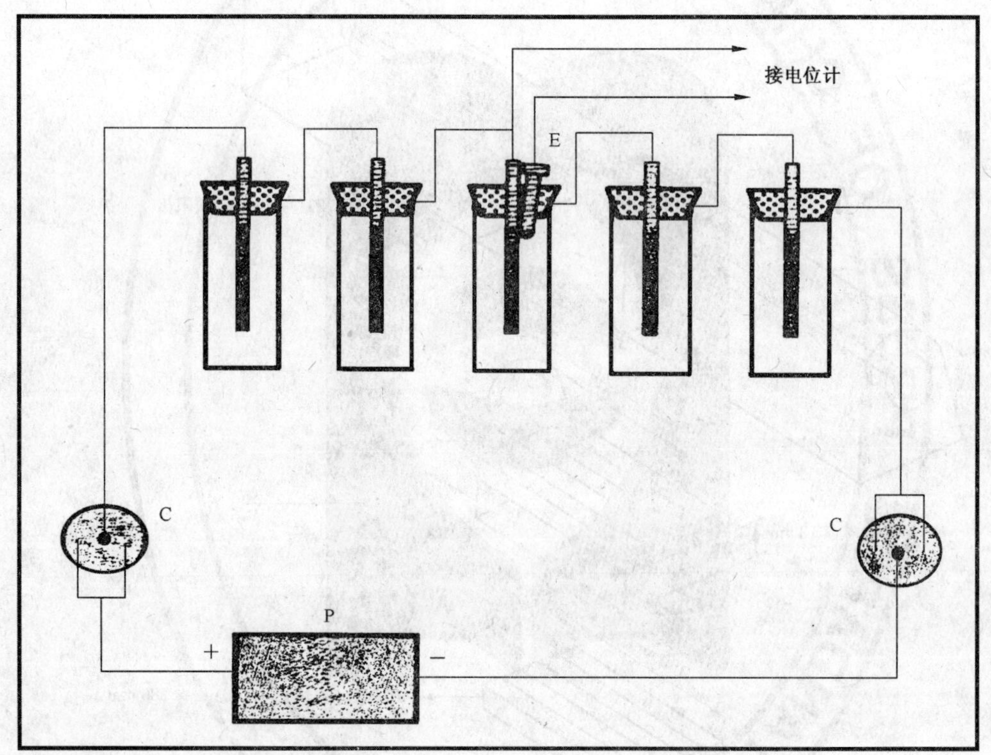

P——直流电源;

C——Cu-$CuSO_4$ 库仑计或电子库仑计;

E——甘汞电极。

图4 试验电路示意图

7.4 打开电源,调节电流至1.6 mA,定期检查以保证电流为恒定值。

7.5 用一饱和甘汞电极和一电位计,在第1天、第7天、第14天测得试样的闭路电位,每个试样电位测定试验电路如图4所示,进行测量时,甘汞参比电极的尖端必须距试液表面10 mm内。

7.6 试验期间,电解液的温度应保持在22 ℃±5 ℃范围内。

7.7 试验14天后,关闭电源。1 h后测量试样的开路电位,测量方法等同于7.5闭路电位的测量方法。

7.8 试验完毕后,先拆除试样上的导线,然后将试样从电解液中取出,并拔去橡皮塞,最后将试样上的导电胶带去掉。

7.9 将一未试验试样放入预加热至60 ℃~80 ℃的清洗液中,并放置10 min(或浸入室温清洗液30 min),然后用自来水清洗,最后在烘箱中于105 ℃干燥30 min,如果该试样质量损失大于5 mg,则倒掉清洗液；如果该试样质量损失小于 5 mg，则把试验过的试样和未试验的试样一同放置在 60 ℃～80 ℃ 的清洗液中 10 min，然后用自来水清洗，并在烘箱中于 105 ℃干燥 3 h，如果未试验试样的质量损失大于 5 mg，则重复试验。

7.10 如果用铜库仑计，则去掉库仑计上的导线，然后用自来水清洗，最后在烘箱中于 105 ℃放置 30 min。

7.11 将试样、未试验的样品以及铜库仑计导线从烘箱中取出，冷却到室温，精确称量至 0.1 mg。

注意：为了避免污染试样和库仑计导线，在称重过程中应该戴手套。

8 计算及报告

8.1 计算并报告在 14 天试验期间流经试验电池的电量 Q_1。

8.1.1 若用铜库仑计，按式(1)计算 Q_1：

$$Q_1 = (0.8433)(m_2 - m_1) \qquad \cdots\cdots (1)$$

式中：

0.843 3——常量，单位为安培小时每克(A·h/g)；

m_2——铜库仑计阴极线的最后质量，单位为克(g)；

m_1——铜库仑计阴极线的初始质量，单位为克(g)。

8.1.2 若用电子库仑计，按式(2)计算电量 Q_1：

$$Q_1 = (\text{从库仑计上测得的电量值})/3600 \qquad \cdots\cdots (2)$$

8.2 计算并报告每块试样损失每单位质量得到的电量(Q_g)，按式(3)计算：

$$Q_g = Q_1/(m_{Mg1} - m_{Mg2}) \qquad \cdots\cdots (3)$$

式中：

m_{Mg1}——镁阳极试样的初始质量，单位为克(g)；

m_{Mg2}——镁阳极试样的最后质量，单位为克(g)。

8.3 计算并报告每块试样的电流效率 η：

$$\eta = \frac{Q_g}{Q} \times 100\% \qquad \cdots\cdots (4)$$

式中：

Q_g——每块试样损失每单位质量得到的电量，单位为安培小时每克(A·h/g)；

Q——理论电容量，单位为安培小时每克(A·h/g)。

8.4 记录每块试样的闭路及开路电位值，并计算电位值的算术平均值，精确到小数点后三位数。

9 精密度

下列准则用来在 95%的置信度水平上判定结果的接受性。

9.1 重复性

Q_g 值： ≤0.06 A·h/g。

最后闭路电位： ≤0.01 V。

开路电位： ≤0.02 V。

9.2 再现性

Q_g 值： ≤0.15 A·h/g。

最后闭路电位： ≤0.05 V。

开路电位： ≤0.08 V。

附 录 A
（资料性附录）
本标准章条编号与 ASTM G 97—1997(2002)章条编号对照表

A.1 本标准章条编号与 ASTM G 97—1997(2002)章条编号对照见表 A.1。

表 A.1

本标准章条编号	对应的 ASTM G 97—1997(2002)章条编号
前言	—
1.1、1.2	1.1
1.3	1.2
1.4	1.3
—	2
2	3
—	4
3	5
4	6
5	7
6.1	8.1
6.2	8.2
6.3	8.3
6.4	8.4、8.5、8.6
7	9
8	10
9	11
—	12

ICS 27.010
F 01

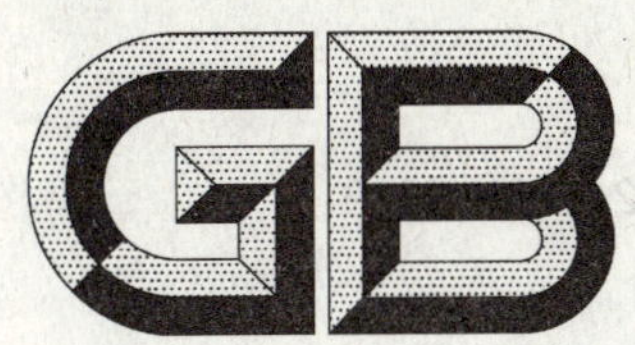

中华人民共和国国家标准

GB/T 24489—2009

用能产品能效指标编制通则

General principles of stipulation for energy efficiency requirements of energy consuming products

2009-10-30 发布　　2010-05-01 实施

中华人民共和国国家质量监督检验检疫总局
中国国家标准化管理委员会　发布

前　言

本标准的附录A为资料性附录。

本标准由全国能源基础与管理标准化技术委员会提出。

本标准由全国能源基础与管理标准化技术委员会归口。

本标准起草单位:中国标准化研究院、国家发展和改革委员会能源研究所、信息产业部节能监测中心、中国西部经济发展研究中心。

本标准主要起草人:李爱仙、陈海红、成建宏、王若虹、赵跃进、张新、刘伟、严海若、胡秀莲、张管生、辛定国。

用能产品能效指标编制通则

1 范围

本标准规定了用能产品的分类、节能技术要求和试验方法。

本标准适用于附录A所列出的各种用能产品。

出口产品可依据合同的约定执行。

2 术语和定义

下列术语和定义适用于本标准。

2.1

用能产品　energy consuming products

直接消耗能源来实现某种特定功能或完成服务的产品与设备，以及在使用过程中自身不消耗能源或少消耗能源，但能促使系统或设施降低能耗的材料、器具和设备。

2.2

能源效率(能耗)指标　energy efficiency requirements

以用能产品的能源利用效率或能源消耗量等表示的能源利用性能参数，简称能效指标。

2.3

能源效率标准　energy efficiency standards

用以规范用能产品能效(能耗)指标及要求的标准的统称，简称能效标准。

能效标准中包括能效限定值、节能评价值、能源效率等级以及目标能效限定值等能效指标中的部分或全部。

2.4

能源效率限定值　minimum allowable values of energy efficiency

在标准规定的测试条件下所允许的各类用能产品的最低能效指标，简称能效限定值。

2.5

节能评价值　evaluating values of energy conservation

在标准规定的测试条件下，节能产品应达到的最低能效指标。

2.6

能源效率等级　energy efficiency grades

表示用能产品能效指标高低差别的一种分级方法，简称能效等级。

2.7

目标能效限定值　reach minimum allowable values of energy efficiency

在能效标准颁布2～5年后正式实施的能效限定值，也称为超前能效指标。

3 用能产品分类

根据物理性能和使用特性，用能产品基本上划分为以下几类(但不仅限于以下几类)：

a) 家用和类似用途电器，简称家用电器；

b) 商业用能设备；

c) 电气照明器具；

d) 声像器具；

e) 工业用能设备；

f) 农业用能设备；

g) 办公及信息技术设备；

h) 交通运输工具；

i) 特种耗能设备；

j) 建筑墙体材料；

k) 其他用能产品。

主要用能产品目录参见附录A。

4 节能技术要求

4.1 基本要求

4.1.1 用能产品的生产企业应按照相关能效标准的要求组织用能产品的设计和生产。

4.1.2 用能产品应符合能效限定值及目标能效限定值要求。鼓励用能产品达到节能评价值或能效1级的要求。

4.2 节能要求

4.2.1 用能产品能效标准制修订

4.2.1.1 应根据各类用能产品的节能潜力、社会拥有量、耗能量以及技术经济发展水平，有计划地逐步组织制定能效标准，并在适当时间内重新评估和修订能效标准，以始终保持能效指标的先进性和合理性，促进各类用能产品和设备的更新换代以及整体能效水平的不断提高。

4.2.1.2 能效标准中各种能效指标的确定应以充分的调研、准确的实验验证、科学的分析研究为基础，原则上应不低于国外先进国家同类标准的规定。

4.2.2 能效限定值

4.2.2.1 能效限定值属于强制性指标，为用能产品在节能领域的市场准入指标。

4.2.2.2 确定能效限定值时应根据国家节能政策需要、各类用能产品的技术特点及能效现状，一般以淘汰当时国内市场上10%～20%的高耗能产品为原则。

4.2.3 节能评价值

4.2.3.1 节能评价值是我国开展节能产品认证和评价的依据。

4.2.3.2 节能评价值的确定方法有两种：一是根据各类用能产品的能效现状，以当时国内市场上10%～25%的高能效产品为取值原则；二是以产品的全寿命周期成本分析中所确定的技术经济最佳点为取值原则。

4.2.4 能效等级

4.2.4.1 能效等级是我国实施强制性能源效率标识制度的技术依据。

4.2.4.2 根据各类用能产品的技术特点和物理特性，能效等级一般分为3级或5级，1级表示能效水平最高；2级为节能评价值；3级或5级为能效限定值。

4.2.5 目标能效限定值

4.2.5.1 目标能效限定值为强制性指标。一般在标准实施2年～5年后开始实施，并替代能效限定值。

4.2.5.2 确定目标能效限定值时应根据各类用能产品的节能技术发展趋势，充分考虑未来2年～5年各类用能产品可能达到的能效水平，做到技术上可行，经济上合理，最大限度地促进产品能源效率的提高和节能技术的进步。

5 试验方法

5.1 用能产品能效指标的测试按照相关国家和行业标准的规定进行。

5.2 没有相关国家和行业标准规定的用能产品，其能效指标的测试参照有关国际标准的规定进行。

5.3 没有相关国家、行业标准和国际标准规定的用能产品，其能效指标的测试参考发达国家有关标准的规定进行。

附　录　A
（资料性附录）
主要用能产品目录

A.1　家用和类似用途电器(家用电器)

A.1.1　制冷器具

房间空气调节器(包括户用集中空调、变频空调)
家用电冰箱(包括冷藏箱、冷冻箱、冷藏冷冻箱)

A.1.2　清洁器具

洗衣机
烘干机
脱水机
熨烫机
洗碗机
吸尘器
消毒碗柜

A.1.3　电热器具

电热水器
电暖器
热风机
电吹风机
电热毯
电熨斗
电饭锅
电烤箱
微波炉
电磁炉

A.1.4　燃气器具

燃气热水器
燃气灶

A.1.5　通风器具

电风扇
抽油烟机
换气扇(排风扇)

A.1.6　其他类似器具

食物搅拌器
榨汁器
饮水机
其他

A.2　商业用能设备

干洗机

制冷展示柜
食品冷冻柜
单元式空调
多联式空调机组
中央空调压缩式冷水机组
中央空调吸收式溴化锂机组
水源热泵机组
空气源热泵机组
自动售货机
真空包装机
电源适配器
燃烧器具
其他

A.3 电气照明器具

普通白炽灯
卤钨灯
双端荧光灯
单端荧光灯
自镇流荧光灯
荧光灯镇流器(包括电感镇流器和电子镇流器)
低压钠灯
高压钠灯
高压钠灯镇流器
高压汞灯
金属卤化物灯
金属卤化物灯镇流器
霓虹灯
进出口指示灯
交通信号灯
灯具
其他

A.4 声像器具

彩色电视机(包括液晶电视机)
影碟机
组合音响
卡拉 OK 机
有源扬声器
其他视频设备
其他

A.5 工业用能设备

电动机(包括中小型三相异步电动机、小功率电动机、直流电机、大型电动机、旋转电机等)

风机(包括通风机、鼓风机等)
水泵(包括离心泵、混流泵、轴流泵、潜水泵等)
空气压缩机
工业锅炉
生活锅炉
电站锅炉
工业窑炉
电焊机
机床
整流设备
空分设备
柴油机
工业炉
变压器(包括配电变压器、电力变压器等)
余热锅炉
汽轮机
内燃机
电热设备
热泵
变频器
交流接触器
电阻炉
热处理炉
电解、电镀设备
热交换设备
循环机
其他

A.6 农业用能设备

排灌机械
农用水泵
收割机
喷雾机
饲料机
拖拉机
插秧机
其他

A.7 办公及信息技术设备

计算机
显示器
打印机
复印机

传真机

扫描仪

绘图仪

终端设备(包括 POST 机、ATM 机等)

其他

A.8 交通运输工具

轿车(包括微型轿车、普通轿车、中级轿车、中高级轿车、高级轿车)

客车(包括城市公共汽车、短途客车、长途客车、游览客车、团体客车)

货车(包括栏板货车、集装箱货车、厢式货车、罐式货车、冷藏货车、低速货车等)

工程作业车(包括汽车起重机、混凝土搅拌车、推土机、电信工程车、路面清洁车等)

特种汽车(包括警备车、消防车、救护车、工程救险车、交通管理车等)

摩托车

电车

拖拉机

三轮汽车

轻型商用车

其他

A.9 特种耗能设备

换热压力容器

电梯

起重机械

其他

A.10 建筑墙体材料

绝热材料

保温材料

门窗

其他

A.11 能量转换产品和其他用能产品

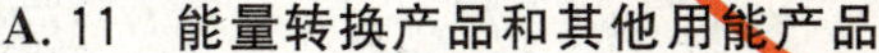

ICS 59.100.20
G 13

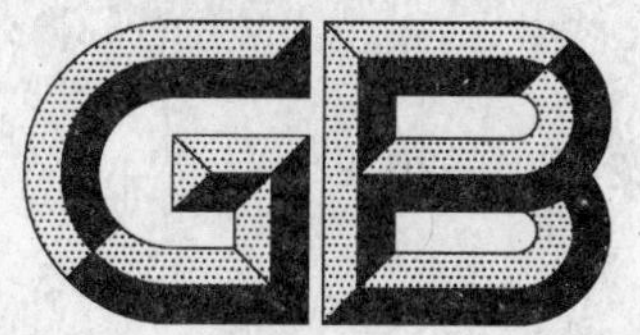

中华人民共和国国家标准

GB/T 24490—2009

多壁碳纳米管纯度的测量方法

Test method for purity of multi-walled carbon nanotubes

2009-10-30 发布　　2010-06-01 实施

中华人民共和国国家质量监督检验检疫总局
中国国家标准化管理委员会　发布

前　言

本标准的附录A为规范性附录。

本标准由全国纳米技术标准化委员会纳米材料分技术委员会(SAC/TC 279/SC 1)提出并归口。

本标准起草单位:清华大学、天奈科技有限公司、冶金工业信息标准研究院、中国科学院成都有机化学有限公司。

本标准主要起草人:王垚、宁国庆、魏飞、栾燕、瞿美臻。

多壁碳纳米管纯度的测量方法

1 范围

本标准规定了测量多壁碳纳米管纯度的方法、仪器、分析步骤及结果表示方法。

本标准提供了使用烧炭、热重分析(TGA)、透射电子显微镜(TEM)及图像分析相结合的技术测量多壁碳纳米管(MWCNTs)样品纯度的方法。该纯度以样品中多壁碳纳米管的含量(质量分数)表示。

本标准不适用于均匀度差或含大块碳相杂质的样品。

2 规范性引用文件

下列文件中的条款通过本标准的引用而成为本标准的条款。凡是注日期的引用文件,其随后所有的修改单(不包括勘误的内容)或修订版均不适用于本标准,然而,鼓励根据本标准达成协议的各方研究是否可使用这些文件的最新版本。凡是不注日期的引用文件,其最新版本适用于本标准。

GB/T 14837 橡胶及橡胶制品组分含量的测定 热重分析法(GB/T 14837—1993,neq ISO/DIS 9924:1992)

GB/T 24491 多壁碳纳米管

3 方法

本标准提供了多壁碳纳米管纯度的测量方法,其流程见图1。

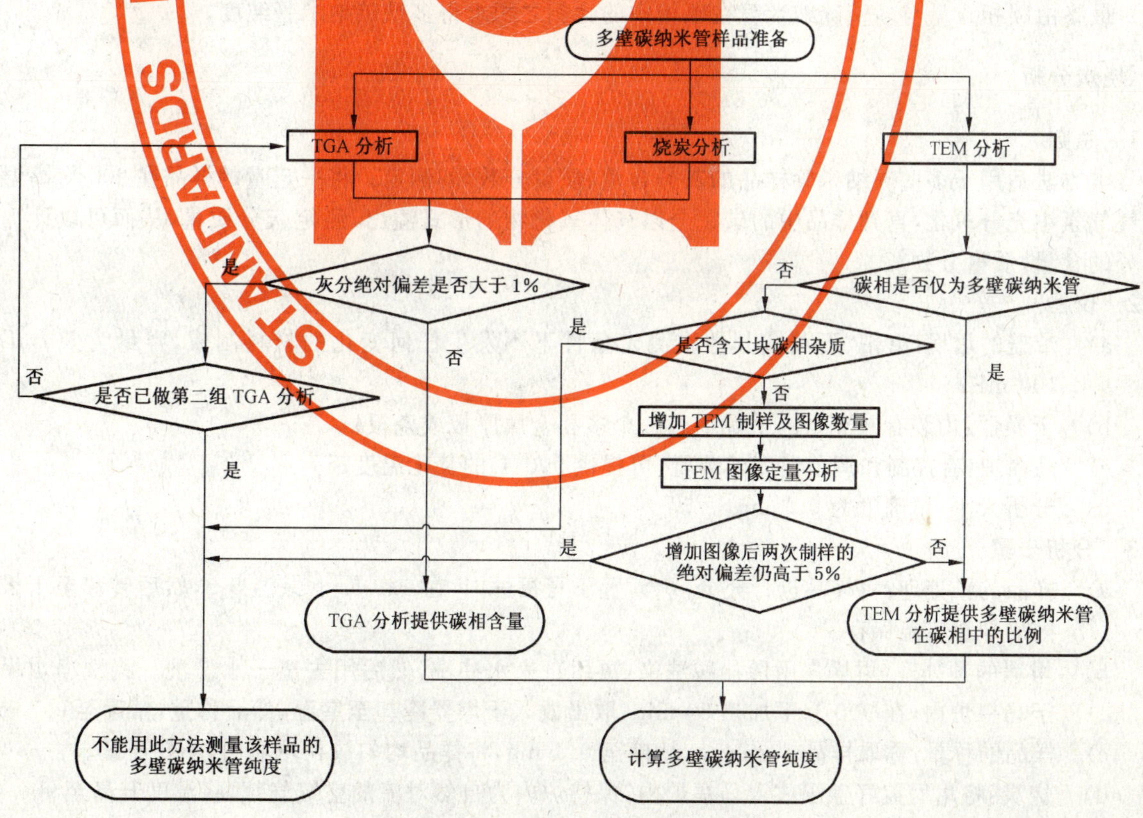

图1 多壁碳纳米管纯度的测量流程

按照4.3、5.3、6.3所述的方法取样或制样。利用TGA测得300 ℃～850 ℃的失重分率，即为碳相含量（质量分数）；利用烧炭分析测得灰分含量（质量分数），并检验TGA测得的碳相含量是否具有代表性；利用TEM观察及图像分析，确定碳相种类，计算多壁碳纳米管在碳相中的比例。根据样品的碳相含量及多壁碳纳米管在碳相中的比例，计算获得多壁碳纳米管的纯度。

烧炭分析的单次检验样品用量远远大于TGA，其主要作用是检验TGA取样是否具有代表性。具体检验方法如下：

a) 如果一组TGA（三次独立检测）测量灰分平均值与烧炭分析所得结果的绝对偏差大于1%，则需重做一组TGA；

b) 如果两组TGA测量灰分平均值仍与烧炭分析所得结果的绝对偏差大于1%，则判定样品均匀度差，不能用此方法进行多壁碳纳米管纯度测量；

c) 如果TGA测量灰分平均值与烧炭分析所得结果的绝对偏差不大于1%，则由TGA给出样品的碳相含量（质量分数）。

利用TEM观察及图像分析确定碳相种类及多壁碳纳米管在碳相中的比例，方法如下：

a) 如果TEM观察证明样品中的碳相仅为多壁碳纳米管，则可知多壁碳纳米管在碳相中的比例为100%；

b) 如果样品含有大块的碳相杂质（如：大块石墨等），该碳相杂质与多壁碳纳米管不能在同一视野中清晰识别，则判定该样品不适合用本方法测量多壁碳纳米管纯度；

c) 如果可以在同一视野中识别多壁碳纳米管与碳相杂质，则需增加TEM制样及图像数量，并通过图像分析统计获得多壁碳纳米管在碳相中的比例；

d) 如果两次TEM制样统计所得多壁碳纳米管在碳相中的比例的绝对偏差高于5%，则判定样品均匀度差，不适合用本方法测量多壁碳纳米管纯度；

e) 由一个样品的全部TEM图像分析统计获得多壁碳纳米管在碳相中的比例。

最终由碳相含量与多壁碳纳米管在碳相中的比例之积求得多壁碳纳米管纯度。

4 烧炭分析

4.1 总则

本方法适用于多壁碳纳米管样品的灰分含量（质量分数）的测定。将一定量的样品在900 ℃高温的空气气氛中充分氧化，直到样品中的碳完全以气体氧化物的形式溢出，测定灰分质量，从而可以计算出灰分的含量（质量分数）。

4.2 仪器

a) 带盖的坩埚：由铂、石英或其他在测定条件下不发生任何变化的材料制成，容量为50 mL～100 mL；

b) 干燥器：内装有效充足的干燥剂和一个多孔金属厚板或瓷板；

c) 马福炉：有控制和调节温度的装置，可提供900 ℃的焚化温度；

d) 分析天平：精确度为0.1 mg。

4.3 分析步骤

a) 样品的预处理：将样品进行充分混合，置于马福炉内，在120 ℃下保温5 h，然后转移至干燥器内冷却至室温保存。

b) 坩埚的预处理：坩埚先用稀盐酸洗涤，再用自来水冲洗，然后用去离子水漂洗。将洗净坩埚置于马福炉内，在900 ℃下加热30 min，取出放入干燥器冷却至室温，然后称重，精确至0.1 mg。

c) 样品的称量：称取样品1 g～2 g，精确至0.1 mg，将样品均匀放在坩埚内，不要压紧。

d) 烧炭：将坩埚盖好盖子放入马福炉内，保持炉内为自然对流的空气气氛，将温度升高至900 ℃，并保持此温度直至剩余的碳全部氧化溢出为止，一般时间为3 h～5 h。将坩埚和其中的剩余物放入干燥器中冷却至室温，称重，精确至0.1 mg。

4.4 结果表示方法

灰分的含量 w_h 由式(1)求得：

$$w_h = \frac{n_3 - n_1}{n_2 - n_1} \times 100\% \qquad \cdots\cdots(1)$$

式中：

w_h——灰分的含量(质量分数)；

n_1——带盖的坩埚的质量，单位为克(g)；

n_2——灰化前坩埚和样品的质量，单位为克(g)；

n_3——灰化后坩埚和剩余物的质量，单位为克(g)。

对于一个样品，独立取样三次进行测量，分别测得灰分含量 w_{h1}、w_{h2}、w_{h3}。用式(2)和式(3)计算三次测量结果的平均值 $\overline{w}_h$ 与平均方差 σ_h^2：

$$\overline{w}_h = \frac{w_{h1} + w_{h2} + w_{h3}}{3} \qquad \cdots\cdots(2)$$

$$\sigma_h^2 = \frac{(w_{h1} - \overline{w}_h)^2 + (w_{h2} - \overline{w}_h)^2 + (w_{h3} - \overline{w}_h)^2}{3} \qquad \cdots\cdots(3)$$

在三次测量结果中，如有方差大于平均方差2倍的结果，应视为因样品不均匀或测量问题造成的异常结果予以剔除并补做测量，然后重新计算平均值与平均方差。

5 热重分析(TGA)

5.1 总则

本方法通过测量样品的氧化失重，得到样品的碳相含量。碳相包括多壁碳纳米管、碳壳、碳纤维、石墨片、碳球及无定形碳等。

将适量的多壁碳纳米管样品在空气气氛中连续升温，测量并记录样品从室温至900 ℃的失重情况。样品在300 ℃以前的失重分率为挥发分含量(质量分数)。样品在300 ℃～850 ℃的失重为碳相氧化所致，定义此阶段内样品的失重分率为碳相含量(质量分数)。样品在900 ℃的质量分率称为灰分含量(质量分数)。

5.2 仪器

热重分析仪应具备以下性能：

a) 温度范围：室温至1 000 ℃，程序控制升温速度和恒温时间；

b) 灵敏度：0.1 μg；

c) 称重精度：±0.01%；

d) 线性升温速率：1 ℃/min～50 ℃/min。

5.3 分析步骤

a) 打开热重分析仪及与之相配套的记录仪，平稳基线；

b) 按GB/T 14837的方法对热重分析仪进行校验；

c) 将铂、石英或者其他在测定条件下不发生任何变化的坩埚置于热重分析仪的加热炉托盘上，记录坩埚的皮重或质量示数清零；

d) 称取经过4.3预处理的样品约4 mg，记录样品的初始质量；

e) 将样品装入坩埚内，覆盖，但不要密封；

f) 将空气流量调整到50 mL/min，以20 ℃/min的升温速度从室温加热到300 ℃，恒温10 min后，再以10 ℃/min的升温速度加热到900 ℃，仪器自动测量试样质量并记录质量数据。

5.4 结果表示方法

多壁碳纳米管样品的TGA典型曲线见图2。

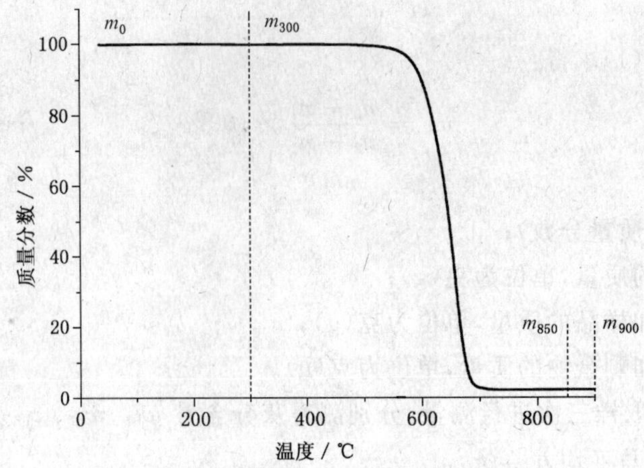

图 2　典型 TGA 曲线

灰分含量 w_h 及碳相含量 w_C 分别由式(4)和式(5)求得：

$$w_h = \frac{m_{900}}{m_0} \times 100\% \qquad \cdots\cdots(4)$$

$$w_C = \frac{m_{300} - m_{850}}{m_0} \times 100\% \qquad \cdots\cdots(5)$$

式中：

w_h——灰分含量(质量分数)；

w_C——碳相含量(质量分数)；

m_0——样品的初始质量，单位为毫克(mg)；

m_{300}——样品在 300 ℃时的质量，单位为毫克(mg)；

m_{850}——样品在 850 ℃时的质量，单位为毫克(mg)；

m_{900}——样品在 900 ℃时的质量，单位为毫克(mg)。

对于一个样品，一组 TGA 独立测量三次。根据式(4)和式(5)分别求得灰分含量(w_{h1}、w_{h2}及 w_{h3})与碳相含量(w_{C1}、w_{C2}及 w_{C3})。

计算三次 TGA 测得的灰分含量平均值与平均方差，计算方法见式(2)和式(3)。在三次测得的灰分含量中，如有方差大于平均方差 2 倍的结果，应视为因样品不均匀或测量问题造成的异常结果予以剔除并补做测量，然后重新计算平均值与平均方差。

将 TGA 所得平均灰分含量与烧炭所得平均灰分含量进行比较。如果绝对偏差大于 1%，则需要增加一组 TGA 测量(三次)。

判定 TGA 与烧炭测得的灰分含量绝对偏差满足要求后，取一组或两组(如有两组 TGA 检测时需取两组)TGA 结果计算碳相含量平均值 $\overline{w}_C$ 与平均方差 σ_C^2。以一组 TGA 为例，计算方法见式(6)和式(7)：

$$\overline{w}_C = \frac{w_{C1} + w_{C2} + w_{C3}}{3} \qquad \cdots\cdots(6)$$

$$\sigma_C^2 = \frac{(w_{C1} - \overline{w}_C)^2 + (w_{C2} - \overline{w}_C)^2 + (w_{C3} - \overline{w}_C)^2}{3} \qquad \cdots\cdots(7)$$

6　透射电子显微镜分析(TEM)

6.1　总则

通过透射电子显微镜的观察及图像分析，确定样品中碳相种类和比例。

6.2　仪器

a)　超声分散仪：功率 100 W～200 W；

b)　透射电子显微镜：分辨率高于 0.3 nm，工作电压 80 kV～200 kV。

6.3 分析步骤

a) 取样品 20 mg~100 mg,混合并研磨均匀。

b) 从研磨样品中取样 2 mg,投入 3 mL 乙醇中,用手摇匀后超声分散 10 min,获得宏观分散均匀的悬浊液;立即采用洁净的滴管,将得到的悬浊液滴加 1~2 滴于透射电镜专用的微栅表面。取样及制样过程中应尽可能避免样品偏析。

c) 透射电子显微镜放大 2 万~6 万倍观察,在任意选取的 1 μm^2 左右的视野中,要求 2/3 以上面积上分布着清晰可见的碳纳米管或其他碳相,且可以识别不同碳相。

d) 获取 TEM 图像,以供分析。不要人为刻意选取仅含碳纳米管或杂质的视野,应保证 TEM 图像能全面反映样品中的碳相组成情况。

e) 通过 TEM 图像分析,获得多壁碳纳米管在碳相中的比例(体积比),具体计算方法见附录 A。

6.4 结果表示方法

多壁碳纳米管样品的 TEM 典型图像见图 3。

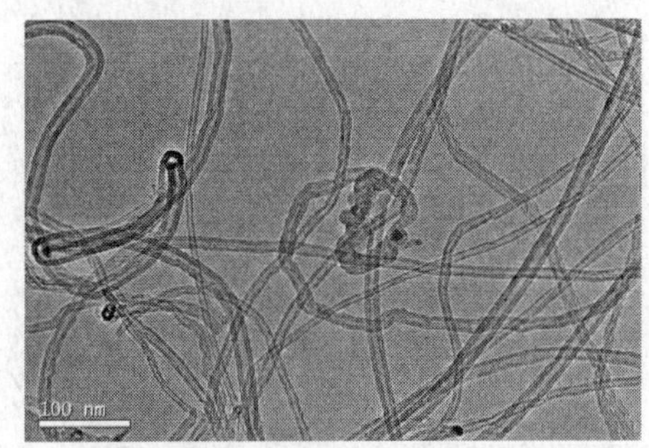

a) 样品中只含有碳管

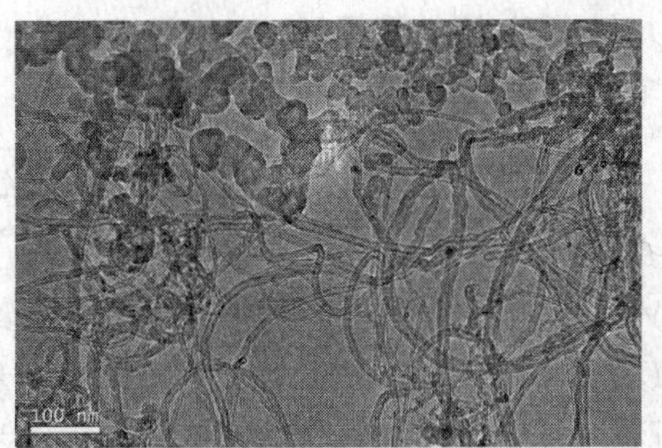

b) 样品中含有碳管和球状炭黑

图 3 多壁碳纳米管样品的典型 TEM 照片

TEM 观察中,将多壁碳纳米管以外的碳相均视为碳相杂质。根据 GB/T 24491 规定:"透射电子显微镜放大 10 万倍以上情况下观察为纤维状,长度与直径的比值大于 20",因此长度与直径的比值低于 20 的则视为碳相杂质处理。当碳相杂质(如石墨片等)尺寸较大,不能与多壁碳纳米管在同一视野中清晰识别时,本标准的测量方法不适用。

如果一片微栅上任意 10 个视野中均只含有多壁碳纳米管,没有其他碳相杂质(如图 3a 所示),则可以判定 TGA 测量获得的碳相含量全部对应于多壁碳纳米管,此时 TGA 测得的 $\overline{w}_C$ 即为多壁碳纳米管的含量(质量分数)。

如果 TEM 观察到明显的碳相杂质(如图 3b 所示),应增加 TEM 制样及获取的 TEM 图像数量,并进行 TEM 图像定量分析。对一个多壁碳纳米管产品,至少独立进行两次取样、分散并制样(至少两片微栅),每片微栅至少拍摄 15 幅满足定量分析要求的 TEM 图像。

对一片微栅的所有 TEM 图像按照附录 A 进行计算并累计,得到多壁碳纳米管的总体积 V_1 及碳相杂质的总体积 V_2。忽略不同碳相的密度差异,多壁碳纳米管在碳相中的比例 Y_C 可由式(8)求得:

$$Y_C = \frac{V_1}{V_1 + V_2} \quad \cdots\cdots(8)$$

如果两片微栅所得 Y_C 结果的绝对偏差大于 5%,则要求每片微栅至少再增加 15 幅满足定量分析要求的 TEM 图像,并重新进行定量统计。如两片微栅所得 Y_C 结果的绝对偏差仍大于 5%,则判定样品均匀性差,不适用本测量方法。

对一个样品各微栅的所有 TEM 图像进行累计,得到多壁碳纳米管的总体积 V_1 及碳相杂质的总体积 V_2,按照式(8)计算得到多壁碳纳米管在碳相中的比例 Y_C。样品中多壁碳纳米管的含量(质量分数)w 可由式(9)求得:

$$w = \overline{w}_C \cdot Y_C = \frac{\overline{w}_C \cdot V_1}{V_1 + V_2} \quad \cdots\cdots(9)$$

附 录 A
（规范性附录）
透射电子显微镜（TEM）图像定量分析方法

随机拍摄 TEM 图像，保证图像具有代表性，即不同形貌特征的样品区域都应包括在内。通过人工或者计算机辅助软件对 TEM 图像中不同形貌的碳相组分（多壁碳纳米管、碳纤维、碳球、碳壳、石墨片等）进行识别，并获得多壁碳纳米管及碳相杂质的特征参数，根据相应的几何模型统计计算多壁碳纳米管的体积 V_1 及碳相杂质的体积 V_2。不同几何形状的碳相杂质组分，如：碳球、碳壳、碳纤维、长径比低于 20 的短管及石墨片，其对应体积可以分别表示为 V_{21}、V_{22}、V_{23}、V_{24}、V_{25}。

A.1 多壁碳纳米管的几何模型及特征参数

几何模型：圆柱管模型。

多壁碳纳米管体积 V_1 按式（A.1）计算：

$$V_1 = \sum_i \frac{\pi}{4} \cdot (D_{1i}^2 - D_{2i}^2) \cdot L_i \qquad \text{(A.1)}$$

式中：

V_1——多壁碳纳米管体积，单位为立方纳米（nm^3）；

D_1——多壁碳纳米管的外径，单位为纳米（nm）；

D_2——多壁碳纳米管的内径，单位为纳米（nm）；

L——多壁碳纳米管的长度，单位为纳米（nm）；

i——任意 1 根多壁碳纳米管。

注：求和表示对 1 幅图像中所有多壁碳纳米管进行累计。以下同理。

A.2 碳相杂质的几何模型及特征参数

A.2.1 球模型

碳球体积 V_{21} 按式（A.2）计算：

$$V_{21} = \sum_i \frac{4\pi}{3} \cdot R_i^3 \qquad \text{(A.2)}$$

式中：

V_{21}——碳球体积，单位为立方纳米（nm^3）；

R——球半径，单位为纳米（nm）。

A.2.2 球壳模型

球壳体积 V_{22} 按式（A.3）计算：

$$V_{22} = \sum_i \frac{4\pi}{3} \cdot (r_{1i}^3 - r_{2i}^3) \qquad \text{(A.3)}$$

式中：

V_{22}——球壳体积，单位为立方纳米（nm^3）；

r_1——球壳外径，单位为纳米（nm）；

r_2——球壳内径，单位为纳米（nm）。

A.2.3 圆柱模型

圆柱体积 V_{23} 按式（A.4）计算：

$$V_{23} = \sum_i \frac{\pi}{4} \cdot D_i^2 \cdot Z_i \qquad \text{(A.4)}$$

式中：

V_{23}——圆柱体积，单位为立方纳米（nm^3）；

D——圆柱直径，单位为纳米（nm）；

Z——圆柱长度，单位为纳米（nm）。

A.2.4 短管模型

短管体积 V_{24} 按式（A.5）计算：

$$V_{24} = \sum_i \frac{\pi}{4} \cdot (d_{1i}^2 - d_{2i}^2) \cdot l_i \quad \text{…………（A.5）}$$

式中：

V_{24}——短管体积，单位为立方纳米（nm^3）；

d_1——短管外径，单位为纳米（nm）；

d_2——短管内径，单位为纳米（nm）；

l——短管长度，单位为纳米（nm）。

A.2.5 片模型

片体积 V_{25} 按式（A.6）计算：

$$V_{25} = \sum_i S_i \cdot h_i \quad \text{…………（A.6）}$$

式中：

V_{25}——片体积，单位为立方纳米（nm^3）；

S——片面积，单位为纳米（nm）；

h——片厚度，单位为纳米（nm）。

A.3 碳相杂质体积

碳相杂质总体积 V_2 按式（A.7）计算：

$$V_2 = \sum_{j=1}^{5} V_{2j} \quad \text{…………（A.7）}$$

式中：

V_2——碳相杂质总体积，单位为立方纳米（nm^3）；

$V_{21} \sim V_{25}$——A.2 中所述各种几何结构的碳相杂质，单位为立方纳米（nm^3）。

ICS 59.100.20
G 13

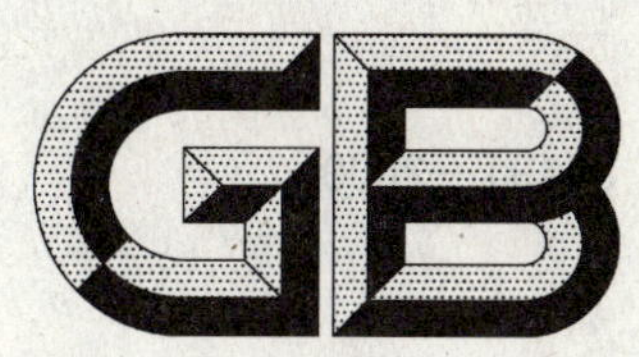

中华人民共和国国家标准

GB/T 24491—2009

多壁碳纳米管

Multi-walled carbon nanotubes

2009-10-30 发布　　　　2010-06-01 实施

中华人民共和国国家质量监督检验检疫总局
中国国家标准化管理委员会　发布

前　言

本标准的附录 A 为规范性附录。

本标准由全国纳米技术标准化技术委员会纳米材料分技术委员会(SAC/TC 279/SC 1)提出并归口。

本标准起草单位:深圳市纳米港有限公司、中国科学院成都有机化学有限公司、冶金工业信息标准研究院、国家纳米科学中心。

本标准主要起草人:瞿美臻、栾燕、林浩强、孔令涌、付玲。

多壁碳纳米管

1 范围

本标准规定了多壁碳纳米管的术语和定义、分类、技术要求、试验方法、检验规则、包装、标志及质量证明书、贮存和运输、安全注意事项等。

本标准适用于多壁碳纳米管粉体产品。

2 规范性引用文件

下列文件中的条款通过本标准的引用而成为本标准的条款。凡是注日期的引用文件,其随后所有的修改单(不包括勘误的内容)或修订版均不适用于本标准,然而,鼓励根据本标准达成协议的各方研究是否可使用这些文件的最新版本。凡是不注日期的引用文件,其最新版本适用于本标准。

GB/T 3780.8　炭黑　第8部分:加热减量的测定(GB/T 3780.8—2008,ISO 1126:2006,MOD)

GB/T 10722　炭黑　总表面积和外表面积的测定　氮吸附法

GB/T 19619　纳米材料术语

GB/T 24490—2009　多壁碳纳米管纯度的测量方法

3 术语和定义

GB/T 19619 确立的以及下列术语和定义适用于本标准。

3.1

多壁碳纳米管　multi-walled carbon nanotubes,MWCNTs

由三层及以上的石墨片卷曲成同轴嵌套的中空的准一维管状纳米碳材料。

4 分类

多壁碳纳米管按其平均外径分为三类:

——1类,平均外径≤20 nm;

——2类,平均外径>20 nm~50 nm;

——3类,平均外径>50 nm~150 nm。

每类中按多壁碳纳米管含量(质量分数)分四个等级:

——Ⅰ级,含量大于98%;

——Ⅱ级,含量大于95%;

——Ⅲ级,含量大于85%;

——Ⅳ级,含量大于70%。

5 技术要求

5.1 基本特性

a) 外观:黑色粉末或颗粒,无明显结块。

b) 形态:透射电子显微镜放大10万倍以上观察,多壁碳纳米管为纤维状,长度与直径的比值大于20,沿纤维的轴向为一中空管,中空管内可以有类似竹节的隔层,管壁石墨片层相对管中心轴可以有一定倾斜度。

5.2 要求

多壁碳纳米管的技术要求应符合表1的规定。

表1 多壁碳纳米管的技术要求

<table>
<tr><td rowspan="3">项目[a]</td><td colspan="12">多壁碳纳米管的平均外径</td></tr>
<tr><td colspan="4">1类</td><td colspan="4">2类</td><td colspan="4">3类</td></tr>
<tr><td colspan="4"><20 nm</td><td colspan="4">20 nm～50 nm</td><td colspan="4">50 nm～150 nm</td></tr>
<tr><td></td><td>Ⅰ</td><td>Ⅱ</td><td>Ⅲ</td><td>Ⅳ</td><td>Ⅰ</td><td>Ⅱ</td><td>Ⅲ</td><td>Ⅳ</td><td>Ⅰ</td><td>Ⅱ</td><td>Ⅲ</td><td>Ⅳ</td></tr>
<tr><td>多壁碳纳米管含量(质量分数)/% ></td><td>98.0</td><td>95.0</td><td>85.0</td><td>70.0</td><td>98.0</td><td>95.0</td><td>85.0</td><td>70.0</td><td>98.0</td><td>95.0</td><td>85.0</td><td>70.0</td></tr>
<tr><td>比表面积[b]/(m^2/g)</td><td colspan="4">>200.0</td><td colspan="4">60.0～200.0</td><td colspan="4">20.0～60.0</td></tr>
<tr><td>挥发分含量(质量分数)/% <</td><td>1.0</td><td>2.0</td><td>5.0</td><td>5.0</td><td>1.0</td><td>2.0</td><td>5.0</td><td>5.0</td><td>1.0</td><td>2.0</td><td>5.0</td><td>5.0</td></tr>
<tr><td>碳相杂质含量(质量分数)/% <</td><td>2.0</td><td>5.0</td><td>10.0</td><td>20.0</td><td>2.0</td><td>5.0</td><td>10.0</td><td>20.0</td><td>2.0</td><td>5.0</td><td>10.0</td><td>20.0</td></tr>
<tr><td>灰分含量(质量分数)/% <</td><td>1.0</td><td>3.0</td><td>10.0</td><td>15.0</td><td>1.0</td><td>3.0</td><td>10.0</td><td>15.0</td><td>1.0</td><td>3.0</td><td>10.0</td><td>15.0</td></tr>
<tr><td>挥发分、碳相杂质、灰分三者含量(质量分数)之和/% <</td><td>2.0</td><td>5.0</td><td>15.0</td><td>30.0</td><td>2.0</td><td>5.0</td><td>15.0</td><td>30.0</td><td>2.0</td><td>5.0</td><td>15.0</td><td>30.0</td></tr>
<tr><td colspan="13">a 挥发分、碳相杂质、灰分和多壁碳纳米管的含量四者之和应小于100%。
b 当平均外径测量结果出现争议时,按比表面积大小对多壁碳纳米管进行归类。</td></tr>
</table>

6 试验方法

6.1 多壁碳纳米管的形态:通过透射电子显微镜(TEM)检测纤维状物,并测定多壁碳纳米管最小平均长度 L 和平均外径 D,然后计算长径比 L/D 的值。见附录A。

6.2 多壁碳纳米管含量:按 GB/T 24490—2009 规定进行测定。

6.3 挥发分含量测定:按 GB/T 3780.8 规定进行测定。

6.4 碳相杂质含量测定:按 GB/T 24490—2009 规定测定出碳相含量和多壁碳纳米管含量后,求出两者之差作为碳相杂质含量。

6.5 灰分含量测定:按 GB/T 24490—2009 规定进行测定。

6.6 比表面积测定:按 GB/T 10722 的规定进行测定。

7 检验规则

7.1 检验分类

本标准规定的检验分为出厂检验和型式检验。

7.1.1 出厂检验

每批产品应检验外观和形态、平均外径、多壁碳纳米管含量、灰分。

7.1.2 型式检验

型式检验在有下列情况之一时进行抽验:

a) 原材料的批号、型号、供货厂家等有变更时;

b) 生产工艺流程有变化时;

c) 正常生产3个月时;

d) 生产设备停产3个月以上,又开始第一次生产时;

e) 客户用途作特殊要求时。

对本标准中规定的技术要求全部进行检验。

7.2 检查与验收规则

7.2.1 检查和验收

7.2.1.1 多壁碳纳米管出厂的检查和验收由供方质量技术监督部门进行。供方应保证交货的多壁碳纳米管符合本标准或合同的规定。

7.2.1.2 需方有权按本标准或合同规定的任一检验项目进行检查和验收。验收应在货到之日算起的15日之内进行。

7.2.2 组批规则

多壁碳纳米管应成批提交验收,每批由同一生产工艺、同一外径、同一质量等级的多壁碳纳米管组成。每批产品的净重不应超过10 t,或由供需双方商定。

7.2.3 采样方法

7.2.3.1 除非另有协议,应在总体物料中分层、分点随机在不同部位选出表2所示的采样袋。用洁净的不锈钢勺从每一个选出的容器中取出一份或多份的份样,以组成总样。

表2 选取采样袋数的规定

总体物料袋数	最少采样袋数
1~2	全部
3~8	2
9~25	3
26~100	5
101~500	8
501~1 000	13
1 001~3 000	20
3 001~10 000	32
≥10 001	50

7.2.3.2 为使采集的样品能够代表该批产品的质量,应将采集好的总样充分混合均匀,混合后组成的多壁碳纳米管样品应在10 g以上。

7.2.3.3 样品分装于两个带有磨口的玻璃容器中,密封。在外壁贴上标签注明:生产厂名、批号、等级、采样数量、采样日期和采样者姓名等。一个容器用于检验,另一个保存6个月备查。

7.2.4 复验与判定规则

检验结果如有一项指标不符合本标准要求时,则应按7.2.3的规定重新自两倍量的包装袋中采样进行复验。复验结果若有任一项指标不符合本标准要求,则该批产品为不合格。

因需方管理不善而造成检验结果不合格时,应由需方负责。

8 包装、标志及质量证明书

8.1 包装应在湿度小于40%的环境中进行,先将产品装入聚乙烯密封袋,压实,赶尽密封袋里的空气后封口,然后再在密封袋外面套一层聚乙烯密封袋,封口。每包净重1.0 kg或5.0 kg。如有特殊的包装要求可由供需双方商定。

8.2 每个包装袋正面应有牢固的标志,标志包括下列内容:

a) 产品名称;

b) 商标;

c) 标准的编号,产品质量等级;

d) 净重、批号；

e) 生产厂名、厂址；

f) "防潮"、"防火"等字样或标志；

g) 生产日期、生产批号或出厂日期、编号。

8.3 每批多壁碳纳米管产品应附有符合订货合同和产品标准规定的质量证明书。质量证明书应有以下内容：

a) 生产厂名称、地址和联系方式；

b) 产品名称；

c) 产品批号、批重；

d) 各项检验结果；

e) 生产日期及检验日期；

f) 本标准编号。

9 储存和运输

9.1 多壁碳纳米管产品应贮存在通风、阴凉、干燥的仓库内，堆放应整齐、严禁重压。

9.2 多壁碳纳米管产品运输过程中应有遮盖物，轻装、轻卸，防止包装损坏、防止雨淋、受潮，不得与强氧化剂混运。

10 安全注意事项

多壁碳纳米管遇明火、高温、强光会引起燃烧；与强氧化剂接触有燃烧爆炸危险；如出现包装破裂或渗漏现象，应及时密封。人体吸入碳纳米管有一定危害，操作时注意戴口罩防护；皮肤接触碳纳米管后，应及时用肥皂水冲洗干净。

附 录 A
（规范性附录）
多壁碳纳米管的平均外径与长度测定

A.1 原理

透射电子显微镜能将样品图像放大到几十万倍甚至上百万倍，点分辨率可达到0.1 nm。测试时电子束经透镜系统穿过样品，能反映样品的形貌、微观结构以及杂质含量等。该方法可定性分析样品为多壁碳纳米管，定量测定多壁碳纳米管的内、外直径以及长度，同时定量测试多壁碳纳米管样品中颗粒状物数量。

A.2 试剂

乙醇：分析纯。

A.3 装置

a) 透射电子显微镜：点分辨率小于0.3 nm；
b) 超声波清洗器：100 W；
c) 干燥器：ϕ300 玻璃干燥器。

A.4 试样的制备和保存

a) 将0.1 mg 左右多壁碳纳米管放入玛瑙研钵中研磨后置入试样瓶中；
b) 在试样瓶中加入10 mL 乙醇，盖好样品瓶后，将样品瓶放入超声波清洗器里超声20 min；
c) 用直径小于3 mm 的吸管吸取少许悬浮液，滴在事先准备好的透射电子显微镜专用微栅的表面，晾干；
d) 将担载样品的微栅放入样品盒，然后将样品盒转移到干燥器里进行保存。

A.5 测试程序

a) 将担载样品的微栅装入透射电子显微镜专用样品架；
b) 在低倍(5万倍左右)下观察颗粒状物及纤维状物的分布情况，记录颗粒状物的数量；
c) 依据样品情况放大不同倍数，以能清楚观察测量为准。测量视野中所有多壁碳纳米管长度、内径、外径与多壁碳纳米管数量并记录。

A.6 结果表示方法

A.6.1 平均外径与长度的表示方法

采用统计结果表示：在10个视野中量出所有多壁碳纳米管的外径与长度(当长度不能完全测量时，可将长度计为大于 X μm)，样品中多壁碳纳米管数量至少为100。以多壁碳纳米管的外径为横坐标，多壁碳纳米管数量百分比为纵坐标作柱形图。采用高斯拟合技术求出多壁碳纳米管平均外径，再求出标准偏差，根据标准偏差确定多壁碳纳米管的外径分布。例如，平均外径为16.4 nm，标准偏差为3.9 nm，根据四舍五入原则取整数，则多壁碳纳米管外径分布可以表示为12 nm～20 nm，平均外径16 nm。见图A.1。

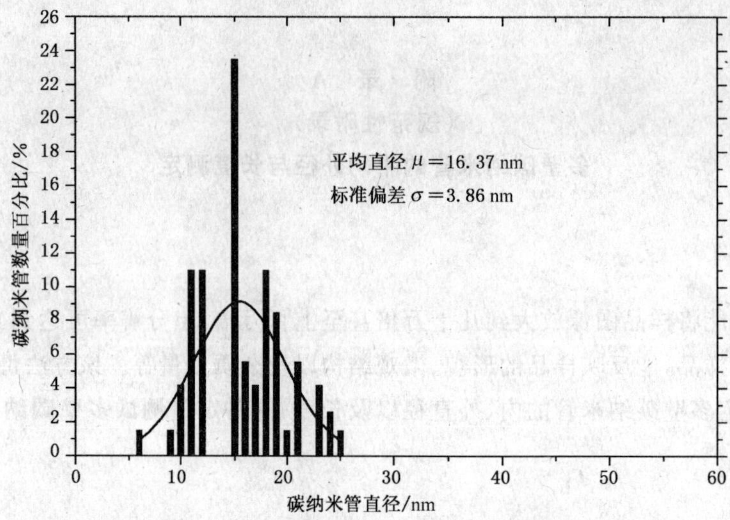

图 A.1　多壁碳纳米管外径分布图

同样，以多壁碳纳米管的长度为横坐标，多壁碳纳米管的数量为纵坐标作柱形图。采用如上所述的相同方法，获得多壁碳纳米管样品的最小平均长度。

多壁碳纳米管的外径用纳米(nm)表示；长度用微米(μm)表示。

A.6.2　多壁碳纳米管长径比的表示方法

多壁碳纳米管的长径比用多壁碳纳米管的最小平均长度与平均外径的比值(L/D)表示。

ICS 91.100.30
Q 14

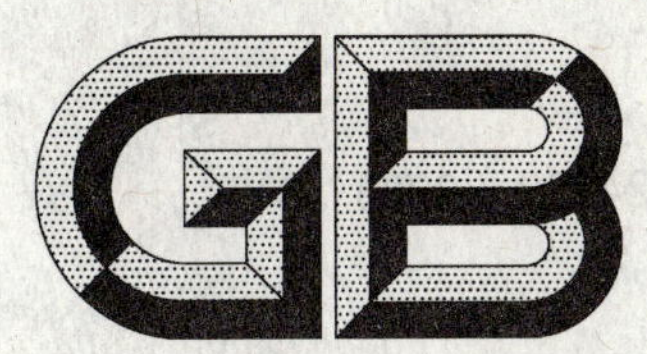

中华人民共和国国家标准

GB/T 24492—2009

非承重混凝土空心砖

Nonload bearing concrete hollow brick

2009-10-30 发布　　　　2010-04-01 实施

中华人民共和国国家质量监督检验检疫总局
中国国家标准化管理委员会　发布

前言

本标准的附录A、附录B、附录C为规范性附录。

本标准由中国建筑材料联合会提出。

本标准由全国墙体屋面及道路用建筑材料标准化技术委员会(SAC/TC 285)归口。

本标准负责起草单位:上海苏科建筑技术发展有限公司、中国路桥工程有限责任公司、中国建筑砌块协会。

本标准参加起草单位:南京建材质量监督检验所、中国建筑材料科学研究总院、河南建筑材料研究设计院有限责任公司、西安墙体材料研究设计院、江苏腾宇机械制造有限公司、卓越(福建)机械制造发展有限公司、泉州市鸿益机械制造有限公司、保定市华锐方正机械制造有限公司、西安东方福星机械有限公司、泉州市群峰机械制造有限公司、南通市恒达机械制造有限公司。

本标准主要起草人:华勇、周皖宁、陈胜霞、刘弘、王武祥、杜建东、陈红军、周炫、黄华兰、任鸿鹏、蒋怀同、张浴光、傅志昌、李仰水、张万仓、马光辉、徐清辉、于银龙、姚海东。

非承重混凝土空心砖

1 范围

本标准规定了非承重混凝土空心砖的术语和定义、分类、一般规定、技术要求、试验方法、检验规则及产品合格证、堆放和运输。

本标准适用于工业与民用建筑等非承重结构部位用混凝土空心砖。

2 规范性引用文件

下列文件中的条款通过本标准的引用而成为本标准的条款。凡是注日期的引用文件，其随后所有的修改单(不包括勘误的内容)或修订版均不适用于本标准，然而，鼓励根据本标准达成协议的各方研究是否可使用这些文件的最新版本。凡是不注日期的引用文件，其最新版本适用于本标准。

GB 175 通用硅酸盐水泥

GB/T 1346 水泥标准稠度用水量、凝结时间、安定性检验方法

GB/T 1596 用于水泥和混凝土中的粉煤灰

GB/T 2542 砌墙砖试验方法

GB/T 4111 混凝土小型空心砌块试验方法

GB 6566 建筑材料放射性核素限量

GB 8076 混凝土外加剂

GB/T 8170 数值修约规则与极限数值的表示和判定

GB/T 14684 建筑用砂

GB/T 14685 建筑用卵石、碎石

GB/T 17431.1 轻集料及其试验方法 第1部分:轻集料

GB/T 17669.3 建筑石膏 力学性能的测定

GB/T 17671 水泥胶砂强度检验方法(ISO法)

GB/T 18046 用于水泥和混凝土中的粒化高炉矿渣粉

GB/T 18968 墙体材料术语

JGJ 63 混凝土用水标准

YBJ 20584 混凝土用高炉重矿渣碎石技术条件

3 术语和定义

GB/T 18968确立的以及下列术语和定义适用于本标准。

3.1

非承重混凝土空心砖 nonload bearing concrete hollow brick

以水泥、集料为主要原料，可掺入外加剂及其他材料，经配料、搅拌、成型、养护制成的空心率不小于25%，用于非承重结构部位的砖(以下简称空心砖)，代号NHB。

空心砖各部位名称见图1。

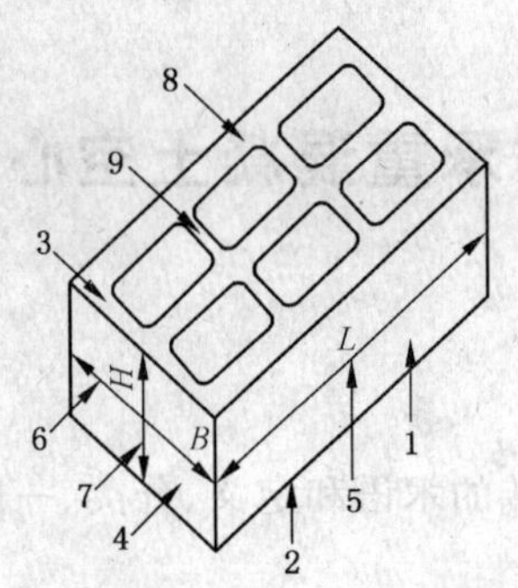

1——条面；
2——坐浆面(外壁、肋的厚度较小的面)；
3——铺浆面(外壁、肋的厚度较大的面)；
4——顶面；
5——长度(L)；
6——宽度(B)；
7——高度(H)；
8——外壁；
9——肋。

图 1 空心砖各部位名称

4 分类

4.1 规格

空心砖的规格尺寸见表 1。

表 1 规格尺寸 单位为毫米

项目	长度 L	宽度 B	高度 H
尺寸	360、290、240、190、140	240、190、115、90	115、90
注：其他规格尺寸由供需双方协商后确定。采用薄灰缝砌筑的块型，相关尺寸可作相应调整。			

4.2 等级

4.2.1 按抗压强度分为 MU5、MU7.5、MU10 三个强度等级。

4.2.2 按表观密度分为 1400、1200、1100、1000、900、800、700、600 八个密度等级。

4.3 标记

产品按下列顺序标记：代号、规格尺寸、密度等级、强度等级、标准编号。

示例：规格尺寸 240 mm×115 mm×90 mm、强度等级 MU7.5、密度等级 1000 的空心砖，其标记为：

NHB 240×115×90 1000 MU7.5 GB/T 24492—2009

5 一般规定

5.1 材料

5.1.1 水泥

应符合 GB 175 的规定。

5.1.2 细集料

砂应符合 GB/T 14684 的规定，轻集料应符合 GB/T 17431.1 的规定。

5.1.3 粗集料

碎石、卵石应符合 GB/T 14685 的规定，轻集料应符合 GB/T 17431.1 的规定，重矿渣应符合 YBJ 20584 的规定。粗集料最大粒径不宜大于肋厚的 2/3。

5.1.4 掺合料

粉煤灰应符合 GB/T 1596 的规定，高炉矿渣粉应符合 GB/T 18046 的规定。

5.1.5 外加剂

应符合 GB 8076 的规定。

5.1.6 拌合用水

应符合 JGJ 63 的规定。

5.1.7 其他材料

其质量应符合相关标准的要求，无标准的原材料使用前应做相关检验，符合要求方可使用。

5.2 其他规定

5.2.1 空心砖的最小外壁厚应不小于 15 mm，最小肋厚应不小于 10 mm。

5.2.2 铺浆面宜为盲孔或半盲孔。

5.3 放射性核素限量

所用原料均应符合 GB 6566 的要求。

6 技术要求

6.1 外观质量

外观质量应符合表 2 的规定。

表 2 外观质量

项目		允许范围
弯曲/mm		≤2
缺棱掉角	个数/个	≤2
	三个方向投影尺寸	均不得大于所在棱边长度的 1/10
裂纹长度/mm		≤25

6.2 尺寸偏差

尺寸偏差应符合表 3 的规定。

表 3 尺寸偏差

单位为毫米

项目	指标
长度	+2，−1
宽度	+2，−1
高度	±2

6.3 密度等级

密度等级应符合表 4 的要求。

表 4 密度等级

单位为千克每立方米

密度等级	表观密度范围
1400	1210～1400
1200	1110～1200
1100	1010～1100
1000	910～1000
900	810～900

表 4（续） 单位为千克每立方米

密 度 等 级	表观密度范围
800	710～800
700	610～700
600	≤600

6.4 强度等级

强度等级应符合表 5 的规定。

表 5 强度等级 单位为兆帕

强度等级	密度等级范围	抗压强度	
		平均值，不小于	单块最小值，不小于
MU5	≤900	5.0	4.0
MU7.5	≤1 100	7.5	6.0
MU10	≤1 400	10.0	8.0

6.5 线性干燥收缩率和相对含水率

6.5.1 线性干燥收缩率应不大于 0.065%。

6.5.2 空心砖出厂时的相对含水率应符合表 6 的规定。

表 6 相对含水率

湿度条件	潮湿	中等	干燥
相对含水率/%	≤40	≤35	≤30

注：使用地区的湿度条件

潮湿——系指年平均相对湿度大于 75%的地区；

中等——系指年平均相对湿度 50%～75%的地区；

干燥——系指年平均相对湿度小于 50%的地区。

6.6 抗冻性

抗冻性应符合表 7 的规定。

表 7 抗冻性

使用条件	抗冻指标	质量损失率/%	抗压强度损失率/%
夏热冬暖地区	D15	≤5	≤25
夏热冬冷地区	D25		
寒冷地区	D35		
严寒地区	D50		

6.7 碳化系数

碳化系数应不小于 0.80。

6.8 软化系数

软化系数应不小于 0.75。

6.9 放射性

放射性应符合 GB 6566 的规定。

7 试验方法

7.1 外观质量、尺寸偏差

外观质量、尺寸偏差试验方法按 GB/T 2542 进行。

7.2 空心率、壁厚、肋厚

空心率、壁厚、肋厚试验方法按 GB/T 4111 进行。

7.3 表观密度

表观密度试验方法按 GB/T 4111 进行。

7.4 抗压强度

抗压强度试验方法按附录 A 进行。

7.5 相对含水率、线性干燥收缩率

相对含水率、线性干燥收缩率试验方法按 GB/T 4111 进行。其中线性干燥收缩率的测定标距为 150 mm，测头应粘贴在条面上。

7.6 抗冻性

抗冻性试验方法按 GB/T 4111 进行。其中抗压强度试验方法按附录 A 进行。

7.7 碳化系数

碳化系数试验方法按附录 B 进行。

7.8 软化系数

软化系数试验方法按附录 C 进行。

7.9 放射性

放射性试验方法按 GB 6566 进行。

8 检验规则

8.1 检验分类

空心砖的检验分出厂检验和型式检验。

8.1.1 出厂检验

检验项目为：外观质量、尺寸偏差、密度等级、强度等级、相对含水率。

8.1.2 型式检验

检验项目包括第 6 章技术要求的全部项目。有下列之一情况者，应进行型式检验：

a) 新产品的试制定型鉴定；

b) 正常生产后，当原材料、配比及生产工艺改变时；

c) 正常生产每半年至少进行一次(放射性一年进行一次)；

d) 出厂检验结果与上次型式检验有较大差异时；

e) 产品停产 3 个月以上恢复生产时；

f) 国家质量监督机构提出进行型式检验要求时。

8.2 组批规则

空心砖按密度等级、强度等级分批验收。以用同一批原材料、同一工艺生产、同一规格尺寸，密度等级和强度等级相同的 10 万块空心砖为一批，生产不足 10 万块者亦按一批计。

8.3 抽样规则

8.3.1 每批随机抽取 50 块做外观质量和尺寸偏差检验。

8.3.2 从外观质量和尺寸偏差检验合格的空心砖中取如下数量进行其他项目检验，样品数量见表 8。

表 8 各检验项目所需样品数量

检验项目	样品数量	
	$H/B \geqslant 0.6$	$H/B < 0.6$
壁厚、肋厚	5 块	5 块
空心率	3 块	3 块
密度等级	5 块	5 块
强度等级	5 块	10 块
相对含水率	3 块	3 块
线性干燥收缩率	3 块	3 块
抗冻性	10 块	20 块
碳化系数	12 块	22 块
软化系数	10 块	20 块
放射性	不少于 6 kg	不少于 6 kg

8.4 判定和复验规则

8.4.1 检验结果的判定应符合 GB/T 8170 中修约值比较法的规定。

8.4.2 尺寸偏差和外观质量

若受检空心砖的尺寸偏差和外观质量不符合表 1 和表 2 规定指标的数量不大于 7 时，则判该批空心砖尺寸偏差和外观质量合格；若不符合空心砖数量不小于 11 时，则直接判该批空心砖不合格；若不符合数量为 8 到 10 之间时，需再从该批产品中 2 次再随机抽样 50 块进行检验，2 次检查出总的不符合空心砖数量不大于 18 时，判该批空心砖尺寸偏差和外观质量合格，否则判该批空心砖不合格。

8.4.3 密度等级、强度等级、线性干燥收缩率、抗冻性、碳化系数、软化系数检验结果，分别符合第 6 章中对应的技术要求时，则判定该批空心砖合格；其中有一项不合格，则判定该批空心砖不合格。

8.4.4 空心砖的放射性不符合 GB 6566 标准规定时，应停止生产与销售。

9 产品合格证、堆放和运输

9.1 空心砖龄期不足 28 d 不宜出厂。

9.2 空心砖出厂时，生产厂家应提供产品质量合格证书，其内容包括：

a) 厂名和商标(如有)；

b) 生产批编号和本批空心砖数量；

c) 产品标记、生产日期和出厂日期；

d) 出厂检验结果；

e) 检验部门和检验人员签章。

9.3 空心砖应按规格、等级分批分别堆放，不应混杂。

9.4 空心砖在堆放、运输时应有防雨措施。

9.5 装卸时严禁扔摔，不应翻斗倾卸。

附 录 A
（规范性附录）
抗压强度试验方法

A.1 仪器设备

A.1.1 材料试验机

材料试验机的示值相对误差不得超过±1%，其量程选择应能使试件的预期破坏荷载落在满量程的20%～80%。试验机的上、下压板应有一端为球铰支座，可随意转动。

A.1.2 辅助压板

当试验机的上压板或下压板支撑面不能完全覆盖空心砖抗压强度试件的承压面时，应在压板与试件之间放置一块钢板作为辅助压板。钢板厚度不小于 20 mm，长度、宽度分别应至少比试件的长度、宽度大 6 mm；经热处理后钢板的表面硬度不小于 40HRC，平面度公差为 0.12 mm。

A.1.3 试件制备平台

试件制备平台必须水平、平整，可用金属或其他材料制作。

A.1.4 水平仪

水平仪规格为 250 mm～400 mm。

A.1.5 直角靠尺

直角靠尺必须有一端长度不小于 120 mm。

A.1.6 钢直尺

分度值为 1 mm。

A.2 试件找平和粘结材料

试件找平和粘结材料应采用水泥或高强石膏粉。不得采用强度较低的模型石膏粉、建筑用熟石膏粉。仲裁性检验应采用 42.5R 普通硅酸盐水泥。

A.2.1 高强石膏粉

A.2.1.1 按 GB/T 17669.3 的规定进行高强石膏粉抗压强度检验，其 2 h 龄期的湿强度不得低于 24.0 MPa。

A.2.1.2 当高强石膏粉贮存期超过 3 个月，应对其重新进行抗压强度检验，合格后方可继续使用。

A.2.1.3 除缓凝剂外，高强石膏粉中不得掺加其他任何填料和外加剂。供应商需提供缓凝剂掺量及配合比要求。

A.2.2 水泥

A.2.2.1 除可采用 R 型普通型硅酸盐水泥外，也可采用硫铝酸盐或铁铝酸盐类水泥。

A.2.2.2 参照 GB/T 17671 规定的方法成型、养护，并测试水泥净浆试块的抗压强度。加水量取值按 GB/T 1346 规定的水泥标准稠度用水量。水泥净浆试块 24 h 龄期的抗压强度不得低于 30.0 MPa。

A.3 试件制备

A.3.1 试件数量

空心砖抗压强度试件数量为 5 个。

A.3.2 样品处理

A.3.2.1 试件制备前应先检查空心砖样品的侧面是否有突出的或不规则的肋，若有则需作切除处理，以保证空心砖样品侧面的平整，所有孔洞四周被混凝土壁或肋完全封闭。所测试件的抗压强度值应视为整块空心砖的抗压强度值。

A.3.2.2　空心砖样品至少在温度(20±5)℃、相对湿度不大于80%的环境下,存放至恒重后方可进行试件制作。样品散放在实验室时,样品之间的间隔应不小于15 mm。如需尽早进行抗压强度试验,则可使用电风扇以加快室内空气流动速度。当样品2 h后的质量损失不超过前次质量的0.2%,且在样品表面用肉眼观察见不到有水分或潮湿现象时可认为是恒重。不允许采用烘干箱来干燥样品。

A.3.3　尺寸测量

用钢直尺测量每块样品尺寸,分别在样品两面的中间位置测量试件宽度(B)和长度(L),取平均值,精确至1 mm;样品高度(H)则应测取两个长边(L)中间处的两个数值,取平均值,精确至1 mm。

A.3.4　试件制备

计算空心砖在实际使用状态下的承压高度(H)与最小水平尺寸(B)之比,即高宽比(H/B)。若$H/B \geqslant 0.6$时,可直接进行试件制备;若$H/B < 0.6$时,则需采取叠块方法来进行试件制备。

A.3.4.1　$H/B \geqslant 0.6$时的试件制备

采用坐浆法制作试件。首先应选定样品在砌筑时的抹灰面作为承压面,将搅拌好的找平材料均匀摊铺在试样制备平台上,找平材料层的长度和宽度应略大于试件的长度和宽度,然后把样品的承压面压入找平材料层,用直角靠尺来调控试件垂直。坐浆后的承压面至少与试件的两个相邻侧面(做出标识)成90°垂直关系。找平材料层厚度不宜大于3 mm。

当一侧坐浆面(承压面)的找平材料终凝后,方可按上述方法进行另一面的坐浆,试件压入找平材料层后,需用水平仪调控上表面水平。

A.3.4.2　$H/B < 0.6$时的试件制备

A.3.4.2.1　将同批次、同规格尺寸、开孔结构相同的两块样品,用粘结材料将它们重叠粘结在一起。粘结时,需用水平仪和直角靠尺进行调控,以保持试件的四个侧面中至少有两个相邻侧面是平整的。粘结后的试件应满足:

——粘结层厚度不大于3 mm;

——两块样品的开孔基本对齐;

——当空心砖的壁和肋厚度上下不一致时,重叠粘结时应是壁和肋厚度薄的一端,与另一块壁和肋厚度厚的一端相对接。

A.3.4.2.2　当粘结两块样品的粘结材料终凝2 h后,再按A.3.4.1进行试件承压面找平。

A.4　试件养护

制成的试件放置在温度(20±5)℃、相对湿度不大于80%的试验室内养护。试件制备完成后计时,找平和粘结材料采用高强石膏粉的试件,3 h后即可进行抗压强度试验;找平和粘结材料采用水泥的试件,24 h后方可进行抗压强度试验。

A.5　试验步骤

A.5.1　试件由单块样品组成时,试件受压面的长度(L)和宽度(B),直接按A.3.3取值。

A.5.2　试件由两块样品重叠粘结时,试件受压面的长度(L)和宽度(B),取分别按A.3.3测得的两块砖中的较大值。

A.5.3　将试件放在试验机下压板上时,要尽量保证试件的重心与试验机压板中心重合。

注:对于孔型分别对称于长(L)和宽(B)的中心线的试件,其重心和形心重合;对于不对称孔型的试件,可在试件承压面下垫一根直径10 mm、可自由滚动的圆钢棒,分别找出长(L)和宽(B)的平衡轴(重心轴),两轴的交点即为重心。

A.5.4　试验机加荷应均匀平稳,不得发生冲击或振动。加荷速度以4 kN/s~6 kN/s为宜,直至试件破坏为止,记录最大破坏荷载P。

A.6 结果计算

A.6.1 单个试件的抗压强度(R_p)按式(A.1)计算。

$$R_p = \frac{P}{LB} \quad \cdots\cdots(A.1)$$

式中：

R_p——单个试件的抗压强度，精确至0.01，单位为兆帕(MPa)；

P——最大破坏荷载，单位为牛顿(N)；

L——受压面长度，单位为毫米(mm)；

B——受压面宽度，单位为毫米(mm)。

A.6.2 试验结果以试件抗压强度的算术平均值和单个试件的最小值来表示，精确至0.1 MPa。

附 录 B
（规范性附录）
碳化系数试验方法

B.1 碳化试验箱和指示剂

B.1.1 碳化试验箱

试验箱容积至少放一组以上试件，箱内环境条件范围为：二氧化碳的体积浓度(20±3)%、相对湿度(70±5)%、温度 (20±5)℃。

B.1.2 指示剂

指示剂为1%质量浓度酚酞乙醇溶液，用质量浓度为70%的乙醇配制。

B.1.3 抗压强度试验设备

抗压强度试验设备同附录A.1。

B.2 试件与试验周期

样品的数量根据单块空心砖的高宽比(H/B)确定。若 $H/B \geqslant 0.6$ 时，样品数量为两组共12块空心砖，一组5块为对比试件，另一组7块为碳化试件；若 $H/B < 0.6$ 时，样品数量为两组共22块空心砖，一组10块为对比试件，另一组12块为碳化试件。碳化试件中两块用于测试碳化程度。

B.3 试验步骤

B.3.1 将碳化试件按附录A.3.2.2进行气干。

B.3.2 将气干后的碳化试件放入碳化箱内进行碳化试验，试件在箱内的间距不应小于20 mm；对比试件放置的环境条件为：温度(20±5)℃，相对湿度(70±5)%。

B.3.3 碳化程度测定：碳化7天后，从碳化试验箱内取出一个试件，在该试件端部约50 mm处劈开，用指示剂检查剖面的碳化程度。若试件剖面不显红色时，则该试件已完全碳化，即视同碳化试验箱中所有试件已全部碳化，碳化试验结束；若仍有剖面显红色，则该试件未完全碳化，应继续进行碳化试验，并每隔3天进行一次碳化程度测定。

B.3.4 抗压强度试验

将已全部碳化或已经碳化28 d仍未完全碳化的试件和对比试件，按照附录A的规定进行抗压强度试验。

B.4 结果计算

空心砖的碳化系数按式(B.1)计算。

$$K_c = \frac{R_c}{R} \qquad \cdots\cdots(B.1)$$

式中：

K_c——空心砖的碳化系数，精确至0.01；

R_c——5个碳化后试件抗压强度的算术平均值，单位为兆帕(MPa)；

R——5个对比试件抗压强度的算术平均值，单位为兆帕(MPa)。

附 录 C
（规范性附录）
软化系数试验方法

C.1 仪器设备

C.1.1 抗压强度试验设备同附录 A.1。

C.1.2 水池或水箱。

C.2 试样

软化系数样品数量根据单块砖的高宽比（H/B）确定，当 $H/B \geqslant 0.6$ 时为 10 块；$H/B < 0.6$ 时为 20 块。分为两组 10 个试件，一组为浸水试件，一组为气干状态试件。

C.3 试验步骤

C.3.1 按 A.3 制备两组试件。试件找平和粘结材料应采用符合 A.2.2 规定的水泥。

C.3.2 从制备完成后静置 24 h 后的两组试件中，任取一组 5 个试件浸入（20±5）℃的水中，水面高出试件 20 mm 以上，浸泡 4 d 后取出，在铁丝网架上滴水 1 min，再用拧干的湿布拭去试件表面的水。剩余一组 5 个试件按 A.3.2.2 调至恒重，即为气干状态试件。

C.3.3 将 5 个饱和面干状态的试件和 5 个气干状态对比试件分别按 A.5 的规定进行抗压强度试验。

C.4 结果计算

空心砖的软化系数按式（C.1）计算。

$$K_f = \frac{R_f}{R} \qquad \cdots\cdots (C.1)$$

式中：

K_f——空心砖的软化系数，精确至 0.01；

R_f——5 个饱和面干状态试件抗压强度的算术平均值，单位为兆帕（MPa）；

R——5 个气干状态对比试件抗压强度的算术平均值，单位为兆帕（MPa）。

ICS 91.100.30
Q 14

中华人民共和国国家标准

GB/T 24493—2009

装饰混凝土砖

Decorative concrete brick

2009-10-30 发布 2010-04-01 实施

中华人民共和国国家质量监督检验检疫总局
中国国家标准化管理委员会 发布

前　言

本标准的附录 A、附录 B、附录 C 为规范性附录。

本标准由中国建筑材料联合会提出。

本标准由全国墙体屋面及道路用建筑材料标准化技术委员会(SAC/TC 285)归口。

本标准负责起草单位:中国建筑材料科学研究总院、中国建筑砌块协会、昆山通海建材科技有限公司、中国路桥工程有限责任公司。

本标准参加起草单位:上海苏科建筑技术发展有限公司、河南建筑材料研究设计院有限责任公司、北京金阳新建材有限公司、福建省石狮市永前建材有限公司、深圳均安水泥制品有限公司、安徽宁国华普建材有限公司、西安东方福星机械有限公司、泉州市群峰机械制造有限公司、卓越(福建)机械制造发展有限公司、江苏腾宇机械制造有限公司、泉州市鸿益机械制造有限公司、保定市华锐方正机械制造有限公司、福建泉工机械有限公司、南通市恒达机械制造有限公司。

本标准主要起草人:王武祥、姚峰元、杜建东、刘弘、陈红军、黄华兰、董再发、陈小刚、蒋宝群、汤俊怀、王丽丽、任鸿鹏、马光辉、徐清辉、傅志昌、蒋怀阌、李仰水、张万仓、傅炳煌、于银龙、曹蓓月、姚海东、翁跃进。

装饰混凝土砖

1 范围

本标准规定了装饰混凝土砖的术语和定义、规格、等级和标记、一般规定、要求、试验方法、检验规则及产品合格证、堆放和运输。

本标准适用于工业与民用建筑、市政、景观等工程使用的装饰混凝土砖。本标准不适用于路面工程使用的装饰混凝土砖。

2 规范性引用文件

下列文件中的条款通过本标准的引用而成为本标准的条款。凡是注日期的引用文件,其随后所有的修改单(不包括勘误的内容)或修订版均不适用于本标准,然而,鼓励根据本标准达成协议的各方研究是否可使用这些文件的最新版本。凡是不注日期的引用文件,其最新版本适用于本标准。

GB 175　通用硅酸盐水泥

GB/T 1346　水泥标准稠度用水量、凝结时间、安定性检验方法

GB/T 1596　用于水泥和混凝土中的粉煤灰

GB/T 2015　白色硅酸盐水泥

GB/T 2542　砌墙砖试验方法

GB/T 4111　混凝土小型空心砌块试验方法

GB 6566　建筑材料放射性核素限量

GB 8076　混凝土外加剂

GB/T 14684　建筑用砂

GB/T 14685　建筑用卵石、碎石

GB/T 17431.1　轻集料及其试验方法　第1部分:轻集料

GB/T 17669.3　建筑石膏　力学性能的测定

GB/T 17671　水泥胶砂强度检验方法(ISO法)

GB/T 18046　用于水泥和混凝土中的粒化高炉矿渣粉

GB/T 18968　墙体材料术语

JC 474　砂浆、混凝土防水剂

JC/T 539　混凝土和砂浆用颜料及其试验方法

JC/T 641—2008　装饰混凝土砌块

JGJ 63　混凝土用水标准

YBJ 20584　混凝土用高炉重矿渣碎石技术条件

3 术语和定义

GB/T 18968确立的以及下列术语和定义适用于本标准。

3.1

装饰混凝土砖　decorative concrete brick

由水泥混凝土制成的具有装饰功能的砖,代号DCB。

注:装饰混凝土砖的饰面可采用拉纹、磨光、水刷、仿旧、劈裂、凿毛、抛丸等工艺进行二次加工。

4 规格、等级和标记

4.1 规格

装饰混凝土砖的外形通常为直角六面体，其基本尺寸见表1。其他规格尺寸可由供需双方协商确定，但高度应不小于30 mm。

表1 基本尺寸

单位为毫米

项 目	长 度	宽 度	高 度
尺寸	360 290 240 190 140	240 190 115 90	115 90 53

4.2 等级

4.2.1 按抗渗性分为普通型(P)和防水型(F)。

4.2.2 按抗压强度分为MU15、MU20、MU25、MU30四个强度等级。

4.3 标记

产品按下列顺序进行标记：代号、规格尺寸、强度等级、抗渗性、标准编号。

示例：规格尺寸为190 mm×90 mm×56 mm、强度等级为MU20、防水型装饰混凝土砖的标记为：

DCB 190×90×56 MU20 F GB/T 24493—2009

5 原材料

5.1 材料

5.1.1 水泥

应符合GB 175、GB/T 2015的规定。

5.1.2 细集料

应符合GB/T 14684的规定。

5.1.3 粗集料

5.1.3.1 碎石、卵石应符合GB/T 14685的规定。

5.1.3.2 重矿渣应符合YBJ 20584的规定。

5.1.4 轻集料

应符合GB/T 17431.1的规定。

5.1.5 色质集料

可采用天然或人工的色质集料。

5.1.6 掺合料

粉煤灰应符合GB/T 1596的规定，高炉矿渣粉应符合GB/T 18046的规定。

5.1.7 外加剂

应符合GB 8076和JC 474的规定。

5.1.8 颜料

应符合JC/T 539的规定。

5.1.9 水

应符合JGJ 63的规定。

5.2 其他规定

5.2.1 采用双层布料工艺生产装饰混凝土砖时，饰面层混凝土的最小厚度应不小于10 mm。

5.2.2 装饰混凝土砖含有孔洞时，外壁最薄处应不小于25 mm，最小肋厚应不小于15 mm。

6 要求

6.1 外观质量

外观质量应符合表2的规定。

表 2 外观质量

<table>
<tr><th colspan="3">项目</th><th>指标</th></tr>
<tr><td colspan="3">弯曲/mm，不大于</td><td>1</td></tr>
<tr><td rowspan="3">裂纹</td><td colspan="2">装饰面</td><td>无</td></tr>
<tr><td rowspan="2">其他面</td><td>裂纹延伸的投影长度累计/mm　不大于</td><td>30</td></tr>
<tr><td>条数/条　不多于</td><td>1</td></tr>
<tr><td rowspan="4">缺棱掉角</td><td rowspan="3">装饰面</td><td>两个方向投影尺寸的最小值/mm　不大于</td><td>3</td></tr>
<tr><td>两个方向投影尺寸的最大值/mm　不大于</td><td>5</td></tr>
<tr><td>大于以上尺寸的缺棱掉角个数/个　不多于</td><td>0</td></tr>
<tr><td>其他面</td><td>三个方向投影尺寸的最大值/mm　不大于</td><td>10</td></tr>
<tr><td colspan="4">注：有特殊装饰要求的装饰混凝土砖，不受此规定限制。</td></tr>
</table>

6.2 尺寸偏差

尺寸偏差应符合表 3 的规定。

表 3 尺寸允许偏差　　单位为毫米

项目	指标
长度、宽度和高度	±2
注：有特殊装饰要求的装饰混凝土砖，不受此规定限制。	

6.3 颜色、花纹

6.3.1 单色装饰混凝土砖的装饰面颜色应基本一致，无明显色差。

6.3.2 双色或多色装饰混凝土砖装饰面的颜色、花纹，应满足供需双方预先约定的要求。

6.4 强度等级

强度等级应符合表 4 的规定。

表 4 抗压强度　　单位为兆帕

强度等级	抗压强度	
	平均值，不小于	单块最小值，不小于
MU 15	15.0	12.0
MU 20	20.0	16.0
MU 25	25.0	20.0
MU 30	30.0	24.0

6.5 吸水率

防水型装饰混凝土砖的吸水率应不大于 11%。

6.6 线性干燥收缩率和相对含水率

线性干燥收缩率和相对含水率应符合表 5 的规定。

表 5 线性干燥收缩率和相对含水率　　%

<table>
<tr><td rowspan="2">项目</td><td rowspan="2">线性干燥收缩率</td><td colspan="3">相对含水率</td></tr>
<tr><td>潮湿</td><td>中等</td><td>干燥</td></tr>
<tr><td>指标</td><td>≤0.045</td><td>≤40</td><td>≤35</td><td>≤30</td></tr>
<tr><td colspan="5">注：使用地区的湿度条件：
潮湿——系指年平均相对湿度大于 75%的地区；
中等——系指年平均相对湿度 50%～75%的地区；
干燥——系指年平均相对湿度小于 50%的地区。</td></tr>
</table>

6.7 抗渗性

抗渗性应符合表 6 的规定。

表 6 抗渗性

单位为毫米

项目	指标	
	普通型(P)	防水型(F)
水面下降高度	—	≤10

6.8 抗冻性

抗冻性应符合表 7 的规定。

表 7 抗冻性

%

使用条件	抗冻指标	质量损失率	抗压强度损失率
夏热冬暖地区	D15	≤5	≤25
夏热冬冷地区	D25		
寒冷地区	D35		
严寒地区	D50		

6.9 碳化系数和软化系数

碳化系数应不小于 0.80;软化系数应不小于 0.80。

6.10 放射性

放射性应符合 GB 6566 的规定。

7 试验方法

7.1 外观质量和尺寸偏差

外观质量和尺寸偏差试验按 GB/T 2542 进行。

7.2 颜色、花纹

7.2.1 从批量中随机抽取单色装饰混凝土砖,组成不小于 1 m^2、近似于正方形的装饰面,在自然光照射下,距离样品 1.5 m 处目测,观察色差。

7.2.2 从批量中随机抽取双色或多色装饰混凝土砖,组成不小于 1 m^2、近似于正方形的装饰面,同时将订货时约定样品也组成同等面积的装饰面并列放置,在自然光照射下,距离样品 1.5 m 处目测,观察颜色、花纹是否基本一致。

7.3 抗压强度

抗压强度试验方法按附录 A 进行。

7.4 吸水率

吸水率试验方法按 GB/T 4111 进行。

7.5 线性干燥收缩率和相对含水率

试验方法按 GB/T 4111 进行。其中,线性干燥收缩率试验的测定标距为 150 mm。

7.6 碳化系数

碳化系数试验方法按附录 B 进行。

7.7 软化系数

软化系数试验方法按附录 C 进行。

7.8 抗冻性

抗冻性试验方法按 GB/T 4111 进行。其中抗压强度试验方法按附录 A 进行。

7.9 **抗渗性**

7.9.1 试件制备

7.9.1.1 对装饰面宽度大于 100 mm 的装饰混凝土砖，采用直径为 100 mm 的金刚石钻头直接取样。

7.9.1.2 对装饰面宽度小于 100 mm 的装饰混凝土砖，应使用防水砂浆将装饰混凝土砖粘结起来。处理方法：将钢板（或玻璃板）置于稳固的底座上，平整面朝上，用水平仪调至水平。在其上放置 1 块装饰混凝土砖，然后铺一层由 42.5 以上强度等级的普通硅酸盐水泥、适量防水剂（如 0.1～0.3 份的醋酸乙烯-乙烯共聚物胶粉或乳液）和水调制成的防水水泥净浆，将另 1 块装饰混凝土砖平稳地压入净浆层内，使净浆层尽可能均匀，厚度不超过 2 mm。调整水平后将多余的净浆沿砖棱边刮掉，静置 24 h 以后，再按上述方法粘结第 3 块装饰混凝土砖，直至装饰面宽度大于 100 mm 为止。注意防水净浆不要污染装饰面。在温度(20±5)℃以上不通风的室内养护 7 d 后，再采用直径为 100 mm 的金刚石钻头取样。

7.9.2 抗渗性试验按 JC/T 641—2008 附录 B 进行。

7.10 **放射性**

放射性试验按 GB 6566 进行。

8 检验规则

8.1 检验分类

装饰混凝土砖的检验分出厂检验和型式检验。

8.1.1 **出厂检验**

检验项目为：外观质量、尺寸偏差、强度等级、吸水率和相对含水率。对防水型装饰混凝土砖，还须检验抗渗性。

8.1.2 **型式检验**

检验项目：第 6 章除“颜色、花纹”外的其余全部项目。有下列情况之一者，必须进行型式检验：

a) 新产品的试制定型鉴定；
b) 正常生产后，原材料、配比及生产工艺改变时；
c) 正常生产时，每半年至少进行一次（放射性一年进行一次）；
d) 产品停产三个月以上恢复生产时；
e) 出厂检验结果与上次型式检验有较大差异时；
f) 国家质量监督机构提出进行型式检验要求时。

8.2 组批规则

以用同一批原材料、同一工艺生产、同一规格尺寸、同一强度等级和花色品种的 100 000 块装饰混凝土砖为一批，不足 100 000 块者亦按一批计。

8.3 抽样规则

8.3.1 每批随机抽取 50 块装饰混凝土砖做尺寸偏差和外观质量检验。

8.3.2 抽取尺寸偏差和外观质量检验合格的装饰混凝土砖进行其他项目检验，样品数量见表 8。

8.3.3 每批抽取能组成不小于 1 m^2 装饰面数量的装饰混凝土砖进行颜色和花纹检验。

表 8

检验项目	样品数量	
	$H/B \geq 0.6$	$H/B < 0.6$
强度等级	5 块	10 块
吸水率和相对含水率	3 块	3 块
干缩收缩率	3 块	3 块

表 8(续)

检验项目	样品数量	
	$H/B \geqslant 0.6$	$H/B < 0.6$
抗冻性	10 块	20 块
抗渗性	12 块	12 块
碳化系数	12 块	22 块
软化系数	10 块	20 块
放射性	6 kg	6 kg

8.4 判定规则

8.4.1 若受检的 50 块装饰混凝土砖中,外观质量和尺寸偏差不符合表 2 和表 3 的试件数量不超过 7 块时,则判该批装饰混凝土砖尺寸偏差和外观质量合格。否则为不合格。

8.4.2 当所检项目外观质量和尺寸偏差、强度等级、吸水率、线性干燥收缩率和相对含水率、抗渗性、抗冻性、碳化系数和软化系数、放射性检验结果分别符合 8.4.1、6.4～6.10 要求时,则判该批装饰混凝土砖合格。否则为不合格。

9 产品合格证、堆放和运输

9.1 装饰混凝土砖应在厂内养护 28 天龄期后方可出厂,并应提供产品质量合格证书,内容包括:

a) 厂名和商标;

b) 合格证编号、生产和出厂日期;

c) 产品标记;

d) 性能检验结果;

e) 批量编号与装饰混凝土砖数量(块);

f) 检验部门与检验人员签字盖章。

9.2 装饰混凝土砖应按规格、花色、强度等级分批分别堆放,不得混杂。堆放期间,不得弄脏饰面。

9.3 装饰混凝土砖宜采用塑料薄膜包装,在堆放、运输及砌筑时应有防雨、防潮措施。

9.4 运输装卸时应捆扎牢固,轻码轻放,禁止用翻斗车倾卸。

附 录 A
（规范性附录）
装饰混凝土砖抗压强度试验方法

A.1 仪器设备

A.1.1 材料试验机

材料试验机的示值相对误差不应超过±1%，其量程选择应能使试件的预期破坏荷载落在满量程的20%～80%。试验机的上、下压板应有一端为球绞支座，并可以随意转动。

A.1.2 辅助压板

当试验机的上压板或下压板支撑面不能完全覆盖试件的承压面时，应在压板与试件之间放置一块钢板作为辅助压板。钢板的长度、宽度分别应至少比试件的长度、宽度大 6 mm，钢板厚度不小于 20 mm。钢板经热处理后的表面硬度不小于 HRC40。钢板的平面度公差为 0.12 mm。

A.1.3 试件制备平台

试件制备平台必须水平、平整，可用金属或其他材料制作。

A.1.4 水平仪

水平仪规格为 250 mm～400 mm。

A.1.5 直角靠尺

直角靠尺必须有一端长度不小于 120 mm，分度值 1 mm。

A.1.6 钢直尺

钢直尺规格为 500 mm，分度值为 1 mm。

A.2 试件找平和粘结材料

试件找平和粘结材料应采用水泥或高强石膏粉。不应采用强度较低的模型石膏粉、建筑用熟石膏粉。仲裁性检验应采用 42.5R 普通硅酸盐水泥。

A.2.1 高强石膏粉

A.2.1.1 按 GB/T 17669.3 的规定进行高强石膏粉抗压强度检验，2 h 龄期的湿强度不应低于 24.0 MPa。

A.2.1.2 实验室购入的高强石膏粉，应在三个月内使用；若超出 3 个月贮存期，应重新进行抗压强度检验，合格后方可继续使用。

A.2.1.3 除缓凝剂外，高强石膏粉中不应掺加其他任何填料和外加剂。高强石膏粉的供应商需提供缓凝剂掺量及配合比要求。

A.2.2 水泥

A.2.2.1 水泥可采用 R 型普通硅酸盐水泥，也可采用硫铝酸盐或铁铝酸盐类水泥。

A.2.2.2 参照 GB/T 17671 规定的方法成型、养护，并测试水泥净浆试块的抗压强度。加水量取值按 GB/T 1346 规定的水泥标准稠度用水量。水泥净浆试块 24 h 龄期的抗压强度不应低于 30.0 MPa。

A.3 试件制备

A.3.1 试件数量

装饰混凝土砖抗压强度试件数量为 5 个。

A.3.2 样品处理

A.3.2.1 试件制备前应先检查装饰混凝土砖样品的侧面是否有突出的或不规则的肋，若有则需作切除处理，以保证砖的侧面平整。所有孔洞四周被混凝土壁或肋完全封闭。所测试件的抗压强度值应视为整块砖的抗压强度。

A.3.2.2 装饰混凝土砖样品至少在温度(20±5)℃、相对湿度不大于80%的环境下，调至恒重方可进行试件制作。样品散放在实验室时，样品之间的间隔应不小于15 mm。如需尽早进行抗压强度试验，则可使用电风扇以加快室内空气流动速度。当样品2 h后的质量损失不超过前次质量的0.2%、且在样品表面用肉眼观察见不到有水分或潮湿现象时可认为是恒重。不允许采用烘干箱来干燥样品。

A.3.3 尺寸测量

用钢直尺测量每块样品尺寸，分别在样品两侧的中间位置测量试件宽度(B)和长度(L)，取平均值，精确至1 mm；样品高度(H)则应测取两个长边(L)中间处的两个数值，取平均值，精确至1 mm。

A.3.4 试件制备

计算装饰混凝土砖在实际使用状态下的承压高度(H)与最小水平尺寸(B)之比，即高宽比(H/B)。若$H/B \geq 0.6$时，可直接进行试件制备；若$H/B < 0.6$时，则需采取叠块方法来进行试件制备。

A.3.4.1 $H/B \geq 0.6$时的试件制备

采用坐浆法制作试件。首先应选定样品在砌筑时的抹灰面作为承压面，将搅拌好的找平材料均匀摊铺在试样制备平台上，找平材料层的长度和宽度应略大于试件的长度和宽度，然后把样品的承压面压入找平材料层，用直角靠尺来调控试件垂直。坐浆后的承压面至少与试件的两个相邻侧面(做出标识)成90°垂直关系。找平材料层厚度不宜超过3 mm。

当一侧坐浆面(承压面)的找平材料终凝后，方可按上述方法进行另一面的坐浆，试件压入找平材料层后，需用水平仪调控上表面水平。

A.3.4.2 $H/B < 0.6$时的试件制备

A.3.4.2.1 将同批次、同规格尺寸、开孔结构相同的两块样品，用粘结材料将它们重叠粘结在一起。粘结时，需用水平仪和直角靠尺进行调控，以保持试件的四个侧面中至少有两个相邻侧面是平整的。粘结后的试件应满足：

——粘结层厚度≤3 mm；

——两块样品的开孔基本对齐；

——当装饰混凝土砖的壁和肋厚度上下不一致时，重叠粘结时应是壁和肋厚度薄的一端，与另一块壁和肋厚度厚的一端相对接。

A.3.4.2.2 当粘结两块样品的粘结材料终凝2 h后，再按A.3.4.1进行试件承压面找平。

A.4 试件养护

制成的试件放置在(20±5)℃的试验室内养护。试件制备完成后计时，找平和粘结材料采用高强石膏粉的试件，3 h后即可进行抗压强度试验；找平和粘结材料采用早强水泥的试件，24 h后方可进行抗压强度试验。

A.5 试验步骤

A.5.1 试件由单块样品组成时，试件受压面的长度(L)和宽度(B)，直接按A.3.3值。

A.5.2 试件由两块样品重叠粘结时，试件受压面的长度(L)和宽度(B)，取分别按A.3.3测得的两块砖中的最大值。

A.5.3 将试件放在试验机下压板上时，要尽量保证试件的重心与试验机压板中心重合。

注：对于孔型分别对称于长(L)和宽(B)的中心线的试件，其重心和形心重合；对于不对称孔型的试件，可在试件承压面下垫一根直径10 mm、可自由滚动的圆钢棒，分别找出长(L)和宽(B)的平衡轴(重心轴)，两轴的交点即为重心。

A.5.4 试验机加荷应均匀平稳，不应发生冲击或振动。加荷速度以4 kN/s～6 kN/s为宜，直至试件破坏为止，记录最大破坏荷载 P。

A.6 结果计算

A.6.1 单个试件的抗压强度(R_p)按式(A.1)计算，精确至0.01 MPa。

$$R_p = \frac{P}{LB} \qquad \text{(A.1)}$$

式中：

R_p——单个试件的抗压强度，单位为兆帕(MPa)；

P——最大破坏荷载，单位为牛顿(N)；

L——受压面长度，单位为毫米(mm)；

B——受压面宽度，单位为毫米(mm)。

A.6.2 试验结果以试件抗压强度的算术平均值和单个试件的最小值来表示，精确至0.1 MPa。

附 录 B
（规范性附录）
碳化系数试验方法

B.1 仪器设备

B.1.1 抗压强度试验设备同 A.1。

B.1.2 碳化试验箱：容积至少放一组以上的试件。箱内环境条件：二氧化碳体积浓度为(20±3)%，相对湿度为(70±5)%，温度为(20±5)℃。

B.1.3 1%（质量浓度）酚酞乙醇溶液：用质量浓度为 70%的乙醇配制。

B.2 试件数量

按 A.3.4 计算装饰混凝土砖的高宽比(H/B)。若 $H/B \geqslant 0.6$ 时，样品数量为两组共 12 块装饰混凝土砖，一组 5 块为对比试件，另一组 7 块为碳化试件；若 $H/B < 0.6$ 时，样品数量为两组共 22 块装饰混凝土砖，一组 10 块为对比试件，另一组 12 块为碳化试件。

B.3 试验步骤

B.3.1 将碳化试件按附录 A.3.2.2 进行气干。

B.3.2 将碳化试件放入碳化箱内，试件间距应不小于 20 mm；对比试件放置的环境条件为：相对湿度(70±5)%，温度(20±5)℃。

B.3.3 碳化 7 天后，从碳化试验箱内取出一个试件，在该试件端部约 50 mm 处劈开，用指示剂检查剖面的碳化程度。若试件剖面不显红色时，则该试件已完全碳化，即碳化试验箱中所有试件全部碳化，碳化试验结束；若仍有剖面显红色，则该试件未完全碳化，应继续碳化试验。

B.3.4 将已完全碳化或已碳化 28 d 仍未完全碳化的碳化试件，与对比试件同时按附录 A 进行抗压强度试验。

B.4 结果计算

装饰混凝土砖的碳化系数按式(B.1)计算，精确至 0.01。

$$K_c = \frac{R_c}{R} \qquad \cdots\cdots\cdots\cdots (B.1)$$

式中：

K_c——装饰混凝土砖的碳化系数；

R_c——5 个碳化后试件的抗压强度算术平均值，单位为兆帕(MPa)；

R——5 个对比试件的抗压强度算术平均值，单位为兆帕(MPa)。

附　录　C
（规范性附录）
软化系数试验方法

C.1　仪器设备

C.1.1　抗压强度试验设备同 A.1。
C.1.2　水池或水箱。

C.2　试件数量

装饰混凝土砖软化系数试件数量为两组 10 个。

C.3　试验步骤

C.3.1　按 A.3 制备两组试件。试件找平和粘结材料应采用符合 A.2.2 规定的水泥。
C.3.2　从制备完成后静置 24 h 后的两组试件中，任取一组 5 个试件浸入(20±5)℃的水中，水面高出试件 20 mm 以上，浸泡 4 d 后取出，在铁丝网架上滴水 1 min，再用拧干的湿布拭去试件表面的水。剩余一组 5 个试件按 A.3.2.2 调至恒重，即为气干状态试件。
C.3.3　将五个饱和面干试件和五个气干状态对比试件分别按 A.5 的规定进行抗压强度试验。

C.4　结果计算

装饰混凝土砖的软化系数按式(C.1)计算，精确至 0.01。

$$K_f = \frac{R_f}{R} \quad \cdots\cdots\cdots (C.1)$$

式中：
K_f——装饰混凝土砖的软化系数；
R_f——5 个饱和面干试件的抗压强度算术平均值，单位为兆帕(MPa)；
R——5 个气干状态对比试件的抗压强度算术平均值，单位为兆帕(MPa)。

ICS 91.060.50
Q 70

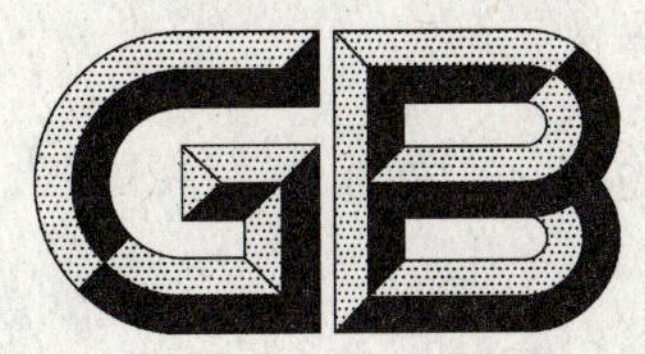

中华人民共和国国家标准

GB/T 24494—2009

门两侧在不同气候条件下的变形检测方法

Deformation test method for doors between two different climates

(ISO 6445:2005,
Doors—Behaviour between two different climates—Test method,MOD)

2009-10-30 发布 2010-04-01 实施

中华人民共和国国家质量监督检验检疫总局
中国国家标准化管理委员会 发布

前　言

本标准修改采用 ISO 6445:2005(E)《门在不同气候条件下的性能检测方法》(英文版)。本标准根据 ISO 6445:2005(E)重新起草。

根据我国国情,本标准在采用国际标准 ISO 6445:2005(E)时进行了部分修改,主要修改内容如下:

——根据我国标准编写规定,在第 1 章中增加了“本标准规定了……”一段;

——ISO 6445:2005(E)第 2 章引用了 ISO 9379 标准,本标准中启闭力检测方法引用 GB/T 9158《建筑用窗承受机械力的检测方法》;

——增加了检测气候 d1,以满足我国不同地区的气候条件。

为方便使用,本标准还做了如下编辑性修改:

——删除国际标准的前言;

——“本国际标准”一词改为“本标准”;

——用小数点“.”代替作为小数点的逗号“,”。

本标准的附录 A～附录 F 均为资料性附录。

本标准由中华人民共和国住房和城乡建设部提出。

本标准由住房和城乡建设部建筑制品与构配件产品标准化技术委员会归口。

本标准负责起草单位:中国建筑科学研究院、中国建筑标准设计研究院。

本标准参加起草单位:广东省建筑科学研究院、上海市建筑科学研究院有限公司、河南省建筑科学研究院、广东省东莞市坚朗五金制品有限公司、福建省南平铝业有限公司、优铝胜门窗科技(上海)有限公司。

本标准主要起草人:王洪涛、刘会涛、庄国伟、谭上飞、张士翔、徐勤、刘新生、杜万明、谢光宇、江裕生。

门两侧在不同气候条件下的变形检测方法

1 范围

本标准规定了门扇和整档门内外两侧处于不同气候条件时的变形检测方法的术语和定义、检测原理、仪器与设备、检测准备、检测方法及精度要求、检测条件、检测步骤和检测报告。

本标准适用于门扇和整档门内外两侧处于不同气候条件时的变形检测方法。

2 规范性引用文件

下列文件中的条款通过本标准的引用而成为本标准的条款。凡是注日期的引用文件，其随后所有的修改单(不包括勘误的内容)或修订版均不适用于本标准，然而，鼓励根据本标准达成协议的各方研究是否可使用这些文件的最新版本。凡是不注日期的引用文件，其最新版本适用于本标准。

GB/T 5823 建筑门窗术语

GB/T 7106 建筑外门窗气密、水密、抗风压性能分级及检测方法

GB/T 9158 建筑用窗承受机械力的检测方法

GB/T 22636 门扇 尺寸、直角度和平面度检测方法(GB/T 22636—2008,ISO 6442:2005, Door leaves—General and local flatness—Measurement method;ISO 6443:2005,Door leaves—Method for measurement of height,width,thickness and squareness,MOD)

3 术语和定义

GB/T 5823 确立的以及下列术语和定义适用于本标准。

3.1

第一面/第二面 face 1/face 2

门的两个面(第一面/第二面)相对于不同气候环境的方向由本标准 6.1 确定。

3.2

弯曲度 bow

根据 GB/T 22636 规定的方法对门扇较长边测量得到的整体弯曲平面度。相对于门扇的方向，它可是正值也可是负值。见图 1。

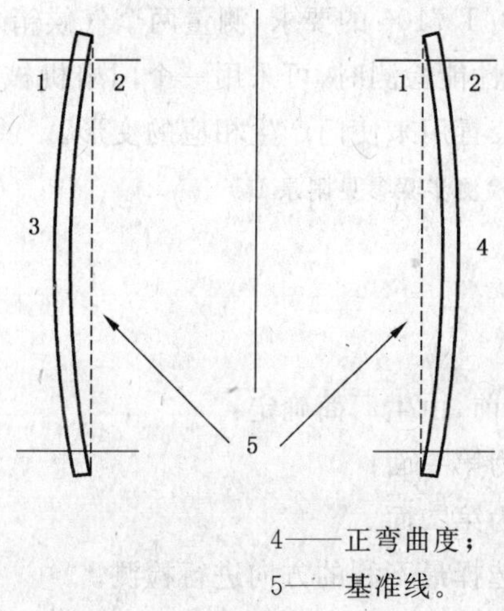

1——第一面；

2——第二面；

3——负弯曲度；

4——正弯曲度；

5——基准线。

图 1 正、负弯曲度的定义

4 检测原理

将门的两个面置于两种不同的气候环境之中持续一段时间，测量门纵向锁闭边在检测各阶段的最终弯曲度。必要时，检测门在变形状态下的开启力和气密性能。

5 仪器与设备

5.1 基本设备

检测设备至少由以下部分组成：

a) 可维持门的低温侧需要的气候条件并可在允许范围内调整的低温气候箱或围护体；

b) 可维持门的高温侧需要的气候条件并可在允许范围内调整的高温气候箱或围护体；

c) 支撑门的刚性框架。它应有足够的刚度，当受到门扇传到门框上的力时，刚性框架不应产生显著扭曲变形；

d) 门的弯曲度测量装置；

e) 门的启闭力测量装置。该装置符合 GB/T 9158 的规定，在门受到不同气候环境作用时，用来测量门的启闭力。

5.2 辅助设备

5.2.1 一排用来加热门第二面的红外灯(参见附录 A)

红外灯应有足够的功率以保证基准板的表面温度能在 2 h 内达到 θ_3 并维持在±5 ℃范围之内。

红外灯的安装位置尽可能合理，其散发的辐射热应均匀地分布在门扇上(参见附录 A)。

5.2.2 基准板

基准板对可见光(波长为 0.4 μm～0.7 μm)的吸收率 a_s至少为 0.9，其热阻应介于 0.1 K·m²/W 和 0.2 K·m²/W 之间。每一基准板包括一块镶嵌在热阻介于 0.6 K·m²/W 到 0.7 K·m²/W 之间的聚苯乙烯隔热材料[挤塑聚苯乙烯，γ 为 0.03 W/(m·K)]且涂有黑色无光漆的铝板和一个温度传感器。

注：通常 5 mm 厚的聚苯乙烯就足够了。

5.2.3 用来测量门扇表面温度的仪器

5.2.4 气密性能检测装置

可采用以下任一装置进行气密性能检测：

——安装在气候箱内，根据 GB/T 7106 的要求，测量两个气候箱之间的门的气密性能检测装置；

——门在气候箱外面进行气密性能检测时，可采用一个门扇机械变形装置和常规气密性能检测装置来进行检测，机械变形装置用来使门产生相应的变形。

注：整樘门离开气候箱的气密性能检测步骤参见附录 B。

6 检测准备

6.1 门的面方向

门的面方向应在安装气候箱之前，由生厂商确定：

——对于外开门，关闭的一面为第一面；

——对于内开门，关闭的一面为第二面。

如果不能确定门的面方向，则选择最不利的方向进行检测。

注：哪个方向是最不利的方向由试验要求确定。对于开启力来说，一个方向可能是不利的，而对于气密性能来说，不利方向可能是另外一个方向。因此，有必要在门的两个面方向都进行检测。

6.2 门的安装与固定

将整档门尽可能按照厂商正规的安装说明安装在检测设备上。然而，门框的安装应保证在弯曲度检测过程中门框的弯曲度不超过1.0 mm。

6.3 门的关闭状态

6.3.1 门置于气候环境中时

门应该栓上插销，但不用钥匙锁闭，除非这樘门的五金件不能实现。

6.3.2 弯曲度检测过程中

弯曲度检测应在门未栓上插销时进行。

注：门轻微的敞开，并且门扇所受的作用力最小。

如果门扇的弯曲度在一个不同的状态下检测，应记录状态并给出原因。

6.3.3 气密性能检测时

门在进行气密性能检测时，门应关闭，并用钥匙锁闭。

7 检测方法及精度要求

7.1 弯曲度

门扇弯曲度测量应按照GB/T 22636规定的步骤进行。应记录弯曲度的测量值，并精确到0.1 mm。

7.2 启闭力

要求检测启闭力时，应按照GB/T 9158进行。启闭力的检测应在门的弯曲度回复量超过测量弯曲度的10%以前完成。

7.3 气密性能检测

要求气密性能检测时，应按照GB/T 7106中规定的检测方法进行。另外，倘若门离开气候箱后，弯曲度的回复量在10%以内(参见附录B的例子)，气密性能检测也可离开气候箱进行，检测时可用机械方法使门扇再产生气候应力所产生的弯曲度。

气密性能检测不论在气候箱内进行还是在气候箱外进行，检测时如果门的弯曲度变化率超过10%，则可通过改变作用于千斤顶的压力来重新设定门的弯曲度，并且气密性能检测应重新进行。如果气密性能检测在气候箱外进行，门扇弯曲度的回复量不应超过气候箱内检测弯曲度的10%。如有必要，可用适合的装置使门扇关闭的边缘产生机械变形，从而再产生气候箱内检测的弯曲度。

注1：建议不移动试样支架，全部气密性能检测在气候箱内进行。

注2：该装置举例参见附录B。

8 检测条件

检测气候见表1和表2。门的面方向(第1面/第2面)由生产商确定。

表1 检测气候从a到d1

气候类别	要求的气候环境			
	第一面		第二面	
	空气温度(θ_1)/℃	相对湿度(φ_1)/%	空气温度(θ_2)/℃	相对湿度(φ_2)/%
a	23±2	30±5	18±2	50±5
b	23±2	30±5	13±2	65±5
c	23±2	30±5	3±2	85±5

表 1（续）

<table>
<tr><td rowspan="3">气候
类别</td><td colspan="4">要求的气候环境</td></tr>
<tr><td colspan="2">第一面</td><td colspan="2">第二面</td></tr>
<tr><td>空气温度(θ_1)/
℃</td><td>相对湿度(φ_1)/
%</td><td>空气温度(θ_2)/
℃</td><td>相对湿度(φ_2)/
%</td></tr>
<tr><td>d</td><td>23±2</td><td>30±5</td><td>−15±2</td><td>无要求</td></tr>
<tr><td>d1</td><td>23±2</td><td>30±5</td><td>−25±2</td><td>无要求</td></tr>
<tr><td colspan="5">θ_1：第一面的空气温度；
θ_2：第二面的空气温度；
φ_1：第一面的相对湿度；
φ_2：第二面的相对湿度；
平均温度和相对湿度值应尽量接近设定值。所规定的允许值是最大允许偏差。</td></tr>
</table>

表 2　检测气候 e

<table>
<tr><td rowspan="3">气候
类别</td><td colspan="4">要求的气候环境</td></tr>
<tr><td colspan="2">第一面</td><td colspan="2">第二面</td></tr>
<tr><td>空气温度(θ_1)/
℃</td><td>相对湿度(φ_1)/
%</td><td>空气温度(θ_2)/
℃</td><td>相对湿度(φ_2)/
%</td></tr>
<tr><td>e</td><td>最小 20
最大 30</td><td>无要求</td><td>参考温度
$\theta_3=\theta_1+(55\pm5)$</td><td>无要求</td></tr>
<tr><td colspan="5">θ_1：第一面的空气温度；
θ_3：用辐射方式来加热门表面的基准温度。这个基准温度是在 5.2 中提到的安放在门扇表面或检测框架上的至少三个基准板的平均温度；
φ_1：第一面的相对湿度；
φ_2：第二面的相对湿度；
平均温度和相对湿度值应尽量接近实设定值。所规定的允许值是最大允许偏差。</td></tr>
</table>

8.1　检测温度的确定

空气温度的测量应在距离门扇的每一面 100 mm±50 mm 平面内测量，并精确到±0.5 ℃。测量空气温度至少取三个点，其中一点位于门扇的中心，另两点对称放置在门扇的垂直中心线上，距离门扇上部和底部 100 mm 之内。如需要测量更多点时，可对称布置在门扇的竖直和水平中心线上。取门的每一面上所有测量结果的平均值作为该面上的空气温度。

注：当门正在进行辐射加热时（如检测气候 e 中门的第二面），其表面温度的测量不应采用此方法。这种情况的表面温度测量方法见表 2。

8.2　气流速度

空气流动速度应能保证在门扇每一侧的检测平面内的最大空气温差不超过 2 ℃。

注：空气速度大于等于 0.3 m/s 可满足要求。

8.3　气候箱壁的表面温度和散热性能

当在气候类别 a、b、c、d 或 d1 下检测时，空气温度与气候箱所有面向试样的内表面温度的温差不得超过 3 ℃。这些表面对波长 λ 大于等于 0.7 μm 红外的热辐射率 ε 应不小于 0.85。

注：通常涂不含金属颜料的油漆就可做到。

9 检测步骤

9.1 在第 a、b 或 c 组气候环境下的检测顺序

9.1.1 无特殊要求时对门的检测

无特殊要求时对门的检测顺序如下：

a) 检测门初始弯曲度；

b) 检测门启闭力；

c) 将整樘门放置在表 1 所列的气候环境中；

d) 检测最终弯曲度；

e) 检测启闭力；

f) 计算最终弯曲度与初始弯曲度的差值。

整樘门放置在规定的气候环境下的时间为 7 d～28 d。在这个时间范围内，如果连续三天每天的弯曲度变形增量不到 0.1 mm，则可停止试验。

注：检测步骤图解说明参见附录 C。

9.1.2 有气密性能检测要求时对门的检测

有气密性能检测要求时对门的检测顺序如下：

a) 检测门初始弯曲度；

b) 检测门启闭力；

c) 将整樘门放置在表 1 或表 2 所列的气候环境中；

d) 检测最终弯曲度；

e) 检测启闭力；

f) 检测气密性能；

g) 计算最终弯曲度与初始弯曲度的差值。

整樘门放置在规定的气候环境下的时间为 7 d～28 d。在这个时间范围内，如果连续三天每天的弯曲度变形增量不到 0.1 mm，则可停止试验。

注：检测步骤图解说明参见附录 D。

9.2 对气候 d、d1 或 e 的补充检测

9.2.1 检测顺序

检测顺序如下：

a) 对气候环境 a、b 或 c 进行初始检测；

b) 整樘门放置在温度 20 ℃±2 ℃和相对湿度为(65±5)%的环境中至少 7 d 时间；

c) 检测弯曲度；

d) 将整樘门放置在表 1 中规定的气候环境 d、d1 或表 2 中规定的气候环境 e 中；

e) 检测弯曲度；

f) 检测启闭力；

g) 计算整樘门放置在气候 d、d1 或 e 中试验前、后的弯曲度差值。

9.2.2 整樘门放置在气候环境中的持续时间

9.2.2.1 气候环境 d、d1

时间不应超过 7 d。如果门在气候环境中，连续 3 天每天的弯曲度变形增量少于 0.1 mm，则可推迟结束试验。

注：检测步骤图解说明参见附录 E。

9.2.2.2 气候环境 e

气候环境作用时间持续 24 h±0.5 h。

试验开始加热时，进行弯曲度和开启力的检测。

注：检测步骤图解说明参见附录E。

9.3 检测过程偏差

应描述检测步骤中的任何偏差，并说明原因。

注：同一门框安装多个不同门扇时的简易测量方法参见附录F。

10 检测报告

检测报告应至少包括以下信息：

a) 检测机构的名称；

b) 所有鉴别门的必要的证明文件；

c) 整樘门相关的细节描述，如：尺寸、材料、设计、生产和制造厂商、表面处理和装配。同时，还包括试件到试验室所采用的运送方式；

d) 门的细部节点1∶2以上比例的图纸；

e) 检测方法简单描述；

f) 检测前的存贮条件以及门检测时采用的支撑方式；

g) 所选择的检测气候环境；

h) 结论及精确度；

i) 其他特殊情况（如：正常检测过程中产生的偏差及原因）；

j) 检测所依据的本标准。

附 录 A
（资料性附录）
红外线灯的描述和布置

灯的类型：金银丝红外线灯

输入功率：250 W

辐射角：80°

位置：以网格形式分布

灯间距：500 mm±20 mm（见图 A.1）

单位为毫米

× 红外线灯的位置

------（虚线） 热辐射锥体

图 A.1 红外线灯的描述和布置

通过改变红外线灯与试样表面的间距，可调整基准板的温度。

附 录 B
（资料性附录）
离开气候箱整樘门气密性能的检测步骤

B.1 检测方法概述

如离开气候箱，检测门扇发生弯曲的整樘门的气密性能，应采用机械的方式使门扇锁闭边再次产生弯曲变形。然后按照 GB/T 7106 的常规检测设备检测整樘门的气密性能。

B.2 检测步骤

检测步骤如下：

a) 在常规检测设备上安装门；
b) 通过一台气压或液压千斤顶，通过机械方式使门扇锁闭边产生变形，直到门扇的弯曲度达到气候环境中检测期间的测量值（见图 B.1）；
c) 保持千斤顶的压力恒定不变；
d) 将门扇关闭并加锁；
e) 根据 GB/T 7106 测量门的气密性能；
f) 打开门并检查弯曲度。

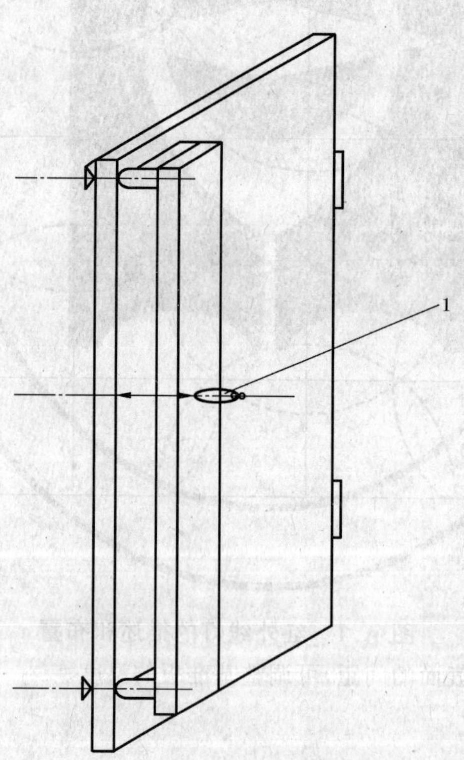

1——气压或液压千斤顶。

图 B.1 使门扇产生机械变形的装置

附 录 C
（资料性附录）
无特殊要求时门的检测步骤

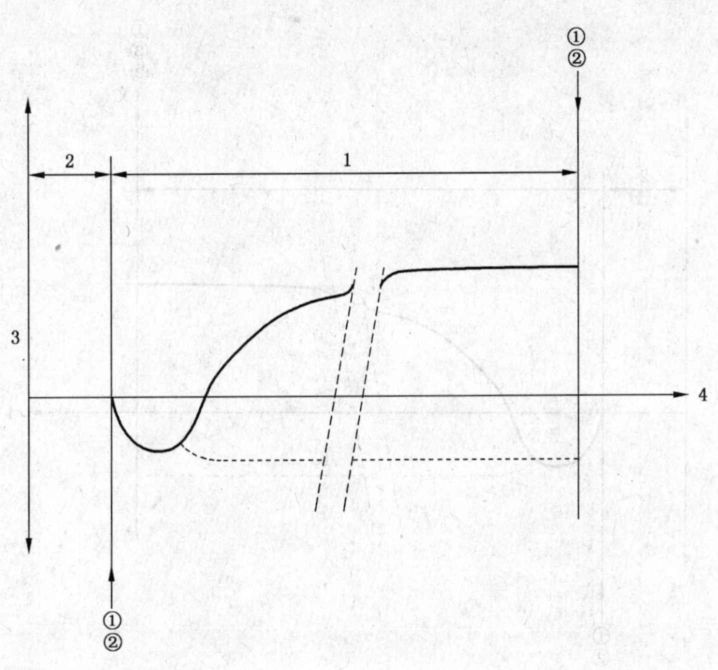

——（实线） 有吸湿材料的门扇；
--------（虚线） 无吸湿材料的门扇；
①——弯曲度的确定；
②——启闭力的确定；
1——试验在不同气候环境条件 a、b 或 c 下保持 7 d～28 d；
2——环境调节；
3——偏差；
4——时间。

图 C.1 无特殊要求时门的检测步骤

附　录　D
（资料性附录）
有特殊要求时门的气密性能检测步骤

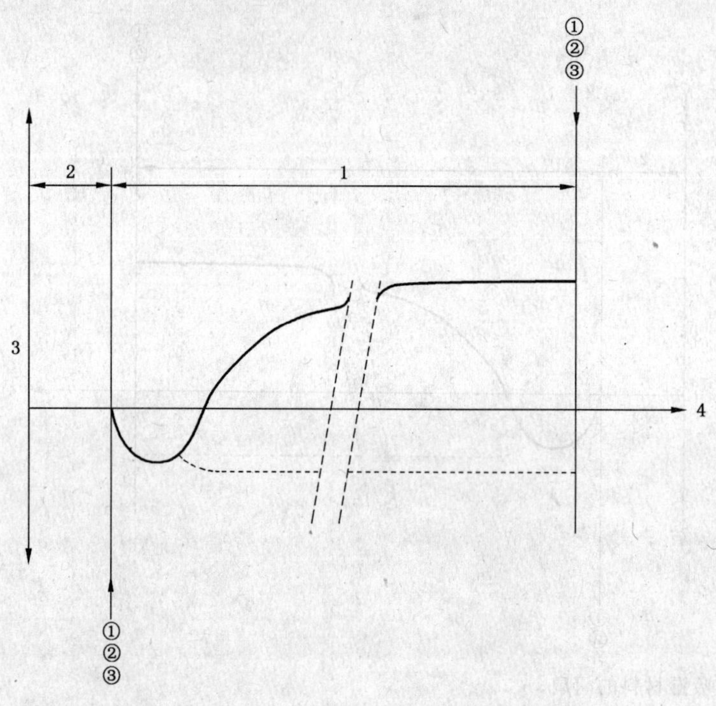

——（实线）　有吸湿材料的门扇；

--------（虚线）　无吸湿材料的门扇；

①——弯曲度的测量；

②——启闭力的测量；

③——气密性能检测；

1——整樘门放置在 a、b 或 c 不同气候环境中保持 7 d～28 d；

2——环境调节；

3——偏差；

4——时间。

图 D.1　有特殊要求时门的气密性能检测步骤

附 录 E
（资料性附录）
对气候环境 d、d1 或 e 的补充检测

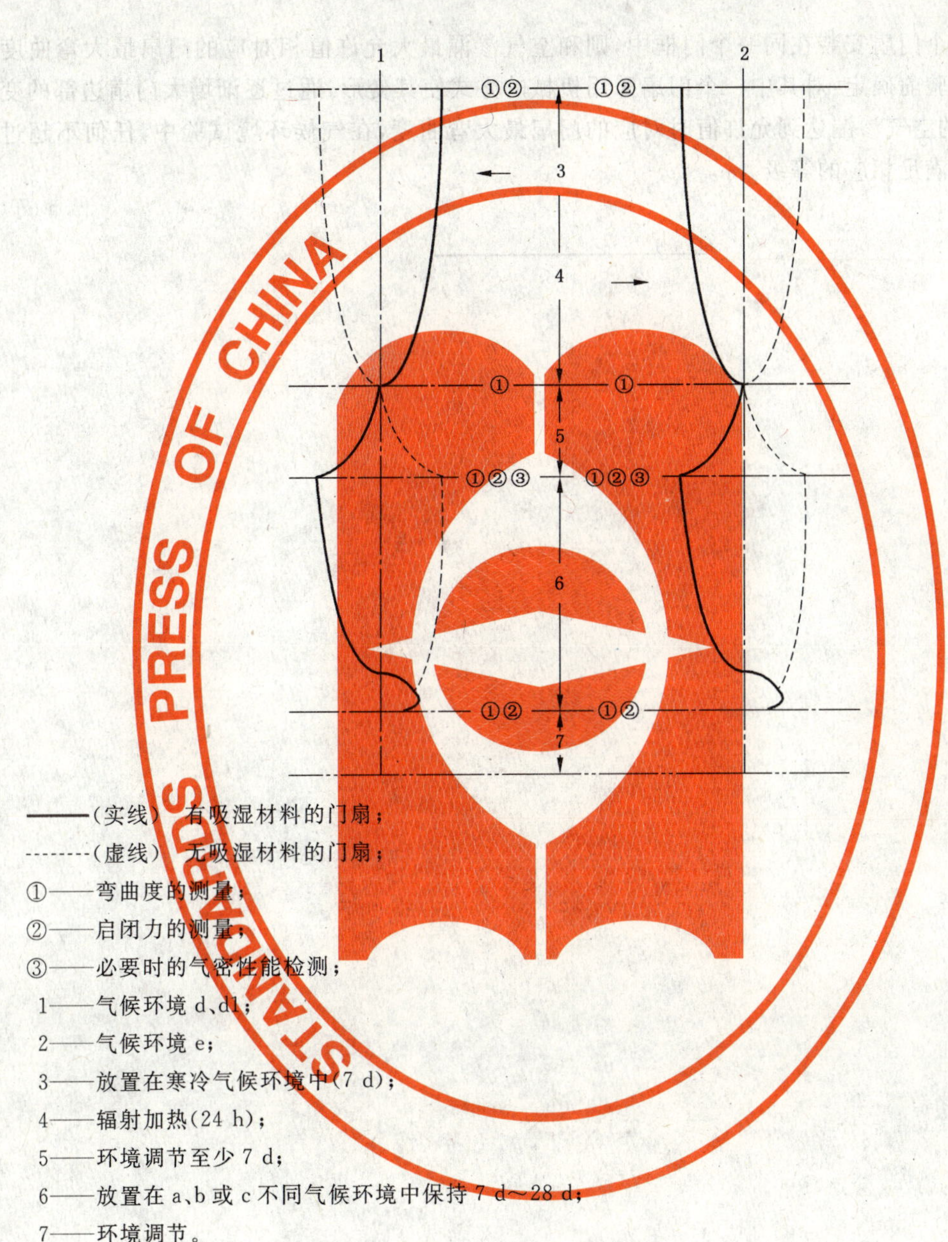

——（实线） 有吸湿材料的门扇；

--------（虚线） 无吸湿材料的门扇；

①——弯曲度的测量；

②——启闭力的测量；

③——必要时的气密性能检测；

1——气候环境 d、d1；

2——气候环境 e；

3——放置在寒冷气候环境中(7 d)；

4——辐射加热(24 h)；

5——环境调节至少 7 d；

6——放置在 a、b 或 c 不同气候环境中保持 7 d～28 d；

7——环境调节。

图 E.1 对气候环境 d、d1 或 e 的补充检测

附　录　F
（资料性附录）
同一门框安装几个不同门扇时的简易测量方法

如被检测的几个门扇安装在同一个门框中，则和空气渗漏最大允许值相对应的门扇最大弯曲度可采用以下方法在试验前确定：对其中一个门扇采用机械的方式使其变形，通过逐渐增大门扇边部的变形量，可确定整樘门的空气渗漏达到允许值时对应的门扇最大弯曲度，在气候环境试验中，任何不超过最大弯曲度的门扇可满足相应的等级。

ICS 91.060.01
P 20

中华人民共和国国家标准

GB/T 24495—2009/ISO 7845:1985

承重墙与混凝土楼板间的水平接缝 实验室力学试验 由楼板传来的垂直荷载和弯矩的影响

Horizontal joints between load-bearing walls and concrete floors—Laboratory mechanical tests—Effect of vertical loading and of moments transmitted by the floors

(ISO 7845:1985,IDT)

2009-10-30 发布　　2010-04-01 实施

中华人民共和国国家质量监督检验检疫总局
中国国家标准化管理委员会　发布

前 言

本标准等同采用 ISO 7845:1985《承重墙与混凝土楼板间的水平接缝　实验室力学试验　由楼板传来的垂直荷载和弯矩的影响》(英文版)。

本标准对 ISO 7845:1985 做了下列编辑性修改:

——"本国际标准"改为"本标准";

——删除 ISO 7845:1985 的前言,增加了国家标准的前言。

本标准由中华人民共和国住房和城乡建设部提出。

本标准由住房和城乡建设部建筑制品与构配件产品标准化技术委员会归口。

本标准起草单位:中国建筑标准设计研究院。

本标准主要起草人:庄国伟、胡苗、吴晓阳、傅恒莱。

承重墙与混凝土楼板间的水平接缝 实验室力学试验 由楼板传来的垂直荷载和弯矩的影响

0 简介

对承重墙和楼板的结构分析表明墙与楼板间接缝有重要的作用。

在充分认识接缝性能的情况下,可以利用现代计算方法分析这些接缝的影响。本标准的目的是提供一个确定接缝主要性能的试验方法。

本标准不涉及试验结果的分析和使用。因为难于大量进行这类试验,故本标准不规定最少试验次数,但是应该注意其分散性常常会影响这类试验的结果,将这些试验重复到合乎需要的次数,就会更好地代表实际情况。

现代计算方法依赖于对承重墙和楼板间水平接缝力学性能的知识,这是指有关开裂和破坏的极限状态及过大变形等性能。此外,墙体本身极限状态的验证要考虑接缝变形对墙体和楼板间相互作用的影响。本标准提供了确定相应力学性能的试验方法。

1 概述

本标准提供的试验方法,用于确定承重墙和混凝土楼板间的水平接缝在承受垂直荷载和由楼板传来的弯矩时的力学性能。

2 范围

本标准适用于承重墙和混凝土楼板间的水平接缝,此接缝可将楼板弯矩传递给墙。墙可能是内墙或外墙,一边或两边支承楼板。

这些墙可以是小型或中型砌块做成的砌体(石材的、实心的、多孔的或者空心的砖,混凝土或轻混凝土的实心或空心砌块),也可以是大型的预制件(大板)。

本标准可用于下列情况对接缝的影响:由上部墙传下来的竖向荷载 N,对墙中心的偏心距 e,由楼板传来的竖向荷载 T 以及弯矩 M(见图 1)。

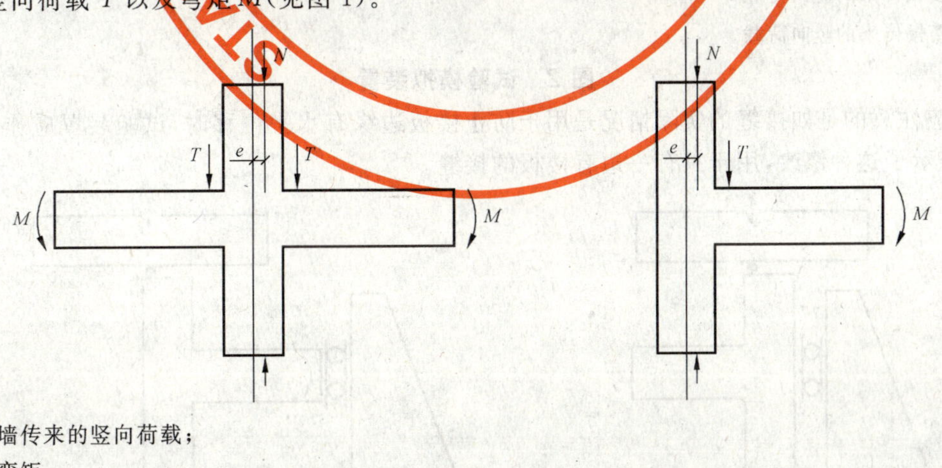

N——墙传来的竖向荷载;

M——弯矩;

T——楼板传来的竖向荷载;

e——偏心距。

图 1 接缝处受荷情况

3 试验原理

将由接缝连接起来的墙和楼板的试件承受不同组合的力,以代表上部楼层墙传下来的垂直荷载以及楼板传来的垂直荷载与弯矩,记录试件在不同荷载组合条件下的变形及损坏情况(开裂与破坏)。

4 试验设备

试验设备应能够模拟由结构分析确定的接缝中的力和反作用力以及承载力极限状态进行加荷。

为了满足上述要求,试验设备应能够:

a) 保证荷载沿试件全长及沿试件端部厚度范围内有良好的分布;

b) 保证端部能够自由转动;

c) 能够对楼板施加荷载和弯矩。

通常情况下,根据惯例加压时,需要在其顶板处配置一个滚轴式固定铰支座,应配有下列附加装置:

a) 两个纵向的接合装置,放在试件水平端部和承压板之间,并应设计成能满足上述第一和第二两个条件;

b) 一个或一对装置,当将它固定在楼板的试件上后,该装置可以将选定的荷载和弯矩传递到楼板上。

例如,图 2 表示了三种墙支承两边楼板情况时的主要组装方式,只有 c)中表示的方式可以使楼板传来的荷载和弯矩独立变化。

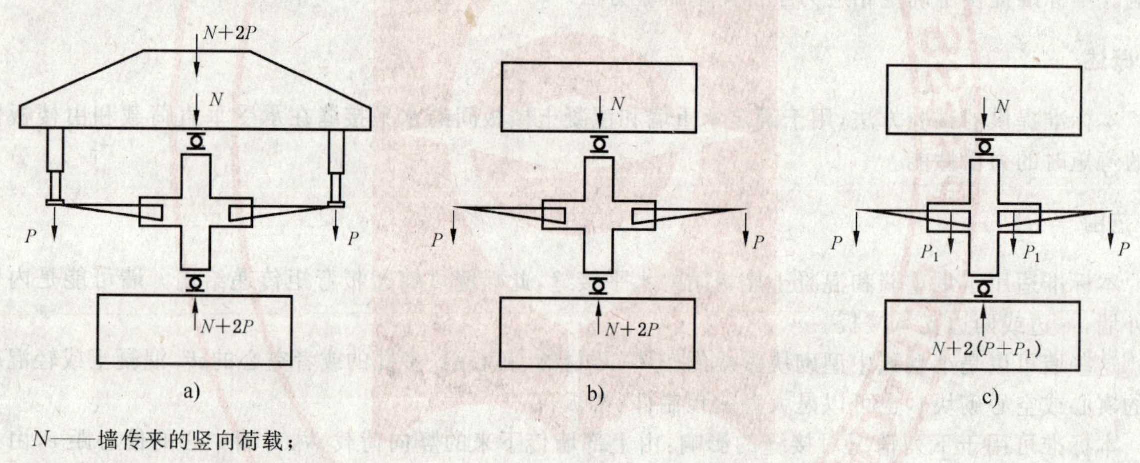

N——墙传来的竖向荷载;

P——楼板传来的竖向荷载;

P_1——楼板传来的竖向荷载。

图 2 试验模拟装置

此外,应注意的是如接缝的实际情况是用于防止楼板边缘有水平位移时,试验装置应作一些修改,例如图 3 表示了这种修改,用于只有一边有楼板的接缝。

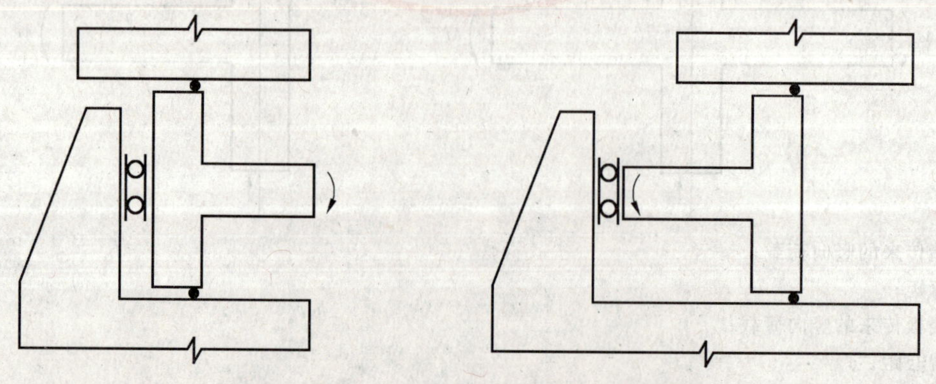

图 3 按实际情况进行修改的试验装置

5 试件

5.1 构造和尺寸

5.1.1 构造

试件的构造应该和实际情况相一致，而尺寸的确定应能将接缝的所有局部特点体现出来。

5.1.2 长度

试件的平均长度应该大致为 800 mm，若全部长度内接缝的构造相同，其试件长度可以减小。最小长度应该是组成墙体的材料或砌块所必须的长度。

如果实际的接缝沿全长的构造不相同，则试件应有足够的长度，足以包括，与实际比例相同的不同构造和形式的接缝。

5.1.3 高度

试件高度的选择应使之满足：

a) 没有高厚比产生的影响；

b) 承压板与试件端部间的接触不会产生影响。

注：试件的上部和下部墙段的高度为 500 mm～600 mm 时，一般可以保证满足这些要求。

5.1.4 楼板段的宽度

如果接缝中的配筋锚固在楼板中，楼板段的宽度应该能够满足必要的锚固，其他情况下，将由试验人员选择楼板的宽度。

注：作为资料，图 4 中表示了楼板只有一边嵌入墙中时的接缝试件的可能做法，其中两种为砌块墙体的特定情况，一种为预制件。

单位为毫米

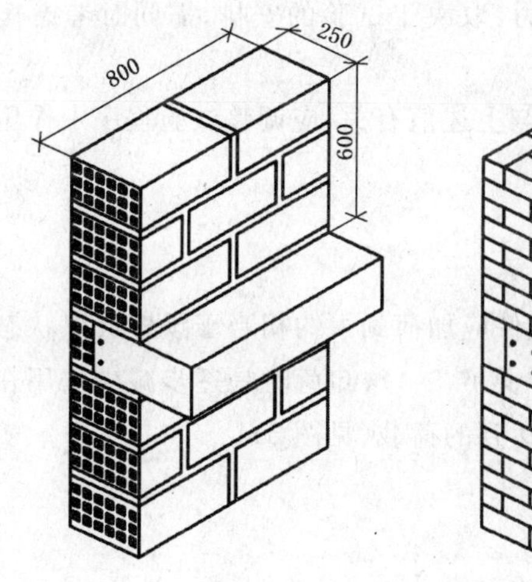

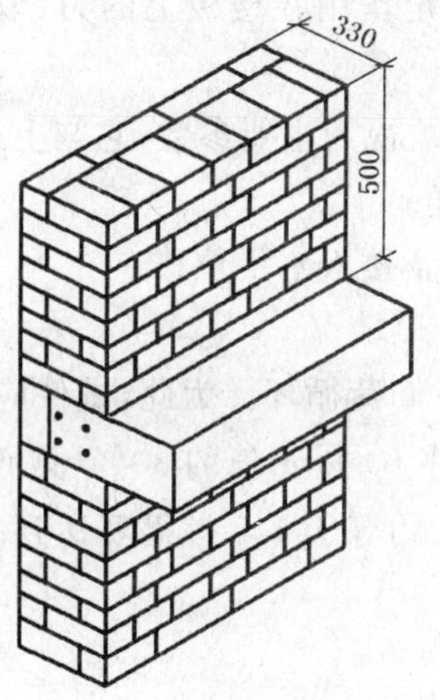

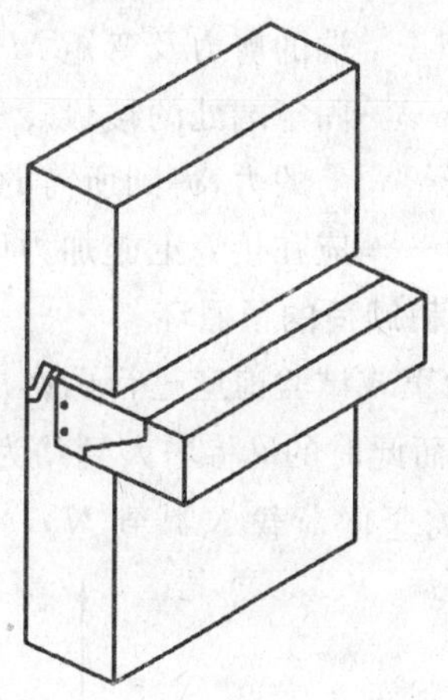

图 4 接缝试件做法

5.2 准备工作

试件的准备方法应使之尽可能接近于相应的实际通用装配条件，特别要注意：

a) 砌块间的结合；

b) 砌块的湿度；

c) 接缝中砂浆的成分、厚度和密实性；

d) 准备砌筑时的温度；

e) 预制件混凝土的成分、密实性以及养护温度；

f) 试件准备过程中的不同阶段的时间间隔；

g) 浇灌混凝土的成分、密实性及凝固条件等。

当试件是由几个部分组成，而其间的连接又不足以承受将其装卸和运输到试验设备上去时所引起的应力时，应采用装置使这些部件的连接具有足够的刚度，保证接缝本身不会产生应力。这些装置的安装位置应选择在不影响接缝性能的部位。

5.3 支承面的校正

一般总要对支承面进行校正，以避免由于试件支承面与承压板或者辅助纵向铰接板间的不均匀接触引起的局部压力影响。

为了解决这个问题，可以采用下列方法中的一种：

a) 将试件直接建造在一个坚硬的基台上，其底面应平整、水平。

在试件的顶部加一坚硬的基台，其顶面应平整、水平。这个基台可以是一根钢筋混凝土梁或者部分用砂浆或树脂做成的。

b) 在试件与试验设备支承板间，或者辅助的纵向铰接板间加一块厚纸板、纤维板或胶合板。

这种方法仅适用于试件上下面的平整度缺陷不超过 1 mm 的情况。

c) 在试件与试验设备的合成支承板间或辅助的纵向铰接板间涂一层合成树脂。这种合成树脂的弹性模量应与试件中墙材料的弹性模量量级相同。

6 程序

6.1 试验的结构参数

试验的结构参数有两种类型，即：

a) 试验中始终保持不变的值：墙上加荷的偏心距 e。除特殊情况外，试件两端的偏心相等；

b) 试验中可以变动的值：

——试件两端作用在墙上的荷载值不同(见图 2)，这是因为荷载是通过楼板施加的；

——独立确定还是非独立确定作用在楼板上的力，取决于试验的安排，需同时考虑楼面固定端的剪力及弯矩 M；

——固定端处的楼板转角 θ 被视为主要参数，它与上述值有关，应调整试验程序中作用在楼板上的力，得到所需的转角；

——应在接缝上施加力以防止楼板水平位移。

6.2 加荷-卸荷的预循环

开始正式试验前应进行两次加荷-卸荷循环。为此，试件应加荷到大约相当于预期极限状态时荷载的 30%，而此时的 θ 将增大到约为程序 b)中 θ_1 值的 30%(见 6.3.1)，卸荷时是逐步减少作用在楼板上的弯矩，将竖向荷载 N 减到 N_0，N_0 大约等于 1/5 该循环达到的荷载(见图 5)。

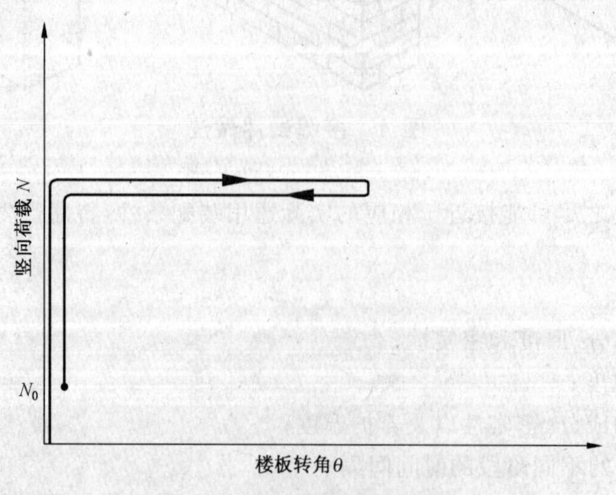

图 5 加荷-卸荷的预循环

6.3 加载过程的选择

可以选择几种不同的加载过程或顺序,如图 6 所示。

6.3.1 主要加载过程

a) 加一给定的荷载 N 并保持不变,然后逐步增大弯矩 M,直到开裂、转角 θ 的极限状态或发生破坏[见图 6a)];

b) 加一小的轴向荷载 N_1,再施加弯矩使转角达到预定的值 θ_1,然后在使转角保持为 θ_1 不变的同时调整 M,增加 N 值,直到极限状态[见图 6b)]。

6.3.2 其他过程

其他可能的加载过程[见图 6c),d)及 e)]。

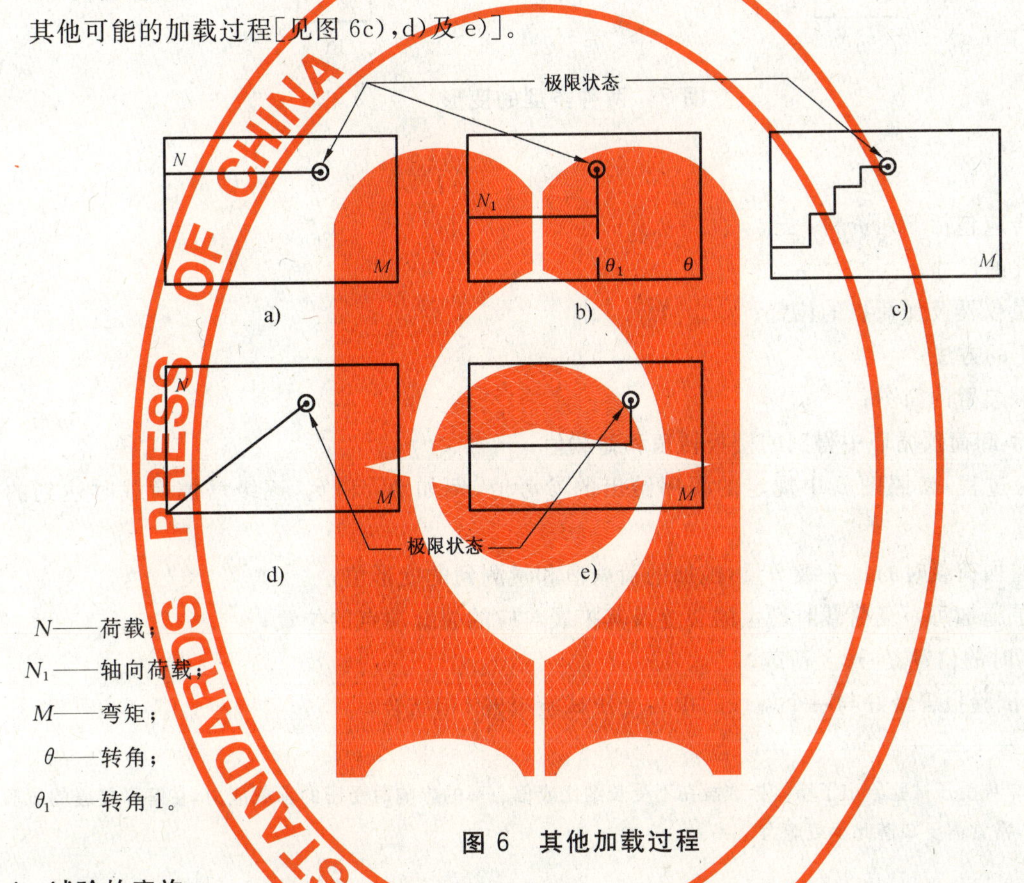

N——荷载;

N_1——轴向荷载;

M——弯矩;

θ——转角;

θ_1——转角 1。

图 6 其他加载过程

6.4 试验的实施

完成两次加荷卸荷循环后,按照选定的加载程序将试验进行到极限状态。荷载及变形应逐步增加,其增量的选择方法是考虑大约加荷十次后达到已知的或估计的极限状态。

加荷的速率应尽可能保持不变,调整到每次保持 1 min～2 min。

6.5 量测

每次增荷后,记录下作用在墙及楼板上的荷载,以 N 计,及其产生的变形。

6.5.1 变形

有两种类型的变形:

a) 墙面和接缝中某些组成层(砂浆层,接缝中包括的楼板部分等)的缩短或伸长[见图 7a),图中表示了量测的基点位置];以百分率表示;

b) 墙或楼板间的相对转角[见图 7b),图中表示了转角量测仪的位置];用弧度表示。

6.5.2 量测的原点

量测原点应为加荷-卸荷预循环完成后,荷载等于 N_0(见 6.3)时的各种参数的量测值。

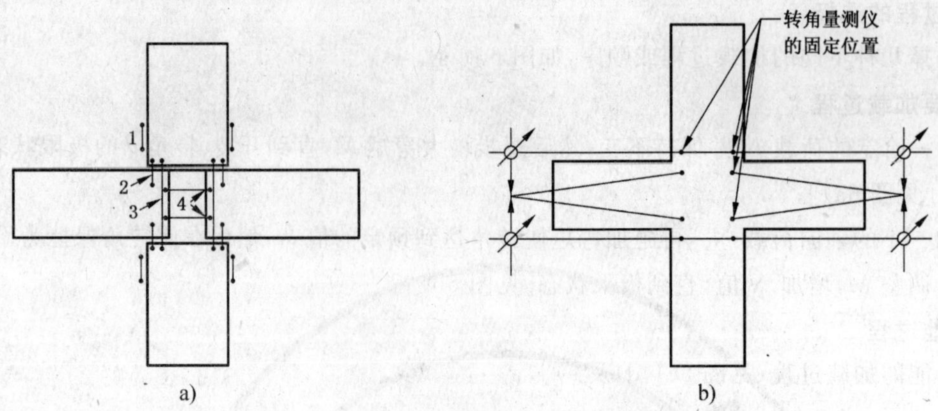

图 7　两种类型的变形

7　试验报告

试验报告应包括下列资料：

a)　试件的尺寸；

b)　测量仪器及加荷点的位置；

c)　校正的方法；

d)　试验装置的简图；

e)　加荷-卸荷预循环中得到的楼板转角和荷载值；

f)　试验过程，参照图 6 中规定的程序给出的参考值，例如 N_1 和 θ_1，逐级增加荷载时达到的荷载值；

g)　对增加荷载时的每一级增量，施加的荷载值和量测到的变形值；

h)　记录施加每一级荷载时产生的裂缝及其扩展对应的裂缝端点的位置；

i)　破坏时的位置、外形及荷载。

必要时，试验报告最好与一个墙段的单纯受压试验报告[1]相结合。

---

1)　这个单纯受压试验给出了墙体标准段在不受长细比或偏心率的影响时受压的承载能力，在解释接缝的试验结果时，常常需要知道此承载能力。

ICS 91.063.30
P 20

中华人民共和国国家标准

GB/T 24496—2009/ISO 7844:1985

钢筋混凝土大板间有连接筋并用混凝土浇灌的键槽式竖向接缝实验室力学试验平面内切向荷载的影响

Grooved vertical joints with connecting bars and concrete infill between large reinforced concrete panels—Laboratory mechanical tests—Effect of tangential loading

(ISO 7844:1985,IDT)

2009-10-30 发布　　2010-04-01 实施

中华人民共和国国家质量监督检验检疫总局
中国国家标准化管理委员会　发布

前言

本标准等同采用 ISO 7844:1985《钢筋混凝土大板间有连接筋并用混凝土浇灌的键槽式竖向接缝 实验室力学试验 平面内切向荷载的影响》(英文版)。

本标准对 ISO 7844:1985 做了下列编辑性修改：

——“本国际标准”改为“本标准”；

——删除 ISO 7844:1985 的前言，增加了国家标准的前言。

本标准由中华人民共和国住房和城乡建设部提出。

本标准由住房和城乡建设部建筑制品与构配件产品标准化技术委员会归口。

本标准负责起草单位：中国建筑标准设计研究院。

本标准主要起草人：庄国伟、吴晓阳、胡苗、傅恒莱。

钢筋混凝土大板间有连接筋并用混凝土浇灌的键槽式竖向接缝实验室力学试验 平面内切向荷载的影响

0 简介

对大板结构的研究表明，墙体构件间的竖向接缝在结构中占重要地位。

在充分掌握接缝性能的情况下，可以利用现代计算方法分析这些接缝的影响。因此，本标准的目的是提供一个确定接缝主要性能的试验方法。

本标准不涉及试验结果的分析和使用。由于常常难于大量进行这类试验，故本标准不规定最少试验次数，但是应该注意其分散性，因为它常常会影响这类试验的结果，因此将这些试验重复到合乎需要的次数，就会更好的代表实际情况。

对大板组成的支撑墙设计计算，要考虑钢筋混凝土大板间竖向接缝的力学特性，这些力学特性可以通过大板接缝间的平面内切向荷载和相对位移关系来表示。

1 概述

本标准提供的实验室力学试验方法，用于确定钢筋混凝土大板间的某些类型竖向接缝在承载切向荷载时，切向荷载和相对位移的关系。

2 范围

本标准可用于符合下列条件的大型墙板间的竖向接缝：

a) 板边缘的几何形状使灌入接缝中的混凝土成为传递力的楔形键；

b) 连接两块墙板的钢筋应贯穿整个板高并均匀分布，同时钢筋竖向间距需较小；

c) 浇注大板的混凝土强度应至少等于灌入接缝中的混凝土强度。

本标准适用于受切向荷载(沿接缝的剪力)产生影响的情况。

3 试验原理

将两块板条的边缘用接缝连接在一起做成试件，施加切向荷载，记录在不同切向荷载值时试件的变形及损坏(裂缝和破坏)情况。

4 试验装置

试验装置应该满足以下条件：

——保证两块板边刚性固定；

——允许沿接缝的轴向滑移；

——试件破坏前避免设备产生变形；

——确保施力方向沿接缝的轴向。

试验设备的精度(当接缝有确切尺寸时)如下：

——矢向：±5×10^{-3} rad 相对于接缝纵向轴；

——接缝中央的几何偏差：2 mm。

试验装置应设计成使接缝能在水平(见图 1)或竖向状态下(见图 2)进行试验。

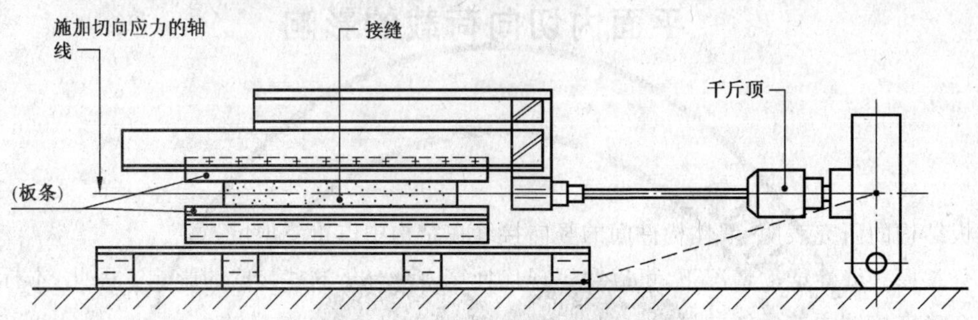

图 1　水平状态下单向试验的试验装置例子

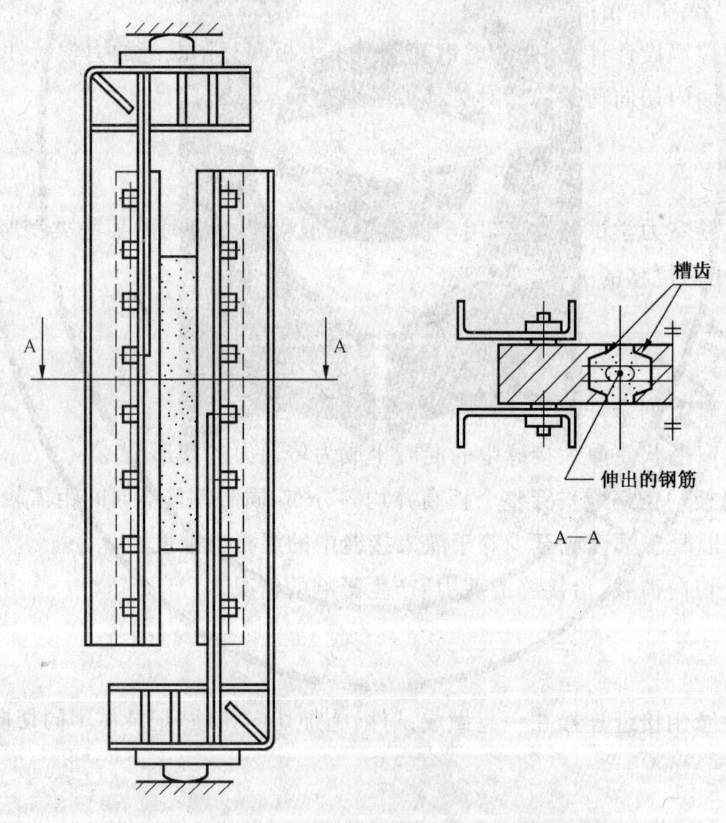

图 2　竖向状态下单向试验的试验装置例子

5　试件

5.1　结构和尺寸

试件由两块代表板边缘的板条，以及位于两板条中间的接缝所组成(见图 3)。

单位为毫米

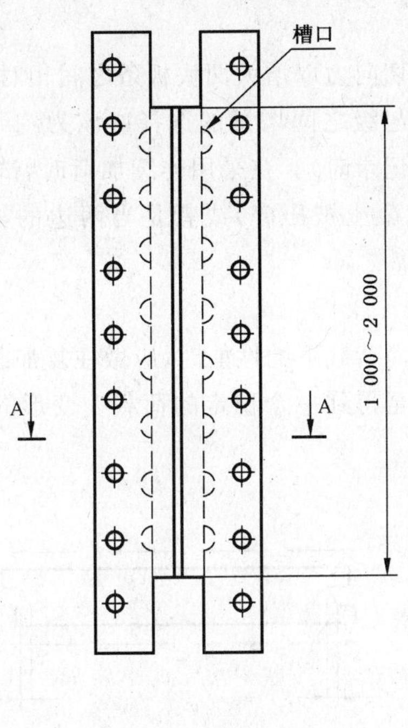

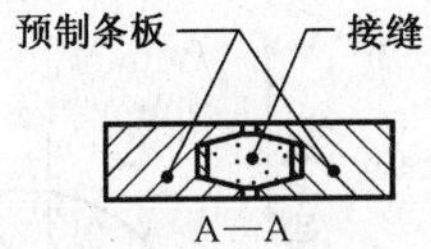

图 3　试件的形状和尺寸

紧靠接缝两边的板条边缘，是根据板竖向边的键槽形状制作的，同时设计成带有封闭接缝的翼缘和伸出的钢筋。接缝的另外一面边缘被设计成固定在试验设备上。在这个范围内的配筋相当密，并且有横贯分布的缝隙为固定设备提供了孔洞。与接缝毗连的混凝土应与大板混凝土的成分和强度一样。

注：必要时，用于固定在试验设备上的一面，其边缘部分的混凝土中可以增加水泥，以便提高其强度避免在靠近固定点附近过早开裂。

接缝的厚度应和实际一样；其固定点应符合于试验设备的规格。

准备试验的接缝长度应约为 2 000 mm。

5.2　准备工作

实践的准备工作应尽可能模拟现场实际情况。接缝中所用混凝土的成分及使用性尽可能接近于工地用的。但是，在试验研究中，允许水平浇灌接缝混凝土，而不像工地上那样竖向浇灌。对于鉴定试验的准备工作，包括浇灌混凝土，应当与实际情况一样。

6　试验步骤

6.1　预松动

试验前，接缝应与一块板条松动。可以用一个小的千斤顶垂直于板条推动，同时可以借助于一些脱模剂[1]，当接缝和一块板条间的整个接触面都可看到缝隙，并且沿其总长及在试件两面的缝隙宽度约为 0.2 mm 时，即应停止推动。

1）　建议在本身当模板的接缝中用脱模剂，以免损坏浇灌的接缝混凝土。

6.2 测定

6.2.1 单向静力试验

本试验的做法是对接缝加一个切向力以增大两块板条之间相对切向位移。

加荷时，要求一级一级增加，级与级之间增量的选择应该为约十次后达到已知或者估计的极限状态，或者连续加荷(当相对位移连续记录时)。在采用连续加荷时，试验中允许几次将荷载回零，当接缝出现重大损坏(伸出钢筋被破坏，混凝土被压碎)或者是当两边的相对位移达到 20 mm 时，即可停止试验。

6.2.2 往复切向荷载试验

当需要了解接缝在承受往复切向荷载下的性能时，应做往复加载试验，即在施加绝对值相等方向相反的力时，接缝表现出往复变形，直至得到一个稳定的荷载一变形的环状曲线(见图 4)，如果得不到稳定的环状曲线，就应重复十个循环。

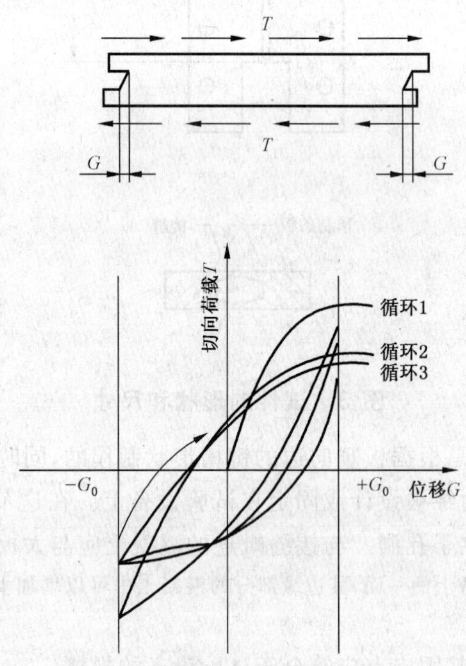

图 4 施加反复剪力迫使变形试验的切向荷载-位移图形

下一步是确定一个更大的变形限值，试验以加载一个单向静力结束。

变形等级是根据要研究的问题来确定的(例如，相对来讲，受风力影响变形较小，在地震作用时则变形较大)。

6.3 试验结果

6.3.1 接缝的最大抗剪能力

接缝的最大抗剪能力是试验时记录下来的最大力，用 N 计。

6.3.2 变形

接缝的变形是两块板条在平行于力方向的相对位移，最好连续记录这种变形[2)]，在试件中间的两个面上进行测量。接缝端头边缘的相对位移以及接缝两端增加的宽度也应测量，变形以毫米表示。

---

2) 荷载-变形曲线的形状给出了接缝特性的主要资料。

7 试验报告

对于每一个试验，试验报告应包括下列内容：

a) 试件和接缝的尺寸和形状，以及连接钢筋和接缝配筋的形状、尺寸及位置；

b) 准备接缝的方法(接缝是水平的还是竖向的)；

c) 水平试验的试验装置简图，表示试验装置对接缝施加的法向应力；

d) 增加荷载的程序(静力试验时的加荷速率，往复试验时的强制变形)；

e) 记录平行及垂直于加荷方向的变形，用荷载的函数表示；

f) 裂缝的形成及其发展，记录不同数值的力作用下裂缝及其末端位置；

g) 接缝单位连接长度的最大抗剪能力。

ICS 91.060.30
P 20

中华人民共和国国家标准

GB/T 24497—2009/ISO 9883:1993

建筑物的性能标准
预制混凝土楼板的性能试验
在集中荷载下的工况

Performance standards in building—
Performance test for precast concrete floors—
Behavior under concentrated load

(ISO 9883:1993,IDT)

2009-10-30 发布　　2010-04-01 实施

中华人民共和国国家质量监督检验检疫总局
中国国家标准化管理委员会　发布

前言

本标准等同采用 ISO 9883:1993《建筑物的性能标准 预制混凝土楼板的性能试验 在集中荷载下的工况》(英文版)。

本标准对 ISO 9883:1993 做了下列编辑性修改:

——“本国际标准”改为“本标准”;

—— 删除 ISO 9883:1993 的前言,增加了国家标准的前言。

本标准由中华人民共和国住房和城乡建设部提出。

本标准由住房和城乡建设部建筑制品与构配件产品标准化技术委员会归口。

本标准起草单位:中国建筑标准设计研究院。

本标准主要起草人:庄国伟、胡苗、吴晓阳、傅恒莱。

建筑物的性能标准 预制混凝土楼板的性能试验 在集中荷载下的工况

1 范围

本标准规定了确定在集中荷载下的楼板和楼板部件性能试验的程序。这些试验包括：

——成品楼板横向结合力试验；

——带面层楼板的抗穿透性试验；

——填充块上做压陷/挠曲试验(此试验是为验证其在装配阶段安全性而设的)。

本标准适用于各种混凝土预制楼板、构件或薄的次要构件(一般不大于 2 m)。

2 试验设备

可采用任何能将力加大到足以破坏试件的设备。

试验力通过一球铰传递给试件。

3 成品楼板横向结合力试验

3.1 试验原理

在一个足尺试件的纵向中间带上，施加集中荷载。

用这种方法可以作以下评定：

——传递到试件其他部分的荷载；

——传递荷载的楼板部件的强度。

3.2 试件

试件组成：

a) 小梁和填充块组成的楼板：

——5 根小梁和 4 排填充块，按规定的方法组装。

b) 空心楼板：

——5 块板并排放置，并用混凝土灌缝使缝间形成键连接。

试件底面应涂上石膏涂层，以便于查验开裂情况。

3.3 试验程序

试件应放在两端简支支座上。

荷载应通过一块尺寸为 200 mm×200 mm 刚性垫板，作用在跨度的 1/4 和 3/4 处的试件表面纵轴上。

在每块刚性垫板上，分五次等值加荷，每次加载 500 N。每次加载后应观察试块底面，然后再逐级升荷直至灌缝或楼板破坏。部件的挠度应在每根小梁或每块空心板的轴线跨中位置上进行量测。

3.4 结果的表达

应记录下列各项：

a) 加荷图；

b) 受到最大荷载时，底面的开裂状况；

c) 能看到任何缺陷时的荷载；

d) 弯曲变形图(代表不同荷载时的横向位移)。

4 带面层地板上做抗穿透性试验

4.1 试验原理

对没有构造(或受压)面板的楼板,抗穿透性试验应在填充块或空心部件表面最薄弱处,利用一根直径 25 mm 的钢管进行,钢管端部做成圆边(半径等于 1 mm)。

4.2 试件

试件包括一个楼板填充块,或一块空心板,面层上铺设 5 mm 厚细砂水泥砂浆,再铺一块 1.5 mm 厚的塑料面层。

试件应放置在有砂浆垫层的连续支承上。

4.3 试验程序

对每一个预定的试验点上,荷载逐渐升至 5 kN,然后继续加荷,直至试件破坏。

4.4 试验结果

应记录下列各项:

a) 施荷期间观察到的所有缺陷,以及产生这些缺陷的荷载值;

b) 破坏时的荷载值。

5 填充块的压陷/挠曲试验

5.1 试验原理

填充块对压陷荷载(指楼板施工人员的作用力)的承受力是以加到填充块指定位置上的荷载来估算的。填充块的边缘搁置在常规的支座边缘上,而荷载是通过一个适合于该种填充块成分的装置(混凝土、陶土等或泡沫塑料绝缘层)施加的。

5.2 试件

试件是由填充块做成的,填充块简支在相当于小梁或楼板梁的支座上,填充块相对于支座的位置应调整到使力只通过标准的传递面积进行传递(见图 1)。

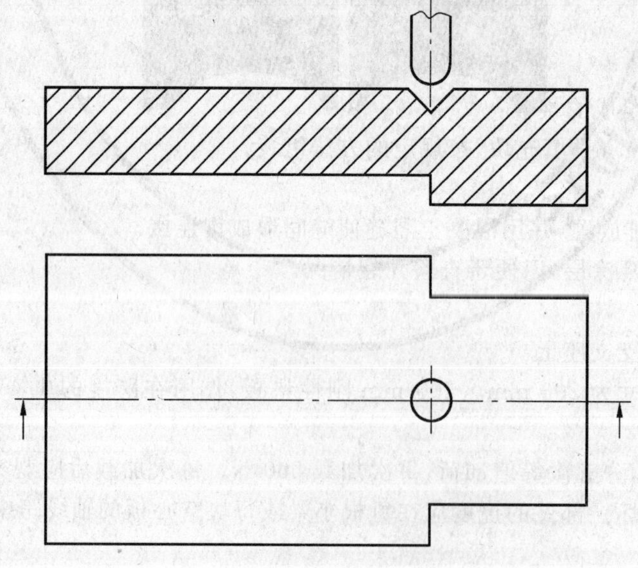

图 1 垫块的顶视图和剖面图

5.3 试验程序

用下列方法施加荷载 F:

——对于混凝土、陶土、粗纸板填充块,用截面为 50 mm×50 mm 的硬木垫块;

——硬木垫块，如图1所示，用于泡沫塑料填充块时，在任何情况下，荷载都应通过铰节点传递到木垫块上。

该木垫块的放置（当填充块是用泡沫塑料做成时，它的轴线垂直于填充块跨度方向）应与填充块的上表面接触，放在两个最不利的位置、靠一侧或轴线上（见图2）。

逐步加荷直到试件破坏。

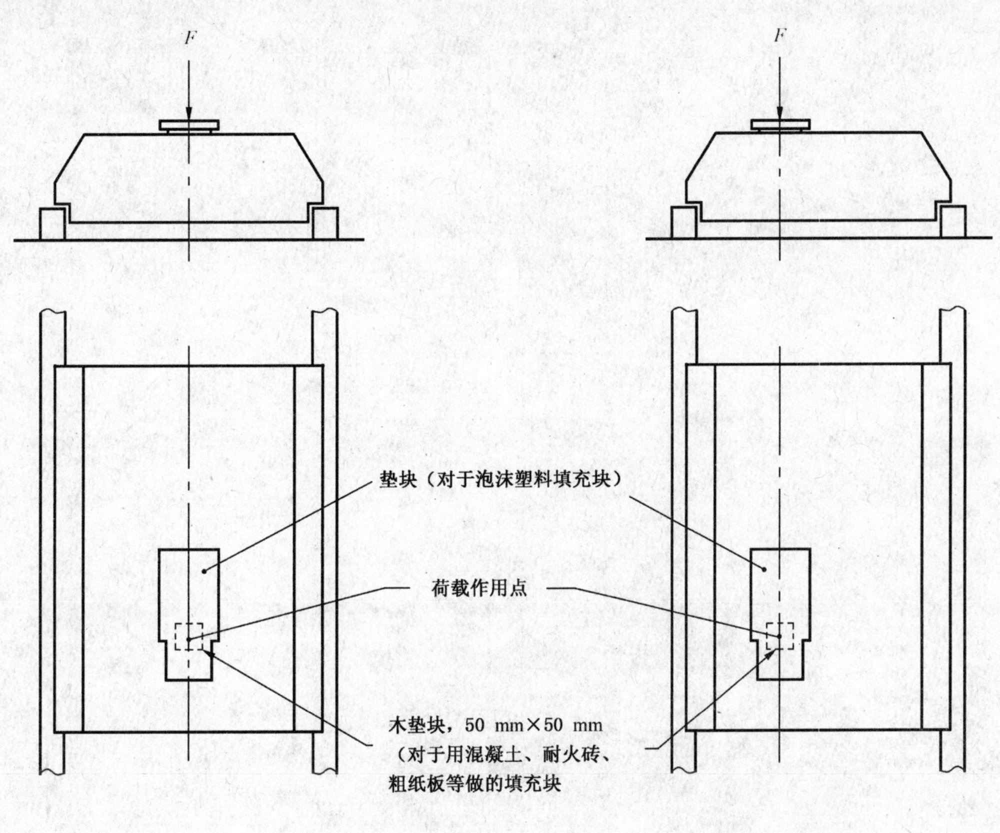

图2 试验时，垫层在填充块上的位置

5.4 试验结果

对于每个施荷点的位置、荷载破坏值和破坏形状都应做记录。

ICS 91.100.50
Q 24

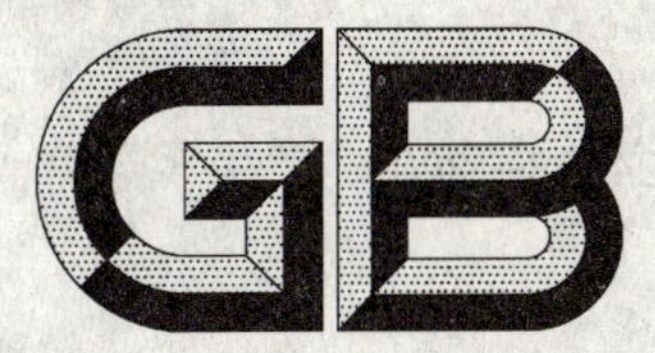

中华人民共和国国家标准

GB/T 24498—2009

建筑门窗、幕墙用密封胶条

Gaskets for doors, windows and curtain walls of buildings

2009-10-30 发布　　　　2010-04-01 实施

中华人民共和国国家质量监督检验检疫总局
中国国家标准化管理委员会　发布

前　言

本标准的附录 A 为规范性附录，附录 B 为资料性附录。

本标准由中华人民共和国住房和城乡建设部提出。

本标准由中华人民共和国住房和城乡建设部建筑制品与构配件产品标准化技术委员会归口。

本标准负责起草单位：中国建筑金属结构协会建筑门窗配套件委员会。

本标准参加起草单位：江阴海达橡塑股份有限公司、国家化学建筑材料测试中心、佛山市合和建筑五金制品有限公司、常州市窗友塑胶有限公司、伊立欧化学贸易（上海）有限公司、宁波新安东橡塑制品有限公司、福建省晋江市奋发橡塑制品有限公司。

本标准主要起草人：刘旭琼、顾惠娟、孙泉、刘学林、钱志锋、张劼、俞泰山、陈振雷。

建筑门窗、幕墙用密封胶条

1 范围

本标准规定了建筑门窗、幕墙用密封胶条术语和定义、分类、代号和标记、要求、试验方法、检验规则及标志、包装、运输、贮存等。

本标准适用于建筑门窗、幕墙用硫化橡胶类、热塑性弹性体类弹性密封胶条。不适用于发泡类、复合类密封胶条。

2 规范性引用文件

下列文件中的条款通过本标准的引用而成为本标准的条款。凡是注日期的引用文件，其随后所有的修改单(不包括勘误的内容)或修订版均不适用于本标准，然而，鼓励根据本标准达成协议的各方研究是否可使用这些文件的最新版本。凡是不注日期的引用文件，其最新版本适用于本标准。

GB 250—1995 评定变色用灰色样卡

GB/T 528—1998 硫化橡胶或热塑性橡胶 拉伸应力应变性能的测定

GB/T 531—1999 橡胶袖珍硬度计压入硬度试验方法

GB/T 1682—1994 硫化橡胶低温脆性的测定 单试样法

GB/T 2411—2008 塑料和硬橡胶 使用硬度计测定压痕硬度(邵氏硬度)

GB/T 2828.1 计数抽样检验程序 第1部分:按接收质量限(AQL)检索的逐批检验抽样计划

GB/T 3512—2001 硫化橡胶或热塑性橡胶 热空气加速老化和耐热试验

GB/T 3672.1—2002 橡胶制品的公差 第1部分:尺寸公差

GB/T 3672.2—2002 橡胶制品的公差 第2部分:几何公差

GB/T 5470—2008 塑料 冲击法脆化温度的测定

GB/T 7759—1996 硫化橡胶、热塑性橡胶 常温、高温和低温下压缩永久变形测定

GB/T 7141—2008 塑料热老化试验方法

GB/T 7762—2003 硫化橡胶或热塑性橡胶 耐臭氧龟裂 静态拉伸试验

GB/T 9881—2008 橡胶 术语

GB/T 14436 工业产品保证文件 总则

GB/T 16422.2—1999 塑料实验室光源暴露试验方法 第2部分:氙弧灯

GB 16776—2005 建筑用硅酮结构密封胶

GB/T 20739—2006 橡胶制品贮存指南

3 术语和定义

GB/T 9881—2008 确定的以及下列术语和定义适用于本标准。

3.1

自由高度 free height

密封胶条试样或制品在零负荷下的高度。

3.2

回弹恢复 deflection recovery

密封胶条试样或制品受到压缩后恢复其自由高度的能力。

3.3

工作范围　working range

门窗扇关闭或玻璃镶嵌的工作状态，密封胶条被压缩的距离。

3.4

拉伸恢复　tensile recovery

密封胶条制品受到拉伸后，恢复初始长度的性能。

4　分类、代号和标记

4.1　分类、代号

4.1.1　名称代号

名称代号以胶条主体材料化学名称缩写代号标记。常用胶条材料名称代号见表1。

表1　常用胶条材料名称代号

硫化橡胶类		热塑性弹性体类	
胶条主体材料	名称代号	胶条主体材料	名称代号
三元乙丙橡胶	EPDM	热塑性硫化胶	TPV
硅橡胶	MVQ	热塑性聚氨酯弹性体	TPU
氯丁橡胶	CR	增塑聚氯乙烯	PPVC

4.1.2　主参数代号

主参数代号由代表硬度、回弹、热老化后回弹性能的三个主参数代号组成。

硬度参数代号：以实际的硬度标记。

回弹参数代号：以实际的回弹恢复分级标记。

热老化后回弹参数代号：以实际的热老化后回弹恢复分级标记。

4.2　标记

4.2.1　标记方法

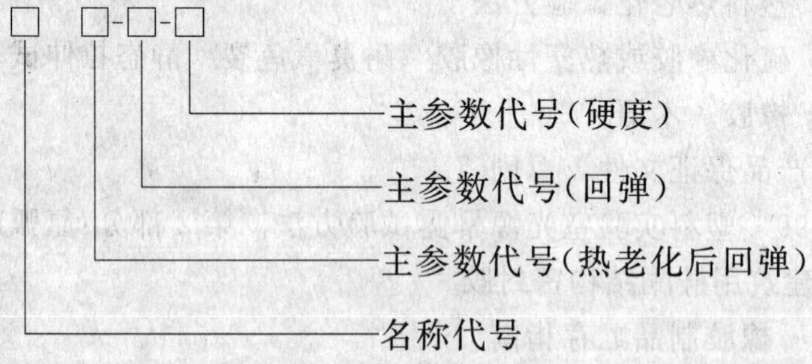

4.2.2　标记示例

示例1：

硫化橡胶类三元乙丙密封胶条，硬度为60、回弹为70%、热老化后回弹为60%，标记为：EPDM60-4-3。

示例2：

热塑性弹性体类增塑聚氯乙烯密封胶条，硬度为65、回弹为45%、热老化后回弹为35%，标记为：PPVC65-2-1。

5　要求

5.1　外观

外观应光滑、无扭曲变形，表面无裂纹、无气泡、无明显杂质及其他缺陷，颜色(可选颜色参见附录 B)均匀一致。

5.2 尺寸公差

密封胶条截面尺寸公差按 GB/T 3672.1—2002 中表 2 执行,其中装配尺寸按 E1 级,非装配尺寸按 E2 级。

密封胶条几何公差按 GB/T 3672.2—2002 中 N 级执行。

5.3 性能

5.3.1 材料的物理性能

硫化橡胶类密封胶条所用的材料的物理性能应符合表 2 的规定,热塑性弹性体类密封胶条所用的材料的物理性能应符合表 3 的规定。

表 2 硫化橡胶类密封胶条材料的物理性能

项目			试验条件	要求
基本物理性能	硬度(邵氏 A)		按 GB/T 531—1999 规定的条件	符合设计硬度要求(允许偏差±5)
	拉伸强度[a]/MPa		按 GB/T 528—1998 规定的条件	≥5.0
	拉断伸长率/%	硬度(邵氏 A)<55	按 GB/T 528—1998 规定的条件	≥300
		硬度(邵氏 A)≥55		≥250
	压缩永久变形/%		100°×168 h,25%的压缩率 A 法	≤35
热空气老化性能	硬度(邵氏 A)变化应在要求范围内		100 ℃×168 h	−5～+10
	拉伸强度变化率/%			<25
	拉断伸长率变化率/%			<40
	加热失重/%			≤3.0
	热老化后回弹恢复(Da)分级		70 ℃×504 h	1 级:30%<Da≤40% 2 级:40%<Da≤50% 3 级:50%<Da≤60% 4 级:60%<Da≤70% 5 级:70%<Da≤80% 6 级:80%<Da≤90% 7 级:90%<Da
硬度变化应在要求范围内			−20 ℃～0 ℃	−10～+10
			0 ℃～23 ℃	
			23 ℃～70 ℃	
低温脆性温度			−40 ℃时	不破裂

[a] 幕墙用胶条拉伸强度应不小于 10.3 MPa。

表 3 热塑性弹性体类密封胶条材料的物理性能

项目		试验条件	要求
基本物理性能	硬度(邵氏 A)	按 GB/T 531—1999 规定的条件	符合设计硬度要求(允许偏差±5)
	拉伸强度/MPa	按 GB/T 528—1998 规定的条件	≥5.0
	拉断伸长率/%	按 GB/T 528—1998 规定的条件	≥250

表 3（续）

项目		试验条件	要求
热空气老化性能	硬度(邵氏 A)变化应在要求范围内 拉伸强度变化率/% 拉断伸长率变化率/% 加热失重/%	100 ℃×72 h	−5～+10 <15 <30 ≤3.0
	热老化后回弹恢复(Da)分级	70 ℃×504 h	1 级:30%<Da≤40% 2 级:40%<Da≤50% 3 级:50%<Da≤60% 4 级:60%<Da≤70% 5 级:70%<Da≤80% 6 级:80%<Da≤90% 7 级:90%<Da
硬度变化应在要求范围内		−10 ℃～0 ℃	−10～+10
		0 ℃～23 ℃	−15～+15
		23 ℃～40 ℃	−10～+10
低温脆性温度		−20 ℃时	不破裂

5.3.2 密封胶条制品的性能

5.3.2.1 回弹恢复

70 ℃×22 h,密封胶条制品的回弹恢复(Dr)分级：

1 级:30%<Dr≤40%

2 级:40%<Dr≤50%

3 级:50%<Dr≤60%

4 级:60%<Dr≤70%

5 级:70%<Dr≤80%

6 级:80%<Dr≤90%

7 级:90%<Dr

5.3.2.2 加热收缩率

70 ℃×24 h,密封胶条制品的长度收缩率应小于 2%。

5.3.2.3 拉伸恢复

密封胶条制品的拉伸恢复应大于 97%。

5.3.2.4 污染及相容性

5.3.2.4.1 密封胶条与型材、玻璃的污染及相容性试验后，在型材、玻璃上允许留有胶条试样浅黄色的污染轮廓，不允许留有深色轮廓或实心印痕。型材、玻璃、胶条试样表面不应出现发泡、发粘、凹凸不平。

5.3.2.4.2 密封胶条与硅酮结构胶、硅酮密封胶相容性试验后，结构胶、密封胶试验试样与结构胶、密封胶对比试样颜色变化应满足 GB 16776—2005 表 A.1 中小于等于 2 级的要求。

5.3.2.5 老化性能

5.3.2.5.1 耐臭氧老化性能

耐臭氧老化试验 168 h 后，试样表面不出现龟裂。

5.3.2.5.2 光老化性能

光老化试验 8GJ/m^2(4 000 h)后,试样

a) 外观:表面不出现龟裂,颜色按 GB 250—1995 灰卡等级进行评定,不应小于 3 级。

b) 性能:静态拉伸伸长率达到 50%时,试样不应断裂。

6 试验方法

6.1 试样准备、要求

密封胶条制品或试样成型和试验的间隔时间不应超过 3 个月,应注意保证密封胶条制品或试样处于加工后的原始状态并能进行试验。提供密封胶条制品或试样时应提供包括有截面尺寸、形状,设计硬度、设计工作压缩范围,受压工作面的图纸和资料。记录、报告的要求见附录 A。

6.2 外观

在自然光或等效的人工光源下,距离 0.3 m,对产品外观质量进行目测。

6.3 尺寸公差

尺寸公差、几何公差用可放大 10 倍的投影仪进行检测。

6.4 性能

6.4.1 材料的物理性能

6.4.1.1 硬度

在 23 ℃±2 ℃时,硫化橡胶类按 GB/T 531—1999、热塑性弹性体类按 GB/T 2411—2008 进行制样、检测。

6.4.1.2 拉伸强度、拉断伸长率

按 GB/T 528—1998 采用 1 型哑铃状试样、试验速度 500 mm/min±50 mm/min,进行检测。

6.4.2 压缩永久变形

按 GB/T 7759—1996 采用 B 型试样,进行检测。

6.4.2.1 热空气老化

6.4.2.1.1 硬度变化、拉伸强度变化率、拉断伸长率变化率

硫化橡胶类按 GB/T 3512—2001、热塑性弹性体类按 GB/T 7141—2008 进行检测、计算。

6.4.2.1.2 加热失重

按 GB/T 528—1998 采用 1 型哑铃状试样,每组五条试样,称量准确至 0.000 1 g;将试样放入 100 ℃±2 ℃的环境中开始计时,达到规定时间以后,取出试样,放入干燥器中静置 16 h;再称量加热后试样质量,准确至 0.000 1 g。热失重按式(1)进行计算,再计算算术平均值。

$$\Delta m = \frac{m_0 - m_1}{m_0} \times 100\% \qquad (1)$$

式中:

Δm——质量损失百分率,%;

m_0——加热前试样的质量,g;

m_1——加热后试样的质量,g。

6.4.2.1.3 热老化后回弹恢复

a) 试验装置

电热鼓风箱。

b) 试样

试样采用与密封胶条制品同批次材料制作成标准截面的软管(见图 1,图中尺寸单位:mm),截取圆管长度为 100 mm~500 mm 范围内的三条。

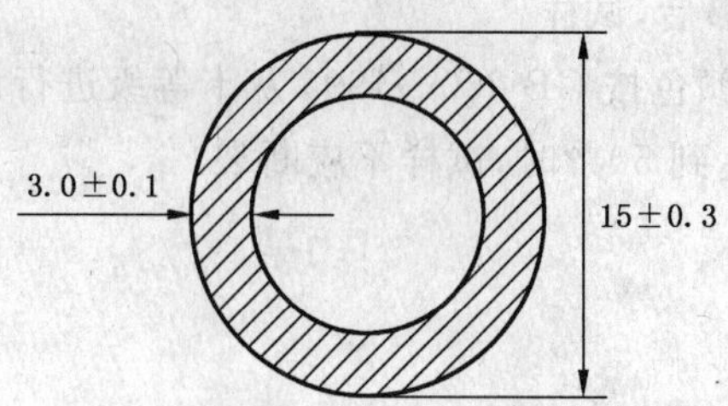

图1 软管状标准截面示意图

c) 试验步骤

按以下步骤进行试验、计算：

1) 试样在 23 ℃±2 ℃、相对湿度 50%±5%的环境中以自由状态放置 24 h～144 h 后，用非接触式测量仪器测量、记录试样上垂直于受压工作面方向的试样自由高度，精确到 0.05 mm。在一个试样三个不同长度位置分别进行测量、计算算术平均值，此值为初始平均自由高度 a_0；

2) 将试样固定在试验装置上，通过压块对试样施力以保证挤压后的高度为 9 mm±0.1 mm；并放置于 70 ℃±2 ℃的环境中 504 h±2 h；取出后，经 2 h 冷却到环境温度后卸载。试样以水平不受压、工作面向上的状态在 23 ℃±2 ℃、相对湿度 50%±5%的环境中放置 22^{+2}_{0}h，按 1)中的方法测量、计算，此值为试验后的平均自由高度 a_1。

此试验在三个不同的试样上进行；

3) 计算热老化后回弹恢复(Da)：

对 3 个试样分别按式(2)进行计算，再计算算术平均值。

$$\mathrm{Da} = \left[1 - \frac{(a_0 - a_1)}{(a_0 - 9)}\right] \times 100\% \qquad \cdots\cdots(2)$$

式中：

Da——回弹恢复，%；

a_0——初始平均自由高度，mm；

a_1——试验后的平均自由高度，mm。

6.4.2.2 硬度变化

将硫化橡胶类试样(直径不小于 30 mm，厚度不小于 6 mm)放入－20 ℃±2 ℃、0 ℃±2 ℃、23 ℃±2 ℃、70 ℃±2 ℃的恒温容器中，2 h 后迅速取出，在 10 s 之内按 GB/T 531—1999 规定的方法测定硬度，按表 2 规定计算各温度段的硬度差。做五个试样，求取算术平均值。

将热塑性弹性体类试样(直径不小于 30 mm，每片厚度不小于 6 mm)放入－10 ℃±2 ℃、0 ℃±2 ℃、23 ℃±2 ℃、40 ℃±2 ℃的恒温容器中，2 h 后迅速取出，在 10 s 之内按 GB/T 2411—2008 规定的方法测定硬度，按表 3 规定计算各温度段的硬度差。做五个试样，求取算术平均值。

6.4.2.3 低温脆性

硫化橡胶类按 GB/T 1682—1994，热塑性弹性体类按 GB/T 5470—2008 规定、试样选用 B 型进行检测。

6.4.3 制品的性能

6.4.3.1 回弹恢复

6.4.3.1.1 试验装置

电热鼓风箱。

6.4.3.1.2 试样

将密封胶条制品在 23 ℃±2 ℃、相对湿度 50%±5% 的环境中以自由状态放置，截取长度为 100 mm～500 mm 的试样三条。

6.4.3.1.3 试验步骤

按以下步骤进行试验、计算：

a) 用非接触式测量仪器测量、记录试样上垂直于受压工作面方向试样自由高度 a'_0，精确到 0.05 mm。应保证测定的自由高度偏差在±0.05 mm 的极限偏差之内，如果超出允许偏差，则重新取样；

b) 将试样固定在试验装置上，在受压工作面上施加均布荷载，使试样压缩至设计工作范围(W_R)最大值；并放置于 70 ℃±2 ℃的环境中 22^{+2}_{0}h；取出后，经 2 h 冷却到环境温度后卸载；

c) 试样以水平不受压、工作面向上的状态在 23 ℃±2 ℃、相对湿度 50%±5% 的环境中放置 22^{+2}_{0} h，按 a) 中的方法测量、计算，此值为试验后的平均自由高度 a'_1。此试验在三个不同的试样上进行。

d) 计算回弹恢复(Dr)：

对三个试样分别按式(3)进行计算，再计算算术平均值。

$$\mathrm{Dr} = \left[1 - \frac{(a'_0 - a'_1)}{W_R}\right] \times 100\% \qquad \cdots\cdots(3)$$

式中：

Dr——回弹恢复，%；

a'_0——试样自由高度，mm；

a'_1——试验后的平均自由高度，mm；

W_R——设计工作范围，mm。

6.4.3.2 加热收缩率

6.4.3.2.1 试验装置

电热鼓风箱。

6.4.3.2.2 试样

将密封胶条制品在 23 ℃±2 ℃、相对湿度 50%±5% 的环境中以自由状态放置，截取长度为 110 mm±1 mm 的试样三条。

6.4.3.2.3 试验步骤

在试样上点取距离为 100 mm±1 mm 的两点，用精度为 0.02 mm 的量具测量两点间距离 L_{a0}，精确到 0.1 mm；将试样水平放置于 70 ℃±2 ℃电热鼓风箱内，24 h 后取出，置于标准温度状态下的玻璃平板上，静置 2 h 后测其长度 L_{a1}。

6.4.3.2.4 计算

加热收缩率按式(4)进行计算。测试结果以三个试样的算术平均值表示。

$$L_a = \frac{L_{a0} - L_{a1}}{L_{a0}} \times 100\% \qquad \cdots\cdots(4)$$

式中：

L_a——加热收缩率，%；

L_{a0}——加热前试样长度，mm；

L_{a1}——加热后试样长度，mm。

6.4.3.3 拉伸恢复

6.4.3.3.1 试样

将密封胶条制品在 23 ℃±2 ℃、相对湿度 50%±5%的环境中以自由状态放置，截取长度为 110 mm±1 mm 的试样三条。

6.4.3.3.2 试验步骤

在 23 ℃±2 ℃、相对湿度 50%±5%的环境中在试样上点取 100 mm±1 mm 的两点，用精度为 0.02 mm 的量具测量两点间距离 L_{b0}，精确到 0.1 mm；将试样拉伸 10%，用夹具固定 30 min；打开夹具，使试样自由恢复 30 min，测量其长度 L_{b1}。

6.4.3.3.3 计算

拉伸恢复按式(5)计算，测试结果以三个试样的算术平均值表示。

$$L_b = \left[1 - \frac{L_{b1} - L_{b0}}{L_{b0}}\right] \times 100\% \qquad \cdots\cdots(5)$$

式中：

L_b——拉伸恢复，%；

L_{b0}——拉伸前试样长度，mm；

L_{b1}——拉伸恢复后试样长度，mm。

6.4.3.4 污染及相容性

6.4.3.4.1 密封胶条与型材、玻璃的污染及相容性：

a) 试验装置如下：
   1) 电热鼓风箱；
   2) 试验装置玻璃片(70 mm×30 mm×4 mm)；
b) 试样：
   1) 在密封胶条制品上裁取平滑试样：长 20 mm±0.5 mm、宽 10 mm±0.5 mm、厚大于 1 mm，单片尺寸不够时可拼接；
   2) 采用性能满足相关标准的同一段门窗型材或玻璃，在与密封胶条接触的型材或玻璃可视面上裁取：长 30 mm±0.5 mm、宽 20 mm±0.5 mm、厚大于 1 mm 的两块试样；
c) 试验步骤：
   1) 将密封胶条、型材或玻璃试样在 23 ℃±2 ℃中条件下放置 24 h±0.5 h后，将密封胶条试样夹在两片型材或玻璃试样之间，再夹在两块试验装置玻璃片之间(见图 2)；

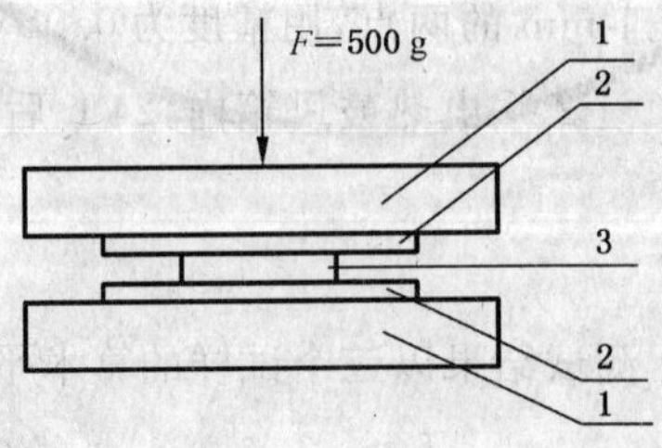

1——试验装置玻璃片；
2——型材或玻璃试样；
3——密封胶条试样。

图 2 密封胶条与型材、玻璃污染及相容性试验试样放置示意图

2） 在试验装置玻璃片上加 500 g±5 g 的荷载后，水平放入 70 ℃±2 ℃的烘箱内；

3） 24 h±0.5 h 后取出，卸载，分离密封胶条和型材试样、试样装置玻璃片（或密封胶条和玻璃试样、试样装置玻璃片），用清水冲洗型材、玻璃及胶条试样相互接触面，并用滤纸吸干表面。

d） 结果按 6.2 的方法观察外观、颜色的变化。

6.4.3.4.2 密封胶条与硅酮结构胶、硅酮密封胶的相容性

采用实际工程选配的硅酮结构胶试样或硅酮密封胶试样、密封胶条试样（取 50 mm±5 mm），按 GB 16776—2005 附录 A 的规定进行测试、评定。

6.4.3.5 老化性能

6.4.3.5.1 耐臭氧老化性能

耐臭氧老化试验方法按 GB/T 7762—2003 进行，采用 5 倍放大镜观察试样。试验条件：臭氧浓度 500 pphm±50 pphm，试验温度 40 ℃±2 ℃，胶条试样长度 100 mm±1 mm，伸长(20±2)%。

6.4.3.5.2 光老化性能

光老化试验方法按 GB/T 16422.2—1999 进行。从制品上截取 110 mm±1 mm 试样四条，一条进行封样，三条同时放入老化箱内进行试验。老化试验后，按 6.2 的方法观察试样外观，与封存试样进行颜色比对；将老化后的试样在标准温度状态下放置 24 h±0.5 h，分别在三个试样的中间部位划两条间距为 50 mm±1 mm 的标线，按 GB/T 528—1998 的规定、采用试验速度为 500 mm/min±50 mm/min，将标线间距离拉伸至 75 mm±1 mm 时，保持 3 min，观察试样的断裂情况。

7 检验规则

7.1 检验分类

产品检验分出厂检验和型式检验。

产品经检验合格后应有合格证。合格证应符合 GB/T 14436 的规定。

7.2 出厂检验

7.2.1 检验项目

在型式检验合格期内，进行出厂检验，出厂检验项目按表 4 规定进行。

表 4 出厂检验与型式检验项目

<table>
<tr><th>序号</th><th colspan="3">检验项目</th><th>试验方法</th><th>出厂检验</th><th>型式检验</th></tr>
<tr><td>1</td><td colspan="3">5.1 外观</td><td>6.2</td><td>√</td><td>√</td></tr>
<tr><td>2</td><td colspan="3">5.2 尺寸公差</td><td>6.3</td><td>√</td><td>√</td></tr>
<tr><td>3</td><td rowspan="11">5.3.1 材料的物理性能</td><td rowspan="4">基本物理性能</td><td>硬度</td><td>6.4.1.1</td><td>√</td><td>√</td></tr>
<tr><td>4</td><td>拉伸强度</td><td>6.4.1.2</td><td>√</td><td>√</td></tr>
<tr><td>5</td><td>拉断伸长率</td><td>6.4.1.2</td><td>√</td><td>√</td></tr>
<tr><td>6</td><td>压缩永久变形</td><td>6.4.2</td><td>—</td><td>√</td></tr>
<tr><td>7</td><td rowspan="5">热空气老化性能</td><td>硬度变化</td><td>6.4.2.1.1</td><td>—</td><td>√</td></tr>
<tr><td>8</td><td>拉伸强度变化率</td><td>6.4.2.1.1</td><td>—</td><td>√</td></tr>
<tr><td>9</td><td>拉断伸长率变化率</td><td>6.4.2.1.1</td><td>—</td><td>√</td></tr>
<tr><td>10</td><td>加热失重</td><td>6.4.2.1.2</td><td>—</td><td>√</td></tr>
<tr><td>11</td><td>热老化后回弹恢复</td><td>6.4.2.1.3</td><td>—</td><td>√</td></tr>
<tr><td>12</td><td colspan="2">硬度变化</td><td>6.4.2.2</td><td>—</td><td>√</td></tr>
<tr><td>13</td><td colspan="2">低温脆性温度</td><td>6.4.2.3</td><td>—</td><td>√</td></tr>
</table>

表 4（续）

序号	检验项目		试验方法	出厂检验	型式检验
14	5.3.2 制品的性能	回弹恢复	6.4.3.1	√	√
15	加热收缩率		6.4.3.2	—	√
16	拉伸恢复		6.4.3.3	√	√
17	污染及相容性[a]		6.4.3.4	—	√
18	老化性能	耐臭氧老化性能（增塑聚氯乙烯除外）	6.4.3.5.1	—	√
		光老化（硫化橡胶类除外）	6.4.3.5.2	—	√
[a] 幕墙用密封胶条与硅酮结构胶相容性检验，仅限于在实际工程选配时进行。					

7.2.2　组批和抽样方案

出厂检验应逐批检查，同班同机台连续生产的同种胶条为一批；5.1、5.2 检验，每批数量不超过 20 kg；5.3.1、5.3.2 检验，每批数量不超过 1 000 kg。

7.2.3　合格判定规则

若不符合标准要求时，应从原批中加倍复检，当复检仍不合格时则判为不合格产品。

7.3　型式检验

7.3.1　检验项目

型式检验项目为表 4 中规定的项目。正常生产时，每年进行一次，每三年进行一次 5.3.2.5.2 检验。

7.3.2　有下列情况之一时，应进行型式检验：

a)　新产品或老产品转厂生产的试制定型鉴定；

b)　正式生产后，当截面、材料、工艺有较大改变可能影响产品性能时；

c)　产品停产后，再恢复生产时；

d)　出厂检验结果与上次型式检验有较大差异时；

e)　国家质量监督机构或合同规定要求进行型式检验时。

7.3.3　组批和抽样方案：

a)　组批，以同一原料、工艺、配方、规格、连续生产为一批，每批数量不超过 5 000 kg；如产量不足 5 000 kg 时，则以 7 天的产量为一批。

b)　抽样，抽样方案按照 GB/T 2828.1 规定，采用正常检查一次抽样方案，取一般检查水平Ⅱ，接收质量限 AQL 为 4。

7.3.4　合格判定规则

产品不符合本标准要求时，应从原批中抽取、加倍复检；仍不符合要求时，则判为不合格产品。

8　标志、包装、运输、贮存

8.1　标志

8.1.1　在产品上，每 2 m 内应有商标或制造厂名、制造日期的永久标记。

8.1.2　产品包装的明显部位或随箱合格证应标明下列内容：

a)　制造厂名与商标；

b)　产品名称、型号和标记，数量或质量；

c)　本标准号；

d) 制造日期、检验批号或编号。

8.2 包装

8.2.1 包装时密封胶条应平整、不扭曲的盘绕在直径不小于 180 mm 的硬质盘上或直条包装。根据型号、规格分别装入外包装箱内。每箱净重不超过 20 kg。

8.2.2 应采用纸箱、木箱、木板条加固的纤维板箱等作外包装。外包装箱应配备防水箱衬，并牢固捆扎。特殊情况供需双方协商确定。

8.2.3 产品装箱后，应附有产品检验合格证。

8.3 运输、贮存

应按照 GB/T 20739—2006 的规定进行运输、贮存。贮存期应不超过一年。

附 录 A
（规范性附录）
检测记录及要求

A.1 检测记录

在检测记录中，应包括以下内容：

a） 型材、玻璃表面（或表面涂层）的类型，试验、基准硅酮结构密封胶型号，密封胶条材料编号。

b） 被检测试验、基准硅酮结构密封胶，胶条生产者名称。

c） 应记录密封胶条截面尺寸、形状，实际硬度、实际工作压缩范围，受压工作面。

d） 应记录第 5 章规定的检测结果。

A.2 检测报告

在检测报告中，应包括以下内容：

a） 胶条、型材、玻璃、硅酮结构密封胶提供者名称；

b） 被检测硅酮结构密封胶、胶条生产者名称；

c） 型材、玻璃表面（或表面涂层）的类型，硅酮结构密封胶型号，密封胶条材料编号；

d） 密封胶条截面尺寸、形状，实际硬度、实际工作压缩范围，受压工作面；

e） 本标准第 5 章规定的内容，检验结果或结论。

附 录 B
（资料性附录）
密封胶条常用主体材质颜色可供选择系列

密封胶条常用主体材质颜色可供选择系列见表 B.1。

表 B.1 密封胶条常用主体材质颜色可供选择系列

主体材质	密封胶条颜色		
	黑色	彩色	透明
EPDM	○	△	×
CR	○	△	×
MVQ	○	○	△
TPV	○	△	×
TPU	○	△	△
PPVC	○	△	△
注：○常规生产 △可生产 ×不可生产。			

ICS 27.010
F 19

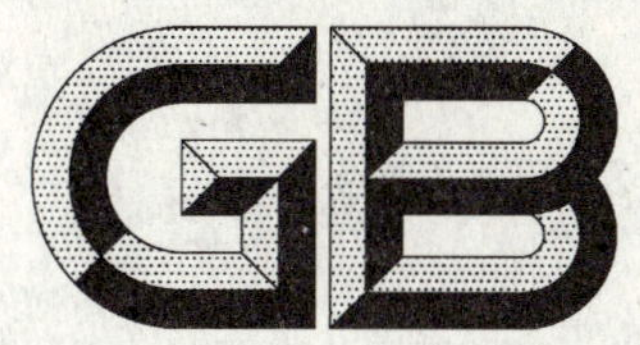

中华人民共和国国家标准

GB/T 24499—2009

氢气、氢能与氢能系统术语

Technology glossary for gaseous hydrogen, hydrogen energy and hydrogen energy system

2009-10-30 发布 2010-05-01 实施

中华人民共和国国家质量监督检验检疫总局
中国国家标准化管理委员会 发布

前言

本标准附录 A、附录 B 和附录 C 为资料性附录。

本标准由全国能源基础与管理标准化技术委员会提出。

本标准由全国氢能标准化技术委员会归口。

本标准起草单位：清华大学核能与新能源技术研究院、中国标准化研究院、同济大学、上海交通大学、西安交通大学、中国电子工程设计院。

本标准主要起草人：毛宗强、王赓、马建新、马紫峰、郭烈锦、刘建虎。

氢气、氢能与氢能系统术语

1 范围

本标准提出了氢气、氢能和氢能系统技术及其应用的术语和定义。

本标准适用于氢气、氢能和氢能系统技术标准的制定，技术文件的编制，专业手册、教材和书刊等的编写和翻译。

2 通用术语

2.1

氢 hydrogen

最轻的化学元素，符号 H，原子序数 1，原子量为 1.008，是地球的重要组成元素。

2.2

氢能 hydrogen energy

氢在物理与化学变化过程中释放的能量。可用于发电、各种车辆和飞行器用燃料、家用燃料等。

2.3

氢能系统 hydrogen energy system

氢的制备、储存、输配和应用系统的总称。

2.4

氢能化学 chemistry of hydrogen energy

研究氢的制备、储运及应用中的各种化学过程的科学。

2.5

氢经济 hydrogen economy

一种以氢的生产、氢的运输、氢的储存、氢的转化、氢的应用，以及相关标准规范等要素构成的经济结构。

2.6

氢原子 hydrogen atom

由一个质子和一个电子组成的原子。

2.7

氢分子 hydrogen molecule

由两个氢原子通过化学键结合而成的分子。

2.8

氢离子 hydrogen ion

氢原子失去电子后形成的离子。

2.9

氕 protium

氢的同位素，用^{1}H表示，质子数为 1，是氢分子的重要组分，相对质子质量为 1.007 8。

2.10

氘 deuterium

氢的同位素，用^{2}D表示，有一个中子和一个质子，其相对质子质量为 2.014 1。

2.11

氚　tritium

氢的同位素，用^3T表示，有两个中子，质子数为1，其相对质子质量为3.010 05。

2.12

正氢　orthohydrogen

氢分子的一种同质异构体，分子中原子核的自旋方向是相同的(平行)。

2.13

仲氢　parahydrogen

氢分子的一种同质异构体，分子中原子核的自旋方向是相反的(逆平行)。

2.14

氢键　hydrogen bond

在氢的极性化合物中，氢原子吸引邻近的高电负性原子的孤对电子，而形成的分子内或分子间的相互吸引作用。

2.15

氢气　gaseous hydrogen

以气态形式存在的氢分子。

2.16

压缩氢气　compressed gaseous hydrogen

压力高于大气压的气态氢。

2.17

湿氢　wet hydrogen

在所处温度、压力下，水含量达饱和或过饱和状态的氢气。

2.18

液氢　liquid hydrogen

液氢是以液态形式存在的氢气，是一种无色、透明的低温液体。正常沸点为20.38 K，沸点时密度为70.77 kg/m^3。

2.19

固态氢　solid hydrogen

气态氢的双原子分子凝结成的雪白固体絮状物，密度是80.7 kg/m^3(11.15 K)，熔点为14.01 K。

2.20

氢低热值　hydrogen low heat value

单位质量的氢完全燃烧，生成的水不凝结为液态水所放出的热量。氢的低热值为120.0 MJ/kg。

2.21

氢高热值　hydrogen high heat value

单位质量的氢完全燃烧，生成水也全部凝结为液态水放所出的热量。氢的高热值为141.86 MJ/kg。

2.22

氢气扩散　gaseous hydrogen diffusion

氢气随着环境状态的变化弥散、扩展和蔓延的过程。

2.23

氢气泄漏　gaseous hydrogen leakage

氢气从密闭的系统、设备、管路渗出至外部的过程。

2.24

含氢气体　hydrogen-contained gas

含有氢气的气体混合物。

2.25

氢提纯　hydrogen purification

将含氢气体中的杂质去除，使氢浓度提高至规定值的工艺过程。

2.26

重水　hydrogen-deuterium-oxygen

氢同位素氘和氧的化合物。

2.27

标准状态　standard state

气体的标准状态是 273.15 K 和 $1.013\ 25 \times 10^5$ Pa。

3　氢气制备

3.1

重整制氢　hydrogen production by reforming

对碳氢化合物原料在重整器内通过催化反应获得氢的反应方法。

3.2

水电解制氢　hydrogen production by water electrolysis

以直流电接入电解池电解水，获得氢和氧的工艺过程。

3.3

热化学制氢　hydrogen production by thermochemical method

利用若干个化学反应耦合，在高温或较高温下，将含氢化合物分解制取氢气方法。

3.4

生物质热解制氢　hydrogen production by biomass pyrolysis

生物质在反应器中完全缺氧或只提供有限氧条件下，制取氢气的工艺。

3.5

生物制氢　hydrogen production by biology

利用微生物转化各类有机物质原料发酵制氢，以及绿藻、蓝藻等生物分解水制氢的方法。

3.6

核能制氢　hydrogen production by nuclear energy

利用核能的热量与热化学反应耦合制氢。

3.7

太阳能光解水制氢　hydrogen production by solar energy splitting water

利用太阳光的能量，通过光催化、光电化学或光生物学等过程分解水制氢的方法。

3.8

太阳能热化学制氢　hydrogen production by solar-thermochemical method

利用太阳能的热量与热化学耦合制氢。

3.9

部分氧化制氢　hydrogen production by partial oxidation

碳氢化合物通过添加氧化剂进行不完全燃烧或不完全氧化分解，获得氢气的过程。

3.10

水电解制氢装置　installation of hydrogen production by water electrolysis

以水为原料，电解制取气态氢，氧的装置，是水电解槽及其辅助设备组合的统称。

3.11

电解池　electrolyte cell

组成水电解槽的基本单元，被称为电解池，单个电解池由阴极、阳极、隔膜和电解液构成。

3.12

隔膜 diaphragm

将水电解槽电解小室分隔为阴极区、阳极区，并使产生的氢气、氧气分隔，防止氢气、氧气互相穿透，但离子可迁移。

3.13

固定式水电解制氢系统 stationary water electrolysis system for hydrogen production

水电解制氢系统的各类设备、管道全部布置在厂房内或厂房外，用设备基础、管道支架固定设置的制氢系统。

3.14

移动式水电解制氢系统 mobile water electrolysis system for hydrogen production

水电解制氢系统的各类设备、管道全部布置在一个或多个可移动或搬运的底盘(座)上。

3.15

变压吸附法 pressure swing adsorption method (PSA)

利用固体吸附剂对不同气体的吸附选择性以及气体在吸附剂上的吸附量随其压力变化而变化的特性，在一定的压力下吸附，通过降低被吸附气体分压，使被吸附气体解吸，经过多次重复，使气体分离的方法。

3.16

变压吸附提纯氢系统 hydrogen purification system by PSA

采用变压吸附法，从含氢气体中提纯氢气的设备系统。

3.17

甲醇转化制氢装置 installation of hydrogen production by methanol reforming

以甲醇和纯水为原料，采用催化转化工艺，在一定温度下将甲醇裂解转化制取氢的生产设备组合的统称。

3.18

氢回收率 hydrogen recovery

利用变压吸附法提纯生产氢气时，产品氢气的体积流量与原料气体中所含氢气体积流量之比。

3.19

固定式的变压吸附提纯氢系统 stationary hydrogen purification system by PSA

变压吸附提纯氢的各类设备、管道全部布置在厂房内或厂房外，用设备基础、管道支架固定设置的提纯氢系统。

3.20

移动式变压吸附提纯氢系统 mobile hydrogen purification system by PSA

变压吸附提纯氢系统的各类设备、管道全部布置在一个或多个可移动或搬运的底座上；设备、管道均固定在相应的底座上。此类设备可以在厂房内或厂房外安装使用，若室外安装使用时应设防日晒、雨淋的防护设施。

4 氢气储运、灌装

4.1

高压储氢 hydrogen storage in high pressure tank

将氢气在 10 MPa～100 MPa 压力下充装在特制的压力容器中。

4.2

液态储氢 hydrogen storage in liquid state

将温度降至 20.43 K 以下，使氢气转变为液态氢的储存方式。

4.3

氢浆　slush hydrogen

液态氢和固态氢的混合物。

4.4

物理吸附储氢　hydrogen storage by physisorption

利用物理吸附原理，将氢气吸附在高比表面多孔材料中的储存方式。

4.5

金属氢化物储氢　hydrogen storage in metal hydrides

利用某些金属或合金能够在一定氢压下吸氢生成金属氢化物的特性，将氢储存在金属或合金中的储存方式。

4.6

络合氢化物储氢　hydrogen storage in complex hydrides

氢以络合体的形式固定在含共价氢键的络合氢化物中的储存方式，一般泛指铝氢化物和硼氢化物，如 $LiAlH_4$、$NaAlH_4$、$LiBH_4$、$NaBH_4$ 等。亦称配位氢化物储氢。

4.7

化学氢化物储氢　hydrogen storage in hydrides compound

特指能在温和反应条件下(如水解等)放氢的化合物以及除金属氢化物、络合氢化物和有机氢化物以外的氢化物储氢方式，如 LiH_2、CaH_2、BNH_x 和 $LiNH_x$ 等。

4.8

有机液体储氢　hydrogen storage in liquid organic hydrides

利用某些不饱和有机化合物(如烯烃、炔烃或芳香烃等)与氢气进行可逆加氢和脱氢反应来实现氢气储存的技术。

4.9

氢气罐　gaseous hydrogen container

用于储存氢气的定压变容积(湿式储气柜)及变压定容积的容器的统称。

4.10

大容积氢气储气瓶　gaseous hydrogen storage tube

单个储气瓶水容积大于 500 L，工作压力 10 MPa～100 MPa，用于储存氢气的压力容器。

4.11

固定式氢气储罐　stationary hydrogen storage container

固定安装的高压、中压氢气储气压力容器，配带有必要的安全装置、压力和温度检测、显示仪器等。

4.12

氢气储气瓶组　gaseous hydrogen storage tube bundle

以若干个高压储气瓶组装为整体储气系统的氢气储气设施，配带相应的连接管道、阀门、安全装置等。

4.13

钢瓶集装格　gaseous hydrogen cylinder bundle

由专用框架固定，采用集气管将多只气体钢瓶接口并连组合的气体钢瓶组。

4.14

氢气长管拖车　tube trailers for gaseous hydrogen

由若干个大容积高压氢气瓶组装后设置在汽车拖车上，用于运输高压氢气的装置，配带相应的连接管道、阀门、安全装置等。

4.15

车载高压氢气罐　on-board hydrogen storage tank

氢能车辆上用于储存气态氢气，工作压力 10 MPa～100 MPa 的压力容器。

4.16

液态氢气储罐　cryogenic tank for liquid hydrogen

用于储存液态氢的低温容器，一般由内胆、外壳体、绝热结构及连接用机械构件、测量仪表、安全设施，液、气注入和排出配管、附件等组成。

4.17

实瓶　solid cylinder

存有气体充灌压力下的气体容器。

4.18

空瓶　empty cylinder

无内压或留有残余压力的气体容器。

4.19

氢气站　hydrogen station

包括氢气发生设备、灌充设备、压缩和储存设施、辅助设施及其建筑物或场所的总称。

4.20

供氢站　hydrogen supply station

不含氢气发生设备，以瓶装和/或管道供应氢气的建筑物或场所的统称。

4.21

氢气加氢站　hydrogen filling station

为氢能汽车或氢气内燃机汽车或氢气天然气混合燃料汽车储气容器充装车用氢燃料的专门场所。

4.22

加氢加油合建站　gasoline and hydrogen filling station

既为汽车油箱充装汽油、柴油，又为燃料电池电动汽车或氢气内燃机汽车储氢瓶或氢气天然气混合燃料汽车储气瓶充装车用氢气或氢气天然气混合燃料的专门场所。

4.23

加氢加天然气合建站　hydrogen and CNG filling station

既为汽车的储氢瓶或储气瓶充装氢气或氢气天然气混合物燃料，又为汽车的储气瓶充装天然气的专门场所。

4.24

加氢岛　hydrogen filling island

用于安装加氢机或氢气天然气混合燃料加气机的平台。

4.25

氢气压缩机间　hydrogen compressor room

设有氢气压缩机的房间。

4.26

加氢机　hydrogen dispenser

给汽车储氢瓶(罐)充装氢气，并带有控制、计量、计价装置的专用设备。

4.27

移动式氢气压缩机组　portable hydrogen compressor unit

氢气压缩机及其辅助设备、电气装置、连接管线等全部布置在一个或多个可移动或搬运的底座(盘)上。

4.28

氢气压缩机　hydrogen compressor

对氢气进行压缩的单级或多级压缩机。

4.29

氢气增压器　hydrogen booster

将氢气压力从气源压力经单级或多级增压器增压至所需压力的压缩装置。

4.30

氢气汇流排　hydrogen manifolds

采用钢瓶气体供应氢气用的汇流排组等设施。

4.31

放空排气装置　vent unit

用于放空氢气站或加氢站的设备、管路系统的氢气或氢气天然气混合燃料或其他气体燃料的排气的专用装置。

4.32

冷凝水排放装置　condensate drain unit

用于氢气站的设备、管路系统排放冷凝水的专用装置。

4.33

拉断阀　break away coupling

在外力作用下可被拉断为两节，但拉断后具有自密封功能的阀门。

4.34

压力调节器　pressure regulator

用于调节控制出口压力的均匀稳定和保持在设定压力范围的装置。

4.35

蒸发器　vaporizer

可接收液态氢并加一定热量，使液态氢汽化为气态氢的非容器装置。

4.36

环境蒸发器　ambient vaporizer

热源取自大气、海水或地热水的蒸发器。

4.37

加热蒸发器　heated vaporizer

热源取自燃烧、电力或废热的蒸发器。

4.38

质量流量计　mass flowmeter

流量计检测元件的输出信号直接或间接反映流体质量流量的计量装置，质量流量计的输出信号与流体的物理性质如压力、温度、密度等无关。

5　氢能应用

5.1

氢能综合能源系统　integrated energy system of hydrogen energy

以风能、太阳能、潮汐能等构成的可再生能源-氢能-燃料电池发电、供热的能量供应系统。

5.2

氢燃烧器　hydrogen burner

燃烧氢气的器具，结构主要有用于高温(1 200 ℃以上)的改进空气吸入型和用于低温(500 ℃以下)

的催化燃烧器。

5.3

氢催化燃烧　catalytic hydrogen combustion

在催化剂存在时将氢气完全氧化，是一种无火焰的燃烧，可以在较低温度下发生。

5.4

氢内燃机　hydrogen internal combustion engine（HICE）

使用氢气为燃料的内燃机。

5.5

氢能飞机　hydrogen powered aircraft

以氢为燃料的飞机。

5.6

氢发动机　hydrogen powered engine

用氢作为燃料的发动机。

5.7

氢燃料汽车　hydrogen powered vehicle

用纯氢气或含氢气的混合物作燃料的汽车。

5.8

分布式电站　distributed power station

分散的靠近用户的中、小电站，可以同时供应电力和热量。

5.9

氢气透平　hydrogen turbine

以氢为燃料的旋转式动力转换机械。

5.10

氢氧切割机　hydrogen-oxygen cutter

利用氢和氧化学反应时产生的极高温度的火焰切割金属的装置。

5.11

燃料电池　fuel cell

将燃料与氧化剂的化学能通过电化学反应直接转化为电能、热能和其他反应产物的发电装置。

5.12

固体氧化物燃料电池　solid oxide fuel cell（SOFC）

以固体氧化物为电解质的燃料电池，工作温度通常为 800 ℃～1 000 ℃。

5.13

低温固体氧化物燃料电池　low temperature solid oxide fuel cell（LTSOFC）

工作温度在 600 ℃以下的固体氧化物燃料电池。

5.14

熔融碳酸盐燃料电池　molten carbonate fuel cell（MCFC）

以熔融碳酸盐为电解质的燃料电池。

5.15

磷酸燃料电池　phosphoric acid fuel cell（PAFC）

以磷酸（H_3PO_4）为电解质的燃料电池。

5.16

质子交换膜燃料电池　proton exchange membrane fuel cell，PEMFC（PEFC）

以质子交换膜为电解质的燃料电池。

5.17

直接甲醇燃料电池　direct methanol fuel cell (DMFC)

以质子交换膜为电解质,并且以甲醇直接在阳极上发生电化学反应的燃料电池。

5.18

碱性燃料电池　alkali fuel cell (AFC)

以碱溶液或碱性离子交换膜为电解质的燃料电池。

5.19

可逆式燃料电池　reversible fuel cell (RFC)

一种既可将燃料与氧化剂的化学能转化为电能,也可以用于电解水制氢的电化学反应装置。

5.20

燃料电池发动机　fuel cell engine

用于车辆、航空航天和水下等装置作为驱动动力电源和辅助动力的燃料电池发电系统。

5.21

燃料电池发电机　fuel cell generator

用燃料电池模块作为主要发电单元的发电系统。

5.22

质子交换膜　proton exchange membrane

由高分子材料和离子交换基团构成,它有选择性地允许氢离子在燃料电池或电解液内运动。

6　氢能系统安全

6.1

爆炸极限　limit of explosion

在一定温度和压力下,可燃气体的蒸汽与空气或氧气混合,在一定浓度范围内才能被点燃并爆炸。该混合气中可燃气体的浓度范围被称为爆炸极限。

6.2

阻火器　fire arrester

阻止火焰通过的装置,采用狭小孔隙、熔化阻隔、水隔离等阻止火焰通过的原理设计、制造。

6.3

冲击波　blast wave

冲击波是一种强扰动的传播,是一种介质状态突跃变化的传播。气体爆炸产生的冲击波是立体的,以爆炸为中心,以球面的形状向外扩张,气体爆炸的能量越大,冲击波强度也越大。

6.4

爆燃　deflagration

可燃混合物从一种状态迅速转变为另一状态,并在瞬间放出大量能量,同时产生巨大声响的现象。爆燃的特征是传播速率可达每秒几百米。

6.5

爆轰　detonation

可燃气体混合物的组成和预热条件适宜时,在极短的时间内产生极高的压力的现象。爆轰过程的传播速率高达 2 000 m/s 以上。

6.6

着火点或燃点　ignition point

可燃物质在外部热源的作用下,使温度升高,当该可燃物质开始燃烧时的温度值。

6.7

熄火 flameout

氢能系统氢火焰的熄灭导致氢未被燃烧送入大气。这个过程也可以叫做“释放”。

6.8

最小点火能量 minimum ignition energy

在一定的温度和压力下点燃特定的可燃气体混合物所需要的最小能量。

6.9

引火源 ignition source

引发可燃物质的着火燃烧爆炸的物质。引火源有明火、高热物和高温表面、电气火花、静电火花、冲击与摩擦、绝热压缩、化学反应热、光线和射线等。

6.10

泄压装置 pressure relief device

用于防止系统设备、容器内的压力超过预先设置值的安全装置。防爆泄压装置包括安全网、爆破片和放空管等。

6.11

安全网 safety net

用于防止系统、设备、容器内压力超压发生物理性爆炸的安全装置。

6.12

爆破片 blasting piece

用于排出设备、容器内发生压力失控或化学性爆炸时产生的超高压力的膜片式安全装置。

6.13

放空管 vent pipe

用于系统、设备、容器内，紧急吹扫、置换吹扫或超温、超压时排放物料的安全装置。

6.14

不燃烧体 non-combustible component

用不燃材料做成的设备、管道和建筑构件。

6.15

熔栓阀 thermal activated pressure relief device

用于防止复合材料瓶过热超压的装置，当温度超过设定值时能够打开并让瓶内气体放空。

6.16

吹扫置换 purge

开车或停车时吹除系统设备中的不纯物、空气、可燃物等的过程。

6.17

熄灭距离 quenching distance

为阻止火焰在可燃气体混合物中传播所需要的间隙大小。

6.18

明火地点 open flame site

室内外外露的火焰及赤热或炽热表面的地点。

6.19

散发火花地点 spray flake spot

操作中的砂轮、电焊、气焊(割)、非防爆电气开关、有飞火的烟囱等地点。

6.20

可燃气体报警装置 combustible gas detector

用于可燃气体制备、储运、灌装、使用场所，检测有无泄漏和可燃气体浓度，并按设定值进行报警、连锁控制的安全装置。

6.21

氢渗透 hydrogen permeation

氢穿过结构材料，而导致氢的释放。

6.22

爆炸下限 lower explosion limit

可燃气体与空气或氧气组成的混合物，遇火源即能发生爆炸的最低浓度。

6.23

氢腐蚀 hydrogen attack

在一定温度、压力的氢环境内，钢中的碳与氢反应形成甲烷气泡的现象。

6.24

氢脆 hydrogen embrittlement

氢进入金属材料后，局部氢浓度达到饱和时，引起金属塑性下降、诱发裂纹或产生滞后断裂的现象。

附 录 A
（资料性附录）
条 文 说 明

A.1 对 2.2“氢能”术语的说明

作能源载体使用的氢。其燃烧产物只是水，无污染物产生。太阳能、风能、地热、核能、电能等均可转化成氢加以储存、运输或直接应用。

A.2 对 2.5“氢经济”术语的说明

在 20 世纪 70 年代提出。2003 年末，美国、欧盟、日本、俄罗斯、中国等 16 个国家和地区共同发起成立《氢能经济国际合作伙伴组织》，International Partnership for Hydrogen Economy 简称 IPHE，目的是由政府出面推动氢能市场化进程。

A.3 对 3.4“生物质热解制氢”和 3.5“生物制氢”术语的说明

生物质热解制氢是通过热分解的方法，利用生物质作为原料来制备氢气。而生物制氢仅指微生物产氢，包括光合细菌（或藻类）产氢和厌氧细菌发酵产氢等。事实上生物质也可以用作微生物方法制氢的原料。

附 录 B
（资料性附录）
中文索引

STANDARDS PRESS OF CHINA

附 录 C
（资料性附录）
英文索引

A

B

C

D

E

F

G

H

W

ICS 27.060
F 04

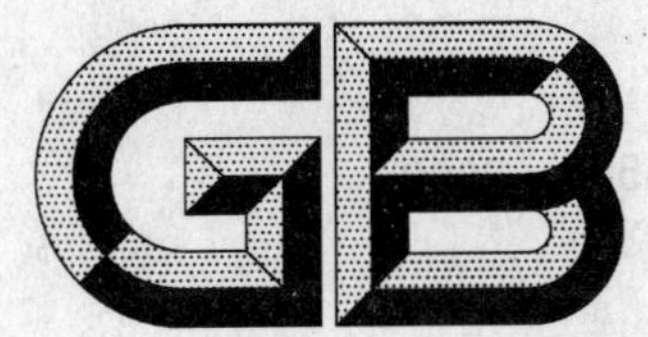

中华人民共和国国家标准

GB 24500—2009

工业锅炉能效限定值及能效等级

The minimum allowable values of energy efficiency and energy efficiency grades of industrial boilers

2009-10-30 发布　　　　2010-09-01 实施

中华人民共和国国家质量监督检验检疫总局
中国国家标准化管理委员会　发布

前　言

本标准4.3为强制性的，其余为推荐性的。

本标准由国家发展和改革委员会提出。

本标准由全国能源基础与管理标准化技术委员会归口。

本标准起草单位：中国标准化研究院、上海工业锅炉研究所、西安交通大学锅炉研究所、广州天鹿锅炉有限公司、江苏太湖锅炉股份有限公司、山东华源锅炉有限公司。

本标准主要起草人：张新、钱风华、赵跃进、赵钦新、席代国、濮剑虹、符广田、贾铁鹰、辛升。

工业锅炉能效限定值及能效等级

1 范围

本标准规定了工业锅炉的能效等级、能效限定值、节能评价值及试验方法。

本标准适用于以煤、油、气为燃料的，额定蒸汽压力大于0.04 MPa，但小于3.8 MPa，且额定蒸发量不小于0.1 t/h的以水为介质的固定式钢制蒸汽锅炉和额定出水压力大于0.1 MPa的固定式钢制热水锅炉。

2 规范性引用文件

下列文件中的条款通过本标准的引用而成为本标准的条款。凡是注日期的引用文件，其随后所有的修改单（不包括勘误的内容）或修订版均不适用于本标准，然而，鼓励根据本标准达成协议的各方研究是否可使用这些文件的最新版本。凡是不注日期的引用文件，其最新版本适用于本标准。

GB/T 2900.48 电工名词术语 锅炉

GB/T 10180 工业锅炉热工性能试验规程

JB/T 10094 工业锅炉通用技术条件

3 术语和定义

GB/T 2900.48确立的以及下列术语和定义适用于本标准。

3.1

工业锅炉能效限定值 the minimum allowable values of energy efficiency of industrial boilers

在标准规定测试条件下，工业锅炉在额定工况下所允许的热效率最低值。

3.2

工业锅炉节能评价值 the evaluating values of energy conservation of industrial boilers

在标准规定测试条件下，在额定工况下评价工业锅炉节能产品的热效率最低值。

4 技术要求

4.1 基本要求

本标准所适用的工业锅炉其技术要求应符合JB/T 10094及相关标准的要求。

4.2 工业锅炉能效等级

工业锅炉能效等级分为3级，其中1级能效最高。各等级工业锅炉在额定工况下的热效率值均应不低于表1～表4的规定。

4.3 工业锅炉能效限定值

工业锅炉在额定工况下的热效率值均应不低于表1～表4中能效等级“3级”的规定。

4.4 工业锅炉节能评价值

工业锅炉在额定工况下的热效率值均应不低于表1～表4中2级的规定。

5 试验方法

工业锅炉的热效率值应按GB/T 10180中的规定进行测试。

表 1　层状燃烧锅炉热效率

能效等级	燃料品种		燃料收到基低位发热量 $Q_{net,v,ar}$ kJ/kg	锅炉容量 D t/h(或 MW)				
				$D<1$ (或 $D<0.7$)	$1\leqslant D\leqslant 2$ (或 $0.7\leqslant D\leqslant 1.4$)	$2<D\leqslant 8$ (或 $1.4<D\leqslant 5.6$)	$8<D\leqslant 20$ (或 $5.6<D\leqslant 14$)	$D>20$ (或 $D>14$)
				锅炉热效率/%				
1 级	烟煤	Ⅱ	$17\ 700\leqslant Q_{net,v,ar}\leqslant 21\ 000$	79	82	84	85	86
		Ⅲ	$Q_{net,v,ar}>21\ 000$	81	84	86	87	88
2 级		Ⅱ	$17\ 700\leqslant Q_{net,v,ar}\leqslant 21\ 000$	76	79	81	82	83
		Ⅲ	$Q_{net,v,ar}>21\ 000$	78	81	83	84	85
3 级		Ⅱ	$17\ 700\leqslant Q_{net,v,ar}\leqslant 21\ 000$	73	76	78	79	80
		Ⅲ	$Q_{net,v,ar}>21\ 000$	75	78	80	81	82
1 级	贫煤		$Q_{net,v,ar}\geqslant 17\ 700$	77	80	82	84	85
2 级			$Q_{net,v,ar}\geqslant 17\ 700$	74	77	79	81	82
3 级			$Q_{net,v,ar}\geqslant 17\ 700$	71	74	76	78	79
1 级	无烟煤	Ⅱ	$Q_{net,v,ar}\geqslant 21\ 000$	66	69	72	74	77
		Ⅲ	$Q_{net,v,ar}\geqslant 21\ 000$	71	76	80	82	86
2 级		Ⅱ	$Q_{net,v,ar}\geqslant 21\ 000$	63	66	69	71	74
		Ⅲ	$Q_{net,v,ar}\geqslant 21\ 000$	68	73	77	79	83
3 级		Ⅱ	$Q_{net,v,ar}\geqslant 21\ 000$	60	63	66	68	71
		Ⅲ	$Q_{net,v,ar}\geqslant 21\ 000$	65	70	74	76	79
1 级	褐煤		$Q_{net,v,ar}\geqslant 11\ 500$	77	80	82	84	86
2 级			$Q_{net,v,ar}\geqslant 11\ 500$	74	77	79	81	83
3 级			$Q_{net,v,ar}\geqslant 11\ 500$	71	74	76	78	80

注 1：各燃料品种的干燥无灰基挥发分(V_{daf})范围为：烟煤，$V_{daf}>20\%$；贫煤，$10\%<V_{daf}\leqslant 20\%$；Ⅱ类无烟煤，$V_{daf}<6.5\%$；Ⅲ类无烟煤，$6.5\%\leqslant V_{daf}\leqslant 10\%$；褐煤，$V_{daf}>37\%$。

注 2：由不同性质燃料混合燃烧的工业锅炉，按热量释放比例计算。如果某种燃料的发热量超过 70%，可以此燃料作为主燃料进行考核。

表 2 抛煤机链条炉排锅炉热效率

能效等级	燃料品种		燃料收到基低位发热量 $Q_{net,v,ar}$ kJ/kg	锅炉容量 D t/h(或 MW) 6≤D≤20 (或 4.2≤D≤14)	锅炉容量 D t/h(或 MW) D>20 (或 D>14)
				锅炉热效率/%	
1级	烟煤	Ⅱ	$17\ 700 \leqslant Q_{net,v,ar} \leqslant 21\ 000$	86	87
		Ⅲ	$Q_{net,v,ar} > 21\ 000$	88	89
2级		Ⅱ	$17\ 700 \leqslant Q_{net,v,ar} \leqslant 21\ 000$	83	84
		Ⅲ	$Q_{net,v,ar} > 21\ 000$	85	86
3级		Ⅱ	$17\ 700 \leqslant Q_{net,v,ar} \leqslant 21\ 000$	80	81
		Ⅲ	$Q_{net,v,ar} > 21\ 000$	82	83
1级	贫煤		$Q_{net,v,ar} \geqslant 17\ 700$	85	86
2级			$Q_{net,v,ar} \geqslant 17\ 700$	82	83
3级			$Q_{net,v,ar} \geqslant 17\ 700$	79	80

注 1：各燃料品种的干燥无灰基挥发分(V_{daf})范围为：烟煤，$V_{daf} > 20\%$；贫煤，$10\% < V_{daf} \leqslant 20\%$。

注 2：由不同性质燃料混合燃烧的工业锅炉，按热量释放比例计算。如果某种燃料的发热量超过 70%，可以此燃料作为主燃料进行考核。

表 3 流化床燃烧锅炉热效率

能效等级	燃料品种		燃料收到基低位发热量 $Q_{net,v,ar}$ kJ/kg	锅炉容量 D t/h(或 MW) 6≤D≤20(或 4.2≤D≤14)	锅炉容量 D t/h(或 MW) D>20(或 D>14)
				锅炉热效率/%	
1级	烟煤	Ⅰ	$14\ 400 \leqslant Q_{net,v,ar} < 17\ 700$	85	86
		Ⅱ	$17\ 700 \leqslant Q_{net,v,ar} \leqslant 21\ 000$	88	89
		Ⅲ	$Q_{net,v,ar} > 21000$	90	90
2级		Ⅰ	$14\ 400 \leqslant Q_{net,v,ar} < 17\ 700$	82	83
		Ⅱ	$17\ 700 \leqslant Q_{net,v,ar} \leqslant 21\ 000$	85	86
		Ⅲ	$Q_{net,v,ar} > 21\ 000$	87	87
3级		Ⅰ	$14\ 400 \leqslant Q_{net,v,ar} < 17\ 700$	79	80
		Ⅱ	$17\ 700 \leqslant Q_{net,v,ar} \leqslant 21\ 000$	82	83
		Ⅲ	$Q_{net,v,ar} > 21\ 000$	84	84

表 3（续）

能效等级	燃料品种		燃料收到基低位发热量 $Q_{net,v,ar}$ kJ/kg	锅炉容量 D t/h(或 MW) 6≤D≤20(或 4.2≤D≤14)	D>20(或 D>14)
				锅炉热效率/%	
1级	贫煤		$Q_{net,v,ar}$≥17 700	87	88
2级	贫煤		$Q_{net,v,ar}$≥17 700	84	85
3级	贫煤		$Q_{net,v,ar}$≥17 700	81	82
1级	无烟煤	Ⅱ	$Q_{net,v,ar}$≥21 000	85	86
1级	无烟煤	Ⅲ	$Q_{net,v,ar}$≥21 000	86	87
2级	无烟煤	Ⅱ	$Q_{net,v,ar}$≥21 000	82	84
2级	无烟煤	Ⅲ	$Q_{net,v,ar}$≥21 000	83	85
3级	无烟煤	Ⅱ	$Q_{net,v,ar}$≥21 000	80	81
3级	无烟煤	Ⅲ	$Q_{net,v,ar}$≥21 000	81	82
1级	褐煤		$Q_{net,v,ar}$≥11 500	88	89
2级	褐煤		$Q_{net,v,ar}$≥11 500	85	86
3级	褐煤		$Q_{net,v,ar}$≥11 500	82	83

注 1：各燃料品种的干燥无灰基挥发分(V_{daf})范围为：烟煤，V_{daf}>20%；贫煤，10%<V_{daf}≤20%；Ⅱ类无烟煤，V_{daf}<6.5%；Ⅲ类无烟煤，6.5%≤V_{daf}≤10%；褐煤，V_{daf}>37%。

注 2：由不同性质燃料混合燃烧的工业锅炉，按热量释放比例计算。如果某种燃料的发热量超过 70%，可以此燃料作为主燃料进行考核。

表 4 燃油和燃气锅炉热效率

能效等级	燃料品种	燃料收到基低位发热量 $Q_{net,v,ar}$ kJ/kg(或 kJ/m³ 标态)	锅炉容量 D t/h(或 MW)	
			$D \leqslant 2$(或 $D \leqslant 1.4$)	$D > 2$(或 $D > 1.4$)
			锅炉热效率/%	
1 级	重油(含燃料油)	$Q_{net,v,ar}$	90	92
2 级			88	90
3 级			86	88
1 级	轻油	$Q_{net,v,ar}$	92	94
2 级			90	92
3 级			88	90
1 级	燃料气	$Q_{net,v,ar} \geqslant 18\ 800$ kJ/m³ 标态	92	94
2 级			90	92
3 级			88	90

ICS 65.020
B 16

中华人民共和国国家标准

GB/T 24501.2—2009

小麦条锈病、吸浆虫防治技术规范 第2部分:小麦吸浆虫

Technical specification for control of wheat stripe rust (*Puccinia striiformis* West.) and wheat midge—Part 2: Wheat midge

2009-10-30 发布　　　　2009-12-01 实施

中华人民共和国国家质量监督检验检疫总局
中国国家标准化管理委员会　发布

前言

GB/T 24501《小麦条锈病、吸浆虫防治技术规范》分为两个部分：

——第1部分：小麦条锈病；

——第2部分：小麦吸浆虫。

本部分为GB/T 24501的第2部分。

本部分由中华人民共和国农业部提出并归口。

本部分起草单位：中国农业科学院植物保护研究所。

本部分主要起草人：倪汉祥、程登发、陈巨莲、孙京瑞。

小麦条锈病、吸浆虫防治技术规范 第2部分:小麦吸浆虫

1 范围

GB/T 24501 的本部分规定了小麦吸浆虫综合防治技术措施。

本部分适用于小麦吸浆虫防治。

2 规范性引用文件

下列文件中的条款通过 GB/T 24501 的本部分的引用而成为本部分的条款。凡是注日期的引用文件,其随后所有的修改单(不包括勘误的内容)或修订版均不适用于本部分,然而,鼓励根据本部分达成协议的各方研究是否可使用这些文件的最新版本。凡是不注日期的引用文件,其最新版本适用于本部分。

GB 4285 农药安全使用标准

GB 4404.1 粮食作物种子 第1部分:禾谷类

GB/T 8321.2 农药合理使用准则(二)

GB/T 8321.4 农药合理使用准则(四)

NY/T 616 小麦吸浆虫测报调查规范

3 术语和定义

下列术语和定义适用于 GB/T 24501 的本部分。

3.1

小麦吸浆虫 wheat midge

在我国发生分布很广的麦红吸浆虫(*Sitodiplosis mosellana* Gehin)和主要分布在高山地带以及某些特殊生态条件地区的麦黄吸浆虫(*Contarinia tritici* Kirby)。

3.2

经济损害允许水平 economic injury level

人们可以容许的作物产量、质量受害而引起经济损失的水平。一般以防治措施的期望效益(经济、生态、社会的效益)与防治费用相等时的经济损失量或损失率作为经济损害允许水平。本部分允许产量损失水平为3%。

3.3

防治指标 control index

经济阈值 economic threshold

防治阈值 control threshold

为了防止害虫密度进一步增长到达经济损害允许水平,而需要采取防治手段时的害虫密度。

3.4

抗虫品种 insect resistant variety

经田间抗虫性鉴定,确认对小麦吸浆虫抗性水平为中抗至高抗程度的小麦品种。

3.5

相对定级标准　relative scale of scoring

鉴定小麦品种对吸浆虫抗性时，先确定一个浮动的标准，如所有参加鉴定品种的平均危害量，然后依此给各个品种定级，以保持品种抗性鉴定结果的相对稳定性。

3.6

估计损失率　estimated percentage of loss

虫害造成的产量损失占应收产量的百分比。

3.7

样方和样方虫量　sampling square and number of insects in the sampling square

根据 NY/T 616，一取土样器取的土（100 cm^2 ×20 cm）为一个样方。一个样方中所含各有效虫态的数量为一样方虫量，用以表示幼虫、蛹等虫态在土壤中的虫口密度。

3.8

农业防治　agronomic control

利用农业技术措施防治害虫的方法。

3.9

化学防治　chemical control

利用各种化学物质及其加工品，将有害生物控制在经济损害允许水平以下的防治方法。

3.10

施药适期　optimal stage for pesticide application

在害虫或作物某一生育时期施药，能取得最佳防治效果，将害虫密度控制在经济损害允许水平以下，且用药量和副作用（农药残留量和对天敌的不良影响等）最小，即为施药适期。

3.11

成虫期防治　insect pest control at adult stage

在小麦抽穗至扬花前，即吸浆虫侵入麦穗前施药杀死吸浆虫有效成虫。

3.12

有效成虫　adult having normal oviposition ability

在小麦抽穗至扬花前羽化，能正常交配产卵的成虫。

4　吸浆虫防治原则

4.1　贯彻"预防为主，综合防治"的植保方针，以种植抗虫品种为主和合理选用耕作栽培措施，辅之以化学防治。

4.2　种植抗虫品种应执行农作物种子质量标准 GB 4404.1。

4.3　化学防治应加强预测预报，掌握防治指标，适时用药。

4.4　化学防治应执行 GB 4285、GB/T 8321.2 和 GB/T 8321.4。

5　防治技术

5.1　种植抗虫品种

5.1.1　抗虫品种选择

品种抗虫性应经过 2 年～3 年田间抗虫性鉴定评价。采用相对定级指标，鉴定品种对吸浆虫的抗性，选出表现高抗、中抗的品种。

5.1.2　品种抗性分级指标

在小麦乳熟期（老熟幼虫入土前）每个鉴定品种随机取 10 穗～20 穗，每穗放入一纸袋内，带回室内逐穗、逐粒剥查麦粒中的幼虫数，计算出每个鉴定品种各重复的估计损失率（L），以几个重复中最高估计损失率代表该品种的估计损失率。求出所有参加鉴定品种的平均估计损失率（$\overline{L}$），再计算各个品种的相对比值($L/\overline{L}$)。

估计损失率以“L”计，数值以“%”表示，按式(1)计算：

$$L = \frac{W}{G \times C} \times 100 \quad \cdots\cdots(1)$$

式中：

W——检查穗上总虫数；

G——检查总穗粒数；

C——不同种类麦吸浆虫幼虫吃完一粒麦粒所需头数的理论值，其中小麦红吸浆虫为4，小麦黄吸浆虫为6。

计算结果精确到小数点后两位。

并依表1抗性分级标准，评价品种的抗性类型。

表1 小麦品种材料对吸浆虫抗性分级表

等级	代表抗性	$L/\overline{L}$
0	免疫	0
1	高抗	>0，≤0.2
2	中抗	>0.2，≤0.5
3	低抗	>0.5，≤1.0
4	感虫	>1.0，≤1.5
5	高感	>1.5

5.2 农业防治

5.2.1 调整作物布局

吸浆虫重发生区，虫口密度大，在抗虫品种缺乏的情况下，可实行轮作倒茬，改种油菜、棉花、水稻以及其他经济作物，使吸浆虫失去寄主。同时邻近麦田达到防治指标的倒茬作物地，于成虫期施药封锁，防止羽化的成虫向邻作麦田扩散蔓延。

5.2.2 麦茬地连片深翻

吸浆虫重发生田块，麦收后实行连片深翻(20 cm深)，把刚入土的越夏幼虫暴露在外，促其消亡。

5.2.3 加强肥水管理

春季灌水是促进吸浆虫破茧上升的重要条件，虫口密度大的麦田适当减少春灌，实行水地旱管。施足基肥，春季不施化肥，使小麦生长发育整齐健壮，以控制吸浆虫在春季迟发的分蘖上危害。减少翌年虫源积累。

5.3 化学防治

5.3.1 防治指标

根据NY/T 616，防治指标为小麦拔节至孕穗期淘土，每样方有虫5头，即为需要防治的田块。

5.3.2 施药适期

在小麦抽穗50%～70%(包括麦穗露脸)时防治成虫。

5.3.3 施药方法

采用喷雾方式。

5.3.4 药剂及制剂用量

选用高效、低毒、低残留的有机磷、菊酯类等农药。如40%乐果乳油每667 m^2 用量50 mL～70 mL、50%杀螟硫磷乳油每667 m^2 用量50 mL～100 mL、2.5%溴氰菊酯乳油每667 m^2 用量10 mL～15 mL、4.5%高效氯氰菊酯每667 m^2 用量50 mL～70 mL兑水喷雾。在晴天无风条件下，于下午4时至黄昏前将药液均匀地喷洒到小麦植株上。

6 防治效果调查

在小麦乳熟期(吸浆虫幼虫入土前)剥查防治区和未防治对照田麦穗中幼虫数。在防治区选择有代表性麦田2块~3块,另选未防治的对照麦田一块,每块田面积不少于667 m^2。每块田对角线5点取样,每点任选10穗~20穗,按5.1.2方法剥查幼虫数,计算防治区和对照区的估计损失率,再计算防治效果。

防治效果以"*EC*"计,数值以"%"表示,按式(2)计算:

$$EC=\frac{L_{ck}-L_{t}}{L_{ck}}\times 100 \qquad \cdots\cdots(2)$$

式中:

L_{ck}——对照区估计损失率;

L_{t}——防治区估计损失率。

计算结果精确到小数点后两位。

ICS 13.100
D 09

中华人民共和国国家标准

GB 24502—2009

煤矿用化学氧自救器

Chemical oxygen self-rescuer for coal mine

2009-10-30 发布　　2010-09-01 实施

中华人民共和国国家质量监督检验检疫总局
中国国家标准化管理委员会　发布

前言

本标准的第5章为强制性的,其余为推荐性的。

本标准的附录A为规范性附录。

本标准由中国煤炭工业协会提出并归口。

本标准由煤炭科学研究总院抚顺分院负责起草。

本标准主要起草人:聂雅玲、杨进、毛欣、车仁智、施申忠、曾海锋、马善清、赵婷婷。

煤矿用化学氧自救器

1 范围

本标准规定了煤矿用化学氧自救器的分类、技术要求、试验方法,检验规则、标志、包装、运输和贮存。

本标准适用于以碱金属超氧化物为生氧剂的煤矿用化学氧自救器(以下简称自救器)。

2 规范性引用文件

下列文件中的条款通过本标准的引用而成为本标准的条款。凡是注日期的引用文件,其随后所有的修改单(不包括勘误的内容)或修订版均不适用于本标准,然而,鼓励根据本标准达成协议的各方研究是否可使用这些文件的最新版本。凡是不注日期的引用文件,其最新版本适用于本标准。

GB/T 10111 随机数的产生及其在产品质量抽样检验中的应用程序

MT 426 氯酸盐生氧起动器技术条件

MT 427 超氧化钾片状生氧剂技术条件

3 术语和定义

下列术语和定义适用于本标准

3.1

化学氧自救器 chemical oxygen self-rescuer

使人的呼吸器官与大气环境隔绝,利用化学生氧剂生成的氧,供人呼吸,能防护毒气和缺氧时逃生用的呼吸保护器。

3.2

额定防护时间 protective time

自救器能保证人体正常呼吸的时间。即检验自救器防护性能时,从试验开始到标准规定的时间。

3.3

防护性能 protective performance

自救器在额定防护时间内,保证人体正常呼吸的性能(如吸气温度、吸气成分、呼吸阻力等)。

3.4

呼吸系统 breathing system

自救器本体到呼吸器官,起呼吸保护作用的系统,包括口具、鼻夹、呼吸导管、化学生氧药罐组、贮气袋、呼吸阀、排气阀和起动装置。

3.5

自救器防护性能测试装置 testing system for the protective performance of self-rescuer

检验自救器防护性能所用的模拟人体呼吸生理过程的专用试验装置。

3.6

吸气温度 inhalation temperature

检验自救器防护性能时,在口具处规定的测点测得的吸气气流的温度。

3.7

吸气阻力 inhalation resistance

检验自救器防护性能时,试验装置的吸气口具与环境大气之间在吸气时的瞬时压力差。

3.8

呼气阻力　exhalation resistance

检验自救器防护性能时，试验装置的吸气口具与环境大气之间在呼气时的瞬时压力差。

3.9

呼气温度　exhalation temperature

检验自救器防护性能时，在口具处规定的测点所测的呼气进入自救器气流的温度。

3.10

呼气湿度　exhalation humidity

检验自救器防护性能时，呼气进入自救器的气流的湿度。

3.11

抽氧量　oxygen extracting volume

用自救器防护性能测试装置检验自救器防护性能时，按规定的气体流量要求，从吸气流中抽出的富氧气体的流量，相当于氧耗量。

3.12

二氧化碳进入量　carbon dioxide injecting volume

用自救器防护性能测试装置检验自救器防护性能时，按规定的气体流量要求，每分钟进入防护性能测试装置的二氧化碳流量。

3.13

初期生氧器　starter

用于自救器初期生氧的装置。

3.14

抗滚动冲击性　antiroll-and-antiimpact property

将自救器装到特制滚箱内，使其受到一定时间不规则的滚动和冲撞后，考察自救器的结构坚固性、生氧药罐阻尘性和各项防护性能指标的变化。

3.15

跌落试验　falling test

将有封印条保护的自救器从规定的高度，按上、正、侧不同的三个面，向水泥地面上自由跌落三次，考察其封印条是否开裂，外壳是否有明显损伤，初期生氧装置是否启动，防护性能是否合格。

4　分类

4.1　型式

按自救器的额定防护时间，分为五种型式，即：15 min 型、20 min 型、30 min 型、40 min 型、60 min 型。

4.2　型号

自救器的型号编制应符合下列规定：

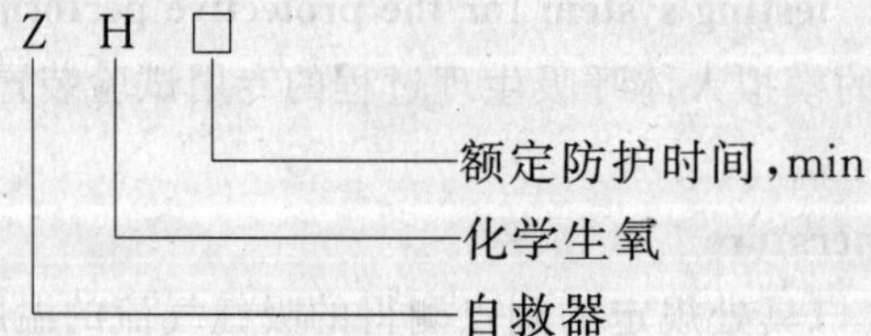

示例：ZH 15 表示额定防护时间为 15 min 型的化学氧自救器。

4.3　使用环境条件

不受使用环境中任何有毒有害气体和氧气浓度的限制；使用环境温度－5 ℃～50 ℃。

5 要求

5.1 制造要求

产品应符合本标准要求，并应按经规定程序批准的图样和技术文件制造。

5.2 防护性能要求

5.2.1 吸气中气体成分

在试验开始 2 min 内，吸气中氧气浓度应不小于 21%；其余防护时间内，吸气中氧气浓度应不小于 30%。

在额定防护时间内，吸气中二氧化碳平均浓度应不大于 1.5%，最高峰值应不大于 3.0%。

5.2.2 在额定防护时间内，贮气袋不得出现吸空现象。

5.2.3 初期生氧器性能

自救器应有初期生氧器，引发后 30 s 应不小于贮气袋体积的 1/3；60 s 应不小于贮气袋体积的约 2/3。

5.2.4 防护时间

自救器的额定防护时间应符合表 1 规定。

表 1

型　式	额定防护时间/min	
	30(L/min)	静坐(约 10 L/min)
15 min	15	60
20 min	20	80
30 min	30	120
40 min	40	160
60 min	60	240

5.2.5 呼气阻力和吸气阻力

自救器在防护性能检验时，呼气阻力与吸气阻力之和应不大于 1 800 Pa，单个最大吸气或呼气阻力应不大于 1 200 Pa。

5.2.6 吸气温度

在防护时间内吸气温度，15 min 型和 20 min 型自救器应不大于 65 ℃；30 min 型、40 min 型和 60 min 型自救器应不大于 60 ℃。

5.3 主要部件性能要求

5.3.1 吸气阀

对有吸气阀的自救器，吸气阀逆向漏气量，当负压至 1 000 Pa 时历经 30 s 以上(包括 30 s)回至 0 为合格；小于 30 s 为不合格。

5.3.2 排气阀

5.3.2.1 排气阀开启压力应在 150 Pa～350 Pa 范围内。

5.3.2.2 排气阀经逆向气密性试验，排气阀的逆向漏气量，当负压至 1 000 Pa 时历经 30 s 以上(包括 30 s)回至 0 为合格；小于 30 s 为不合格。

5.3.3 初期生氧器

5.3.3.1 初期生氧器生氧量：30 s 应不小于 2 L；60 s 应不小于 4 L；

5.3.3.2 火帽引发型、压电陶瓷引发型、压缩氧小气瓶引发型初期生氧器，击发后性能要求应符合 MT 426的规定。

5.3.4 贮气袋

5.3.4.1 贮气袋有效容积不小于 5 L。

5.3.4.2 贮气袋气密性能，在1 000 Pa压力时，1 min内水柱压力计下降值应不大于50 Pa。

5.3.5 封印条或挂钩开启力

封印条或挂钩开启时，拉开力应在50 N～120 N范围内。

5.3.6 口具、鼻夹或鼻塞

5.3.6.1 口具结构应能保证密封，不应从口边漏气。

5.3.6.2 鼻夹或鼻塞应能保证密闭鼻孔，不易脱落。

5.3.7 自救器外壳气密性

自救器外壳经气密性试验，15 s内水柱压力计下降值应不大于80 Pa。

5.4 结构要求

5.4.1 结构应紧凑，外壳无任何尖角，应便于携带和悬挂。

5.4.2 结构应简单，能使受过专门训练的人，在30 s内完成佩戴操作。

5.4.3 自救器外表面不应有明显肉眼可见的划伤和磕痕。

5.4.4 自救器启闭装置工作性能应可靠。启闭扳手和封印条应有保护，不会被随意碰开，并能从外部状态判断出自救器是否被打开过。

5.4.5 拉绳式排气阀的拉绳应结实、可靠，在佩戴时要保证拉绳不被拉断；其他形式的排气阀阀片应该保证气密性。

5.4.6 腰带、脖带应符合以下要求：

a) 便于快速、牢固佩戴，不易误操作；

b) 长度可根据需要调节，有自锁功能。

5.4.7 呼吸系统气密性

经负压气密性试验，30 s内水柱压力计下降值应不大于100 Pa。

5.4.8 抗跌落性

经跌落试验，自救器外壳气密性应符合5.3.7要求。初期生氧器不应自发起动。

5.4.9 抗滚动冲击性

自救器经抗滚动冲击性试验后，初期生氧器不应自发起动，漏入与药罐相连接的部件内的药粉量应不超过100 mg，防护性能应符合5.2各项规定。

5.4.10 对使用时自救器呼吸系统整体需要从外壳里取出的自救器，取出时的拉出力不应大于100 N。

5.4.11 联接强度

呼吸导管、生氧罐组、贮气袋之间的联接强度，用管形弹簧测力计做轴向开裂、分离拉力试验，拉力不应小于50 N。

5.4.12 对温度的耐受性

自救器按下列温度变化进行试验：

a) 高温时干燥空气(70 ℃±3 ℃)72 h；

b) RH95～100%(70 ℃±3 ℃)饱和水汽下72 h；

c) 低温时(−30 ℃±3 ℃)24 h。

自救器经上述温度变化试验后，将自救器与室温平衡，自救器应符合以下要求：仪器所用材料没有出现不良变化(严重变形，龟裂、防腐措施失效等)，应保持气密，仍然具备其功能，符合5.2规定。

5.4.13 阻燃性能试验

对自救器呼吸系统所有零部件进行阻燃性能试验，要求不着火或离开测试火焰后5 s内自熄，自救器呼吸系统仍然保持气密。

5.4.14 初期生氧器

氧烛型初期生氧器，击发机构工作性能应可靠，并应保证在自救器规定的服务年限内，能可靠地引发起动器生氧，初期生氧器的焊缝和连接处，应保证不漏气。销针或卡片(压电陶瓷引发型)结构应防止松动滑脱，即使在自救器受到猛烈冲击时也不应滑脱。

酸瓶型初期生氧器，壳体和药罐连接处，佩带使用时不应开焊和漏气，酸瓶在规定的服务年限内不应破裂和漏酸。当采用粘结胶固定酸瓶时，胶的强度和效果应保证在规定的服务年限内经受得住跌落试验和滚动冲击试验而不脱落。而且粘结胶在 180 ℃条件下不应分解释放出有毒物质和强刺激性气味。

压缩氧小气瓶型初期生氧器，应保证开关有效，避免失灵、漏气。

5.4.15　自救器有效期

自救器有效期为 3 年。

5.5　材料要求

5.5.1　金属材料要求

自救器的所有金属件应使用耐腐蚀材料制造，使用非耐腐蚀材料时应作耐腐蚀处理。其表面无裂纹、皱折、毛刺等缺陷。

自救器的外表零部件不可用铝、锰、钛或其合金材料制造。因所含这些金属组分在井下受到冲击摩擦时，可能使矿井中瓦斯等可燃气体混合物着火爆炸。

5.5.2　橡胶材料要求

5.5.2.1　橡胶材料的耐热性、耐老化性和耐化学性：

a)　与生氧药罐接触的橡胶材料，经 180 ℃±2 ℃恒温 2 h 后(见附录 A 中 A.1)应不发黏，并不应产生刺激性气体；

b)　呼气软管和吸气软管等，在其内有 200 mg 超氧化钾的富氧环境下，经折叠，在 70 ℃±2 ℃、24 h 老化试验，应不发黏，并仍适合佩戴使用(试验见附录 A 中 A.3)；

c)　其他部位的橡胶材料，经 120 ℃±2 ℃ 恒温下 2 h 后，应不发黏(见附录 A 中 A.2)。

5.5.2.2　与人呼吸器官接触的橡胶材料，不应刺激皮肤，与口腔中口水接触时，不应溶出有毒物质，并应无异常气味。呼吸导管和初期生氧器导气管材料应采用强度好的硅橡胶。

5.5.2.3　制作贮气袋的橡胶布，在 180 ℃±2 ℃、恒温 1 h，不应产生有害气体和异味，并应具有阻燃性和不透气性。

5.5.3　塑料材料要求

5.5.3.1　制作外壳用的塑料应有足够的机械强度，表面电阻不应大于 10^9 Ω。

5.5.3.2　所有塑料部件应有满足使用要求的机械强度；在低温条件下应不脆不断裂，在高温条件下应不变形、不断裂(见附录 A 中 A.4 和 A.5)。

5.5.4　滤尘垫材料要求

滤尘垫的通气阻力和机械强度应能满足自救器使用的要求。滤尘垫不应分解产生刺激性气味和有害气体。滤尘垫在高温条件下与超氧化钾接触时应不燃烧(见附录 A 中 A.6)。

如果采用玻璃纤维垫来滤尘，玻璃纤维垫应采用无机不燃物粘结剂制成，若采用粘结剂为有机可燃物的应通过热处理分解成为不燃材料。热处理时应使其分解完全，按附录 A 中 A.6 进行试验，应不燃。

5.5.5　脖带、腰带和隔热垫等纤维材料要求

要采用阻燃材料，其阻燃性能应符合 5.4.13 规定。

5.5.6　生氧剂要求

应使用片状生氧剂，满足 MT 427 的要求。不应使用粒状生氧剂。

6　试验方法

6.1　防护性能试验方法

6.1.1　试验条件

6.1.1.1　试验所采用的各项参数如表 2。

表 2

类别	检验参数[a]					
	进气温度/℃	进气湿度/%	呼吸量/(L/min)	呼吸频率/min^{-1}	抽氧量/(L/min)	二氧化碳进入量/(L/min)
装置检	37±0.5	95 以上	30±0.3	20	1.52±0.05	1.35±0.02
静坐[b]	37±0.5	95 以上	10±0.3	10	0.4±0.05	0.4±0.02

a 表中规定的呼吸量、抽氧量、二氧化碳进入量的体积，均指大气压力为 101.3 kPa、温度为 37 ℃±0.5 ℃的值；
b 用等效人佩戴试验进行。

6.1.1.2 自救器防护性能测试装置管路系统的总容积应不超过 2 L(不包括人工呼吸机)。系统气密性在正压 2 000 Pa 下，稳定 30 s 后开始计时，观察 1 min 内压力计下降值不大于 100 Pa。

6.1.1.3 在不同试验室环境温度、气压下，对呼吸量应按照气态方程(1)进行换算，求出当时室温及气压下的呼吸量。按式(2)、式(3)求出当时环境下的抽氧量、二氧化碳进入量。

室温 T_2 下的呼吸量：
$$V_2 = V_1 \times \frac{p_0 - p_1}{p_0 - p_2} \times \frac{T_2}{T_1} \qquad \cdots\cdots(1)$$

室温 T_2 下的抽氧量：
$$Y = 0.08 + 0.048 V_2 \qquad \cdots\cdots(2)$$

室温 T_2 下的二氧化碳进入量：
$$V_{CO_2} = 4.5\% V_2 \qquad \cdots\cdots(3)$$

式中：

p_0——实验室大气压，单位为帕(Pa)；

p_1——口具出口温度 37 ℃时的水汽分压，单位为帕(Pa)；

V_1——口具出口温度 37 ℃时的呼吸量，即 30 L；

T_1——273+37=310，单位为开尔文(K)；

p_2——室温下的水汽分压，单位为帕(Pa)；

T_2——室温即 273+室温 t，单位为开尔文(K)；

V_2——室温下的呼吸量，单位为升每分(L/min)。

表 3 中列出了室温 23 ℃，101.3 kPa 状态下的各项参数，仅供参考。

表 3

功率/W	检验参数					
	进气温度/℃	进气湿度/%	呼吸量/(L/min)	呼吸频率/min^{-1}	抽氧量/(L/min)	二氧化碳进入量/(L/min)
74	37±0.5	95 以上	28±0.3	20±1	1.42±0.05	1.26±0.02

6.1.1.4 试验前应将自救器放在与试验室相同环境下 2 h 以上，再进行防护性能检验。

6.1.2 试验装置

试验装置见图 1a)如下：

a) 人工呼吸机：呼吸量范围 10 L/min～50 L/min，呼吸频率：10 min^{-1}，15 min^{-1}，20 min^{-1}，25 min^{-1}，30 min^{-1}，呼吸比 1：1；

b) 加温增湿器：加热温度在 35 ℃～45 ℃，增湿能力应达到相对湿度 95% 以上，内部结构和尺寸见图 1b)；

c) 冷却器：冷却器体积 500 mL～1 000 mL，内部结构见图 1c)；

d) 联接器：结构见图 1d)；

e) 加热元件：250 W～300 W；

f) 温度计：测量范围 0 ℃～100 ℃，准确度±0.2 ℃；

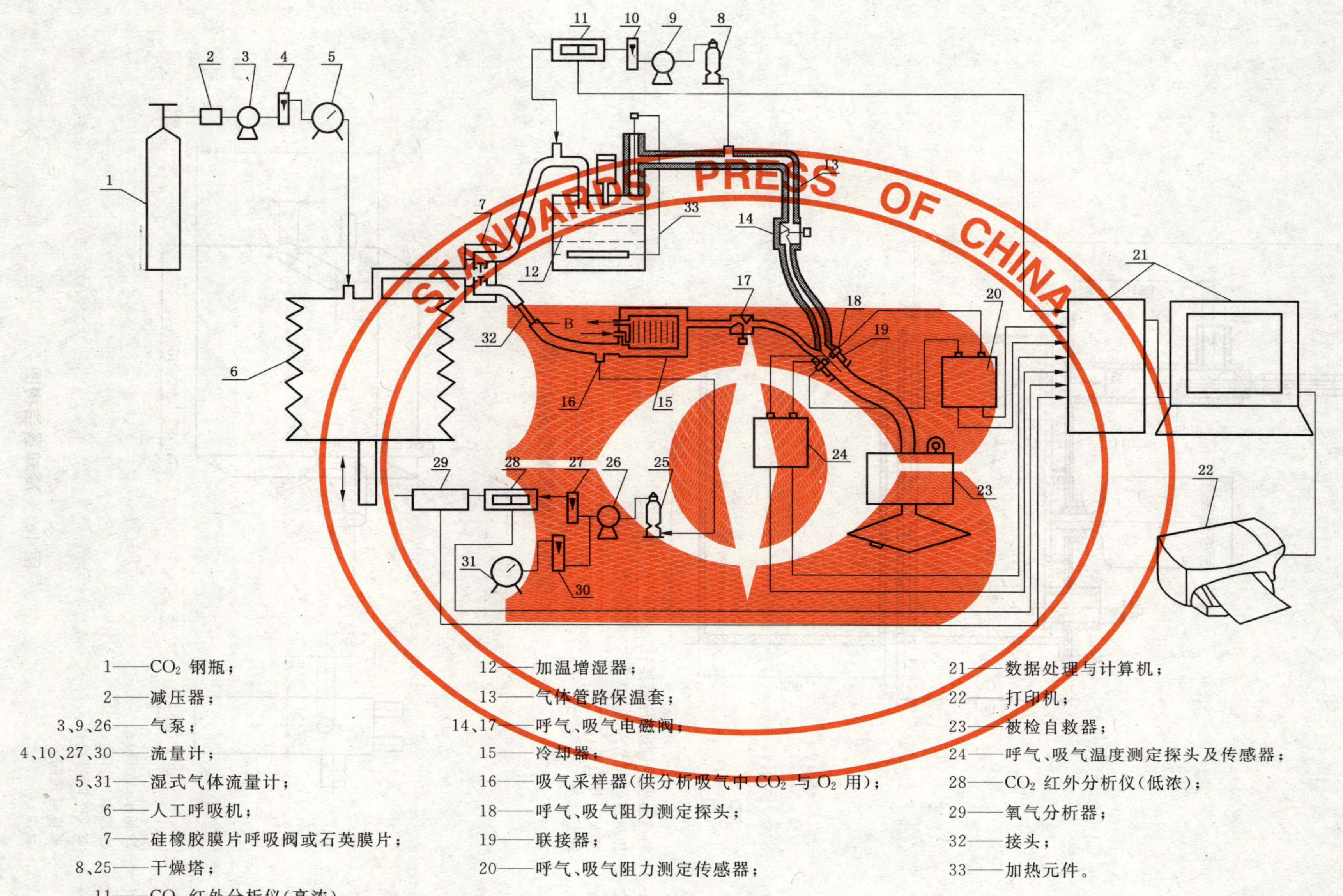

1——CO_2 钢瓶；
2——减压器；
3、9、26——气泵；
4、10、27、30——流量计；
5、31——湿式气体流量计；
6——人工呼吸机；
7——硅橡胶膜片呼吸阀或石英膜片；
8、25——干燥塔；
11——CO_2 红外分析仪(高浓)；
12——加温增湿器；
13——气体管路保温套；
14、17——呼气、吸气电磁阀；
15——冷却器；
16——吸气采样器(供分析吸气中 CO_2 与 O_2 用)；
18——呼气、吸气阻力测定探头；
19——联接器；
20——呼气、吸气阻力测定传感器；
21——数据处理与计算机；
22——打印机；
23——被检自救器；
24——呼气、吸气温度测定探头及传感器；
28——CO_2 红外分析仪(低浓)；
29——氧气分析器；
32——接头；
33——加热元件。

图 1a) 防护性能测试装置示意图

单位为毫米

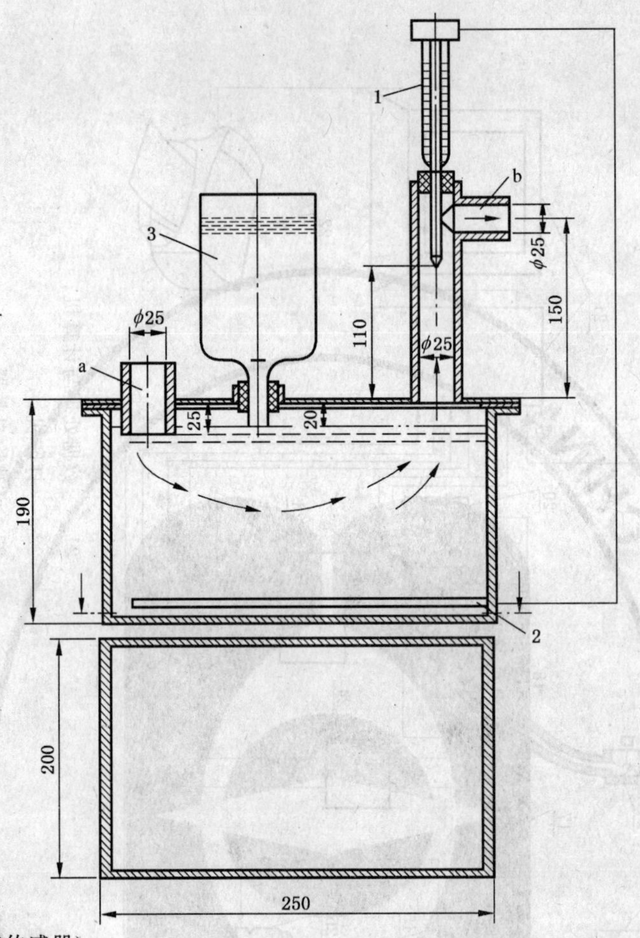

1——触点温度计(温度传感器);
2——加热器(250 W～300 W);
a——接人工呼吸机;
b——接电磁阀。

图 1b） 加温增湿器结构图

单位为毫米

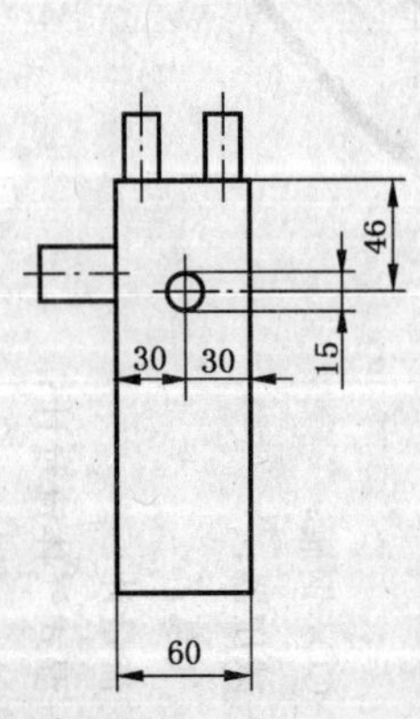

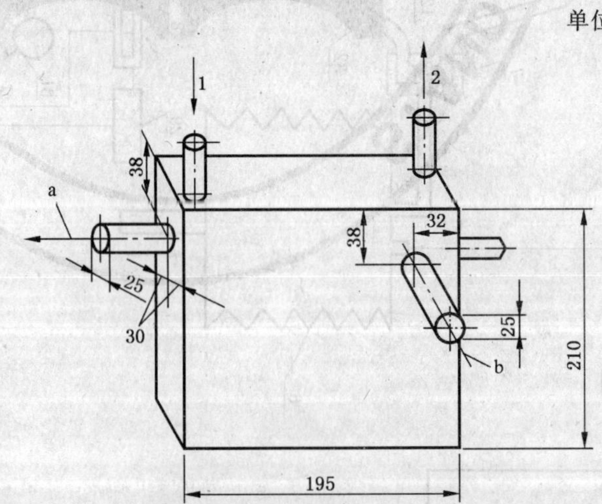

1——冷却水(入口);
2——冷却水(出口);
a——至人工呼吸机;
b——来自电磁阀。

图 1c） 冷却器结构图

单位为毫米

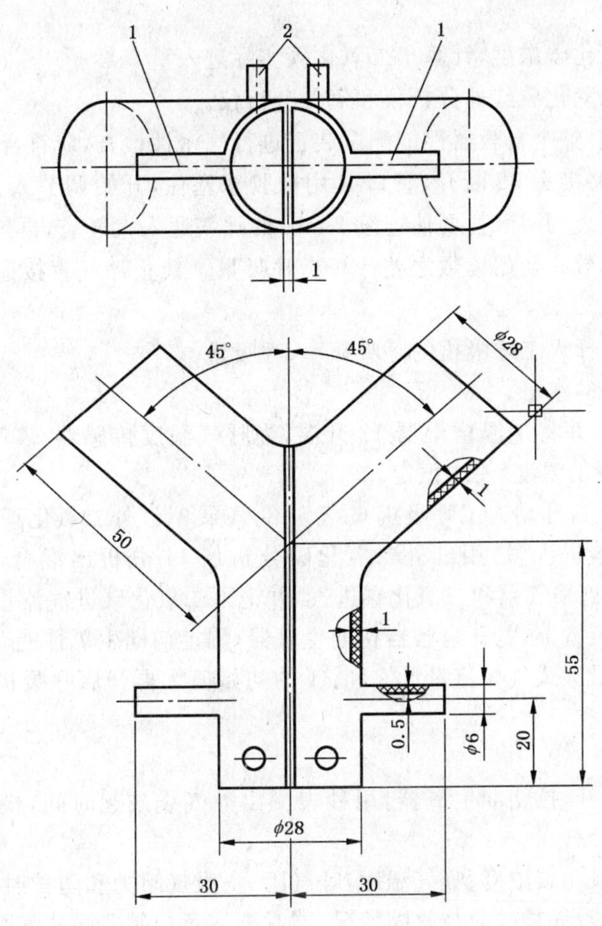

1——温度测量位置；
2——压力测量位置。

图 1d) 连接器结构图

g) 浮子流量计：测量范围 0.01 m^3/h～0.1 m^3/h，准确度 2%；

h) 湿式气体流量计 2 台：测量范围 5 L/r，精度±1%，额定流量 0.5 m^3/h；

i) 薄膜式气泵：流量 2 L/min～3 L/min；

j) 压力传感器：测量范围＋2 000 Pa～－2 000 Pa，精度为±10 Pa；

k) 温度传感器：测量范围 0 ℃～100 ℃，精度±0.01 ℃；

l) 氧气分析仪：测量范围 0%～100%，准确度±1%；

m) 二氧化碳红外线分析仪：测量范围 0%～10%，准确度±0.2%；

n) 二氧化碳红外线分析仪：测量范围 0%～5%，准确度±0.2%；

o) 干燥塔 2 个：容量 0.25 L；

p) 秒表：量程 0 min～60 min，精度 0.01 s；

q) 容量为 80 L 的大气袋；

r) 计算机；

s) 打印机。

6.1.3 试验准备

6.1.3.1 试验装置按图1组装，从加温增湿器12出口，到阻力探头18之间要用棉纤维保温，保温的管路总长为45 cm～55 cm。

6.1.3.2 分析钢瓶1中二氧化碳浓度，计算出二氧化碳实际进入量。

6.1.3.3 用标准气标定好二氧化碳红外分析仪和氧气分析仪。

6.1.3.4 按图1装置布置，对整个自救器性能测试装置进行气密性检查，应符合6.1.1.2要求。

6.1.3.5 标定呼吸量：把管路接头32断开，管口B用橡胶塞塞住，开始调节人工呼吸机呼吸量，开动人工呼吸机，把呼气通入大气袋，并计时，要使连续2 min的呼气通入大气袋，再匀速压入湿式气体流量计，用湿式气体流量计最终读数和初始读数之差计算出呼吸量。禁止呼气直接通入湿式气体流量计来标定呼吸量。

6.1.3.6 按表3中的参数选择人工呼吸机的呼吸频率、呼吸量。

6.1.3.7 检查加温增湿器内的水量。

6.1.3.8 开动人工呼吸机6，并将加温增湿器12升温，当呼气温度传感器24呼气温度达到37 ℃±0.5 ℃时，读取12加温增湿器的温度，使之恒定。

6.1.3.9 开启二氧化碳钢瓶1，开动人工呼吸机6、气泵3、气泵9、红外二氧化碳分析仪11、计算机21、打印机22，调节高浓二氧化碳进入量，用红外二氧化碳分析仪11分析出混合气体中CO_2浓度达到4.5%±0.2%时，停下呼吸机、采气泵和二氧化碳进气，并记下二氧化碳进气流量和耗氧量的刻度。将被测自救器按图1接在试验装置上，打开自救器初期生氧器，测定初期生氧性能，同时开启秒表计时，并观察初期生氧情况。然后记录湿式气体流量计5和31的初始值。再开启呼吸机、二氧化碳进气、采气泵和秒表等，试验正式开始。

6.1.4 起动性能试验

如图1所示，把自救器接好，拉初期生氧器，用秒表测出贮气袋鼓起时间，检查是否符合5.3.3.1规定。

6.1.5 吸气中氧气浓度、二氧化碳浓度、吸气温度、呼气阻力、吸气阻力和防护时间测定。

6.1.5.1 测试开始后要观察贮气袋鼓起与收缩情况，同时要注意控制薄膜式气泵流量和湿式气体流量计5、31的指示流量，使抽氧量符合表3的规定，进入分析仪器的流量应符合该仪器产品说明书的规定。同时要控制好二氧化碳进入量达到表3的规定。冷却器15的水套应充水，如发现呼气温度传感器24指示温度高于37 ℃±0.5 ℃时，应开动冷却器15通水冷却。

6.1.5.2 用电脑自动记录并显示吸气中氧气浓度、二氧化碳浓度、吸气温度、呼气阻力和吸气阻力。如中途发现吸气中二氧化碳浓度和氧气浓度不符合5.2.1的规定、呼气阻力和吸气阻力不符合5.2.5的规定、吸气温度不符合5.2.6的规定或贮气袋出现吸空现象时作为不合格项处理，应继续检验，直到标准要求的额定防护时间为止。并将吸气温度、呼吸阻力、吸气中二氧化碳浓度和氧气浓度用打印机打出来。同时记下湿式气量计5及31的终读数，用湿式气体流量计5的终了读数与初始读数之差，计算每分钟二氧化碳进入量，核对是否符合表3的规定。用同样方法核对抽氧量。

6.1.6 防护时间和吸气中气体平均二氧化碳浓度计算。

6.1.6.1 防护时间：从检验开始到终了的时间为自救器防护时间。

6.1.6.2 吸气中气体平均二氧化碳浓度按式(4)计算：

$$c_{av}=\frac{c_5+c_{10}+\cdots+c_e/2}{N}\text{或}\frac{c_2+c_4+\cdots+c_e/2}{N} \qquad (4)$$

式中：

c_{av}——平均二氧化碳浓度；

$c_5,c_{10},\cdots,c_e$——打印出的5 min,10 min,…,直至终了e min时吸气中二氧化碳浓度数据；

$c_2,c_4,\cdots,c_e$——对15分钟自救器，打印出的2 min,4 min,…,直至终了e min时吸气中二氧化碳浓度数据；

N——记录吸气中二氧化碳浓度的次数。

6.2 吸气阀、排气阀逆向气密性试验方法

6.2.1 试验装置如图 2 所示。

1——吸气球；

2——三通开关；

3——水柱压力计；

4——刚体容器；

5——受检阀。

图 2 吸气阀、排气阀逆向气密性试验装置示意图

6.2.2 仪器设备

仪器设备如下：

a) 吸气球；

b) 水柱压力计：测量范围 0 Pa～2 000 Pa；

c) 刚体容器：容积 500 mL。

6.2.3 试验步骤

将受检阀安装于刚体缓冲容器 4 上，联接处不应漏气。然后用手压吸气球 1，使水柱压力计 3 负压至 1 200 Pa，当稳定到负压 1 000 Pa 时开始计时，其结果应分别符合 5.3.1、5.3.2.2 的规定。

6.3 初期生氧器供氧量的测定方法

6.3.1 火帽引发型、压电陶瓷引发型、压缩氧小气瓶引发型初期生氧器供氧量按 MT 426 规定的方法测定。

6.3.2 酸瓶引发型初期生氧器供氧量的测定装置见图 3 所示。

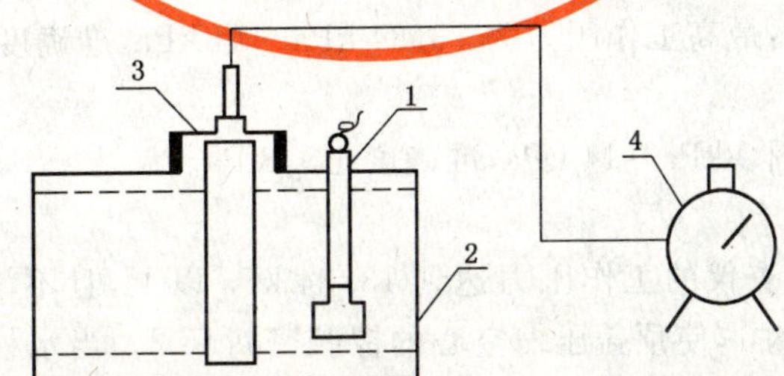

1——初期生氧器；

2——生氧药罐；

3——橡胶接头；

4——湿式气体流量计。

图 3 酸瓶型引发型生氧量测定装置示意图

6.3.2.1 仪器设备

仪器设备如下：

a) 生氧药罐；

b) 橡胶接头；

c) 湿式气体流量计：测量范围 0 m^3/h～0.5 m^3/h，最小分度值 0.025 L；

d) 秒表。

6.3.2.2 测定步骤

首先拔出销针，同时按动秒表计时，每 10 s 记录一次湿式气体流量计的读数，直至不生氧为止。其供氧量应符合 5.3.3.1 的规定。

6.4 自救器外壳气密性试验的测定方法

6.4.1 气密检查仪

示意图见图 4 所示。

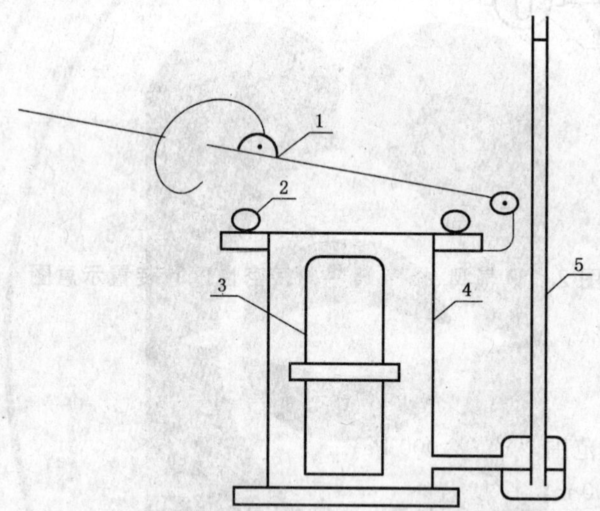

1——顶盖与固定钩；

2——空心橡胶密封环；

3——受检自救器；

4——腔体；

5——水柱压力计。

图 4 自救器气密检查仪示意图

6.4.2 仪器设备

仪器设备如下：

a) 自救器气密性检查仪：最高工作压力为 13.34 kPa～14 kPa，准确度 10 Pa；

b) 秒表；

c) 水柱压力计：测量范围 0 kPa～14 kPa，准确度±9.8 Pa。

6.4.3 试验步骤

应先用标准块标定气密检查仪的工作压力达到 13.34 kPa 以上，且不漏气，再将被检自救器放在检验仪的工作室内，扣上封压钩 1，使顶盖压缩空心的橡胶密封环 2。当水柱压力计 5 内的水柱压力上升到不低于 13.34 kPa 时，按动秒表，稳定 10 s 后读数，再过 15 s 再读数，观察最后 15 s 内的水柱压力下降值，要符合 5.3.7 的规定。

6.5 封印条或挂钩开启压力的测定方法

6.5.1 仪器要求

管形测力计：测量范围 0 N～200 N，最小分度值 5 N。

6.5.2 测定步骤

将靠近自救器开启扳手末端拴上一铁钩，再把管形测力计的钩子钩在铁钩上，与自救器的上盖成80°～90°角，用力拉测力计，当扳手开启，封印条或挂钩拉开时，测力计指示的读数即为封印条或挂钩开启力。应符合5.3.5的规定。

6.6 自救器呼吸系统整体从外壳内取出的拉出力测定方法

6.6.1 仪器要求

管形测力计：测量范围0 N～200 N，最小分度值5 N。

6.6.2 测定步骤

把管形测力计钩住自救器呼吸系统的脖带或头带，拉管形测力计，将自救器呼吸系统从外壳内取出时，测力计指示的最大值即为拉出力。应符合5.4.10的规定。

6.7 排气阀开启压力的测定方法

6.7.1 试验装置如图5所示。

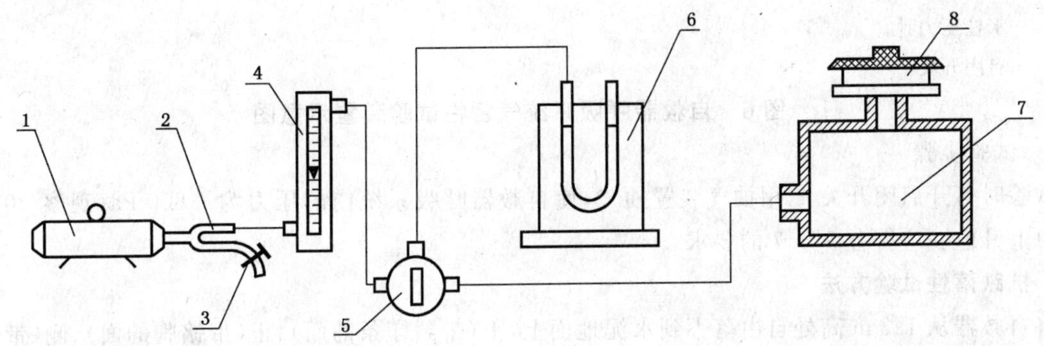

1——气泵；

2——三通；

3——流量调节阀；

4——转子流量计；

5——三通开关；

6——水柱压力计；

7——刚体容器；

8——受检排气阀。

图5 排气阀开启压力测定装置示意图

6.7.2 仪器设备

仪器设备如下：

a) 气泵：流量不小于3 L/min；

b) 转子流量计：测量范围0.01 m^3/h～0.1 m^3/h；

c) 水柱压力计：测量范围0 Pa～2 000 Pa；

d) 刚体缓冲容器：容积500 mL。

6.7.3 试验步骤

开启三通开关5，启动气泵1，调节流量阀3，使转子流量计4指示值为1.5 L/min，将排气阀8安装于刚体容器7上，排气阀开始排气，此时水柱压力计6的值为排气阀开启压力。其结果应符合5.3.2.1的规定。

6.8 联接强度的试验方法

呼吸气导管、生氧罐组、贮气袋之间的联接，用管形测力计做轴向拉力试验，其结果应符合5.4.11的规定。

6.9 自救器呼吸系统气密性试验方法

6.9.1 试验装置

如图 6 所示。

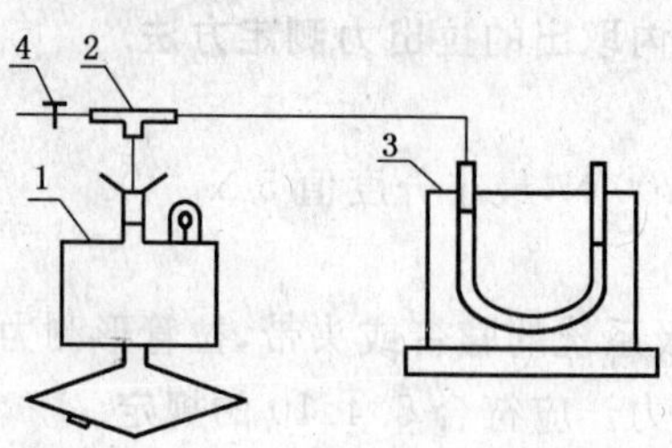

1——生氧剂药罐；

2——三通；

3——水柱压力计；

4——启闭开关。

图 6 自救器呼吸系统气密性试验装置示意图

6.9.2 试验步骤

试验时打开启闭开关 4，用抽气装置抽气，使自救器呼吸系统内的压力为 −800 Pa，观察 30 s 时水柱压力上升值。应符合 5.4.7 的要求。

6.10 抗跌落性试验方法

将自救器从 1.3 m 高处自由落下到水泥地面上，上(带封印条的面)、正(带铭牌的面)、侧(带个人名签的面)三个面各跌落一次，然后检查其外壳、铭牌和插片等是否有明显损坏，检查其气密性和初期生氧器是否自行起动。

6.11 抗滚动冲击性能试验方法

6.11.1 试验装置如图 7 所示。

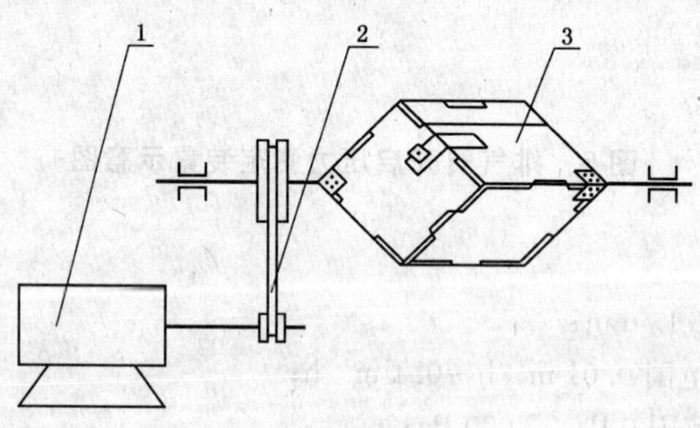

1——电机；

2——减速器；

3——试验箱。

图 7 自救器滚动冲击试验装置示意图

6.11.2 仪器设备

仪器设备如下：

a) 试验箱：用 18 mm±2 mm 厚松木板制成的内边为 300 mm 的正方形木箱体；以对角线为轴，转速为 60 r/min±2 r/min；

b) 减速器。

6.11.3 测定步骤

将自救器放入试验箱中，以 60 r/min±2 r/min 的转速连续滚动冲击 10 min，检查初期生氧器是否已起动、贮气袋和呼吸软管漏入药粉量，恢复原状后，再按 6.1 作防护性能试验，其结果应符合 5.2 防护性能要求。

6.12 **阻燃性能试验方法**

6.12.1 阻燃性能试验装置如图 8 所示。

图 8 阻燃性能检验装置示意图

6.12.2 试验步骤

6.12.2.1 对支架 6 进行安装调整，使它高度固定在喷灯尖端之上 20 mm 处，然后开动马达将它旋转在一旁。

6.12.2.2 在已固定喷嘴上点燃火焰 7，并在火焰距喷灯尖端之上 20 mm 处，用适合的测温仪器对火焰温度进行监测，并应用阀 2 调节丙烷气体流量，使火焰点温度稳定地控制在 800 ℃±50 ℃。

6.12.2.3 将被检呼吸系统置于支架 6 上，并保证被检件的最低点与喷灯尖端之间距离为 20 mm，也就是被检件的最低点应通过火焰 800 ℃之处，然后开动马达 10，速度达到 60 r/min，使支架及被检件旋转一周，即被检件过火一次，其结果应符合 5.4.13 的要求。

7 检验规则

7.1 出厂检验

7.1.1 产品由制造厂质量检验部门检验，检验合格并发给合格证后方准出厂。

7.1.2 出厂检验项目见表 4 中规定。

表 4

序号	技术要求条款	出厂检验		型式检验	备注
		逐台检验	抽样检验		
1	5.2.1	—	√	√	关键项目
2	5.2.2	—	√	√	关键项目
3	5.2.3	—	√	√	关键项目
4	5.2.4	—	—	√	关键项目
5	5.2.5	—	√	√	关键项目
6	5.2.6	—	√	√	关键项目
7	5.3.1	√	—	—	
8	5.3.2.1	√	—	√	
9	5.3.2.2	√	—	—	
10	5.3.3.1	—	√	√	
11	5.3.3.2	—	—	√	
12	5.3.4.2	√	—	√	关键项目
13	5.3.5	—	√	√	关键项目
14	5.3.7	√	—	√	关键项目
15	5.4.3	√	√	—	
16	5.4.7	√	—	—	关键项目
17	5.4.8	—	√	√	关键项目
18	5.4.9	—	√	√	关键项目
19	5.4.10	—	√	√	
20	5.4.11	—	√	√	
21	5.4.12	—	√	√	
22	5.4.13	—	√	√	
23	8.2b	—	—	√	
注:"√"为检验项目;"—"为不检验项目。					

7.2 型式检验

7.2.1 有下列情况之一时,应进行型式检验:

a) 新产品或老产品转厂生产时;

b) 正式生产后,如材料、药剂、工艺、结构有较大改变可能影响产品性能时;

c) 正常生产时,每年至少进行一次;

d) 停产一年后,恢复生产时;

e) 出厂检验结果和上次型式检验结果有较大差异时;

f) 国家质量监督机构提出进行型式检验时。

7.2.2 型式检验项目为本标准表 4 中规定的检验项目。

7.3 组批与抽样

7.3.1 组批

检验批应由同型号且生产条件和生产时间基本相同的单位产品组成。

7.3.2 抽样

7.3.2.1 抽样方法,按 GB/T 10111 的规定进行。

7.3.2.2 抽样数量

抽样基数不少于 200 台(新研制产品抽样基数不少于 100 台),抽样数量不少于 6 台,在工厂检验的合格品中随机抽取。

7.3.2.3 试验样品分配

2 台不做跌落和滚动试验,直接做防护性能试验;2 台先按 5.4.8 和 5.4.9 的规定进行抗跌落性和抗滚动冲击性能试验后,再做防护性能试验;1 台做完温度的耐受性试验后,先做静坐防护性能试验再做零部件性能测试、阻燃性能测试;1 台直接做供氧性能试验。

对于自救器装氯酸盐生氧起动器的抽样和检验,按 MT 426 有关规定执行。

7.4 判定规则

出厂抽样检验和型式检验结果中,如有一项关键项目不合格,即判该批产品不合格;其他项目如有二台项不合格,则判该批产品为不合格;如有一台项不合格,则应加倍抽样,重做全部项目试验,如果仍有一台项不合格,则判定该批产品不合格。

8 标志、包装、运输、贮存

8.1 标志

8.1.1 自救器外壳的明显处应有永久性铭牌,铭牌文字清晰牢固,并具有以下标志:

a) 制造厂名称或代码;
b) 产品型号和名称;
c) 安全标志编号;
d) 制造日期和批号;
e) 防伪标记。

8.1.2 包装箱表面应有下列标志:

a) 制造厂名称;
b) 产品型号和名称;
c) 数量;
d) 尺寸、净重、毛重;
e) “严禁受潮”、“切勿倒置”、“小心轻放”、“远离火源”等文字或符号。

8.2 包装

包装应符合下列要求:

a) 产品包装应有防止在搬运过程中因碰撞而造成损伤的措施;
b) 产品包装后,应能经受加速度 30 m/s^2 冲击频率 80 min^{-1}～120 min^{-1},历时 2 h 的振动试验,包装不应损坏;
c) 包装箱内应有装箱单,产品合格证和产品使用说明书等文件。

8.3 运输

运输时不应和油类、腐蚀性化学药品混装。并要求有防日晒和防雨措施。

8.4 贮存

产品应贮存在通风良好库房内。温度在 0 ℃～40 ℃范围内,要远离热源,不准与易燃和腐蚀物品在同一库房内存放。

附 录 A
（规范性附录）
橡胶件、塑料件和滤尘垫试验方法

A.1 与药罐外壁接触的橡胶材料耐热性试验方法

将制成的零部件放入干燥箱内，在 180 ℃±2 ℃恒温 2 h 后，观察试样。

A.2 其他橡胶件耐热性试验方法

将制成的零部件（贮气袋胶布用 10 cm×50 cm 胶布条），放入干燥箱内，在 120 ℃±2 ℃恒温 2 h 后，观察试样。

A.3 橡胶件耐老化和耐化学性试验方法

对于呼吸软管、同药连接的呼气管，分别加入约 0.1 g 超氧化钾药粉，两端用口具塞塞住，把呼吸软管压扁三折后，用绳扎住（呼气管可对折、压扁扎住），在氧气浓度大于 30%条件下（可把橡胶管放在用贮气袋胶布粘结的口袋中，再通氧气达到富氧条件），放入干燥箱内在 70 ℃±2 ℃、24 h 老化试验后，观察其试样。

A.4 塑料件耐高温试验方法

将制成的塑料部件，放入干燥箱内，在 60 ℃±2 ℃、恒温 16 h 后，观察试样。对塑料制作的热交换器，要用手按压，观察焊缝处是否开裂。

A.5 塑料件耐低温试验方法

将制成的塑料部件放入低温箱内，在−30 ℃±2 ℃、恒温 16 h 后，观察试样。

A.6 滤尘垫不燃试验方法

将滤尘垫放入有超氧化钾药粉的金属罐内，加热到 350 ℃±5 ℃，同时用玻璃棒搅拌 5 min，观察是否产生火花或燃烧。

ICS 73.100.40
D 93

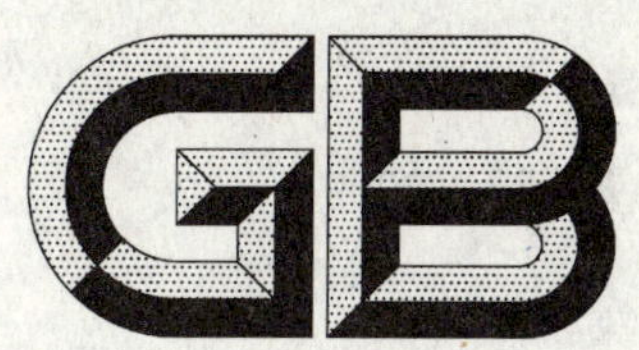

中华人民共和国国家标准

GB/T 24503—2009

矿用圆环链驱动链轮

Mining-drive sprocket for chains (round link)

(ISO 5613:1984, Mining-drive sprocket assemblies for chain conveyors, NEQ)

2009-10-30 发布　　　　2010-04-01 实施

中华人民共和国国家质量监督检验检疫总局
中国国家标准化管理委员会　发布

前　言

本标准对应于 ISO 5613:1984(英文版)《刮板输送机传动链轮组件》并参考 ISO/TR 8865:1990《刮板输送机链轮组件规格检验方法指南》。本标准与 ISO 5613:1984(英文版)的一致性程度为非等效，主要差异如下：

——本标准包含检验方法的内容；

——本标准增加了 ϕ30×108～ϕ48×152 规格圆环链驱动链轮的型式、尺寸。

本标准附录 B、附录 C、附录 D 为规范性附录，附录 A 为资料性附录。

本标准由中国煤炭工业协会提出并归口。

本标准负责起草单位：煤炭科学研究总院太原研究院。

本标准参加起草单位：宁夏天地奔牛实业集团有限公司、中煤张家口煤矿机械有限责任公司。

本标准主要起草人：石岚、孟建新、毕春兰、王鸿雁、蔡玉萍、王清元、黄志宝。

矿用圆环链驱动链轮

1 范围

本标准规定了矿用圆环链驱动链轮(以下简称“链轮”)的型式和尺寸、要求、试验方法、检验规则、标志、包装、运输和贮存。

本标准适用于刮板输送机、刮板转载机、刨煤机、掘进机、采煤机中以圆环链作牵引链的驱动链轮,也适用于以圆环链作牵引链的其他设备中的驱动链轮。

2 规范性引用文件

下列文件中的条款通过本标准的引用而成为本标准的条款。凡是注日期的引用文件,其随后所有的修改单(不包括勘误的内容)或修订版均不适用于本标准,然而,鼓励根据本标准达成协议的各方研究是否可使用这些文件的最新版本。凡是不注日期的引用文件,其最新版本适用于本标准。

GB/T 228—2002 金属材料 室温拉伸试验方法(eqv ISO 6892:1998)

GB/T 229—2007 金属材料 夏比摆锤冲击试验方法(ISO 148-1:2006,MOD)

GB/T 985.2 埋弧焊的推荐坡口(GB/T 985.2—2008,ISO 9692-2:1998,MOD)

GB/T 3323 金属熔化焊焊接接头射线照相

GB/T 6060.1 表面粗糙度比较样块 铸造表面(GB/T 6060.1—1997,eqv ISO 2632-3:1979)

GB/T 6060.2 表面粗糙度比较样块 磨、车、镗、铣、插及刨加工表面(GB/T 6060.2—2006,ISO 2632/1:1985,MOD)

GB/T 6402 钢锻件超声波检测方法

GB/T 8170 数值修约规则与极限数值的表示和判定

GB/T 10111—2008 随机数的产生及其在产品质量抽样检验中的应用程序

GB/T 12718 矿用高强度圆环链(GB/T 12718—2009,ISO 610:1990,NEQ)

GB/T 13264 不合格品百分数的小批计数抽样检验程序及抽样表

JB/T 10061 A型脉冲反射式超声探伤仪 通用技术条件

MT/T 71—1997(2004年确认) 矿用圆环链用开口式连接环(neq ISO 1082:1990)

MT/T 99—1997 矿用圆环链用扁平接链环

3 型式和尺寸

3.1 链轮型式和尺寸应符合图1及表1的规定。

3.2 链轮规格尺寸在表1中未包括的,按表2的公式计算,计算示例和图形参见附录A。

表 1 链轮尺寸

单位为毫米

圆环链规格	链轮齿数 N	链轮节圆直径 D_0	链轮外径 D_e	链轮立环立槽直径 D_i	链轮立环立槽宽度 l	齿形圆弧半径 R_1	齿根圆弧半径 R_2		链窝平面圆弧半径 R_3	立环槽圆弧半径 R_4	短齿根部圆弧半径 R_5	链轮中心至链窝底平面的距离 H		链窝长度 L		短齿厚度 W	链窝中心距 A
			参考值	最大	最大	参考值	公称	公差带	最大	参考值	参考值	公称	公差带	公称	公差带	最大	参考
10×40	5	130	150	82	14	25	5	$^{+0.5}_{0}$		5	5	55	$^{0}_{-1.5}$	63	$^{+2}_{0}$	37	53
	6	155	175	108								68.5					
	7	180	200	134								81.5					
	8	205	225	159								94.5					
	9	230	250	185								107.5					
	10	256	276	210								120.5					
14×50	5	162	190	100	20	29	7	$^{+0.5}_{0}$	25	7	7	67.5	$^{0}_{-1.5}$	82	$^{+2}_{0}$	46	68
	6	193	221	132								84.5					
	7	225	253	164								101					
	8	256	284	195								117.5					
	9	288	316	227								133.5					
	10	320	348	259								149.5					
18×64	5	208	244	129	25	37	9	$^{+0.5}_{0}$	30	9	9	86.5	$^{0}_{-1.5}$	105	$^{+2}_{0}$	60	87
	6	248	284	170								108					
	7	288	324	210								129					
	8	328	364	250								150					
	9	369	405	292								171					
22×86	5	279	323	179	30	53	11	$^{+0.5}_{0}$	38	11	11	118	$^{0}_{-1.5}$	136	$^{+2}_{0}$	81	114
	6	333	377	234								146.5					
	7	387	431	289								175					
	8	441	485	344								203					
	9	495	539	398								231					
24×86	5	279	327	178	32	50	12	$^{+0.5}_{0}$	40	12	12	116.5	$^{0}_{-1.5}$	140	$^{+2}_{0}$	81	116
	6	333	381	233								145.5					
	7	387	435	288								173.5					
	8	441	489	342								202					
	9	495	543	397								229.5					
26×92	5	299	350	183	35	53	13	$^{+0.5}_{0}$	45	13	13	124.5	$^{0}_{-1.5}$	151	$^{+2}_{0}$	86	125
	6	356	408	242								155					
	7	414	466	300								185.5					
	8	472	524	359								215.5					
	9	530	582	418								245.5					

表 1（续）

圆环链规格	链轮齿数 N	链轮节圆直径 D_0	链轮外径 D_e	链轮立环立槽直径 D_i	链轮立环立槽宽度 l	齿形圆弧半径 R_1	齿根圆弧半径 R_2		链窝平面圆弧半径 R_3	立环槽圆弧半径 R_4	短齿根部圆弧半径 R_5	链轮中心至链窝底平面的距离 H		链窝长度 L		短齿厚度 W	链窝中心距 A
			参考值	最大	最大	参考值	公称	公差带	最大	参考值	参考值	公称	公差带	公称	公差带	最大	参考
30×108	5	351	411	218	40	63	15	$^{+0.5}_{0}$	50	15	15	146	$^{0}_{-1.5}$	176	$^{+2}_{0}$	101	146
	6	418	478	287								182.5					
	7	486	546	356								218					
	8	554	614	425								253.5					
	9	623	683	494								288.5					
34×126	5	409	477	263	44	75	17	$^{+0.5}_{0}$	55	17	17	171	$^{0}_{-1.5}$	204	$^{+2}_{0}$	117	170
	6	488	556	343								213.5					
	7	567	635	423								255					
	8	647	715	504								296					
	9	726	794	584								337					
38×137	5	445	521	285	50	80	19	$^{+0.5}_{0}$	60.5	19	19	185.5	$^{0}_{-1.5}$	223	$^{+2}_{0}$	128	185
	6	531	531	372								231.5					
	7	617	693	460								276.5					
	8	703	779	547								321.5					
	9	790	866	634								366					
42×146	5	474	558	300	54	83	21	$^{+0.5}_{0}$	66.5	21	21	196.5	$^{0}_{-1.5}$	241	$^{+2}_{0}$	136	199
	6	566	650	393								245.5					
	7	657	741	486								294					
	8	750	834	579								341.5					
	9	842	926	672								389					
42×152	5	494	578	318	54	89	21	$^{+0.5}_{0}$	66.5	21	21	206	$^{0}_{-1.5}$	247.5	$^{+2}_{0}$	142	205.5
	6	589	673	416								257					
	7	684	768	512								307					
	8	780	864	610								356.5					
	9	876	960	706								406					
48×152	5	494	590	318	62	80	24	$^{+0.5}_{0}$	82	24	24	202	$^{0}_{-1.5}$	259.5	$^{+2}_{0}$	142	211.5
	6	589	685	416								253					
	7	684	780	512								303.5					
	8	780	876	610								353					
	9	876	972	706								403					

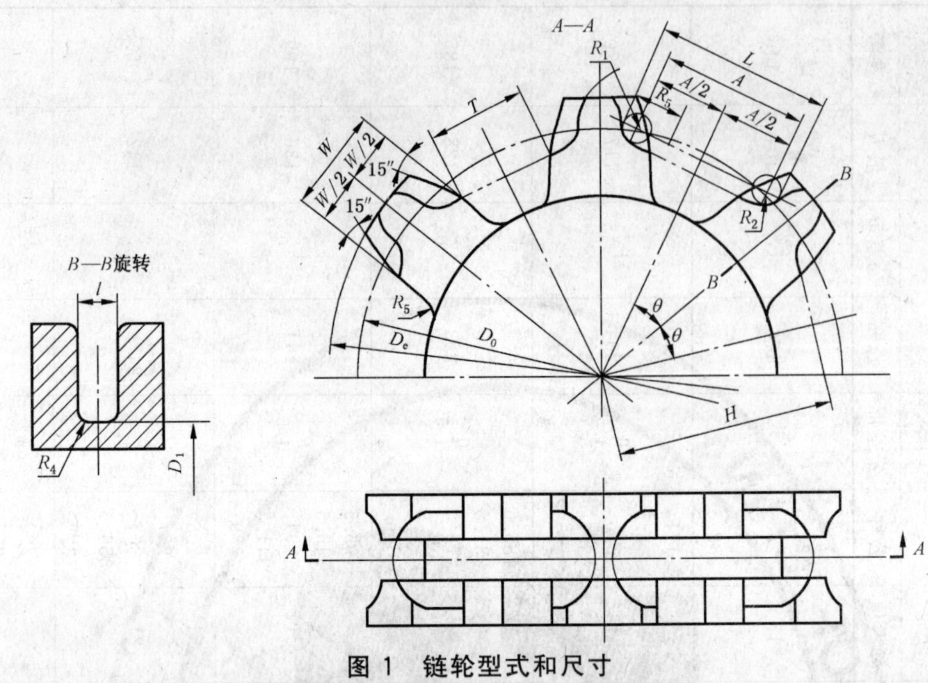

图 1 链轮型式和尺寸

表 2 矿用圆环链链轮尺寸计算

名　称	符号	计 算 公 式
圆环链公称直径/mm	d	按 GB/T 12718 规定选用
圆环链公称节距/mm	p	
圆环链最大外宽/mm	b	
链轮齿数	N	—
链轮节距角/(°)	θ	$\theta=\frac{360°}{2N}$
链轮节圆直径/mm	D_0	$D_0=\sqrt{\left(\frac{p}{\sin(90°/N)}\right)^2+\left(\frac{d}{\cos(90°/N)}\right)^2}$
链轮外径(参考值)/mm	D_e	$D_e=D_0+2d$
链轮立环立槽直径(参考值)/mm	D_1	$D_1=\frac{p}{\tan\frac{90°}{N}}+d\cdot\tan\frac{90°}{N}-B-\Delta$ 式中: B——标准圆环链按圆环链最大外宽 b 选用,扁平链按扁平环圆环外宽选用; Δ——按表 A.1 选用。
链轮立环立槽宽度/mm	l	$l=d'+\delta$ 式中: d'——标准圆环链按圆环链公称直径 d 选用,扁平链按扁平环厚度选用; δ——按表 A.1 选用。
齿根圆弧半径/mm	R_2	$R_2=0.5d$
链窝长度/mm	L	$L=1.075p+2d$

表 2（续）

名　　称	符号	计 算 公 式
链窝平面圆弧半径/mm	R_3	R_3 值等于扁平接链环圆弧部分的最大外圆半径。 圆心在扁平接链环中心线上，此中心线平行链窝平面，距链轮中心的距离为 $H+0.5d$。 扁平接链环几何尺寸按 MT/T 99—1997 规定选用。
链轮中心至链窝底平面的距离/mm	H	$H=0.5\left(\dfrac{p}{\tan\dfrac{90°}{N}}-d\cdot\tan\dfrac{90°}{N}\right)-0.5d$ 求得的 H 值，精确到 0.5 mm。
短齿厚度（尺寸仅作参考）/mm	W	$W=(2H+d)\sin\dfrac{180°}{N}-A\cos\dfrac{180°}{N}+d$ A 为链窝中心距离。
链窝中心距离/mm	A	$A=1.075p+d$　　A 值为参考值
齿形圆弧半径/mm	R_1	$R_1=p-1.5d$　R_1 值为参考值，圆弧半径的中心在离链轮中心 $H+0.5d$ 的直线上。
立环槽圆弧半径/mm	R_4	$R_4=0.5d$
短齿根部圆弧半径/mm	R_5	$R_5=0.5d$
链窝间隙/mm	T	限制 W 的最大值，能保证圆环链在链窝中得到足够的支承，也能保证开口式连接环和刮板在链窝中有足够的间隙，但在某些重载情况下，平链环的支承面积，有必要增加时，用户和厂方商定，可以规定 T 尺寸，而调整 W 之值。 开口式连接环几何尺寸按 MT/T 71—1997 规定选用。

4 要求

4.1 链轮的制造应符合本标准的要求，并按照规定程序批准的图样和文件制造。

4.2 链轮用材料机械性能应符合表 3 要求。

表 3 链轮用材料机械性能

圆环链规格	抗拉强度 σ_b/(N/mm²)	延伸率 δ_5/%	冲击值 α_k/[(N·m)/cm²]
小于或等于 18×64	≥610	≥9	≥50
22×86～26×92	≥1 000	≥9	≥60
大于或等于 30×108	≥1 000	≥12	≥100

4.3 链轮应进行调质处理，调质硬度应达到 HB260～300，链窝和齿形表面应进行淬火处理，淬火硬度应达到 HRC50～HRC55。尺寸小于或等于 18×64 圆环链用链轮淬火硬度层深度不低于 3 mm，尺寸范围 22×86 到 26×92 之间的圆环链用链轮淬火硬度层深度不低于 5 mm，尺寸大于或等于 30×108 圆环链用链轮淬火硬度层深度不低于 8 mm。

4.4 链轮如按垂直轴线平分成两半制造，然后焊接合成时，两半链轮组合的整体链轮不应有影响啮合运转的偏移。焊接应符合 GB/T 985.2 的规定。所有焊缝应平整，不应出现裂纹或其他缺陷。

4.5 链窝平环底面不平度应不大于 1 mm。

4.6 铸造链轮表面应无明显的砂眼、缩孔、夹渣、气泡、裂纹等铸造缺陷，锻造链轮表面应无明显的裂纹、褶缝、缺肉、过烧等锻造缺陷。

4.7 焊接链轮的焊缝应平整均匀，不应出现目视裂纹或其他可见缺陷。

4.8 链轮非工作表面应有制造厂的永久性标志。

4.9 相邻两链窝槽的中心线的角度偏差应不大于±30′。

4.10 链轮齿面及链窝表面粗糙度应不低于$\overset{25}{\bigtriangledown}$。

4.11 链轮中心至链窝底平面距离 H 值应符合表 1 的规定。

4.12 相邻两链窝的实测弦长偏差值应符合附录 B 中表 B.1 的规定。

4.13 同轴两链轮间中心距的偏差不应超过±1 mm，链轮滚筒外圆与刮板下平面应有不小于 5 mm 的间隙。

4.14 链窝量规置于链窝底平面上时，应有三点与链窝量规接触，用塞尺测量第四点与量规底面之间的间隙，应不超过 1 mm。

4.15 链窝量规两端的 r_2 半径区与链轮四个齿的立槽两侧 R_2 圆弧区接触时，应有三个齿接触，第四齿的间隙应不超过 1 mm。

4.16 两个链窝量规放入相邻的链窝中时，其中心点的高度差不应超过附录 B 中表 B.1 中所列弦长偏差。

5 试验方法

5.1 试验器具

5.1.1 链窝量规

链窝量规需经计量检定合格后方可使用。其结构如图 2 所示，主要尺寸应符合表 4 的规定。

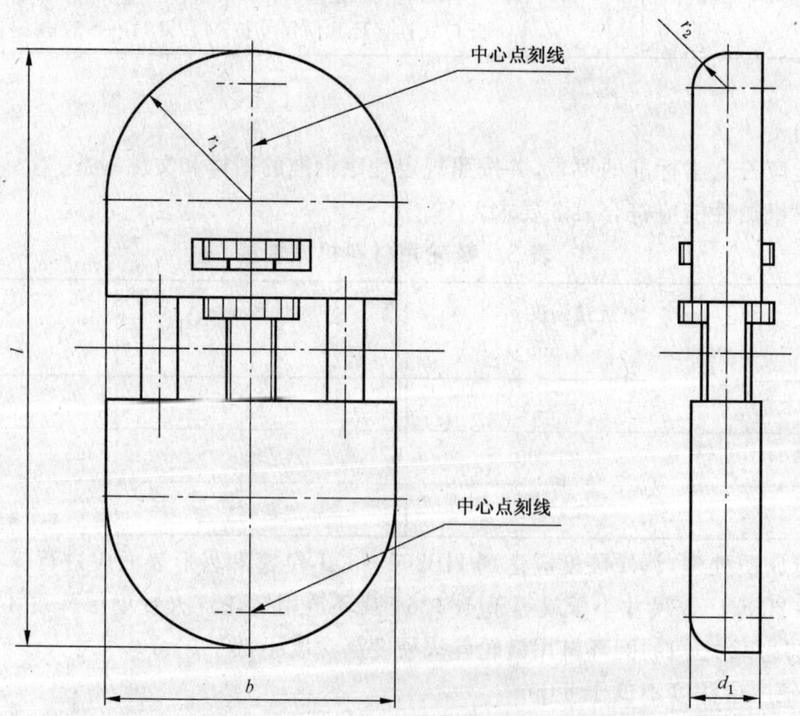

图 2 链窝量规

表 4 链窝量规主要尺寸

单位为毫米

圆环链规格	$d_{1\,-0.1}^{\;\;0}$	l	$b_{-0.1}^{\;\;0}$	$r_{1\,-0.05}^{\;\;0}$	$r_{2\,-0.1}^{\;\;0}$
10×40	10	59～70	34	17.0	5
14×50	12	78～88	49	24.5	7
18×64	15	100～110	59	29.5	9
22×86	18	130～145	75	37.5	11
24×86	19	134～149	79	39.5	12
26×92	22	144～158	89	44.5	13
30×108	25	169～184	99	49.5	15
34×126	27	197～212	109	54.5	17
38×137	30	213～228	121	60.5	19
42×146	33	230～251	133	66.5	21
42×152					
48×152	36	245～262	164	82	24

5.1.2 可调中心器

用于确定链轮轴孔的旋转中心，作为链轮几何尺寸检测的基准，其结构如图 3 所示，调节螺钉和定心块的调节范围，按链轮轴孔的尺寸大小来确定。

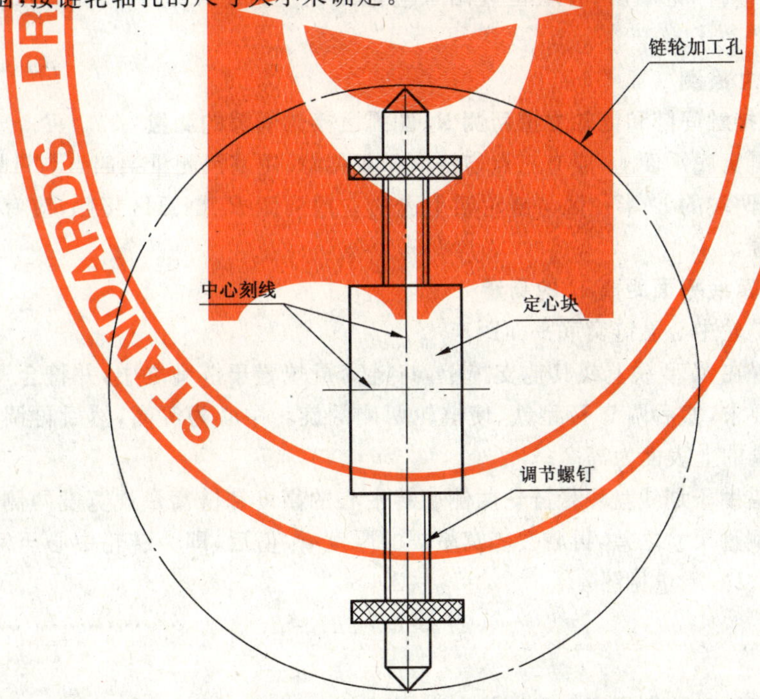

图 3 可调中心器

5.1.3 探伤仪器

采用脉冲反射式 A 型显示的超声波探伤仪：

a) 探伤性能应符合 JB/T 10061 的规定；

b) 探伤频率为 0.5 MHz～5 MHz；

c) 探伤仪的水平线性误差不大于 2%，垂直线性误差不大于 5%；

d) 探伤仪应具备衰减器，最大衰减量不低于 50 dB，衰减器细调步级不大于 2 dB。

5.1.4 其他测量器具及设备

比较样块、游标卡尺、高度尺、半径规、塞尺、钳工平台、划线盘、外卡钳和其他划线工具等。

5.2 检验准备

5.2.1 被检链轮不允许带有任何可能遮蔽缺陷的涂层。

5.2.2 水平剖分式链轮，将连接螺栓拧紧，检查组装情况。

5.2.3 被检链轮的各齿侧面，依次编号 1 至 z（齿数）标记，并在相对应齿侧面编号 1 至 z 标记。

5.2.4 在被检链轮轴孔两侧各安装一个可调中心器，以轴孔加工孔为基准。调节可调中心器，找出链轮两侧的旋转中心。

5.3 链轮用材料机械性能检查

链轮用材料机械性能检查方法见附录 C。

5.4 表面质量检查

5.4.1 目视检查链轮表面有无铸造缺陷或锻造缺陷。

5.4.2 目视检查母材及焊缝表面有无焊接缺陷。

5.4.3 按 GB/T 3323 或 GB/T 6402 中规定的方法对焊缝进行探伤检查，用射线检查时，每条焊缝检查量不小于焊缝长度的 20%，用超声波检查时全检。

5.4.4 目视检查链轮非工作表面有无制造厂的永久性标志。

5.4.5 齿面和链窝面粗糙度检查，铸、锻表面用 GB/T 6060.1 规定的比较样块检查；机械加工表面用 GB/T 6060.2 规定的比较样块检查，其他加工表面采用相应的比较样块。用比较样块逐齿进行检查。

5.4.6 检查出的缺陷用标记圈出，各项检查结果应记录在检查记录表中，表的格式见附录 D 中的表 D.1。

5.5 链轮齿圈几何尺寸检测

5.5.1 链窝支承平面接触间隙和链轮立槽两侧 R_2 圆弧区接触间隙的测量

将链窝量规置于链窝底平面上，应有三点与链窝量规接触，用塞尺测量第四点与量规底面之间的间隙。同时，使链窝量规两端的 r_2 半径区与链轮四个齿的立槽两侧 R_2 圆弧区接触，应有三个齿接触，用塞尺测量第四齿的间隙。

5.5.2 链轮中心至链窝底平面距离 H 的测量

按以下步骤测量链轮中心至链窝底平面距离 H：

a) 被检链轮放置在 V 型铁上或其他支撑上，将链窝量规置于链窝之中，并符合 4.14、4.15 规定的接触间隙要求，然后调节 V 型铁，使链轮两侧的旋转中心为等高，然后再调节链轮，使链窝量规圆弧两端的上表面为等高；

b) 用高度尺或借助于划线盘测量链轮两侧旋转中心的高度和链窝量规宽度两侧上表面的高度，将链轮每侧测量尺寸之差，再减去链窝量规的厚度 d_1 值后，即为链轮中心至窝底平面的距离 H，计算按式(1)，测量见图 4。

$$H = h_1 - h_2 - d_1 \qquad (1)$$

式中：

h_1——平台表面至链窝量规上表面的高度，单位为毫米(mm)；

h_2——平台表面至链轮旋转中心的高度，单位为毫米(mm)；

d_1——链窝量规的厚度，单位为毫米(mm)。

5.5.3 链窝长度 L 的测量

按以下步骤测量链窝长度 L：

a) 链窝量规置于链轮链窝中，调节链窝量规伸、缩，使量规在链轮链窝的支承面上不能晃动，同时满足 4.14、4.15 的接触间隙要求；

b） 用游标卡尺测量链窝量规的圆弧顶端之间的尺寸。

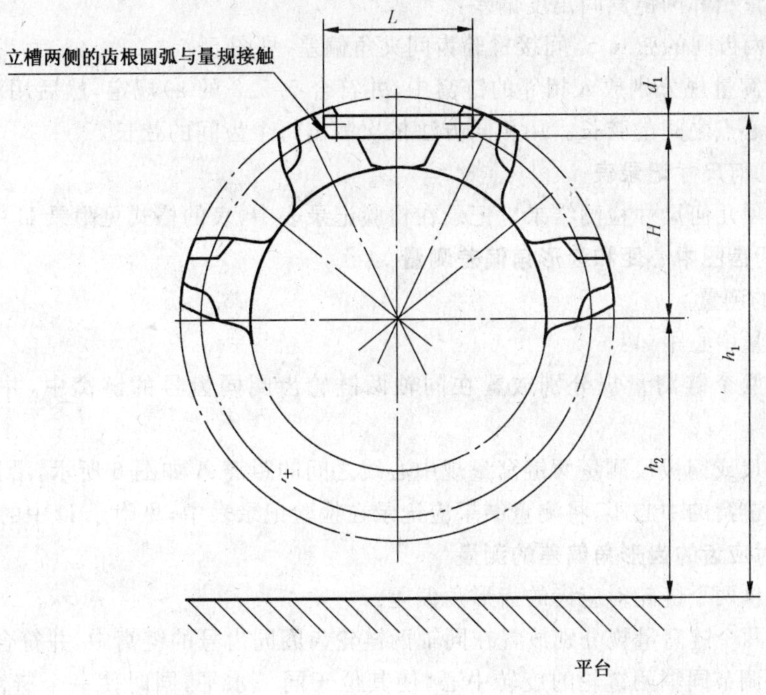

图 4 链轮中心至链窝底平面的距离

5.5.4 齿根圆弧半径 R_2 的测量

半径规朝着链窝平面圆弧半径方向测量，见图 5。每齿测一处（每个链窝测 4 处）。

5.5.5 链轮立环立槽宽度 l 的测量

用游标卡尺或专用塞尺，测量立槽坡口下部尺寸。

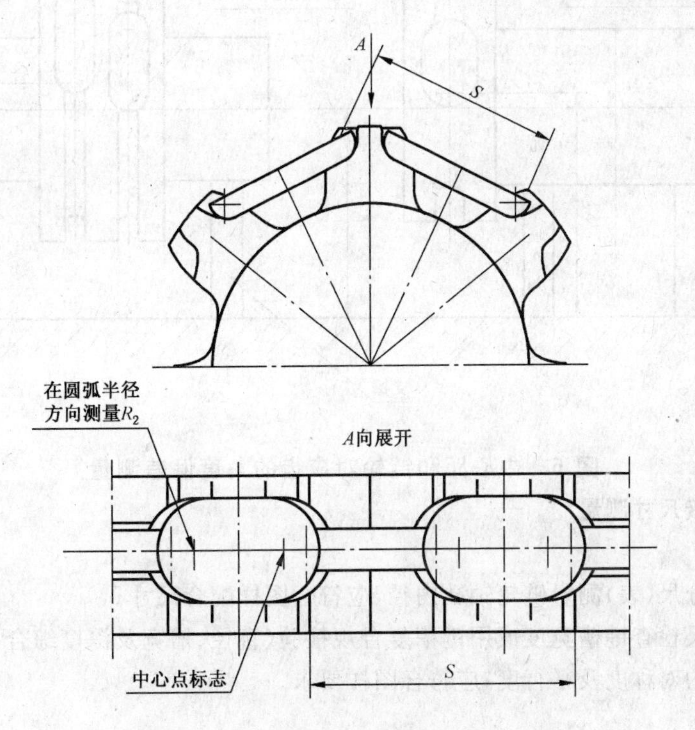

图 5 相邻链窝齿间弦长测量

5.5.6 相邻两链窝齿间角度偏差的测量

按以下步骤测量相邻两链窝间角度偏差：

a) 测量相邻两齿间的弦长 S，间接检验齿间夹角偏差，见图 5；

b) 将两个链窝量规分别放入相邻的链窝中，并符合 5.5.3 的 a)规定，然后用游标卡尺测量两链窝量规中心点之间的弦长。用相同方法依次测出每个齿间的弦长。

5.5.7 链轮齿圈几何尺寸记录表

链轮齿圈的各项几何尺寸检测结果应记录在检验记录表中，表的格式见附录 D 中的表 D.2。

5.6 同轴两链轮间齿圈中心距和齿形角偏差测量

5.6.1 中心距 A 的测量

按以下步骤测量中心距 A：

a) 将同样的两个链窝量规分别放置在同轴两链轮齿圈同齿号的链窝中，并符合 5.5.3 的 a)规定；

b) 用游标卡尺或钢板尺测量两链窝量规中心线之间的距离 A 如图 6 所示，沿齿圈圆周均布地测量对应两链窝的中心距，将测量结果应记录在检验记录表中，见附录 D 中的表 D.3。

5.6.2 两个链轮对应齿的齿形角偏差的测量

按以下步骤测量两个链轮对应齿的齿形角偏差：

a) 将同样的两个链窝量规分别放置在同轴两链轮齿圈同齿号的链窝中，并符合 5.5.3a)的规定；

b) 在平台上调节同轴两链轮的旋转中心，使其位于同一水平，同时使一个链窝量规上的中心点和旋转中心也在同一个水平高度上，见图 6。此时应对链窝量规给予水平保持力，防止量规下滑；

c) 用高度尺分别测出两个链窝量规中心点的高度值，并计算高度差；

d) 用同样方法依次检测同轴两链轮齿圈其他链窝的高度差，测量结果记录在表 D.3 中。

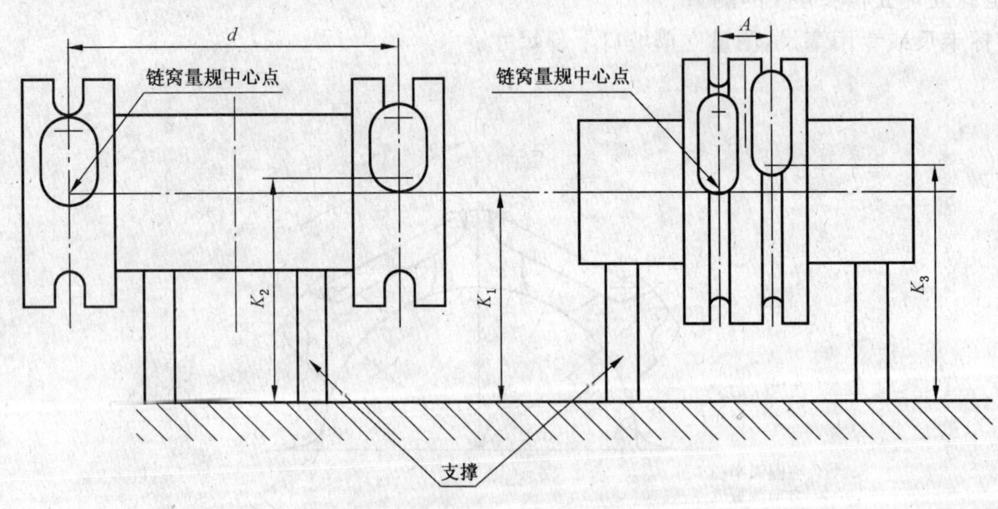

图 6 中心距和链轮对应齿的角度偏差测量

5.7 链轮和轴的连接尺寸测量

5.7.1 平键传动

5.7.1.1 用内径千分尺(表)测量链轮轴孔内径，应符合图样配合尺寸。

5.7.1.2 用游标卡尺检查键槽宽度或用键槽复合规检验(直径、槽宽及深度综合检查)。

5.7.1.3 检查键槽的对称度及平行度，应符合图样要求。

5.7.2 花键传动

5.7.2.1 矩形花键使用综合通、止花键塞规检测。

5.7.2.2 渐开线花键可用综合通、止花键塞规检验或测量跨棒距数值来检测。

5.7.3 检测结果

链轮和轴的连接尺寸测量结果应记录在表 D.3 所示检验记录表中。

5.8 链窝及齿形表面硬度的测量

5.8.1 用携带式硬度计在链轮样品上直接测量，测量前将链窝被检处的表面打磨到要求的粗糙度。

5.8.2 在每对齿号对应两齿的链窝底平面各测一组(3 点)硬度，取每组硬度的平均值。

5.8.3 每个链轮随机检查两对齿号(4 组)的硬度。

5.8.4 测量结果应记录在链窝硬度检验记录表中，见附录 D 中的表 D.4。

5.9 数据处理

5.9.1 数值的修约应符合 GB/T 8170 的规定。

5.9.2 数值记录的有效位数以测量器具的最小分度值读取，最少保留一位小数。

5.9.3 数值判定的有效位数与标准规定的有效位数应一致。

5.9.4 极限数值的判定应符合 GB/T 8170 的规定。

6 检验规则

6.1 检验分类

链轮检验分为出厂检验和型式检验。

6.1.1 出厂检验

产品应经制造厂质量检验部门出厂检验合格后方可出厂，出厂时应附有产品质量合格文件。

6.1.2 型式检验

凡属下列情况之一者应进行型式检验：

a) 新产品鉴定定型或老产品转厂试制时；

b) 当产品的设计、工艺或所使用的材料有改变，可能影响产品的性能时；

c) 对停产一年以上再次生产的产品或正常生产时，应每三年进行一次检验；

d) 用户对产品质量有异议提出要求时；

e) 上级质量管理部门或国家质量监督机构提出要求时。

6.2 检验项目

出厂检验和型式检验的项目相同，有下列五项：

a) 表面质量；

b) 链轮齿圈几何尺寸；

c) 同轴两链轮间齿圈中心距和齿形角偏差；

d) 链轮和轴的连接尺寸；

e) 链窝及齿形表面硬度。

6.3 组批和抽样

6.3.1 检查批是由同一种规格、相同材质、相同工艺条件和连续加工的单个链轮或同轴两链轮组件组成。

6.3.2 批量抽样方案按 GB/T 13264 抽样规定，见表 5。

表 5 批量抽样方案

批 量	抽 样 数 量	合格判定数 A
≤10	1	0
>10～50	2	0
>50～100	3	0

6.3.3 样本抽取可在组成检查批后或在组成批的过程中进行。

6.3.4 抽样方法按 GB/T 10111—2008 中 2.3.1 的方法，随机抽取。

6.4 判定规则

6.4.1 单个链轮或同轴两链轮组件的判定规则相同。

6.4.2 表面质量检验时铸造质量或锻造质量有两处或两处以上缺陷者，判为 C 类不合格；母材及焊缝有两处或两处以上焊接缺陷者，判为 C 类不合格，有裂纹者判为 A 类不合格；链轮非工作表面无标志者判为 C 类不合格；表面粗糙度检查结果有二对齿(4 个齿)以上超差时，判为 C 类不合格。

6.4.3 链轮齿圈几何尺寸检验中，链窝底平面与链窝量规底面之间的间隙或链窝量规与链轮齿的立槽的间隙，有两个以上链窝接触间隙超差时，判为 C 类不合格；链轮中心至链窝底平面距离 H 值检测结果有一个以上(含一个)超差时，判为 B 类不合格；链窝长度 L 的检测结果有一个以上(含一个)超差判为 B 类不合格；齿根圆弧半径 R_2 的检测结果少于两对(含两对)超差判为 C 类不合格，两对以上超差判为 B 类不合格；相邻两链窝的实测弦长偏差值检测结果少于两个(含两个)相邻弦长偏差超差时，判为 B 类不合格，两个以上(含两个)相邻弦长偏差超差时，判为 A 类不合格。

6.4.4 表面质量和链轮齿圈几何尺寸两项检验中，每项中出现两个 C 类不合格等于一个 B 类不合格，两个 B 类不合格等于一个 A 类不合格，但两项中的 C 类不合格不得累计计算。

6.4.5 两个链轮相对应的中心距偏差出现一个以上超差时，判为 B 类不合格。

6.4.6 相邻链窝角度偏差允许的弦长偏差，同轴两链轮齿圈少于两对(含两对)超差者，判为 B 类不合格，两对齿以上超差者判为 A 类不合格。

6.4.7 链轮平键传动时，所有配合尺寸和形位公差全部符合要求时判为合格，其中有一项不合格判为 A 类不合格。链轮花键传动时，花键不符合塞规或测量尺寸超差者，判为 A 类不合格。

6.4.8 链轮链窝底平面硬度平均值低于 4.3 规定值时，判为 B 类不合格。

6.4.9 各检验项目的检验结果累计有两个 B 类不合格或有一个 A 类不合格时，则判该链轮或同轴两链轮组件为不合格。

6.4.10 样品检验全部为合格品时，判批为合格，样品检验有不合格品时，判批为不合格。

6.4.11 判为不合格的链轮可进行修复，经修复的链轮需重新送交检验。

7 标志、包装、运输和贮存

7.1 每一链轮应有厂标、规格等明显的永久性标志：

a) 制造厂厂标；

b) 圆环链直径乘节距，例如：18×64。

7.2 链轮单独出厂应采用箱装，箱外壁应有明显的包装标志，其内容如下：

a) 制造厂名称及地址；

b) 收货单位名称及地址；

c) 产品名称；

d) 净重、毛重及数量；

e) 包装箱外形尺寸。

7.3 随链轮包装箱附带的文件：

a) 使用说明书；

b) 装箱单；

c) 合格证。

7.4 链轮在运输、贮存过程中应防潮、保持清洁，不得与酸、碱物质接触，不应受剧烈振动、撞击。

附 录 A
（资料性附录）
计 算 示 例

A.1 链轮几何尺寸计算示例

圆环链规格为 18×64，链轮齿数 $N=7$。其基本几何尺寸计算如下：

1） 节圆直径 D_0

$$D_0=\sqrt{\left(\frac{p}{\sin\theta/2}\right)^2+\left(\frac{d}{\cos\theta/2}\right)^2}$$

$$=\sqrt{\left(\frac{p}{\sin\frac{90^\circ}{N}}\right)^2+\left(\frac{d}{\cos\frac{90^\circ}{N}}\right)^2}$$

$$=\sqrt{\left(\frac{64}{\sin\frac{90^\circ}{7}}\right)^2+\left(\frac{18}{\cos\frac{90^\circ}{7}}\right)^2}$$

$$=288.36(\text{mm})\quad 取\ D_0=288\ \text{mm}$$

2） 顶圆直径 D_e

$$D_e=D_0+2d$$

$$=288+2\times18=324(\text{mm})$$

3） 链轮立环的立槽直径 D_1

$$D_1=\frac{p}{\tan\frac{90^\circ}{N}}+d\cdot\tan\frac{90^\circ}{N}-b-\Delta$$

$$=\frac{64}{\tan\frac{90^\circ}{7}}+18\times\tan\frac{90^\circ}{7}-60-14$$

$$=280.40+4.11-60-14$$

$$=210.5(\text{mm})$$

取 $D_1=210$ mm

式中 Δ 值对 18×64 链条为 14 mm。

4） 链轮立环立槽宽度 l

$$l=d+\delta=18+7=25(\text{mm})$$

对 18×64 链条：δ 为 7 mm

5） 齿根圆弧半径 R_2

$$R_2=0.5d=0.5\times18=9(\text{mm})$$

6） 链窝平面圆弧半径 R_3 为接链环圆弧部分最大外圆半径对 18×64 时 $R_3=30$ mm

7） 链轮中心至链窝底平面的距离 H

$$H=0.5\left[\frac{p}{\tan\frac{\theta}{2}}-d\cdot\tan\frac{\theta}{2}\right]-0.5d$$

$$=0.5\left[\frac{64}{\tan\frac{90^\circ}{7}}-18\times\tan\frac{90^\circ}{7}\right]-0.5\times18=129(\text{mm})$$

8) 链窝长度 L

$$L = 1.075p + 2d = 1.075 \times 64 + 2 \times 18$$
$$= 104.8(\text{mm}) \quad 取 L = 105\ \text{mm}$$

9) 链窝中心距 A

$$A = 1.075p + d$$
$$= 1.075 \times 64 + 18$$
$$= 86.8(\text{mm}) \quad 取 A = 87\ \text{mm}$$

10) 短齿厚度 W

$$W = (2H + d)\sin\frac{180^\circ}{N} - A\cos\frac{180^\circ}{N} + d$$
$$= (2 \times 129 + 18)\sin\frac{180^\circ}{7} - 87\cos\frac{180^\circ}{7} + 18$$
$$= 60(\text{mm})$$

11) 齿形圆弧半径 R_1

$$R_1 = p - 1.5d$$
$$= 64 - 1.5 \times 18$$
$$= 37(\text{mm})$$

12) 立环槽圆弧半径 R_4

$$R_4 = 0.5d = 0.5 \times 18 = 9(\text{mm})$$

13) 短齿根部圆弧半径 R_5

$$R_5 = 0.5d = 0.5 \times 18 = 9(\text{mm})$$

A.2 链轮 Δ 值及 δ 值的选取

链轮 Δ 值及 δ 值的选取见表 A.1。

表 A.1

单位为毫米

圆环链规格	Δ 值	δ 值
10×40	10	5
14×50	10	6
18×64	14	7
22×86	19	8
24×86	15	8
26×92	22	10
30×108	26	10
34×126	27	10
38×137	28	12
42×146	30	12
42×152	30	12
48×152	32	14

A.3 链轮的齿形及基本尺寸标注

链轮的齿形及基本尺寸标注见图 A.1。

单位为毫米

图 A.1 链轮的齿形及基本尺寸

附　录　B
（规范性附录）
相邻链窝角度偏差允许的弦长偏差

链轮相邻链窝角度偏差允许的弦长偏差见表 B.1。

表 B.1　　　　单位为毫米

圆环链直径×节距 $d\times P$	链轮齿数 Z	相邻链窝名义弦长 S	±30′弦长偏差 $\pm\Delta S$	链轮中心至链窝底平面的距离 H	链窝中心距 A	链窝量规厚度 d_1
10×40	5	82.5	±0.5	55	53	10
	6	82.4	±0.6	68		
	7	82.7	±0.8	81.5		
	8	82.5	±0.9	94.5		
	9	82.4	±1.0	107.5		
	10	82.3	±1.1	120.5		
14×50	5	101.6	±0.6	67.5	68	12
	6	102.3	±0.8	84.5		
	7	102.4	±0.9	101		
	8	102.5	±1.1	117.5		
	9	102.2	±1.2	133.5		
	10	102.0	±1.4	149.5		
18×64	5	129.8	±0.8	86.5	87	15
	6	130.5	±1.0	108		
	7	130.5	±1.2	129		
	8	130.5	±1.4	150		
	9	130.7	±1.6	171		
22×86	5	173.4	±1.0	118	114	18
	6	174.1	±1.3	146.5		
	7	174.6	±1.6	175		
	8	174.7	±1.8	203		
	9	174.7	±2.1	231		
24×86	5	173.3	±1.0	116.5	116	19
	6	174.4	±1.3	145.5		
	7	174.5	±1.6	173.5		
	8	174.9	±1.8	202		
	9	174.6	±2.1	229.5		
26×92	5	187.2	±1.1	124.5	125	22
	6	187.7	±1.4	155		
	7	188.0	±1.7	185.5		
	8	188.0	±2.0	215.5		
	9	187.9	±2.3	245.5		

表 B.1（续）

圆环链直径×节矩 $d\times P$	链轮齿数 Z	相邻链窝名义弦长 S	±30′弦长偏差 $\pm\Delta S$	链轮中心至链窝底平面的距离 H	链窝中心距 A	链窝量规厚度 d_1
30×108	5	218.6	±1.3	146	146	25
	6	220.0	±1.7	182.5		
	7	220.2	±2.0	218		
	8	220.4	±2.3	253.5		
	9	220.2	±2.6	288.5		
34×126	5	255.3	±1.5	171	170	27
	6	255.1	±1.9	213.5		
	7	255.6	±2.3	255		
	8	255.6	±2.7	296		
	9	255.7	±3.1	337		
38×137	5	275.7	±1.6	185.5	185	30
	6	277.4	±2.1	231.5		
	7	277.8	±2.5	276.5		
	8	278.2	±2.9	321.5		
	9	278.2	±3.3	366		
42×146	5	294.1	±1.7	196.5	199	33
	6	295.7	±2.2	245.5		
	7	296.6	±2.6	294		
	8	296.6	±3.1	341.5		
	9	296.6	±3.5	389		
42×152	5	305.8	±1.8	206	205.5	33
	6	307.6	±2.3	257		
	7	308.2	±2.8	307		
	8	308.3	±3.2	356.5		
	9	308.4	±3.7	406		
48×152	5	306.2	±1.8	202	211.5	36
	6	307.7	±2.3	253		
	7	308.6	±2.8	303.5		
	8	308.8	±3.3	353.5		
	9	308.7	±3.7	403		

相邻链窝名义弦长和±30′弦长偏差由下式算出：

$$S = 2R\sin\left(\frac{180^\circ}{N}\right)$$

$$S_+ = 2R\sin\left(\frac{180^\circ}{N} + \frac{30'}{2}\right)$$

$$S_- = 2R\sin\left(\frac{180^\circ}{N} - \frac{30'}{2}\right)$$

$$R = \frac{A}{2\sin\beta}$$

$$\beta = \arctan\left(\frac{A/2}{H + d_1}\right)$$

式中：

S_+——角度偏差为$+30'$时相邻链窝的弦长，单位为毫米(mm)；

S_-——角度偏差为$-30'$时相邻链窝的弦长，单位为毫米(mm)；

R_+——链轮中心至链窝量规表面中心点的距离，单位为毫米(mm)；

β——两齿间的中心线与半径 R 之间的夹角，单位为度(°)。

附 录 C
（规范性附录）
链轮材料机械性能检查方法

C.1 试样制备

C.1.1 对链轮材料进行机械性能检查时，应制备试样，进行拉伸试验和冲击试验。

C.1.2 铸造链轮制备试样用试料应与链轮同炉同模铸出，锻造链轮制备试样用试料应与链轮取自同一毛坯。试料应与链轮采用相同工艺，同时调质处理。

C.1.3 制备试样时应避免由于机加工使钢表面产生硬化及过热而改变其力学性能。

C.1.4 拉伸试验试样尺寸应符合 GB/T 228—2002 附录 B 圆形横截面比例试样 R4 的要求，并满足试验机夹持要求。

C.1.5 冲击试验试样尺寸应符合 GB/T 229—2007 表 2 规定的试样尺寸与偏差要求。

C.2 试验机要求

C.2.1 拉伸试验用试验机应符合 GB/T 228—2002 第 9 章规定。

C.2.2 冲击试验用试验机应符合 GB/T 229—2007 第 7 章规定。

C.3 试验方法

C.3.1 拉伸试验

按照 GB/T 228—2002 规定对试样进行拉伸试验，测定试样的抗拉强度 σ_b 和延伸率 δ_5（试样标距等于 5 倍直径）。

C.3.2 冲击试验

按照 GB/T 229—2007 规定对试样进行冲击试验，测定试样的冲击值 α_k。

附 录 D
（规范性附录）

D.1 链轮表面质量检测记录表格式

链轮表面质量检测记录表见表 D.1。

表 D.1 链轮表面质量检测记录表

链轮规格： 样品编号：

检查项目	检查情况	结果
锻(铸)缺陷		
焊缝表面质量		
永久性标志		
表面粗糙度		
检查结论		
备注		

检测： 项目负责： 审核： 检验日期：

D.2 链轮齿圈几何尺寸检测记录表格式

链轮齿圈几何尺寸检测记录表见表 D.2。

表 D.2 链轮齿圈几何尺寸检测记录表

链轮规格： 样品编号： 单位为毫米

序号	检验项目	标准值	链齿编号								结果
			1-2	2-3	3-4	4-5	5-6	6-7	7-8	8-1	
			1′-2′	2′-3′	3′-4′	4′-5′	5′-6′	6′-7′	7′-8′	8′-1′	
1	链窝接触间隙										
2	链窝底面至中心高度 H										
3	链窝长度 L										
4	齿根立槽宽度 R_2										
5	立环立槽宽度 l										
6	相邻链窝齿间角度偏差										
检验结论											

检测： 项目负责人： 审 核： 日期：

D.3 同轴两链轮间中心距和两齿圈对应齿的齿形角偏差检测记录表

同轴两链轮间中心距和两齿圈对应齿的齿形角偏差检测记录表见表 D.3。

表 D.3 同轴两链轮间中心距和两齿圈对应齿的齿形角偏差检测记录表

链轮规格： 样品编号： 单位为毫米

检测项目		标准值	齿号								检验结果
			1-2	2-3	3-4	4-5	5-6	6-7	7-8	8-1	
中心距											
两齿圈对应齿齿形角偏差	左齿高度										
	右齿高度										
	差值										
和轴的连接尺寸		标准值		实测值							
备注											

检测： 项目负责人： 审核： 检验日期：

D.4 链窝硬度检测记录表

链窝硬度检测记录表见表 D.4。

表 D.4 链窝硬度检测记录表

链轮规格： 淬火工艺：

样品编号： 硬度规定值：

被检齿号						检验结果
左链轮	1					
	2					
	3					
	平均					
被检齿号						
右链轮	1					
	2					
	3					
	平均					
备注						

检测： 项目负责人： 审核： 检验日期：

ICS 73.040
D 20

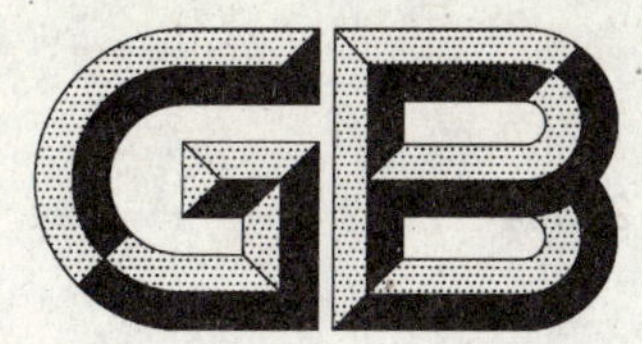

中华人民共和国国家标准

GB/T 24504—2009

煤层气井注入/压降试井方法

The method of injection/falloff well test for coalbed methane well

2009-10-30 发布　　　　2010-04-01 实施

中华人民共和国国家质量监督检验检疫总局
中国国家标准化管理委员会　发布

前　言

本标准的附录A、附录B、附录C均为规范性附录。

本标准由中国煤炭工业协会提出。

本标准由全国煤炭标准化技术委员会归口。

本标准起草单位：煤炭科学研究总院西安研究院。

本标准主要起草人：陈志胜、李彬刚、王彦龙、解光新。

煤层气井注入/压降试井方法

1 范围

本标准规定了煤层气井注入/压降试井的设计、仪器设备、施工程序、数据采集、资料解释以及试井报告等技术内容。

本标准适用于煤层气井钻井过程中或完井后进行的测试。旨在获取煤层渗透率、储层压力、表皮系数、探测半径、原地应力等参数。

2 规范性引用文件

下列文件中的条款通过本标准的引用而成为本标准的条款。凡是注日期的引用文件，其随后所有的修改单(不包括勘误的内容)或修订版均不适用于本标准，然而，鼓励根据本标准达成协议的各方研究是否可使用这些文件的最新版本。凡是不注日期的引用文件，其最新版本适用于本标准。

SY/T 6580 石油天然气勘探开发常用量和单位

3 仪器设备

3.1 压力计

选用高精度电子压力计：

压力量程：不小于 35 MPa；

温度量程：−25 ℃～125 ℃；

数据记录点：不低于 60 000 组；

精确度：不低于 0.025%FS；

温度分辨率：不低于 0.01 ℃；

压力分辨率：不低于 0.000 1 MPa。

3.2 关井工具

煤层气井注入/压降试井应采用井下关井方式，可选用专门配备的井下关井阀。

3.3 封隔器与工具管串组合

封隔器：选择适用于裸眼及套管测试的膨胀式封隔器，膨胀系数 1～1.5，工作压差不小于 20 MPa。

工具管串组合：包括筛管、封隔器、压力计、关井工具、油管、井口三通、防喷管等主要设备。

3.4 泵注系统

注入泵：排量稳定的三缸以上柱塞泵，额定压力不小于 20 MPa，额定排量 0～200 L/min。

动力设备：功率大小与注入泵要求相匹配，持续工作时间不小于 30 h。

流量计：记录精度不低于 1%FS。

压力表：记录精度不低于 0.25%FS。

计量水罐：体积不小于 1.0 m^3。

辅助设备：高压管汇、压力安全阀、回流阀等。

4 试井设计要求

4.1 设计依据

依据勘探开发区内测试井的钻井资料和邻近井的试井资料，确定合适的测试时间、注入排量、地面最大注入压力，选择最佳施工方案。

4.2 方案选择

针对测试目标层,需根据测试的具体要求选择测试方案。一般应按设计的参数进行注入/压降试井;若设计有原地应力测试,在注入/压降测试结束后进行;对于新区或资料比较少的地区,在注入/压降试井前应安排一次微破裂试验,为确定地面最大注入压力提供依据。

4.3 参数计算

4.3.1 注入/压降试井

4.3.1.1 测试时间

注入时间:注入时间应考虑煤层渗透率及探测半径的影响,设计按探测半径不小于 10 m 考虑计算。计算公式见式(1)、式(2):

$$t_{inj} = (69.4\phi\mu C_t r_i^2)/K \quad \cdots\cdots(1)$$

式中:

t_{inj}——注入时间,单位为时(h);

ϕ——孔隙度,单位为一(1),以小数或%表示;

μ——流体黏度,单位为毫帕秒(mPa·s);

C_t——总压缩系数,单位为每兆帕(MPa^{-1});

r_i——探测半径,单位为米(m);

K——煤层渗透率,单位为毫达西(mD)。

$$t_{wb} = (2\,210C\mu e^{0.14S})/Kh \quad \cdots\cdots(2)$$

式中:

t_{wb}——井筒储集结束时间,单位为时(h);

S——表皮系数,单位为一(1);

C——井筒储集系数,单位为立方米每兆帕(m^3/MPa);

h——煤层有效厚度,单位为米(m)。

要求注入时间应大于井筒储集结束时间,否则必须增大注入时间,保证 $t_{inj} > t_{wb}$。

关井时间:关井时间应不低于注入时间的 2 倍。

4.3.1.2 地面最大注入压力

地面最大注入压力设计以不压破煤层为前提,计算公式见式(3)、式(4):

$$P_{inj} = P_{max} - P_h \quad \cdots\cdots(3)$$

$$P_{max} = 0.8P_b \quad \cdots\cdots(4)$$

式中:

P_{inj}——地面最大注入压力,单位为兆帕(MPa);

P_{max}——最大注入压力,单位为兆帕(MPa);

P_h——静液柱压力,单位为兆帕(MPa);

P_b——煤层破裂压力,单位为兆帕(MPa)。

4.3.1.3 注入排量

选择注入排量的前提,是确保在注入阶段将注入压力控制在设计值以下,计算公式见式(5):

$$q_{inj} = \frac{0.471Kh(P_{max} - P_i)}{B\mu\left[\log\left(\frac{8.085Kt_{inj}}{\phi\mu C_t r_w^2}\right) + 0.87S\right]} \quad \cdots\cdots(5)$$

式中:

q_{inj}——注入排量,单位为立方米每天(m^3/d);

P_i——原始储层压力,单位为兆帕(MPa);

B——流体体积系数,单位为一(1);

r_w——井筒半径，单位为米(m)。

4.3.2 原地应力测试

采用微型压裂法将煤层压开，需进行四个循环测试，具体要求见表1。

表1 原地应力测试时间

循环	持续注入时间/min	关井时间/min
1	0.5	20
2	1.0	30
3	2.0	30
4	4.0	40

5 施工程序

5.1 基础资料准备

5.1.1 井的资料：井号，井别，坐标，地理位置，构造位置，完井层位，井身结构。

5.1.2 煤层数据：层号，厚度，煤层结构，煤层倾角，煤层顶、底板深度，煤层顶、底板岩性及厚度。

5.1.3 钻井液资料：类型，比重，黏度，含砂量，pH 值。

5.1.4 测井资料：井径，井深，井斜，测试层厚度、深度，顶底板厚度、深度。

5.2 测试准备

5.2.1 通井循环，确保测试管柱起下畅通无阻。裸眼测试要求井底干净，测试煤层完全裸露。

5.2.2 试井设备检查、保养。

5.2.3 确定封隔器坐封位置。

根据钻井及测井资料确定封隔器坐封位置，应选择岩性致密且井径规则的井段，坐封位置控制在煤层顶板 2 m 以内。

5.2.4 配置下井测试管柱，记录每一部件的名称、尺寸及长度。

5.3 施工步骤

5.3.1 测试管柱下井

压力计数据采集编程，在通过检验程序后，装入压力计托筒或采用绞车下入；下井过程应平稳，油管连接丝扣必须拧紧，防止渗漏；管柱下至预定深度后，校正下入管柱的长度，确认深度无误；按附录 A 表 A.1 记录下井测试管柱数据。

5.3.2 安装和连接地面装置

安装井口设备，连接地面测试管汇。

5.3.3 测试管柱试压

试压压力应大于设计的地面最大注入压力，稳压 20 min 为合格。

5.3.4 封隔器坐封

根据封隔器的型号及坐封形式，选择合适的坐封参数，进行封隔器坐封；检验封隔器坐封情况，确认坐封效果良好。

5.3.5 平衡压力

注入前关井 2 h～4 h，平衡压力。

5.3.6 注入/压降测试

5.3.6.1 注入

依据设计的压力、排量及时间，选择清水进行注入；按附录 B 表 B.1 记录测试原始数据，记录间隔不大于 10 min。注入过程中要求注入排量波动值不超过 10%，井口压力控制在所设计的地面最大注入压力值以下。

5.3.6.2 关井

注入结束，采用井下关井，同时关闭井口阀门，观察井口压力变化，以检验井下关井工具密封情况；按设计的关井时间进行压降测试。

5.3.6.3 现场数据检验

注入/压降测试结束后，现场录取数据，经检验数据合格后备份。

5.3.7 原地应力测试

根据原地应力测试设计要求，在保持注入排量不变的情况下，进行一至四个循环测试，并按附录C表C.1记录测试原始数据；测试结束后，现场录取数据，经检验数据合格后备份。

5.3.8 解封

封隔器解封，起管柱。

6 数据记录及采集

6.1 现场作业记录

6.1.1 下井测试管柱数据

下井测试管柱数据记录内容见附录A。

6.1.2 现场测试原始数据记录

现场测试原始数据记录内容见附录B、附录C。

6.1.3 现场测试工作记录

记录现场测试的日期、时间、施工情况及工作内容等信息。

6.2 压力计数据采集

电子压力计的压力、温度数据点采集要求见表2。

表2 压力计数据采集要求

测试阶段		注入/压降试井	原地应力测试
管柱起下阶段		不大于60 s	不大于60 s
注入阶段		10 s～20 s	1 s
关井阶段	初期3 h	3 s	1 s
	中期5 h	5 s	
	后期	10 s～20 s	

注：压力计采集的全部原始数据资料应以电子文件的形式进行备份，并注明井号，测试层位，测试日期，压力计编号，施工单位。

7 资料分析

7.1 基本图件绘制

7.1.1 注入/压降试井实测压力温度曲线。

7.1.2 注入/压降试井解释流量段划分曲线。

7.1.3 注入/压降试井半对数分析图。

7.1.4 注入/压降试井双对数分析图。

7.1.5 注入/压降试井压力历史拟合分析图。

7.1.6 原地应力测试实测压力曲线。

7.1.7 原地应力测试闭合压力分析图。

7.2 试井分析基本参数选值

基本参数值包括流体压缩系数、流体黏度、流体体积系数、综合压缩系数、煤体孔隙度等参数以及煤层有效厚度、煤层中部深度、注入时间、关井时间、注入排量。

7.3 注入/压降试井资料分析

7.3.1 分析模型选择

依据双对数曲线的图版特征确定所选用的分析模型。

7.3.2 常规分析

对双对数压力导数曲线中期出现水平直线段的资料，应采用半对数法进行分析，求取有关参数。

7.3.3 典型曲线拟合分析

采用双对数曲线拟合法进行分析，通过调整分析模型，使其达到最佳拟合，求取有关参数。

7.3.4 结果检验

一致性检验：即常规试井解释方法与典型曲线拟合解释方法所分析的结果应相符。其差值应小于10%。

可靠性检验：进行压力历史拟合曲线与实测曲线对比，曲线重合，说明分析结果可靠，否则应重新选择模型分析。

7.4 原地应力测试资料分析

在原地应力测试的四个循环中，选取破裂、闭合效果好的1～3个循环进行分析，分析方法可采用双对数法或时间平方根法。

8 试井报告

试井报告应包括以下内容：

a) 试井任务及工作概况；
b) 试井目的及要求；
c) 测试井基本概况；
d) 试井所用仪器设备；
e) 试井施工过程；
f) 试井分析方法和分析结果；
g) 质量评述；
h) 附表、附图。

附 录 A
（规范性附录）
下井测试管柱数据记录格式

A.1 下井测试管柱数据记录表(表 A.1)

表 A.1 下井测试管柱数据记录表

井号：　　　煤层：　　　　　　　　　　　　　　　　　　测试日期：

序 号	管柱名称	管柱规格			累计长度/m	管柱深度校正		备 注
		长度/m	外径/mm	连接方式		顶部/m	底部/m	

制表：　　　　　　　　记录：　　　　　　　　　　　　　　　第　页/共　页

附 录 B
（规范性附录）
注入/压降试井原始数据记录格式

B.1 注入/压降试井原始数据记录表(表 B.1)

表 B.1 注入/压降试井原始数据记录表

井号：　　煤层：　　　　测试日期：

测试时间 hh：mm	累计注入时间/min	井口压力/MPa	水罐读数/mm	注入量/L	累计注入量/L	注入排量/(L/min)	备 注

制表：　　记录：　　　　第　页/共　页

附 录 C
（规范性附录）
原地应力测试原始数据记录格式

C.1 原地应力测试原始数据记录表(表C.1)

表C.1 原地应力测试原始数据记录表

井号：　　　煤层：　　　　　　　　　　　　　　　　测试日期：

循 环	测试时间 hh∶mm∶ss	持续时间/min	井口压力/MPa	水罐读数/mm	注入量/L	累计注入量/L	回流量/L	备 注
1								
2								
3								
4								

制表：　　　记录：　　　　　　　　　　　　　　　　第　页/共　页

ICS 13.100
D 09

中华人民共和国国家标准

GB/T 24505—2009

矿井井下高压含水层探水钻探技术规范

Technical specification of drilling for high pressure aquifer water detection in underground mine

2009-10-30 发布　　2010-04-01 实施

中华人民共和国国家质量监督检验检疫总局
中国国家标准化管理委员会　发布

前　言

本标准的附录 A、附录 B、附录 C、附录 D 均为资料性附录。

本标准由中国煤炭工业协会提出并归口。

本标准起草单位：煤炭科学研究总院西安研究院。

本标准主要起草人：孙荣军、南生辉、董书宁、叶根飞、王新、马培智。

矿井井下高压含水层探水钻探技术规范

1 范围

本标准规定了矿井井下高压含水层探水钻探作业的施工条件和作业技术要求。

本标准适用于井工开采煤矿井的井下高压含水层探水钻探作业，其他高压含水体探水钻探作业可参考本标准。

2 规范性引用文件

下列文件中的条款通过本标准的引用而成为本标准的条款。凡是注日期的引用文件，其随后所有的修改单(不包括勘误的内容)或修订版均不适用于本标准，然而，鼓励根据本标准达成协议的各方研究是否可使用这些文件的最新版本。凡是不注日期的引用文件，其最新版本适用所于本标准。

MT/T 632—1996 井下探放水技术规范

煤矿安全规程

电力工程地质钻探技术规定

3 术语和定义

下列术语和定义适用于本标准。

3.1

高压含水层 high pressure aquifer

探水钻孔孔口压力不小于 3 MPa 的含水层。

3.2

钻杆外射 drill rocker outshoot from the borehole

探水钻探过程中，由于水压大，当钻机卡盘松开瞬间，钻杆被高压水突然顶出钻孔的现象。

3.3

套管失效 borehole casing out of action

在高压水作用下，由于套管生锈、固结不牢等原因造成的套管松动、鼓出、破裂、孔口冒水等现象。

4 总则

4.1 为适应井下探水钻探技术的要求，确保探水安全，特制定本标准。

4.2 井下高压含水层探水钻进过程中极易发生喷孔、顶钻、套管失效等问题，探水作业应制定严格的探水钻探技术措施。

4.3 探水钻探应严格按照探水钻孔设计要求，编制探水钻探施工组织设计及安全技术措施。

4.4 本标准是按现有井下常规钻探设备和机具编制的，对各种钻探设备的使用除执行本标准外，还应按设备使用说明书的要求操作。

4.5 本标准中未涉及的新技术、新方法、新工艺、新设备、新材料，各施工单位可根据实际情况制订实施细则或做出补充技术规定。

5 探水钻探的准备工作

5.1 一般规定

5.1.1 接到探水钻探任务后，钻探负责人及工程技术人员应熟悉探水钻孔设计，了解现场施工条件，编制探水钻探施工组织设计。

5.1.2 探水钻探施工组织设计应包括以下内容：

a) 探水目的和任务；

b) 探水钻孔设计；

c) 钻探设备和工具；

d) 探水钻探作业流程；

e) 探水钻探技术要求；

f) 探水钻探安全措施；

g) 施工后对探水孔的管理；

h) 避灾路线。

5.1.3 探水钻探施工组织设计应由矿总工程师(技术负责人)组织审批后方可实施。

5.1.4 探水钻探施工组织设计在实施前应向参加施工的有关人员进行贯彻，对施工中所涉及的技术方法、注意事项等进行培训。

5.2 钻场条件和配套设施要求

5.2.1 钻场位置不应布置在断层破碎带、松软岩层内。

5.2.2 钻场应满足钻探设备的安装和施工条件，设备进场前钻场应具备场地平整、通风、通水、通电(三通一平)条件。

5.2.3 井下钻场应具备的条件：

a) 钻场顶板及两帮的支护应安全可靠；

b) 钻场周围应具备排、泄水条件；

c) 独头巷道探水时，应有安全躲避硐室及临时排水系统；

d) 钻场应设照明及专用电话。

5.3 钻机的安装和固定

5.3.1 钻机的安装、固定工作应在班长的统一指挥下进行。

5.3.2 安装好钻机接电时，应严格按照《煤矿安全规程》的有关规定执行。

5.3.3 钻机应采用专用锚杆或立柱固定，安装平稳牢固，单根锚杆拉拔力不小于 98 kN。水平孔或斜孔施工还要采用锚链或顶柱对钻机进行前后加固，防止钻进过程中钻机前后串动。

5.3.4 垂直孔施工钻机安装应遵守下列规定：

a) 钻机安装应稳固、水平、周正，各相应的传动部件应对正；

b) 天车、钻机立轴或转盘与孔口的中心线应在同一直线上；

c) 配套电器设备应安装在清洁干燥的地方，严防油水及杂物侵入电线，应绝缘良好，电机配电盘起动装置的外壳应接地；

d) 皮带轮和机械传动部分应设有牢固的防护栏或防护罩；

5.3.5 水平孔或斜孔施工钻机安装应遵守下列规定：

a) 钻机机架应摆放在平整的枕木上，保持钻机周正水平；

b) 钻机回转器和夹持器中心轴线应与钻孔方向在同一中心线上；

c) 其他要求参照 5.3.4 中的 c)、d)执行。

5.4 钻探前准备工作

5.4.1 开钻前，应由班长检查开孔位置、方位、倾角是否与设计相符，检查钻机各部件安装是否稳定牢固，并进行试运转。

5.4.2 钻进前各设备安装质量和安全防护措施：

a) 钻探设备和附属设备的安装位置应正确牢固，各部件润滑应符合要求，试运转应正常；

b) 各类安全防护设施应齐全可靠；

c) 各种钻具、工具应摆放整齐、位置适当，检查钻具丝扣，并涂油保护；

d) 操作系统各手把、按钮、仪表应齐全，灵敏可靠；

e) 液压系统的油量和各油管接头控制阀密封是否完好，油压系统应调整到“0”位；

f) 制动装置、摩擦离合器、锁紧装置应正常，必要时进行调整；

g) 泥浆泵转动应正常，排量、压力应达到要求。

5.5 孔口装置及其安装要求

5.5.1 高压含水层探水钻孔应安装孔口装置，孔口装置包括孔口套管、下部高压阀门、孔口防喷帽、钻杆控制器、孔口三通及上部高压阀门等。

5.5.2 孔口套管应设在稳定的岩层内，套管的长度和层数根据钻孔地层情况及水文地质条件确定。

5.5.3 孔口套管应采用注浆固结法进行固定，确保固结质量，严防漏水和套管鼓出。注浆固结应遵守下列规定：

a) 套管孔口处可用棉纱、黄麻等缠绕后再下入孔内；

b) 多级套管时，各级套管应牢固地连为一体，各级套管管口位置应预留返浆口，最外一层套管应在返浆口安装截止阀；

c) 注浆用水泥强度等级不低于42.5，浆液水灰比应控制在0.6～0.7之间。

5.5.4 孔口套管注浆固结后，一般待凝48 h以上可进行扫孔，扫孔深度应超过孔口管0.5 m～1 m；待凝72 h以上可采用清水进行打压试验，试验压力不小于预揭露含水层水压的1.5倍，持续稳压时间不小于30 min，确保孔口套管不松动、孔口周围不漏水后方可继续钻进，否则重新注浆固结。

5.5.5 孔口套管应根据钻孔用途和水质情况进行防腐处理。

5.5.6 在揭露高压含水层前，应安装好下部高压阀门、孔口防喷帽和钻杆控制器，下部高压阀门和套管法兰的连接口应经耐压试验，不应渗漏。

5.5.7 当孔口返水压力超过正常循环水压力进行钻进或起下钻时，应采用钻杆控制器控制钻杆，防止因卡盘松开，高压水顶钻造成钻杆外射事故。

5.5.8 钻探结束后，根据需要安装孔口三通及上部高压阀门。下部高压阀门应保留，上部高压阀门可经常启闭，观测水压、水量，以防单阀门失效而难以更换。

6 钻探工艺

6.1 一般规定

6.1.1 井下探水钻探宜采用孔口回转的硬质合金钻进或金刚石复合片(PDC)钻进工艺，不宜采用钢粒钻进、冲击钻进等工艺。

6.1.2 在遇到坚硬、高研磨性岩层时，可采用金刚石钻进工艺穿过坚硬岩层后，再换用硬质合金钻进或金刚石复合片(PDC)钻进工艺继续钻进，以提高钻进效率。

6.1.3 根据钻孔目的、钻孔结构和钻孔深度等要求合理选配钻具，采用合理的钻进工艺方法和钻进工艺参数。

6.1.4 换径钻进时应采用带导向的钻头钻进。

6.2 硬质合金钻进

6.2.1 对于可钻性Ⅰ～Ⅶ级和部分Ⅷ级岩石可采用硬质合金钻进工艺，其技术参数应根据地层条件、钻头结构、设备能力及技术水平确定。

6.2.2 硬质合金钻进给进压力、钻头转速和不同孔径的冲洗液量按照《电力工程地质钻探技术规定》中5.1.2、5.1.3和5.1.4的规定执行，具体参数选择参考附录A。

6.2.3 钻进过程中应遵守下列规定：

a) 正常钻进时应保持孔底压力均匀，钻进硬岩石在压力不足时，不应采用单纯加快转速的办法提高进尺；

b) 在换径、扩孔、扫孔和钻遇破碎带时,应轻压慢转,适当控制水量钻进;

c) 拧卸钻头时不应损伤钻头合金,钻具将要下到孔底时应带水缓慢下放,边回转边给进;

d) 松散塑性地层使用肋骨或刮刀钻头时,钻进一段后应及时修孔,保持孔径一致;

e) 合金钻头应分组(5～6 个为一组)轮换修磨使用,以保持孔径一致;

f) 每次提钻后应检查钻头的磨损情况,以确定下一回次的钻进技术参数。

6.3 金刚石复合片(PDC)钻进

对于可钻性Ⅰ～Ⅷ级岩石均可采用金刚石复合片钻进工艺,其切削碎岩方式与硬质合金钻进相同,钻头结构与和工艺要求也大致相同,因此其钻进工艺参数可参考硬质合金钻进的工艺参数和相关规定执行。

6.4 金刚石钻进

6.4.1 对于可钻性Ⅷ级以上的岩石可采用金刚石钻进工艺,其技术参数应根据地层条件、钻头结构、设备能力及技术水平确定。

6.4.2 金刚石钻头、扩孔器的选择应根据岩石可钻性、研磨性和岩石完整程度确定,参考附录 B。

6.4.3 金刚石钻进给进压力、钻头转速和不同直径钻头冲洗液量按照《电力工程地质钻探技术规定》中 5.3 的规定执行,具体参数选择参考附录 C。

6.4.4 金刚石钻进应遵守下列规定:

a) 钻头和扩孔器使用时应外径的大小排好顺序,轮换使用,即扩孔器外径大的先用,外径小的后用;钻头应内径小的先用,内径大的后用;

b) 新钻头到达孔底后,应采用轻压(正常压力的 1/3)、慢转(100 r/min 左右)进行 10 min 左右的初磨,然后才能按正常参数钻进;

c) 钻压、转速应与岩石等级相适应,不应盲目加压或提高转速,不应使用弯曲度超过规定的钻杆和钻具;

d) 钻进过程中应随时注意观察冲洗液量大小、泵压的变化情况,发现异常应立即停止钻进,查明原因;

e) 金刚石钻头钻进过程中严禁上下窜动钻具;遇下钻受阻、岩芯堵塞、钻速骤降时应提钻。

7 探水钻探的技术要求

7.1 一般要求

7.1.1 探水钻探设计应充分考虑各种问题的预防和处理,并向现场人员明确问题的危害性和预防处理措施。

7.1.2 钻孔施工人员应按照批准的设计施工,未经审批单位允许,不应擅自改变设计。

7.1.3 钻进中要配备高压注水泵,保证停钻不停泵,应做到现场交接班。

7.1.4 对所有钻探设备,做到每班一检查,发现松动,立即紧固处理,确保其正常运转。

7.1.5 各种安全装置应在揭露高压含水层前安装完毕,并投入正常使用,严防钻孔见高压水失控。

7.1.6 钻孔竣工后,应核实钻孔的方位、倾角、重新丈量钻具长度,核实钻孔实际深度;对探水孔的管理按照 MT/T 632—1996 的 9.9、9.10 执行。

7.2 钻探设计的技术要求

7.2.1 钻孔直径应大于套管直径的 1～2 级,每一级钻进深度应大于套管长度的 0.5 m～1.0 m。

7.2.2 钻杆直径和钻头匹配应根据所适应的钻孔深度情况选择,一般要求钻杆直径不小于 50 mm,揭露含水层时的钻头直径不大于 75 mm,具体钻杆直径和钻头匹配可参考附录 D。

7.2.3 钻机型号应根据设计孔深、孔径和含水层水压选择,钻机钻进能力应满足设计钻孔的施工要求,钻机最大给进力应大于含水层水压的 1.5 倍。

7.3 钻进操作的技术要求

7.3.1 正常钻进时，应保持压力均匀，要随时观察仪表，注意钻速、钻井液消耗量和回水颜色变化等，发现孔内异常应及时处理。

7.3.2 钻进中发现"见软"、"见空"、"见水"和变层，要立即停钻，丈量残尺并记录其深度；发现孔内涌水时，应测定水压和涌水量。

7.3.3 钻进时发现孔内水量、水压突然增大，有顶钻等现象时，应立即停钻，记录孔深，分析原因；如需继续钻进时，应采取防喷和控钻措施。

7.3.4 钻进过程中应准确判别煤、岩层厚度并记录换层深度。一般每钻进 15 m～30 m 或更换钻具时，测量一次钻杆，并核实孔深。终孔前再复核一次，需要确定终孔位置时应进行钻孔测量。

7.3.5 钻进中发现有害气体喷出时，应立即停止钻进，切断电源，人员撤到安全地点。

7.3.6 钻进过程中，钻机后面或正对孔口方向一定范围内，不准站人，防止钻杆外射伤人。

7.3.7 钻孔施工过程中应加强出水征兆的观察，发现涌水量增大应立即停止钻进，及时处理。情况紧急时应立即发出警报，撤出所有受水威胁地区的人员。

7.4 起下钻具操作的技术要求

7.4.1 每次起下钻具前，都要认真检查制动装置、升降（起下）装置等是否安全可靠，发现问题及时处理。

7.4.2 起下钻具时应保持钻具运行平稳，不应强拉、猛提钻具；钻头下至距孔底 1 m～2 m 时，应缓慢下放，并开泵送水，见返水后才能继续进钻。

7.4.3 遇高压水顶钻时，可用卡瓦和钻杆控制器交替控制起下钻具。

7.4.4 采用升降机起下钻具应遵守以下规定：

a) 升降机拉起或放倒钻具时，钻具下面不应站人；
b) 不应用手直接接触钻杆和钢丝绳，应使用垫叉，不应用牙钳、链钳代替；
c) 机器运转时，不应拆卸和修理；
d) 孔口人员抽、插垫叉时，不应手扶或用脚勾垫叉。

8 孔内事故的预防与处理

8.1 一般规定

8.1.1 钻探现场应配备常用的孔内事故处理工具。

8.1.2 孔内发现异常情况后应立即采取措施，避免事故发生和扩大。

8.1.3 事故发生后应弄清事故孔段的孔深、地层情况、钻具的位置、规格、数量，判明事故类型，提出处理方案，并组织实施。

8.1.4 事故排除后应总结经验教训，采取预防措施。

8.2 孔内事故的预防

8.2.1 现场所用的各种规格的管材、接头、接箍均应按新旧程度分类存放和使用。

8.2.2 发现钻杆、钻具有裂纹、丝扣严重损伤、加工不当等现象时均不应下入孔内使用。

8.2.3 旧钻杆使用前应逐个检查磨损程度，发现局部偏磨严重或平均测量直径比新钻杆直径小 2 mm 以上的钻杆不应使用。

8.2.4 钻进中若遇动力机响声异常、孔内的钻具回转突然减慢、上下提动困难、泵压升高、孔口返水中断等情况，应停钻分析原因，防止卡钻、埋钻等事故的发生。

8.2.5 每次加接钻杆应确保拧紧丝扣，应根据孔内岩层情况正确掌握钻进工艺参数，采取合理的护孔措施。

8.2.6 长期停用的打捞工具在下入孔内之前，应经过严格检查。

8.3 孔内事故的处理

8.3.1 在钻进过程中,常见的孔内事故类型主要有卡钻、埋钻、掉钻等事故,事故发生后应及时判明事故类型,确定处理工具和处理方法。

8.3.2 发现钻具遇卡时应保持冲洗液畅通,宜先用扭、打、拉等方法转动或上下窜动钻具,也可采用液压油缸或振动器强力起拔,若处理无效,再采用反出钻杆进行扩孔或掏心钻进等方法处理。

8.3.3 在孔壁不稳定情况下,应先考虑护孔,再处理事故。

8.3.4 提拉被卡钻具时,应核实钻机起拔能力和钻具抗拉强度,不应超过其额定负荷。

8.3.5 处理掉钻事故时,应根据孔内钻具的情况合理选用打捞工具。如反丝公锥、反丝母锥等。

8.3.6 采用丝锥打捞钻具时,当丝锥对上事故钻具后应立即提钻,不应带丝锥长时间旋转。

附 录 A
（资料性附录）
硬质合金钻进压力、转速和冲洗液量

A.1 硬质合金钻头每块切削具可施加的轴向压力见表 A.1。

表 A.1 硬质合金钻头每块切削具可施加的轴向压力

岩石性质和级别	切削具型式	给进压力/kN
软、塑Ⅰ～Ⅲ性级	片状合金	0.50～0.60
中硬、均质Ⅳ～Ⅵ级	方柱状合金	0.70～1.20
硬、致密Ⅶ～Ⅷ级	八角柱状合金	0.90～1.60
硬、研磨性Ⅷ级	针状合金胎块	1.50～2.00
注：切削具合金型号为 YG8。		

A.2 硬质合金钻进转速见表 A.2。

表 A.2 硬质合金钻进转速 单位为转每分

岩石性质	钻头直径/mm				
	75	94	113	133	153
软、无研磨性无裂隙、硬度均匀	400～500	300～350	250～300	220～260	180～220
较软、无研磨性无裂隙、硬度均匀	350～400	250～300	180～250	180～220	150～180
中硬、研磨性较小、裂隙小	300～350	200～250	150～200	120～150	100～120
硬、研磨性较大有裂隙	160～180	140～160	120～140	100～120	80～100
硬、破碎、裂隙多	90～100	70～90	60～70	50～60	50～60

A.3 硬质合金钻进冲洗液量见表 A.3。

表 A.3 硬质合金钻进冲洗液量 单位为升每分

岩石性质	钻头直径/mm			
	75	94	113	133/153
松软、易破碎、怕水冲	<60	<60	<80	<100
塑性、无研磨性、均质	100～120	120～150	150～180	180～200
致密、有研磨性	80～100	100～120	120～150	150～180

附　录　B
（资料性附录）
金刚石钻头和扩孔器的级配

B.1　金刚石钻头和扩孔器的级配表见表 B.1。

表 B.1　金刚石钻头和扩孔器的级配表

硬度					中硬		硬		坚硬	
可钻性					Ⅳ～Ⅵ		Ⅶ～Ⅸ		Ⅹ～Ⅻ	
研磨性					弱	中	中	强	强	弱
表镶钻头	人造聚晶				—	—	—			
表镶钻头	天然金刚石粒度粒/克拉		15～25		—	—				
表镶钻头	天然金刚石粒度粒/克拉		25～40			—	—			
表镶钻头	天然金刚石粒度粒/克拉		40～60				—	—		
表镶钻头	天然金刚石粒度粒/克拉		60～100					—	—	—
表镶钻头	胎体硬度 HRC		Ⅰ(20～30)		—					—
表镶钻头	胎体硬度 HRC		Ⅱ(35～40)			—	—			
表镶钻头	胎体硬度 HRC		Ⅲ(＞45)					—	—	
孕镶钻头	人造金刚石网目数	天然金刚石粒度目	＞46	20～30	—	—				
孕镶钻头	人造金刚石网目数	天然金刚石粒度目	46～60	30～40		—	—	—		
孕镶钻头	人造金刚石网目数	天然金刚石粒度目	60～80	40～60			—	—	—	
孕镶钻头	人造金刚石网目数	天然金刚石粒度目	80～100	60～80				—	—	—
孕镶钻头	胎体硬度 HRC		0(20～30)							—
孕镶钻头	胎体硬度 HRC		Ⅰ(20～30)		—					—
孕镶钻头	胎体硬度 HRC		Ⅱ(35～40)			—	—			
孕镶钻头	胎体硬度 HRC		Ⅲ(＞45)				—	—		
孕镶钻头	胎体硬度 HRC		Ⅳ(20～30)					—	—	
表镶扩孔器					—	—	—	—		—
孕镶扩孔器						—	—	—	—	—

附　录　C
（资料性附录）
金刚石钻进钻压、转速和冲洗液量

C.1　金刚石钻进钻压见表C.1。

表C.1　金刚石钻进钻压

单位为千牛

钻头种类		钻头直径/mm				
		46	59	66	75	91
表镶钻头	初压力	0.50～1.00	1.00～2.00			2.50
	正常压力	3.00～6.00	4.00～7.50	5.00～8.50	6.00～10.00	8.00～11.00
孕镶钻头		4.00～7.00	4.50～8.50	5.00～10.00	6.00～11.00	8.00～15.00

C.2　金刚石钻进转速见表C.2。

表C.2　金刚石钻进转速

单位为转每分

钻头种类	钻头直径/mm				
	46	59	66	75	91
表镶钻头	500～1 000	400～800	350～650	300～550	250～500
表镶钻头	750～1 500	600～1 200	500～1 000	400～850	350～700

C.3　金刚石钻进冲洗液量见表C.3。

表C.3　金刚石钻进冲洗液量

钻头直径/mm	46	59	66	75	91
冲洗液量/(L·min^{-1})	25 ～40	35 ～45	35 ～55	40 ～60	50～ 70
注：适应于单管不取芯钻进。					

附 录 D
（资料性附录）
不同钻杆直径和钻头匹配所适应的钻孔深度

D.1 不同钻杆直径和钻头匹配所适应的钻孔深度参照表见表D.1。

表D.1 不同钻杆直径和钻头匹配所适应的钻孔深度参照表

单位为米

匹配钻头直径/mm	钻杆直径/mm				
	42	50	63.5	73	89
65	0～150	0～300	—	—	—
75	0～100	0～200	0～400	—	—
94	0～50	0～150	0～300	0～600	—
113/113(扩)	—	—/0～100	—/0～150	—/0～300	0～800/—
133(扩)	—	0～50	0～100	0～200	0～400
153(扩)	—	—	0～50	0～100	0～200
注：113(扩)、133(扩)、153(扩)是指扩孔钻头，要达到所适应的钻孔深度，需采用扩孔钻头进行二次或三次扩孔。					

ICS 73.010
D 04

中华人民共和国国家标准

GB/T 24506—2009

液压支架型式、参数及型号编制

Type and specification and model number of powered support

2009-10-30 发布 2010-04-01 实施

中华人民共和国国家质量监督检验检疫总局
中国国家标准化管理委员会 发布

前　言

本标准由中国煤炭工业协会提出并归口。

本标准起草单位:煤炭科学研究总院开采设计研究分院、天地科技股份有限公司开采设计事业部、煤炭科学研究总院检测研究分院。

本标准主要起草人:王国法、徐亚军、傅京昱、朱军。

引　言

液压支架是保证煤矿安全生产的重要设备，我国自20世纪70年代起开始引进和研制液压支架，发展综合机械化采煤技术，经过30多年的发展，形成了独立的液压支架技术体系。液压支架不同于一般的机械设备，它是一种必需与煤层围岩条件相适应才能成功运行的煤矿专用设备，要根据不同煤层条件和矿井条件选用不同的架型和参数。为规范支架架型发展，根据液压支架技术发展现状和趋势，兼顾行业习惯，本标准提出支架架型分类和参数系列，规定支架型号编制方法。

液压支架型式、参数及型号编制

1 范围

本标准规定了煤矿用液压支架(以下简称支架)的型式、参数与型号编制。

本标准适用于煤矿采煤工作面使用的各种支架(不包括简易支架)。

2 支架架型分类和定义

2.1 按架型结构及与围岩关系分类

2.1.1 掩护式支架

2.1.1.1 支掩掩护式支架

有四连杆稳定机构,两根立柱支撑在掩护梁上,短顶梁与掩护梁铰接,有平衡千斤顶。分为插底式(底座插入刮板输送机溜槽下)支架和不插底式支架两类(见图1、图2)。

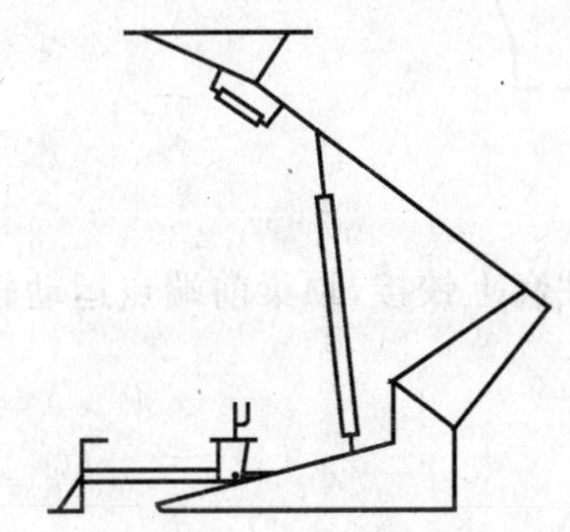

图1 插底式支掩掩护式支架

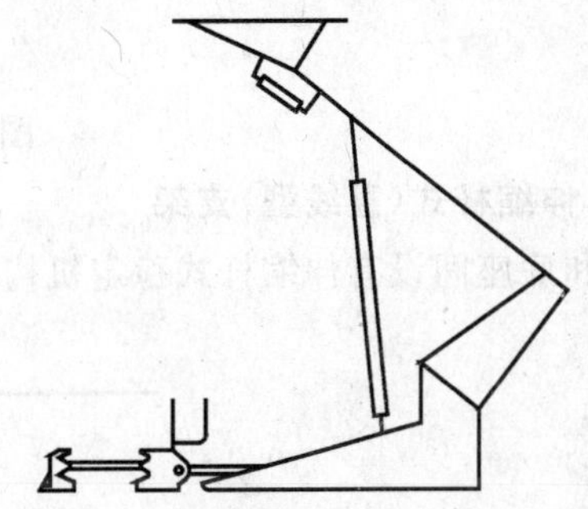

图2 不插底式支掩掩护式支架

2.1.1.2 支顶掩护式支架

有四连杆稳定机构,两根立柱支撑在顶梁上,平衡千斤顶设在顶梁与掩护梁之间的掩护式支架(见图3)。

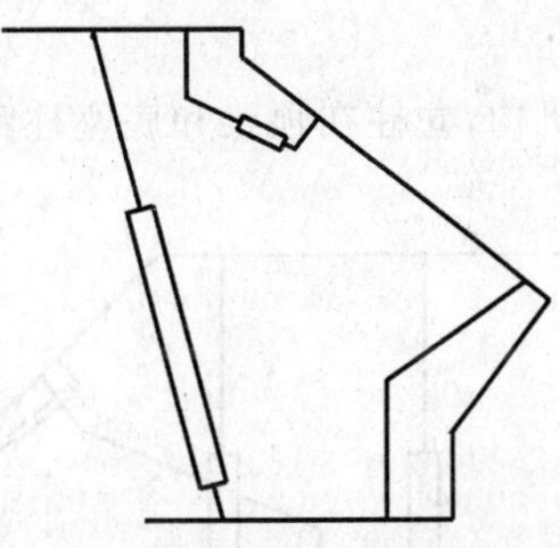

图3 支顶掩护式支架

2.1.1.3 支顶支掩掩护式支架

有四连杆稳定机构,两根立柱支撑在顶梁上,平衡千斤顶设在掩护梁与底座之间的掩护式支架(见图4)。

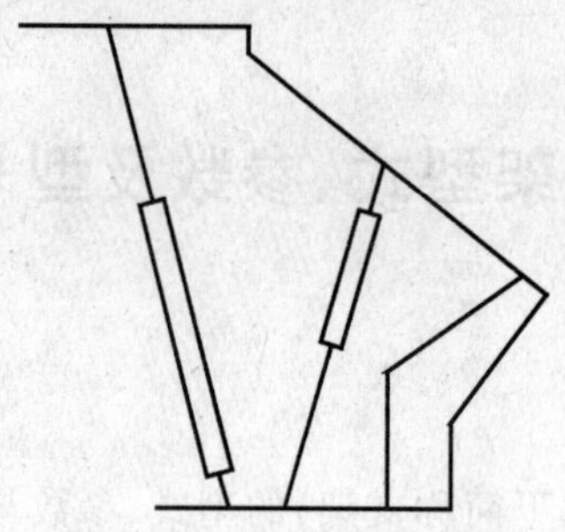

图4　支顶支掩式支架

2.1.2　支撑掩护式支架

2.1.2.1　四连杆支撑掩护式支架

有四连杆稳定机构，四根立柱支撑在顶梁上（见图5），一般称为支撑掩护式支架。

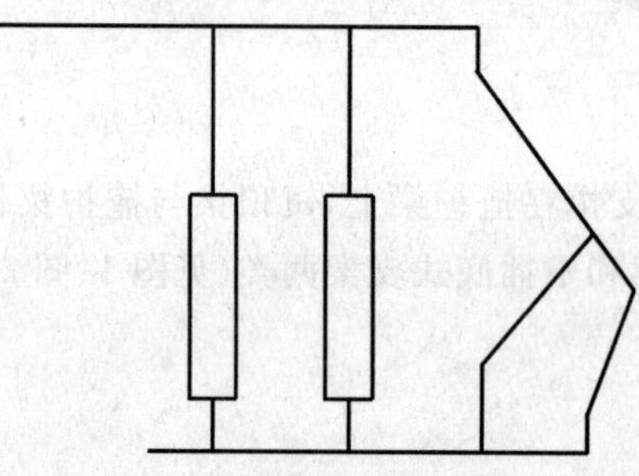

图5　支撑掩护式支架

2.1.2.2　伸缩杆式（直线型）支架

顶梁和底座间设有伸缩杆式稳定机构，立柱在顶梁和底座柱窝上铰接，顶梁前端点运动轨迹为直线（见图6）。

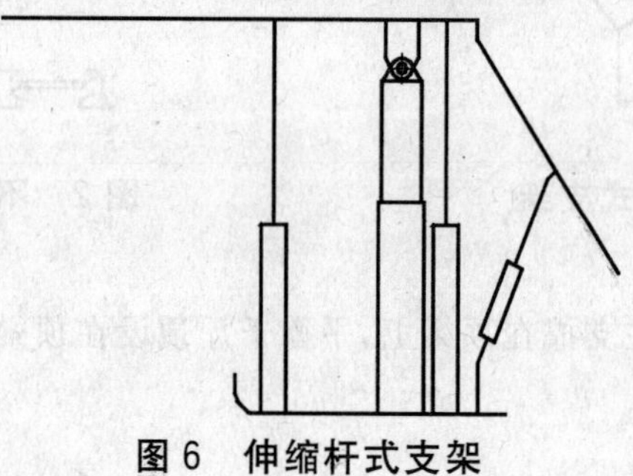

图6　伸缩杆式支架

2.1.2.3　单摆杆式支架

顶梁和底座间设有单摆杆式稳定机构，立柱在顶梁和底座柱窝上铰接，顶梁前端点运动轨迹为圆弧线（见图7）。

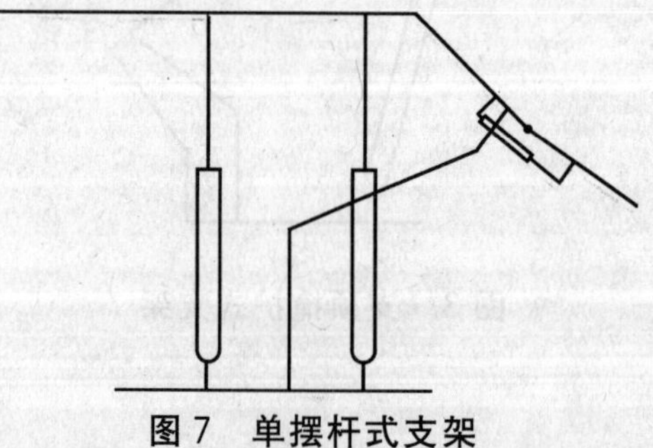

图7　单摆杆式支架

2.1.2.4　单铰点式支架

顶梁和底座间设有单铰点式稳定机构，立柱在顶梁和底座柱窝上铰接，顶梁前端点运动轨迹为圆弧线(见图 8)。

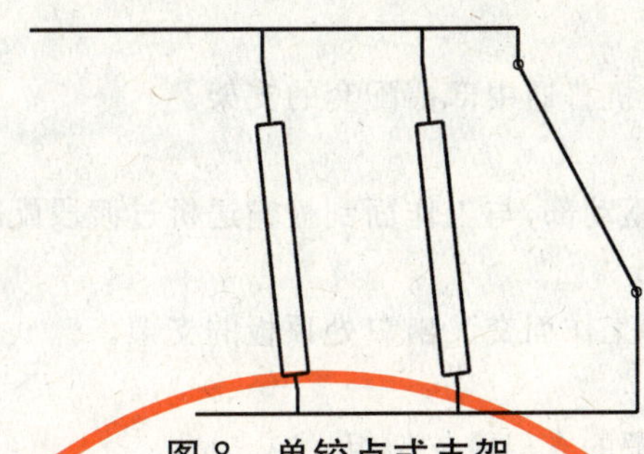

图 8　单铰点式支架

2.1.3　支撑式支架(垛式支架)

没有稳定机构,有横向复位装置,立柱支撑在顶梁和底座间并被限制摆动自由度(见图 9)。

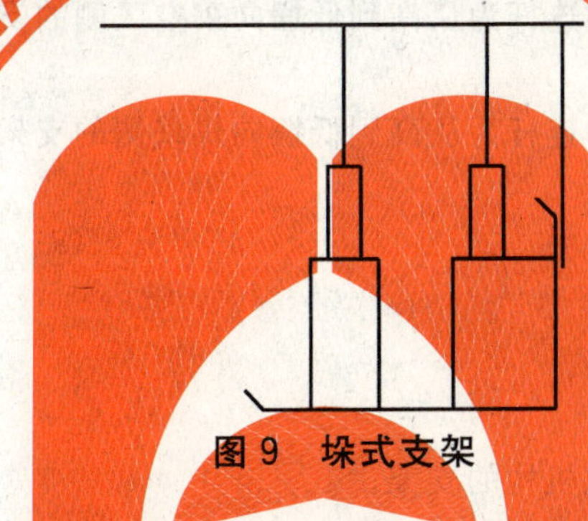

图 9　垛式支架

2.2　按适用采高分类

2.2.1　薄煤层支架

支架最小高度不大于 1 m,能适用于 1.3 m 以下薄煤层的支架。

2.2.2　中厚煤层支架

支架最大高度小于或等于 3.8 m,能适用于 1.3 m 以上最小采高的支架。

2.2.3　大采高支架

支架最大高度大于 3.8 m,能适用于 3.5 m 以上最大采高的支架。

2.2.4　特大采高支架

支架最大高度大于或等于 6.0 m 以上的支架。

2.3　按适用采煤方法分类

2.3.1　一次采全高支架

适用于一次采全高工作面的支架。

2.3.2　放顶煤支架

适用于放顶煤开采工作面,并具有放煤机构的支架。

2.3.3　铺网支架

适用于分层开采工作面,并具有铺网机构的支架。

2.3.4　充填支架

适用于充填开采工作面,并具有充填机构的支架或支架组。

2.4　按适用煤层倾角分类

2.4.1　一般工作面支架

适用于近水平和缓倾斜工作面的支架。

2.4.2　大倾角支架

适用于煤层倾角 35°以上的支架。

2.5 按在工作面中的位置分类

2.5.1 基本支架

用于工作面中部，与刮板输送机普通中部槽配套的支架。

2.5.2 过渡支架

用于工作面两端刮板输送机驱动部，与工作面刮板输送机过渡段配套的特殊支架。

2.5.3 端头支架

用于工作面端头，支护巷道与工作面交叉出口处顶板的支架。

2.5.4 超前支架

用于工作面出口巷道超前支护的支架或支架组。

2.6 按稳定机构分类

2.6.1 正四连杆式支架

四连杆式稳定机构中连接底座的连杆为从高到低摆向采空区侧的支架。

2.6.2 反四连杆式支架

四连杆式稳定机构中连接底座的连杆为从高到低摆向煤壁侧的支架。

2.6.3 单(双)摆杆式支架

稳定机构为单(双)摆杆机构的支架。

2.6.4 单铰点式支架

掩护梁直接铰接在底座上的支架。

2.6.5 伸缩杆式(直线型)支架

在顶梁和底座间设有伸缩杆稳定机构的支架。

2.7 按组合方式分类

2.7.1 单架式支架

顶梁和掩护梁均为整体部件的支架。

2.7.2 组合式支架

由两个或多个可以分解为稳定的独立单元组合而成的支架。

2.8 按控制方式分类

2.8.1 液压手动控制支架

采用液压手动控制系统，分为液压直动和液压先导本架控制和邻架控制。

2.8.2 电液控制支架

采用电液控制系统的支架。

3 支架的尺寸参数和工作阻力参数系列

3.1 支架最大高度和最小高度系列

支架最大高度(H_{max})和最小高度(H_{min})(见图10)系列优选参数应符合表1的规定。

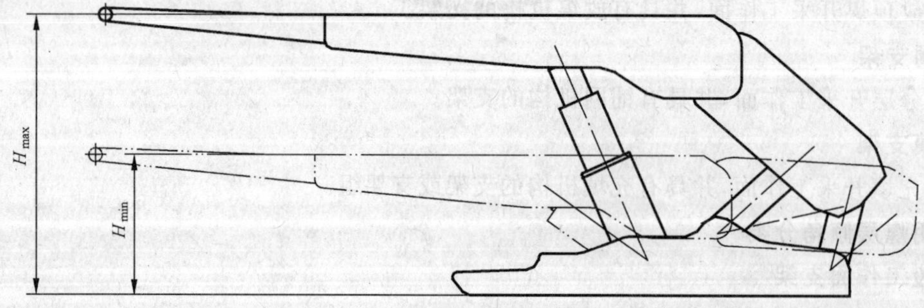

图10 支架高度示意图

表 1 支架最大高度和最小高度系列优选参数 单位为分米

最大高度 H_{max}	10	11	12	13	14	15	16	17	18	19	20	21
	22	23	24	25	26	27	28	29	30	32	33	34
	35	36	37	38	39	40	41	42	43	45	47	50
	52	53	55	56	57	58	60	62	63	65	67	70
	72	73	75									
最小高度 H_{min}	5	5.5	6	6.5	7	7.5	8	8.5	9	10	11	12
	13	14	15	16	17	18	18.5	19	20	21	22	23
	24	25	25.5	26	27	28	29	30	31	32	33	34

3.2 支架中心距系列

支架中心距 A（见图 11）系列优选参数应符合表 2 的规定。

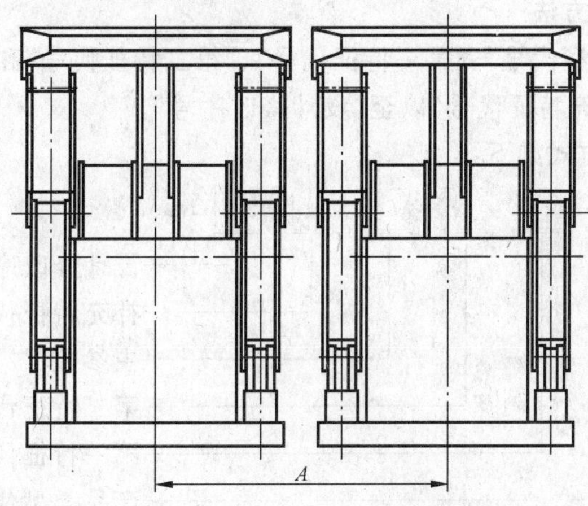

图 11 支架中心距示意图

表 2 支架中心距 A 系列优选参数 单位为米

支架中心距 A	1.25	1.5	1.75	2.05

3.3 支架工作阻力系列

支架立柱工作阻力总值分为轻系列、中系列和重系列，优选参数分别应符合表 3、表 4 和表 5 的规定。

表 3 支架工作阻力轻系列优选参数 单位为千牛

支架立柱工作阻力总值	1 600	1 800	2 000	2 200	2 400	2 500	2 600	2 800	3 000
	3 200	3 300	3 400	3 500	3 600	3 700	3 800	3 900	

表 4 支架工作阻力中系列优选参数 单位为千牛

支架立柱工作阻力总值	4 000	4 100	4 200	4 400	4 600	4 800	5 000	5 200	5 400
	5 600	5 800	6 000	6 200	6 400	6 500	6 600	6 800	

表 5 支架工作阻力重系列优选参数 单位为千牛

支架立柱工作阻力总值	7 000	7 200	7 600	8 000	8 200	8 500	8 600	8 800	9 000
	9 200	9 400	10 000	11 000	12 000	13 000	14 000	15 000	16 000
	17 000	18 000	19 000	20 000	21 000	22 000	23 000	24 000	25 000

3.4 支架推移装置行程

支架推移装置行程系列优选参数应符合表6的规定，当工作面配套有特殊要求时，可对表6中的数据作适当调整。

表6 支架推移装置行程系列优选参数　　单位为毫米

配套采煤机截深	支架推移千斤顶行程
600	700
700	800
800	900
865	965
1 000	1 100

4 支架产品型号编制

4.1 支架型号的组成和排列方法

支架型号主要由“产品类型代号”、“第一特征代号”、“第二特征代号”和“主参数”组成。如果这样表示仍难以区分时，再增加“补充特征代号”以至“设计修改序号”。

支架型号的组成和排列方式如下：

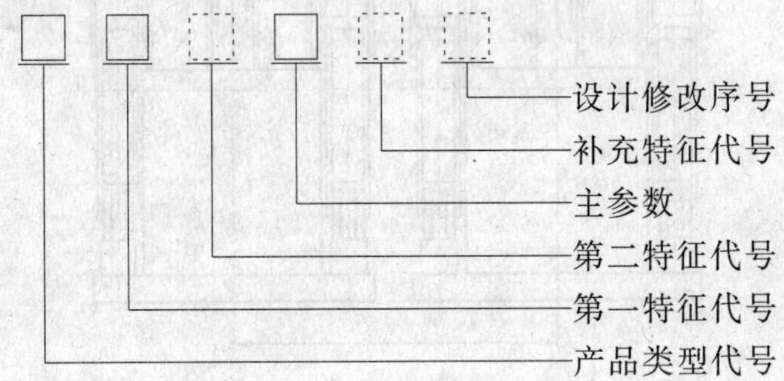

4.2 支架型号的编制方法

4.2.1 产品类型代号

“产品类型代号”表明产品类别，用汉语拼音大写字母Z表示。

4.2.2 第一特征代号

用于一般工作面支架时，“第一特征代号”表明支架的架型结构。用于特殊用途支架，“第一特征代号”表明支架的特殊用途。“第一特征代号”的使用方法见表7。

表7 支架第一特征代号

用　途	产品类型代号	第一特征代号	产品名称
一般工作面支架	Z	Y Z D	掩护式支架 支撑掩护式支架 支撑式支架
特殊用途支架	Z	F P C T Q	放顶煤支架 铺网支架 充填支架 端头支架 (巷道)超前支架

4.2.3 第二特征代号

“第二特征代号”用于一般工作面支架，表明支架的主要结构特点。其使用方法及省略规定见表8。用于特殊用途支架，“第二特征代号”表明支架的结构特点或用途。其使用方法见表8。

表 8 支架第二特征代号

用途	产品类型代号	第一特征代号	第二特征代号	注　解
一般工作面支架	Z	Y	Y	两柱支掩掩护式支架
			省略	两柱支顶掩护式支架，平衡千斤顶设在顶梁与掩护梁之间
			V	两柱支顶掩护式支架，平衡千斤顶设在底座与掩护梁之间
			G	两柱掩护式过渡支架
		Z	省略	四柱支顶支撑掩护式支架
			X	立柱“X”型布置的支撑掩护式支架
			G	四柱支撑掩护式过渡支架
		D	D	垛式支架
			B	稳定机构为摆杆的支撑式支架
			L	伸缩杆式(直线型)支架
			G	支撑式过渡支架
特殊用途支架	Z	F	D	单输送机高位放顶煤支架
			Z	中位放顶煤支架
			省略	四柱正四连杆式低位放顶煤支架
			H	反四连杆式大插板低位放顶煤支架
			Y	两柱掩护式低位放顶煤支架
			B	摆杆式低位放顶煤支架
			L	伸缩杆式(直线型)放顶煤支架
			G	放顶煤过渡支架(反四连杆式，其他形式加补充特征)
		P	Z	支撑掩护式铺网支架
			Y	掩护式铺网支架
			G	铺网过渡支架
		C	省略	四连杆式充填支架
			B	摆杆式充填支架
			G	充填过渡支架
		T	P	偏置式端头支架
			Z	两列中置式端头支架
			S	三列中置式端头支架
			Q	前后中置式端头支架的前架
			H	前后中置式端头支架的后架或后置式端头支架
		Q	L	两列式超前支架
			S	四列式超前支架

4.2.4 主参数

支架型号中的“主参数”依次用支架工作阻力(立柱工作阻力总值)、支架的最小高度和最大高度三个参数，均用阿拉伯数字表示，参数与参数之间应用“/”符号隔开。参数量纲分别为 kN 和 dm。高度值出现小数时，最大高度舍去小数，最小高度四舍五入。

4.2.5 补充特征代号

如果用“产品类型代号”、“第一特征代号”、“第二特征代号”、“主参数”仍难以区别或需强调某些特征时，则用“补充特征代号”。

“补充特征代号”根据需要可用一个或两个，但力求简明，以能区别为限。

“补充特征代号”主要表明支架的特殊适用条件、控制方式或结构特点。“补充特征代号”使用方法见表 9。

表 9 支架补充特征代号

补充特征代号	说　明
Q	表示支架适应于大倾角煤层条件
R	用于支掩掩护式支架表示插底式
D	表示电液控制支架
Z	用于放顶煤过渡支架表示正四连杆架型
B	用于放顶煤过渡支架表示摆杆式架型
L	用于放顶煤过渡支架表示伸缩杆式架型
F	用于端头支架表示放顶煤端头支架
W	用于超前支架表示材料巷(机尾)超前支架

4.2.6 设计修改序号

产品型号中“设计修改序号”应使用加括号的大写汉语拼音字母(A)、(B)……依次表示。

4.2.7 字体

产品型号中的数字、字母和产品名称的汉字字体的大小要相仿,不得用角标和脚注。

4.2.8 支架产品型号编制方法的示例

示例 1:四柱支撑掩护式支架

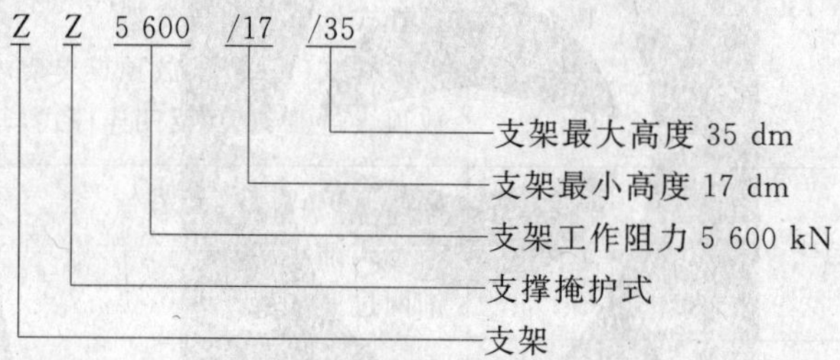

示例 2:两柱掩护式电液控制支架

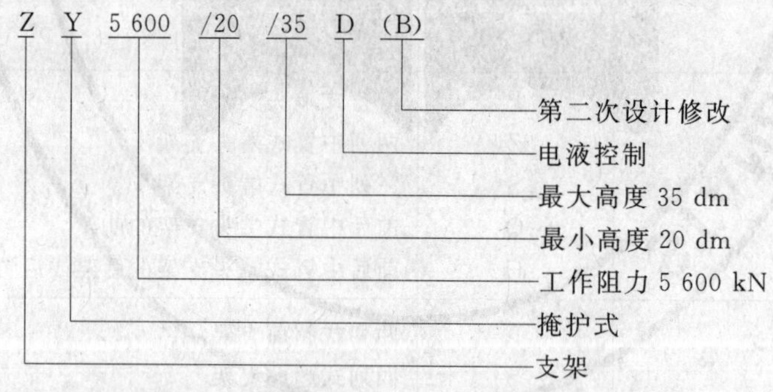

示例 3:大倾角四柱正四连杆式低位放顶煤支架

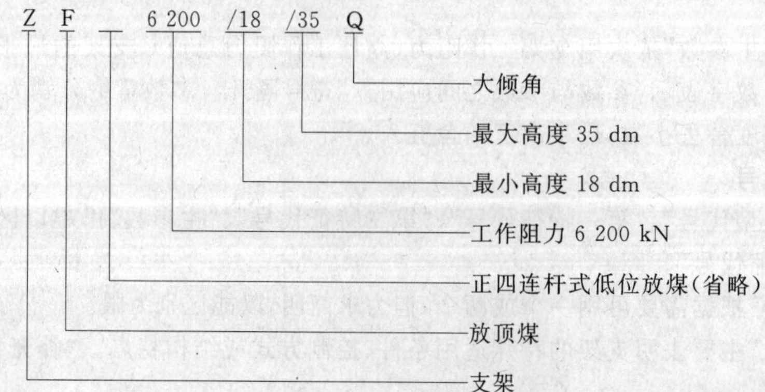

示例 4:反四连杆式低位放顶煤支架

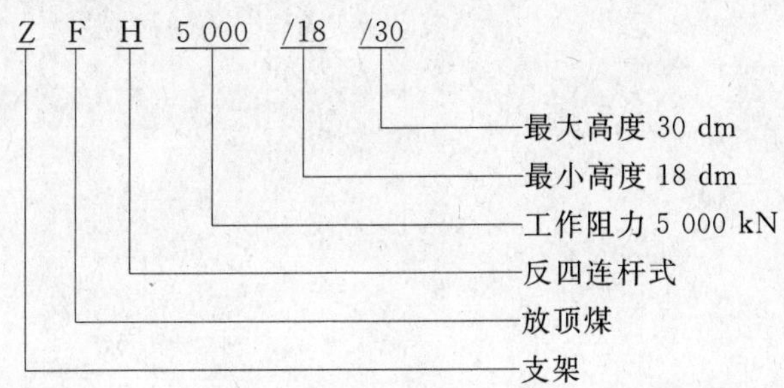

示例 5:反四连杆放顶煤过渡支架

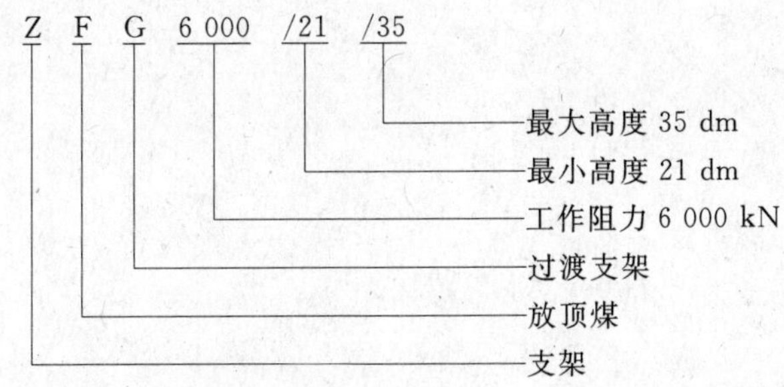

示例 6:中置式放顶煤端头支架

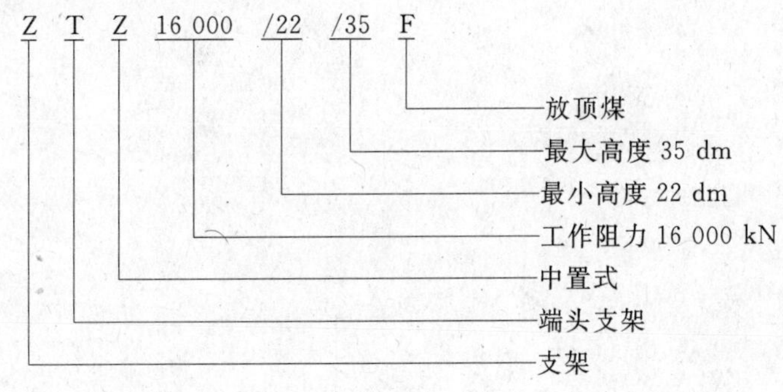

示例 7:超前支架

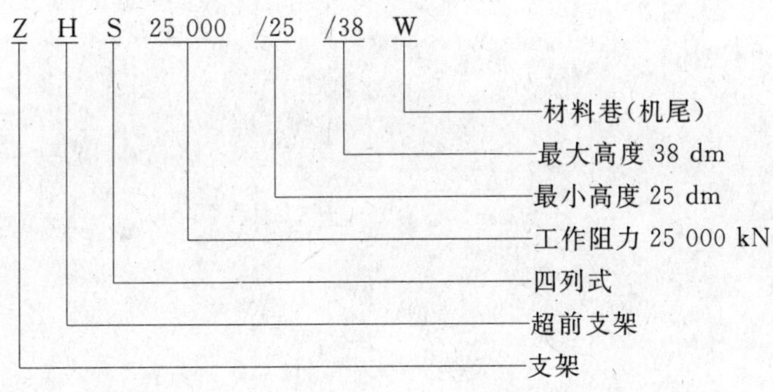

5 支架产品型号的应用

支架型号后面加上产品名称就是产品的全称。在正式文件第一次出现时,应写出产品全称。以后,在不致引起误解的前提下,可以仅用产品型号或产品名称,也可用产品名称的简称来代替产品全称。

ICS 79.080
B 70

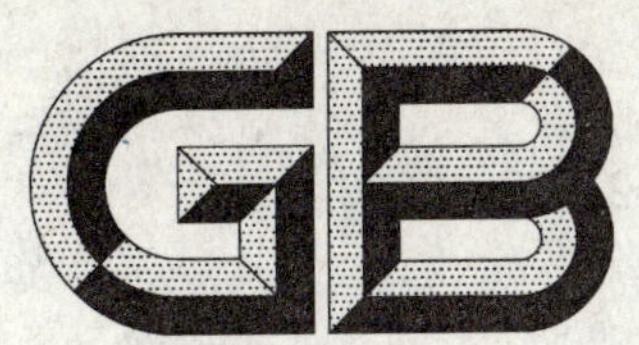

中华人民共和国国家标准

GB/T 24507—2009

浸渍纸层压板饰面多层实木复合地板

Decorative sheets based on thermosetting resins laminated parquet

2009-10-30 发布　　2010-04-01 实施

中华人民共和国国家质量监督检验检疫总局
中国国家标准化管理委员会　发布

前　言

本标准由国家林业局提出。

本标准由全国人造板标准化技术委员会归口。

本标准负责起草单位：常州市格林思宝木业有限公司、中国林业科学研究院木材工业研究所。

本标准参加起草单位：国家人造板与木竹制品质量监督检验中心、上海汇丽地板制品有限公司、上海市产品质量监督检验院、国家竹木产品质量监督检验中心、新生活家木业制品（中山）有限公司、广东盈然木业有限公司、江苏玉兰木业有限公司、上海力丰地板有限公司、圣象集团有限公司、上海六方木业有限公司、四川升达林业产业股份有限公司、南京罗伦特地板制品有限公司、德华兔宝宝装饰新材股份有限公司、滁州扬子木业有限公司、成都市产品质量监督检验院、常州市质量管理与检验协会、金华市固德地板制造有限公司。

本标准主要起草人：孙和根、彭立民、吴边、刘书渊、付跃进、黄晓峰、张莺红、彭志忠、刘硕真、佘学彬、李腊平、缪根岳、苗景有、徐六峰、向中华、邵旭强、孙朝坤、雷响、张永泽、李隆平、杨晓农、吴瀚、潘海丽、刘红、宋志浩。

浸渍纸层压板饰面多层实木复合地板

1 范围

本标准规定了浸渍纸层压板饰面多层实木复合地板的术语和定义、分类、要求、试验方法、检验规则、标志、包装、运输和贮存等。

本标准适用于以浸渍纸层压板为饰面层，以胶合板为基材，经压合并加工制成的浸渍纸层压板饰面多层实木复合地板。

2 规范性引用文件

下列文件中的条款通过本标准的引用而成为本标准的条款。凡是注日期的引用文件，其随后所有的修改单(不包括勘误的内容)或修订版均不适用于本标准，然而，鼓励根据本标准达成协议的各方研究是否可使用这些文件的最新版本。凡是不注日期的引用文件，其最新版本适用于本标准。

GB/T 2828.1 计数抽样检验程序 第1部分：按接收质量限(AQL)检索的逐批检验抽样计划(ISO 2859-1:1999,IDT)

GB/T 15102 浸渍胶膜纸饰面人造板

GB/T 17657 人造板及饰面人造板理化性能试验方法

GB/T 18102 浸渍纸层压木质地板

GB/T 18103 实木复合地板

GB 18580 室内装饰装修材料 人造板及其制品中甲醛释放限量

LY/T 1738 实木复合地板用胶合板

3 术语和定义

下列术语和定义适用于本标准。

3.1

浸渍纸层压板饰面多层实木复合地板 decorative sheets based on thermosetting resins laminated parquet

以浸渍纸层压板为饰面层，以胶合板为基材，经压合并加工制成的企口地板。

3.2

龟裂 cracks

由于树脂在热压过程中固化过度或表面层与基材膨胀收缩不同而造成产品表面不规则的裂纹。

3.3

鼓泡 blisters

产品表面内含气体引起的异常凸起。

3.4

鼓包 inclusions

产品表面内含固体实物引起的异常凸起。

3.5

分层 delaminating

基材自身、胶膜纸自身或胶膜纸与基材之间的分离现象。

3.6

耐光色牢度　light fastness

产品表面的颜色对日光或人造光照射作用的抵抗力。

4　分类

4.1　按表面的模压形状分

a）浮雕面浸渍纸层压板饰面多层实木复合地板；

b）平面浸渍纸层压板饰面多层实木复合地板。

4.2　按甲醛释放量分

a）E_0 级浸渍纸层压板饰面多层实木复合地板；

b）E_1 级浸渍纸层压板饰面多层实木复合地板。

5　要求

5.1　分等

根据产品的外观质量分为优等品和合格品。

5.2　基材

基材应不低于 LY/T 1738 中合格品要求。

5.3　外观质量

各等级浸渍纸层压板饰面多层实木复合地板的外观质量要求见表 1。

表 1　浸渍纸层压板饰面多层实木复合地板各等级外观质量要求

<table>
<tr><th rowspan="2">缺陷名称</th><th colspan="2">正　面</th><th colspan="2">背　面</th></tr>
<tr><th>优等品</th><th>合格品</th><th>贴纸</th><th>不贴纸</th></tr>
<tr><td>干、湿花</td><td>不允许</td><td>总面积不超过板面的3%，允许</td><td>总面积不超过板面的5%，允许</td><td rowspan="15">应不低于 LY/T 1738 中合格品对背板的要求</td></tr>
<tr><td>表面划痕</td><td colspan="2">不允许</td><td>不允许露出基材</td></tr>
<tr><td>表面压痕</td><td colspan="3">不允许</td></tr>
<tr><td>透底</td><td colspan="3">不允许</td></tr>
<tr><td>光泽不均</td><td>明显的不允许</td><td>总面积不超过板面的3%，允许</td><td>允许</td></tr>
<tr><td>颜色不匹配</td><td colspan="2">明显的不允许</td><td>允许</td></tr>
<tr><td>污斑</td><td>不允许</td><td>$\leqslant 10\ \mathrm{mm}^2$，允许 1 个/块</td><td>允许</td></tr>
<tr><td>鼓泡</td><td colspan="2">不允许</td><td>$\leqslant 10\ \mathrm{mm}^2$，允许 1 个/块</td></tr>
<tr><td>鼓包</td><td colspan="2">不允许</td><td>$\leqslant 10\ \mathrm{mm}^2$，允许 1 个/块</td></tr>
<tr><td>纸张撕裂</td><td colspan="2">不允许</td><td>$\leqslant 10\ \mathrm{mm}^2$，允许 1 个/块</td></tr>
<tr><td>局部缺纸</td><td colspan="2">不允许</td><td>$\leqslant 20\ \mathrm{mm}^2$，允许 1 个/块</td></tr>
<tr><td>崩边</td><td colspan="2">允许，但是不影响装饰效果</td><td>允许</td></tr>
<tr><td>表面龟裂</td><td colspan="3">不允许</td></tr>
<tr><td>分层</td><td colspan="3">不允许</td></tr>
<tr><td>榫舌及边角缺损</td><td colspan="3">不允许</td></tr>
</table>

5.4　规格尺寸及偏差

5.4.1　浸渍纸层压板饰面多层实木复合地板的幅面尺寸为：(450～2 430)mm×(60～600)mm。

5.4.2 浸渍纸层压板饰面多层实木复合地板的厚度为:7 mm～20 mm。

5.4.3 浸渍纸层压板饰面多层实木复合地板的榫舌宽度应大于等于3 mm。

5.4.4 经供需双方协议可以生产其他规格的浸渍纸层压板饰面多层实木复合地板。

5.4.5 浸渍纸层压板饰面多层实木复合地板的尺寸偏差应符合表2规定。

表2 浸渍纸层压板饰面多层实木复合地板尺寸偏差

项目	要求
厚度偏差	公称厚度 t_n 与平均厚度 t_a 之差绝对值小于等于0.5mm 厚度最大值 t_{max} 与最小值 t_{min} 之差小于等于0.5 mm
面层净长偏差	公称长度 $l_n \leqslant 1\,500$ 时,l_n 与每个测量值 l_m 之差绝对值小于等于1.0 mm 公称长度 $l_n > 1\,500$ 时,l_n 与每个测量值 l_m 之差绝对值小于等于2.0 mm
面层净宽偏差	公称宽度 w_n 与平均宽度 w_a 之差绝对值小于等于0.1 mm 宽度最大值 w_{max} 与最小值 w_{min} 之差小于等于0.2 mm
直角度	$q_{max} \leqslant 0.2$ mm
边缘不直度	$s_{max} \leqslant 0.3$ mm/m
翘曲度	宽度方向凸翘曲度 $f_w \leqslant 0.20\%$;宽度方向凹翘曲度 $f_w \leqslant 0.15\%$ 长度方向凸翘曲度 $f_l \leqslant 1.00\%$;长度方向凹翘曲度 $f_l \leqslant 0.50\%$
拼装离缝	拼装离缝平均值 $o_a \leqslant 0.15$ mm 拼装离缝最大值 $o_{max} \leqslant 0.20$ mm
拼装高度差	拼装高度差平均值 $h_a \leqslant 0.10$ mm 拼装高度差最大值 $h_{max} \leqslant 0.15$ mm

5.5 理化性能

浸渍纸层压板饰面多层实木复合地板的理化性能应符合表3规定。

表3 浸渍纸层压板饰面多层实木复合地板的理化性能

检验项目	单位	要求
浸渍剥离	—	每一边的任一胶层开胶的累计长度不超过该胶层长度的1/3(3 mm以下的不计)
静曲强度	MPa	≥30(背面开槽不测静曲强度)
弹性模量	MPa	≥3 500
含水率	%	6～14
表面耐冷热循环	—	无龟裂、无鼓泡
表面耐划痕	—	≥2.0 N表面无整圈连续划痕
尺寸稳定性	%	≤0.12
表面耐磨	r	≥2 000
表面耐香烟灼烧	—	无黑斑、裂纹和鼓泡
表面耐干热	—	无龟裂、无鼓泡
表面耐污染腐蚀	—	无污染、无腐蚀
表面耐龟裂	—	用6倍放大镜观察,表面无裂纹
甲醛释放量	mg/L	$E_0 \leqslant 0.5$
		$E_1 \leqslant 1.5$
耐光色牢度	级	≥灰度卡4级

6 试验方法

6.1 外观质量

6.1.1 检验条件

按 GB/T 15102 的规定进行。

6.1.2 检验方法

检验时受检板的板长方向与灯管长度方向平行，检验人员在板长的两端逐块目视检验，检验时检验人员至板的视距为 0.5 m～1.5 m，视角为 30°～90°，并可通过视角、视距及受检板的侧倾观察板的表面缺陷。

6.2 规格尺寸及偏差

按 GB/T 18103 的规定进行。

6.3 理化性能

6.3.1 试样制取和尺寸

6.3.1.1 样本应在生产后存放 24 h 以上的产品中随机抽取并以其制作试样。

6.3.1.2 在产品试板上裁取静曲强度和弹性模量试件时，避开影响测试准确性的材质缺陷和加工缺陷。即如截取的试样中若目视发现其截面上有可能影响测试准确性的材质缺陷和加工缺陷时，可在同一块地板上另行取样。

6.3.1.3 在样本中随机抽取 3 块地板作为理化性能最少试样并在其上裁取试件。试件制取位置及尺寸、规格、数量按图 1 和表 4 规定。具体抽样方案需按批量确定，见 7.4.4.1。

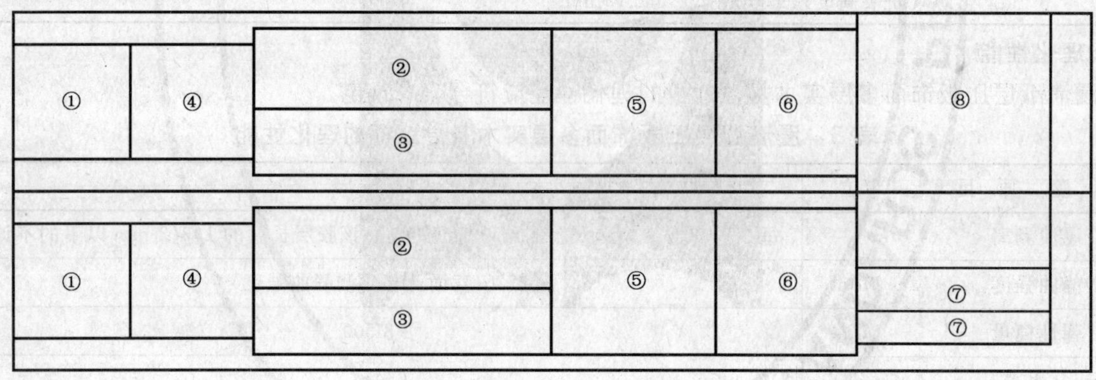

图 1 部分试件制取示意图

表 4 浸渍纸饰面实木复合地板理化性能试件

检验项目	试样尺寸/mm	试件数量/块	编号	备注
浸渍剥离	75.0×75.0	6	1	—
静曲强度	250.0×50.0	6	2	—
弹性模量	250.0×50.0	6	3	—
含水率	75.0×75.0	4	4	每块试样取一件，其中任意一个试样取两件
表面耐冷热循环	100.0×100.0	3	5	每一块取任意一件
表面耐划痕	100.0×100.0	3	5	每一块取任意一件
尺寸稳定性	180.0×20.0	6	7	—

表 4（续）

检验项目	试样尺寸/mm	试件数量/块	编号	备注
表面耐磨	100.0×100.0	1	6	任意一块取一件
表面耐香烟灼烧	100.0×100.0	1	6	任意一块取一件
表面耐干热	180.0×180.0	1	8	任意一块取一件
表面耐污染腐蚀	长 300.0	1		任意一块取样
表面耐龟裂	180.0×180.0	1	8	任意一块取一件
耐光色牢度	随设备而定	1		任意
甲醛释放量	按 GB 18580 规定取样			

6.3.1.4 制取理化性能试样的 6 块地板中每 2 块为一组以供制取编号 8 的试样之用。在制取的 1 号～4 号试样中如有 6.3.1.2 所述缺陷，可在地板的其他部位另行制取试样。2 号及 3 号试样制取时应去除榫舌及榫槽部位。

6.3.1.5 试样的尺寸偏差应符合各理化性能试验方法中的相应规定。

6.3.2 浸渍剥离

按 GB/T 18103 的规定进行。

6.3.3 静曲强度和弹性模量

按 GB/T 18103 和 GB/T 17657 的规定进行。试验中应注意避免 6.3.1.2 所述缺陷，计算试样静曲强度和弹性模量的算术平均值。

6.3.4 含水率

按 GB/T 17657 的规定进行，以 4 个试样的算术平均值作为测试结果，取值精确到 0.1%，应符合表 3 要求。

6.3.5 表面耐冷热循环

按 GB/T 17657 的规定进行，所有试件应符合表 3 要求。

6.3.6 表面耐划痕

按 GB/T 17657 的规定进行加载以试件表面无整圈连续划痕为合格。

6.3.7 尺寸稳定性

按 GB/T 17657 长度变化率的规定进行。

6.3.8 表面耐磨

按 GB/T 18102 的规定进行。

6.3.9 表面耐香烟灼烧

按 GB/T 17657 的规定进行。

6.3.10 表面耐干热

按 GB/T 17657 的规定进行。

6.3.11 表面耐污染腐蚀

按 GB/T 17657 的规定进行。

6.3.12 表面耐龟裂

按 GB/T 17657 的规定进行。

6.3.13 甲醛释放量

按 GB 18580 的规定进行。

6.3.14 耐光色牢度

按 GB/T 15102 的规定进行。

7 检验规则

7.1 总则

每批产品应经生产企业质量检验部门出厂检验合格并出具合格证方可出厂。

7.2 组批规则

同一班次以批号、品种相同的基材和饰面材料生产的规格相同的产品组成一个检验批。

7.3 检验分类和项目

7.3.1 检验分类

产品检验分出厂检验和型式检验。

7.3.2 出厂检验项目

a) 外观质量；

b) 规格尺寸；

c) 理化性能中的甲醛释放量、含水率、浸渍剥离和表面耐磨。

7.3.3 型式检验项目

型式检验项目为第6章中的全部检验项目。

7.3.4 型式检验情况

有下列情况之一，应进行型式检验：

a) 新产品投产或转产时；

b) 原辅材料及生产工艺发生较大改变，可能影响产品性能时；

c) 停产三个月以上，恢复生产时；

d) 正常生产时，每年检验不少于一次；

e) 质量监督机构提出型式检验要求时。

7.4 抽样方法和判定原则

7.4.1 产品质量抽样

地板的产品质量检验应在同批产品中按规定(如7.3.1)随机抽取试样，并对所抽取试样逐一检验，试样均按块计数。

7.4.2 规格尺寸检验

7.4.2.1 厚度偏差、面层净长偏差、面层净宽偏差、直角度、边缘不直度和翘曲度采取GB/T 2828.1中的正常检验二次抽样方案，一般检验水平Ⅰ，接收质量限AQL为4.0进行抽样和判定，详见表5。

表5 规格尺寸抽样方案

批量范围	样本	样本大小	累计样本大小	接收数	拒收数
≤150	第一	5	5	0	2
	第二	5	10	1	2
151～280	第一	8	8	0	2
	第二	8	16	1	2
281～500	第一	13	13	0	3
	第二	13	26	3	4
501～1200	第一	20	20	1	3
	第二	20	40	4	5
1 201～3 200	第一	32	32	2	5
	第二	32	64	6	7

表 5（续）

批量范围	样本	样本大小	累计样本大小	接收数	拒收数
3 201～10 000	第一	50	50	3	6
	第二	50	100	9	10
10 001～35 000	第一	80	80	5	9
	第二	80	160	12	13

7.4.2.2 拼装离缝检验的样本数为 10 块，该 10 块样本从检验规格尺寸的同批产品中随机抽取，采取正常检验一次抽样方案。

7.4.3 外观质量检验

7.4.3.1 采取 GB/T 2828.1 中的正常检验二次抽样方案，一般检验水平Ⅱ，接收质量限 AQL 为 4.0，详见表 6。

表 6 外观质量抽样方案

批量范围	样本	样本大小	累计样本大小	接收数	拒收数
≤150	第一	13	13	0	3
	第二	13	26	3	4
151～280	第一	20	20	1	3
	第二	20	40	4	5
281～500	第一	32	32	2	5
	第二	32	64	6	7
501～1200	第一	50	50	3	6
	第二	50	100	9	10
1 201～3 200	第一	80	80	5	9
	第二	80	160	12	13
3 201～10 000	第一	125	125	7	11
	第二	125	250	18	19
10 001～35 000	第一	200	200	11	16
	第二	200	400	26	27

7.4.3.2 在一块地板上，同时存在多种缺陷时，按影响产品等级最大的缺陷来判别。

7.4.4 理化性能检验

7.4.4.1 理化性能检验的抽样方案见表 7，初检样本检验结果有某项指标不合格时，允许在同批产品中加倍抽取样品对不合格项进行复检，复检后全部合格，判为合格；若有一项不合格，判为不合格。

表 7 理化性能抽样方案

检验批的成品板数量	初检抽样数/块	复检抽样数/块
≤1 000	6	12
≥1 001	12	24

7.4.4.2 在初检和复检试样中，任意三块地板组成一组。

7.4.4.3 检验结果的判断

7.4.4.3.1　地板试样的含水率、甲醛释放量的平均值满足标准规定要求，该地板试样的含水率、甲醛释放量判为合格，否则判为不合格。

7.4.4.3.2　地板试样的静曲强度、弹性模量的平均值满足标准规定要求，该地板试样的静曲强度、弹性模量判为合格，否则判为不合格。

7.4.4.3.3　地板任一试样的浸渍剥离符合标准规定要求，该地板试样的浸渍剥离判为合格，否则判为不合格。

7.4.4.3.4　地板试样的表面耐冷热循环、表面耐划痕、尺寸稳定性、表面耐磨、表面耐香烟灼烧、表面耐干热、表面耐污染腐蚀、表面耐龟裂均达到标准规定要求，该地板试样的上述性能判为合格，否则判为不合格。

7.4.4.3.5　当地板试样所需进行的各项理论性能检验均合格时，该批产品理化性能判为合格，否则判为不合格。

7.5　综合判断

产品外观质量、规格尺寸和理化性能检验结果均应符合相应类别和等级的技术要求，否则应降类、降等或判为不合格产品。

8　标志、包装、运输和贮存

8.1　标志

8.1.1　产品标记

产品入库前，应在产品适当的部位标记产品型号、商标、生产日期、厂检合格证、甲醛释放量、表面耐磨转数等。

8.1.2　包装标记

包装上应有生产厂家名称、地址、产品名称、生产日期、商标、规格型号、类别、等级、甲醛释放量标志、表面耐磨转数、数量及防潮、防晒等。

8.2　包装

产品出厂时应按产品类别、规格、等级分别包装。企业应根据自己产品的特点提供详细的中文安装和使用说明书。包装要做到产品免受磕碰、划伤和污损。包装要求亦可由供需双方商定。

8.3　运输和贮存

产品在运输和贮存过程中应平整码放，防止污损，防止受潮、雨淋和曝晒。贮存时应按类别、规格、等级分别堆放，每堆应有相应的标记。

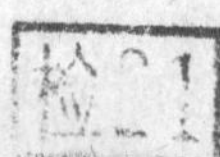